职业教育机电类系列教材

工厂电气控制设备

第3版

许翏　许欣　编

机 械 工 业 出 版 社

本书主要内容有常用低压电器，继电—接触器控制电路基本环节，常用机床、桥式起重机的电气控制，可编程序控制器及其工作原理，FX_2 系列可编程序控制器编程元件及指令系统，可编程序控制器在逻辑控制系统中的应用等。

本书内容丰富，重点突出，新内容较多，实用性强，对工厂电气控制设备的运行、维修、常见故障分析以及电器元件的选择进行了讨论，突出实践技能的培养。

本书为职业教育机电类专业及相关专业的教材，也可用作电气从业人员和电工培训教材或自学用书，亦可供有关专业师生、从事现场工作的工程技术人员参考。

图书在版编目（CIP）数据

工厂电气控制设备/许翏，许欣编．—3 版．—北京：机械工业出版社，2009．9（2025.2 重印）
职业教育机电类系列教材
ISBN 978－7－111－27646－3

Ⅰ．工…　Ⅱ．①许…②许…　Ⅲ．工厂－电气控制装置－专业学校－教材　Ⅳ．TM571．2

中国版本图书馆 CIP 数据核字（2009）第 117013 号

机械工业出版社（北京市百万庄大街 22 号　邮政编码 100037）
策划编辑：高　倩　责任编辑：赵红梅
版式设计：霍永明　责任校对：魏俊云
封面设计：鞠　杨　责任印制：邓　博
北京盛通数码印刷有限公司印刷
2025 年 2 月第 3 版 · 第 14 次印刷
184mm×260mm · 15．25 印张 · 1 插页 · 374 千字
标准书号：ISBN 978－7－111－27646－3
定价：37．00 元

电话服务
客服电话：010-88361066
010-88379833
010-68326294

网络服务
机　工　官　网：www. cmpbook. com
机　工　官　博：weibo. com/cmp1952
金　　书　　网：www. golden-book. com
机工教育服务网：www. cmpedu. com

第3版前言

本书自出版以来，受到各校师生和广大读者的支持和青睐，曾在2000年进行了修订。随着电气控制技术的快速发展，工厂电气控制设备采用了一些新技术、新器件，尤其是变频器、可编程序控制器的广泛应用，更使电气控制技术达到新的水平。作为培养生产和社会实践一线岗位所需高素质劳动者和技能型人才的职业教育教材，更应紧跟科学技术的发展，不断反映新技术在生产实际中的应用。为此，再次对本书进行修订。

本书将工厂电气控制设备分为继电—接触器控制系统和可编程序控制器控制系统两大类：前者是一线岗位必备的知识和技能，同时也是后者的基础；后者经过40多年的发展，在工业自动化、生产过程控制、机电一体化、机械制造等方面的应用已非常广泛。本次修订注意了两者之间的发展关系和内在联系，做到两者份量适中、合理过渡、有机融合、前呼后应，并力求反映以下特点：

1. 内容合理。从第1版仅介绍可编程序控制器，到第2版可编程序控制器控制系统部分占全书25%，再到本次可编程序控制器控制系统内容占全书的40%。这不仅反映了可编程序控制器应用的发展态势，也符合目前生产一线岗位对可编程序控制器相关知识和技能的要求。

2. 抓住典型。工厂电气控制设备多种多样，可编程序控制器产品也有很多种类，本书以典型机床和桥式起重机电气控制系统为例进行继电—接触器控制系统分析；以三菱FX_2系列可编程序控制器为典型机型，对小型机的指令系统与编程方法作了较为详细的介绍，以期能够举一反三、触类旁通。

3. 突出重点。继电—接触器控制系统以基本控制环节为重点，可编程序控制器控制系统以编程方法为重点，抓住重点便可带动全局。

4. 重在应用。全书按照由浅入深、淡化理论、结合实际、加强应用的原则编写。全书对多种生产设备电气控制系统进行了分析，列举了大量应用实例，文字简练、通俗易懂、便于教学和自学。

全书共七章。内容包括：常用低压电器，继电—接触器控制电路基本环节，常用机床的电气控制，桥式起重机的电气控制，可编程序控制器及其工作原理，FX_2系列可编程序控制器编程元件及指令系统，可编程序控制器在逻辑控制系统中的应用。

本书为职业教育机电类专业及相关专业教材，也可用作电气从业人员和电工培训教材或自学用书。

本书由河北机电职业技术学院许翏、北京北广科技股份有限公司许欣编写。

由于编者水平有限，书中难免存在缺点和错误，恳请广大读者批评指正。

编　者

2009年5月

第2版前言

中等专业学校试用教材《工厂电气控制设备》自1991年出版以来，受到各校师生的支持与帮助。随着科学技术的发展，工厂的电气设备采用了一些新技术、新器件，原有的工厂电气控制设备课程的教材已不适应当前工厂的电控现状，应予修订。在广泛征求各校意见并对工厂现状进行调研的基础上，重新编写了本教材。

全书突出了以下两个特点：

一是新：大量收集了更新换代及引进的低压控制电器产品；对电梯作了较为详尽的介绍；详尽地讲述了可编程序控制器。这些都增加了新的内容，另外在工厂电气控制设备上也更换了新的型号，全书大部分内容以新的面貌出现。

二是实用：比较全面地提供了新的低压电器的型号和技术参数；对工厂各种电气控制设备的故障及排除方法进行了分析；对电气控制电路的设计方法及施工设计、安装、调整、维修等内容作了全面介绍。对培养学生实践技能具有可操作性，对提高设计与实践技能将起较大作用。

本书共九章。内容包括：常用低压电器，继电接触器控制电路基本环节，常用机床的电气控制，组合机床的电气控制，桥式起重机与交流电梯的电气控制、继电接触器控制系统设计，A系列龙门刨床电气控制，可编程序控制器的结构、基本原理及编程方法，可编程序控制器程序设计与应用设计等。

本书为中等专业学校工业自动化专业的教材，也可作为职业学校和电工培训用的教材，亦可供有关专业师生、从事现场工作的工程技术人员参考。

本书由河北省机电学校许翏编写。

本书由上海大学丁元杰教授主审。在此对本书作出较大贡献的申鸿光、连赛英、薛少初等同志表示衷心的感谢。

由于编者水平有限，缺点和错误难免，恳请读者提出宝贵意见。

编　者

2000年2月

第1版前言

本书是根据原国家机械工业委员会教育局1987年5月制定的中等专业学校工业企业电气化专业教学计划与《工厂电气控制设备》课程教学大纲编写的。

本书以一般工厂常用典型电气控制设备及其基础知识为重点，阐述并分析了常用低压电器、继电—接触器控制电路基本环节，机床、组合机床及起重运输设备、可编程序控制器及应用、电气放大机自动调速系统基本环节、A系列龙门刨床电气设备等。本书适当增加了继电—接触器控制系统的设计内容，以提高学生对继电—接触器控制系统的设计能力；从交流电梯电气控制典型环节入手，介绍了电梯的结构、电气控制和各种保护；介绍了一种新型工业自动控制装置可编程序控制器，以适应工业发展、技术进步的需要。

全书共9章。内容包括：常用低压电器，继电—接触器控制电路基本环节，常用机床的电气控制，组合机床的电气控制，起重运输设备的电气控制，继电—接触器控制系统的设计，可编程序控制器的应用，电机放大机自动调速系统的基本环节，A系列龙门刨床电气设备等。

本书为中等专业学校工业企业电气化专业的教材，也可供有关专业师生、从事现场工作的工程技术人员参考。

本书由河北省机电学校许翏主编。参加本书编写的有常州机械学校薛少初（编写第一、七章），福建机电学校连赛英（编写第二、四章），其余由许翏编写。

本书由上海大学工学院丁元杰副教授主审。参加讨论与审稿的有申鸿光、罗智英、肖乐恩、王彻、陈达昭、李海青等同志。编者根据审稿意见作了修改，罗智英、肖乐恩两同志提供了部分习题，在定稿过程中赵明同志帮助进行了审定。对于上述同志的支持和帮助，在此表示衷心的感谢。

由于编者水平所限，本书难免存在缺点和错误，恳望读者提出批评和指教。

编　者

1990年6月

目　录

绪　论

工厂设备类型多样，大多用电动机来拖动，即电力拖动。电力拖动一般采用各种控制系统来实现，按控制方式可分为断续控制系统、连续控制系统和计算机控制系统。本书以前两种控制系统及其设备为主，同时对在集成电路、计算机技术基础上发展起来的新型工业自动控制装置——可编程序控制器，作了较为详尽的介绍。

一、电力拖动控制方式的发展

19世纪末，在生产机械的拖动系统中，电动机逐渐代替了蒸汽机，出现了电力拖动。在其初期，常以一台电动机拖动多台设备或一台机床的多个运动部件，称为集中拖动。随着生产的不断发展，在20世纪20年代，电力拖动由集中拖动发展为单独拖动。为了进一步简化机械传动机构，更好地满足生产机械各运动部件的不同拖动要求，在20世纪30年代出现了多电动机拖动，即生产机械各运动部件分别采用不同的电动机拖动。这种多电动机拖动简化了生产机械的结构，使其工作性能日趋完善，更为重要的是为生产机械的自动化控制创造了良好条件。此外，自动检测技术的迅猛发展也对电气自动控制技术的发展起促进作用。

最初的自动控制是用数量不多的继电器、接触器及保护元件组成的继电—接触器控制系统。这种控制系统具有使用上的单一性，即一台控制装置只适用于某一固定程序的设备，若程序发生变动，必须重新接线。而且这种控制系统的输入、输出信号只有通和断两种状态，是断续的，不能连续反映信号的变化，故称为断续控制系统。

为了使控制系统获得更好的静态与动态特性，完成更复杂的控制任务，常采用反馈控制系统。反馈控制系统由连续控制元器件组成，它不仅能反映信号的通与断，而且能反映信号的大小和变化。这种由连续控制元件组成的反馈控制系统，称为连续控制系统。用作连续控制的元器件有电机扩大机、磁放大器、晶闸管等，尤其是晶闸管连续控制系统的应用越来越广泛。

20世纪60年代出现了一种能够根据生产需要，灵活地改变控制程序的顺序控制器，使控制系统具有了较大的灵活性和通用性，但这种顺序控制器仍采用硬件手段实现，装置体积大，功能也受到一定限制。20世纪70年代出现了用软件手段来实现各种控制功能、以微处理器为核心的新型工业控制器——可编程序控制器。它不仅充分利用微处理器的优点来满足各种工业领域的实时控制要求，同时也照顾到目前电气操作维护人员的技能和习惯，摒弃了微处理器常用的计算机编程语言的表达形式，独具风格地形成一套以继电器梯形图为基础的形象编程语言和模块化的软件结构，使用户编制的程序清晰直观、方便易学，且调试和查错容易。目前已作为一种标准化通用设备普遍应用于工业控制。

随着计算机技术的发展，20世纪40年代末，出现了数控机床，它根据计算机按照预先编好的程序，实现机床自动化数字控制。随着价格便宜的微型计算机的出现，数控机床得到了很快的发展，先后出现了硬件逻辑电路构成的专用数控装置NC、小型计算机控制的数控系统CNC、计算机群控系统DNC，自适应控制系统AC、微型计算机数控系统MNC，近年来还出现了柔性制造系统FMS。而最新发展起来的以数控机床为基本单元的计算机集成制造系统，即 CIMS，可以实现无人自动化工厂的自动生产。

在工业发达国家，可编程序控制器、机器人和数控机床已成为现代控制的三大支柱。

二、课程的性质和任务

本课程是一门实践性强的主要专业课，是在学习了“电机原理”、“电力拖动基础”，并进行了电工劳动实践的基础上讲授的，以使学生具有较牢固的基础理论知识和较强的感性认识。

本课程的基本任务是：

1. 熟悉常用低压电器的基本结构、工作原理、用途及型号意义，能正确使用和选用。
2. 熟练掌握电气控制电路的基本环节，具有分析一般电气控制电路的能力。
3. 掌握典型生产机械电气控制电路的工作原理和故障分析知识。
4. 具有改进一般生产机械电气控制电路的电气设计和施工能力。
5. 掌握可编程序控制器梯形图设计、编程方法和程序设计，并能进行一般应用程序设计。

本课程除课堂教学外，还有实验、现场教学、课程设计、生产实习与实训、毕业设计等实践性教学环节。通过学习使学生不仅掌握电气技术人员所必备的基本理论知识，而且还具有维修电工电气安装、调试和排除故障的能力；具有一般生产机械电气控制设备改造的能力。学习时一定要理论联系实际，勤动手、善动脑，不断提高分析能力和实践动手能力，才能获得最佳效果。

第一章 常用低压电器

凡用于交流电压1200V及以下、直流电压1500V及以下，在由供电系统和用电设备等组成的电路中，起通断、保护、控制、检测、变换和调节用的电器统称为低压电器。在低压供电系统与电力拖动自动控制系统中，广泛使用着各种类型的低压电器。低压电器的特点是：品种多、用量大、用途广。

第一节 常用低压电器基本知识

一、低压电器的分类

低压电器种类繁多，功能多样，用途广泛，结构各异，工作原理也各不相同。按不同的分类方式，可以分为不同的类型，通常按用途、操作方式、工作原理、使用场合的不同，低压电器可分为以下几类。

1. 按用途分类

（1）低压配电电器　用在低压供、配电系统中进行电能输送和分配的电器，如刀开关、转换开关、低压断路器、熔断器等。对这类电器要求分断能力强，限流效果和保护性能好，有良好的动稳定及热稳定性。

（2）低压控制电器　用在电力拖动控制系统中的电器，如接触器、控制继电器、起动器、控制器、主令电器等。对这类电器的要求为具有一定的通断能力，操作频率高，电气和机械寿命长。

2. 按操作方式分类

（1）自动电器　通过电磁或气动机构动作来完成接通、分断、起动和停止等动作的电器。主要有接触器、继电器、断路器等。

（2）手动电器　依靠人力来完成接通、分断、起动和停止等动作的电器。主要有刀开关、转换开关和主令电器等。

3. 按工作原理分类

（1）电磁式电器　该电器的感测元件接受的是电流或电压等电量信号。

（2）非电量控制电器　该电器的感测元件接受的是热量、温度、转速、机械力等非电量信号。

4. 按使用场合分类

有一般工业用电器、特殊工矿用电器、航空用电器、船舶用电器、建筑用电器、农用电器等。

低压电器产品多种多样，不同类型产品用不同型号表示，其型号类组代号见附录A低压电器产品型号编制方法。我国编制的低压电器产品型号适用于13大类产品：刀开关、转换开关、熔断器、断路器、控制器、接触器、起动器、控制断电器、主令电器、电阻器、变阻器、调整器、电磁铁和其他电器等，并用字母H、R、D、K、C、Q、J、L、Z、B、T、M

和 A 分别表示这 13 大类电器产品。

二、电磁式低压电器的结构与工作原理

从结构上看，低压电器一般都具有两个基本组成部分，即感测部分与执行部分。感测部分接受外界输入的信号，并通过转换、放大与判断作出有规律的反应，输出相应的指令，驱动执行部分动作，实现控制的目的。对于有触头的电磁式低压电器，感测部分是电磁机构，执行部分是触头系统。

1. 基本机构

（1）电磁机构

1）电磁机构的结构型式。电磁机构由线圈、铁心和衔铁组成。吸引线圈通以一定的电压和电流产生磁场及吸力，并通过气隙转换成机械能，使衔铁在电磁吸力作用下产生机械位移并吸合，从而带动触头动作，以实现触头的断开和闭合，控制电路的分断和接通。图 1-1 所示是几种常用电磁机构的结构型式，根据衔铁相对铁心的运动方式不同，电磁机构有直动式与拍合式，拍合式又有衔铁沿棱角转动和衔铁沿轴转动两种。

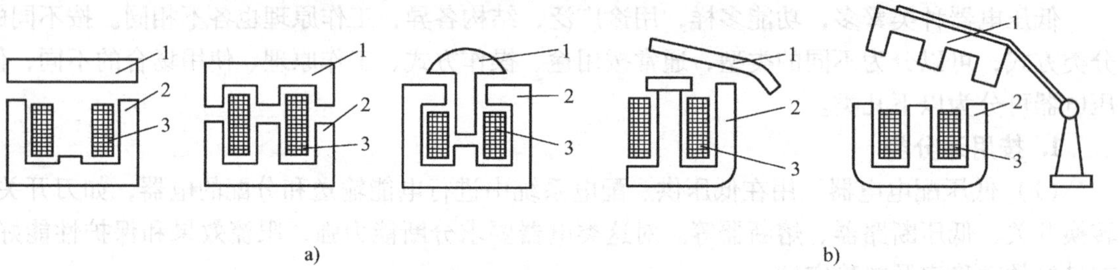

图 1-1 几种常用电磁机构的结构型式
a）直动式电磁机构 b）拍合式电磁机构
1—衔铁 2—铁心 3—线圈

2）线圈。线圈用以将电能转换为磁能，按线圈通入电流的性质不同，电磁机构分为直流电磁机构和交流电磁机构，相应线圈称为直流线圈和交流线圈。直流线圈一般做成无骨架、高而薄的瘦高型，线圈与铁心直接接触，易于线圈散热；交流线圈由于铁心存在磁滞和涡流损耗，造成铁心发热，为此铁心与衔铁用硅钢片叠制而成，且为改善线圈和铁心的散热，线圈设有骨架，将铁心和线圈隔开，并将线圈做成短而厚的矮胖型。另外，根据在电路中的连接方式不同，线圈又分串联线圈和并联线圈。串联线圈采用粗导线、匝数少，又称为电流线圈；并联线圈匝数多、线径较细，又称为电压线圈。

（2）触头系统　触头亦称触点，是电磁式低压电器的执行部分，起接通和分断电路的作用。因此，要求触头导电、导热性能好，通常用铜、银、镍及其合金材料制成，有时也在铜触头表面电镀锡、银或镍。对于一些特殊用途的低压电器如微型继电器和小容量的电器，触头采用银质材料制成。触头能否正常工作，将直接影响整个低压电器的工作性能。

1）电接触与接触电阻。触头闭合且有工作电流通过时的状态称为电接触状态，电接触状态时触头之间的电阻称为接触电阻，其大小直接影响电路的工作情况。接触电阻较大，电流流过触头时将造成较大的电压降，这将对弱电控制系统产生较大影响。同时由于电阻损耗电能，将使触头发热导致温度升高，严重时可使触头熔焊，这样既影响工作的可靠性，又降低了触头的寿命。触头接触电阻的大小主要与触头的接触形式、接触压力、触头材料及触头

表面状况等有关。

2）触头的接触形式。触头的接触形式有点接触、线接触和面接触三种，如图1-2所示。

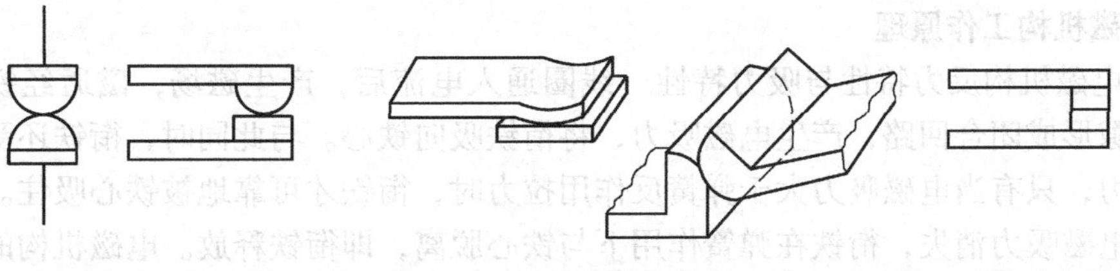

图1-2　触头的接触形式

a）点接触　b）线接触　c）面接触

点接触由两个半球形触头或一个半球形与一个平面触头构成，常用于小电流的电器中，如接触器的辅助触头和继电器触头。线接触常做成指形触头结构，它们的接触区是一条直线，触头通、断为滚动接触并产生滚动摩擦，适用于通电次数多、电流大的场合，多用于中等容量的电器。面接触触头一般在接触表面镶有合金，允许通过较大电流，中小容量的接触器的主触头多采用这种结构。

3）触头的结构形式。为使触头接触更加紧密，减小接触电阻，同时消除开始接触时产生的振动，在触头上装有触头弹簧，使触头刚刚接触时产生初压力，随着触头闭合逐渐增大触头互压力。

触头按其原始状态不同可分为常开触头和常闭触头。原始状态时（吸引线圈未通电时）触头断开，线圈通电后闭合的触头叫常开触头（动合触头）。原始状态时闭合，线圈通电后断开的触头叫常闭触头（动断触头）。线圈断电后所有触头回复到原始状态。

按触头控制的电路不同可分为主触头和辅助触头。主触头用于接通或断开主电路，允许通过较大的电流；辅助触头用于接通或断开控制电路，只能通过较小的电流。

触头的结构形式主要有桥式触头和指形触头，如图1-3所示。

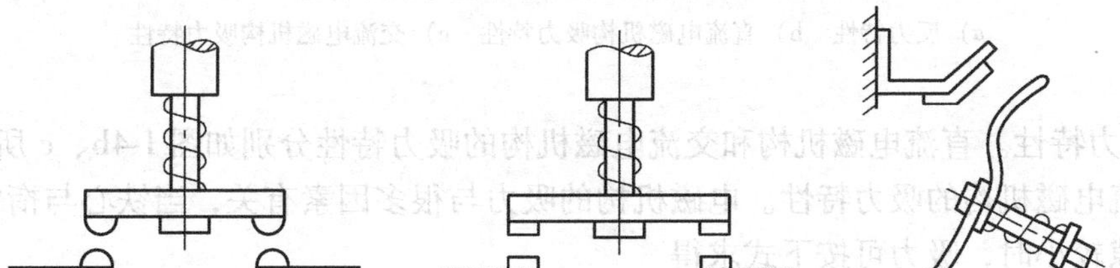

图1-3　触头的结构形式

a）点接触桥式触头　b）面接触桥式触头　c）线接触指形触头

桥式触头在接通与断开电路时由两个触头共同完成，对灭弧有利，这类触头的接触形式一般是点接触和面接触。指形触头在接通或断开时产生滚动摩擦，能除掉触头表面的氧化膜，从而减小触头的接触电阻，一般采用线接触。

4）减小接触电阻的方法。触头材料选用电阻系数小的材料，使触头本身的电阻尽量减小；增加触头的接触压力，一般在动触头上安装触头弹簧；改善触头表面状况，尽量避免或减少触头表面氧化膜的形成，在使用过程中尽量保持触头清洁。

2. 电磁机构工作原理

（1）电磁机构反力特性与吸力特性　线圈通入电流后，产生磁场，磁通经铁心、衔铁和工作气隙形成闭合回路，产生电磁吸力，将衔铁吸向铁心。与此同时，衔铁还受到弹簧的反作用拉力，只有当电磁吸力大于弹簧反作用拉力时，衔铁才可靠地被铁心吸住。而当线圈断电时，电磁吸力消失，衔铁在弹簧作用下与铁心脱离，即衔铁释放。电磁机构的工作特性常用反力特性和吸力特性来表述，如图1-4所示。

电磁机构使衔铁释放（复位）的力与气隙的关系曲线称为反力特性。线圈通电后，铁心吸引衔铁吸合的力与气隙的关系曲线称为吸力特性。

1）反力特性。电磁机构使衔铁释放的力大多是利用弹簧的反力，由于弹簧的反力 F 与其机械变形的位移量 δ 成正比，故其反力特性可写成

$$F_{f1} = K_1 X \tag{1-1}$$

考虑了常开触头闭合时超行程机构的弹力作用后，弹簧的反力特性曲线如图1-4a所示。其中 δ_1 为电磁机构气隙的初始值；δ_2 为动、静触头开始接触时的气隙长度。由于超行程机构的弹力作用，反力特性在 δ_2 处有一突变。

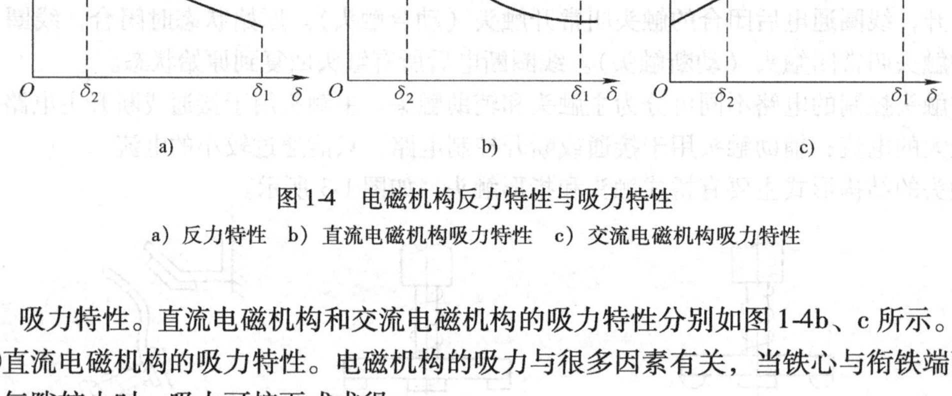

图1-4　电磁机构反力特性与吸力特性

a）反力特性　b）直流电磁机构吸力特性　c）交流电磁机构吸力特性

2）吸力特性。直流电磁机构和交流电磁机构的吸力特性分别如图1-4b、c所示。

①直流电磁机构的吸力特性。电磁机构的吸力与很多因素有关，当铁心与衔铁端面互相平行且气隙较小时，吸力可按下式求得

$$F = 4B^2 S \times 10^5 \tag{1-2}$$

式中，F 为电磁机构衔铁所受的吸力（N）；B 为气隙中的磁感应强度（T）；S 为吸力处端面积（m^2）。

当端面积 S 为常数时，吸力 F 与 B^2 成正比，也可以认为 F 与磁通 Φ^2 成正比，与端面积 S 成反比，即

$$F \propto \frac{\Phi^2}{S} \tag{1-3}$$

直流电磁机构当直流励磁电流处于稳态时，直流磁路对直流电路无影响，所以励磁电流不受磁路气隙的影响，即其磁势 IN 不受磁路气隙的影响，根据磁路欧姆定律：

$$\Phi=\frac{IN}{R_m}=\frac{IN}{\frac{\delta}{\mu_0 S}}=\frac{IN\mu_0 S}{\delta} \tag{1-4}$$

而电磁吸力 $F\propto\frac{\Phi^2}{S}$，则

$$F\propto\Phi^2\propto\left(\frac{1}{\delta}\right)^2 \tag{1-5}$$

即直流电磁机构的吸力 F 与气隙 δ 的平方成反比。由此看出，衔铁闭合前后吸力变化很大，气隙越小、吸力越大。但衔铁吸合前后线圈励磁电流不变，且衔铁吸合后电磁吸力大，工作可靠，故直流电磁机构适用于动作频繁的场合。但当直流电磁机构线圈断电时，由于电磁感应，线圈中将会产生很大的反电势，其值可达线圈额定电压的十多倍，将使线圈因过电压而损坏，为此，常在线圈两端并联一个放电电阻与一个硅二极管，形成一个放电回路。正常励磁时，因二极管处于截止状态，放电回路不起作用；而当线圈断电时，放电回路导通，将原先贮存在线圈中的磁场能量释放出来消耗在电阻上，不至于产生过电压。一般情况下，放电电阻阻值取线圈直流电阻的 6～8 倍。

②交流电磁机构的吸力特性。交流电磁机构线圈的电阻值远比其感抗值要小，在忽略线圈电阻和漏磁情况下，线圈电压与磁通的关系为

$$U\approx E=4.44f\Phi_m N \tag{1-6}$$

$$\Phi_m=\frac{U}{4.44fN} \tag{1-7}$$

式中，U 为线圈电压（V）；E 为线圈感应电势（V）；f 为线圈电压的频率（Hz）；N 为线圈匝数；Φ_m 为气隙磁通最大值（Wb）。

当线圈电压 U、频率 f 和线圈匝数 N 为常数时，气隙磁通 Φ_m 亦为常数。当交流励磁时，电压、磁通都随时间作正弦规律变化，电磁吸力也相应的作周期性变化。

经分析可知，交流磁感应强度 B 虽按正弦规律变化，但其交流电磁吸力却是脉动的，且方向不变，并由两部分组成：一部分为平均吸力 F_{av}，其值为最大吸力的一半，即 $F_{av}=4B^2S\times10^5$；另一部分为以两倍电源频率变化的交流分量 $F_{\sim}=4B^2S\times10^5\cos2\omega t$。所以交流电磁机构电磁吸力 $F=F_{av}-F_{\sim}$ 随时间变化情况如图 1-5 所示。吸力在 0 和最大值 $F_m=8B^2S\times10^5$ 的范围内以两倍电源频率变化。

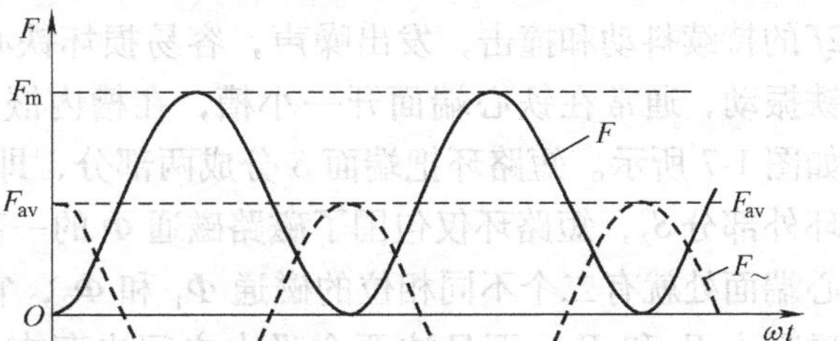

图 1-5 交流电磁机构电磁吸力随时间变化情况

由上分析可知，交流电磁机构的吸力特性具有以下特点：

$F(t)$是脉动的，在 50Hz 的工频下，1s 内有 100 次过零点，因而引起衔铁的振动，产生机构噪声和机械损坏，应加以克服；因 $U=4.44fN\Phi_m$，当 U 一定时，Φ_m 也一定，也就是不管有无气隙，Φ_m 基本不变，所以交流电磁机构吸力平均值基本不变，即平均吸力亦与气隙 δ 的大小无关（实际上，考虑到漏磁通的影响，平均吸力 F_{av} 随气隙 δ 的减少而略有增加）；

交流电磁机构在衔铁未吸合时，磁路中因气隙磁阻较大，维持同样的磁通 Φ_m 所需的励磁电流（线圈电流）比吸合后无气隙时所需的电流大得多。对于 U 形交流电磁机构来说，衔铁尚未动作时的励磁电流为衔铁吸合后的额定电流的 5 ~ 6 倍；对于 E 形电磁机构则高达 10 ~ 15 倍。所以，交流电磁机构的线圈通电后，衔铁因卡住而不能吸合，或交流电磁机构频繁合断，都将因励磁电流过大而烧坏线圈。所以交流电磁机构不适用于可靠性要求高与操作频繁的场合。

③剩磁的吸力特性。铁磁物质存有剩磁，导致电磁机构的励磁线圈断电后仍有一定的剩磁吸力，剩磁吸力随气隙 δ 增大而减小，其特性如图 1-6 中曲线 4 所示。

3）吸力特性与反力特性的配合。电磁机构如欲使衔铁吸合，则应在整个吸合过程中，吸力都大于反力，但也不宜过大，否则会影响电器的机械寿命。这就要求吸力特性在反力特性的上方且二者尽可能靠近。在释放衔铁时，电磁机构的反力必须大于剩磁吸力，这样才能保证衔铁可靠释放，即要求电磁机构的反力特性必须介于电磁吸力特性和剩磁吸力特性之间，如图 1-6 所示。

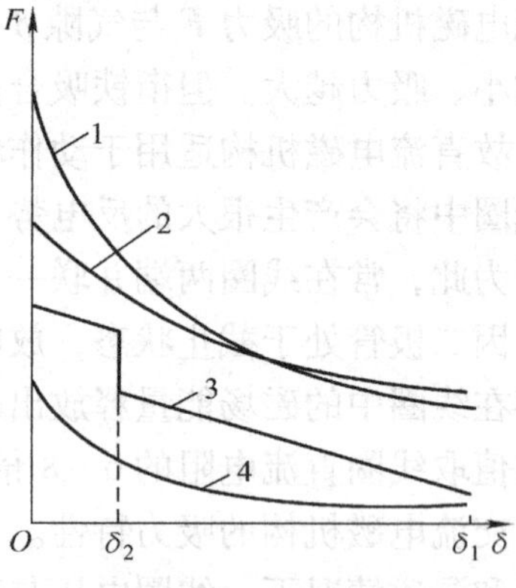

图 1-6 电磁机构吸力特性与反力特性的配合
1—直流电磁机构吸力特性
2—交流电磁机构吸力特性
3—反力特性 4—剩磁吸力特性

（2）交流电磁机构短路环的作用 交流电磁机构的电磁吸力是一个周期函数，该周期函数由直流分量和频率为 $2f$ 的正弦分量组成。虽然交流电磁机构中的磁感应强度是正、负交变的，但电磁吸力总是正的，它在最大值 $2F_{av}$ 和最小值 0 的范围内脉动变化。因此在每一个周期内，必然有某一段时刻吸力小于反力，这时衔铁释放；而当吸力大于反力时，衔铁又被吸合。这样，在 $f=50\text{Hz}$ 时，电磁机构就出现了频率为 $2f$ 的持续抖动和撞击，发出噪声，容易损坏铁心。为了避免衔铁振动，通常在铁心端面开一小槽，在槽内嵌入铜质短路环，如图 1-7 所示。短路环把端面 S 分成两部分，即环内部分 S_1 与环外部分 S_2，短路环仅包围了磁路磁通 Φ 的一部分。这样，铁心端面处就有二个不同相位的磁通 Φ_1 和 Φ_2，它们分别产生电磁吸力 F_1 和 F_2，而且这两个吸力之间也存在一定的相位差。这样，虽然这两部分电磁吸力各自都有到达零值的时候，但到零值的时刻已错开，二者的合力就大于零，只要总吸力始终大于反力，衔铁便被吸牢，也就能消除衔铁的振动。

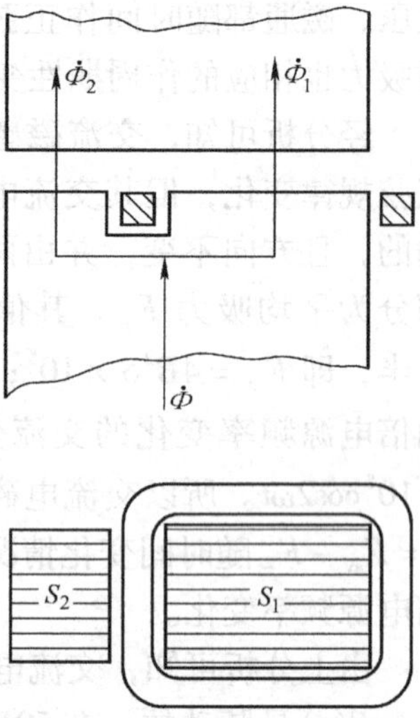

图 1-7 交流电磁机构短路环

（3）电磁机构的输入—输出特性 电磁机构的线圈加上电压（或通入电流），产生电磁吸力，从而使衔铁吸合。因此，也可将线圈电压（或电流）作为输入量 x，而将衔铁的位置作为输出量 y，这样电磁机构衔铁位置（吸合与释放）与线圈电压（或电流）的关系称为电磁机构的输入—输出特性，通常称为"继电特性"。

若将衔铁处于吸合位置记作 $y=1$，处于释放位置记作 $y=0$。由上分析可知，当吸力特性处于反力特性上方时，衔铁被吸合；当吸力特性处于反力特性下方时，衔铁被释放。将吸力特性处于反力特性上方的最小输入量用 x_0 表示，称为电磁机构的动作值；将吸力特性处于反力特性下方的最大输入量用 x_r 表示，称为电磁机构的复归值。

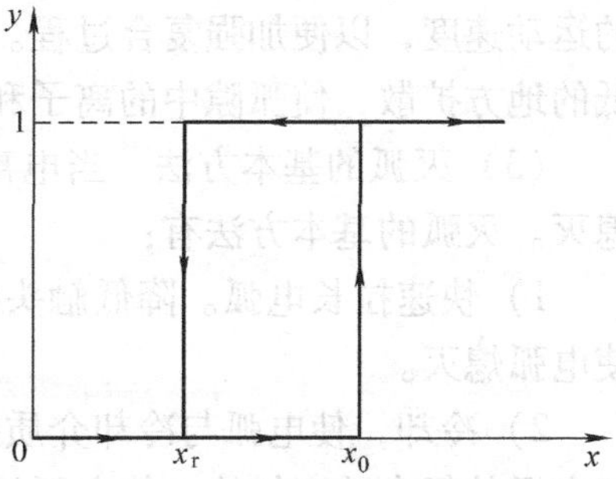

图 1-8　电磁机构的继电特性

电磁机构的输入—输出特性如图 1-8 所示，当输入量 $x<x_0$ 时衔铁不动作，其输出量 $y=0$；当 $x=x_0$ 时，衔铁被吸合，输出量 y 从“0”跃变为“1”；再进一步增大输入量使 $x>x_0$，输出量仍为 $y=1$。当输入量 x 从 x_0 减小的时候，在 $x>x_r$ 的过程中，虽然吸力特性向下降低，但因衔铁吸合状态下的吸力仍比反力大，衔铁不会被释放，其输出量 $y=1$。当 $x=x_r$ 时，因吸力小于反力，衔铁被释放，输出量由“1”变为“0”；再减小输入量，输出量仍为“0”。所以，电磁机构的输入—输出特性或“继电特性”为一矩形曲线。动作值与复归值均为继电器的动作参数，电磁机构的继电特性是电磁式继电器的重要特性。

3. 电弧的产生和灭弧方法

（1）电弧的产生过程　触头在自然环境下开断电路时，如果被开断电路的电流（电压）超过某一数值（根据触头材料的不同其值约在 0.25～1A，12～20V 之间），在触头间隙中就会产生电弧。电弧实际上是触头间气体在强电场作用下产生的放电现象。这时触头间隙中的气体被游离产生大量的电子和离子，在强电场作用下，大量的带电粒子作定向运动，使绝缘的气体变成了导体。电流通过这个游离区时所消耗的电能转换为热能和光能，由于光和热的效应，产生高温并发出强光，使触头烧蚀，并使电路切断时间延长，甚至不能断开，造成严重事故。为此，必须采取措施熄灭或减小电弧。

（2）电弧的产生原因　电弧产生的原因主要经历 4 个物理过程：

1）强电场放射。触头在通电状态下开始分离时，其间隙很小，电路电压几乎全部降落在触头间很小的间隙上，使该处电场强度很高，强电场将触头阴极表面的自由电子拉出到气隙中，使触头间隙的气体存在较多的电子，这种现象称为强电场放射。

2）撞击电离。触头间的自由电子在电场作用下，向正极加速运动，经一定路程后获得足够大的动能，在其前进途中撞击气体原子，将气体原子分裂成电子和正离子。电子在向正极运动过程中又撞击其他原子，使触头间隙中的气体电荷越来越多，这种现象称为撞击电离。

3）热电子发射。撞击电离产生的正离子向阴极运动，撞击在阴极上使阴极温度逐渐升高，并使阴极金属中电子动能增加，当阴极温度达到一定程度时，一部分电子将有足够动能从阴极表面逸出，再参与撞击电离。由于高温使电极发射电子的现象称为热电子发射。

4）高温游离。当电弧间隙中的气体温度升高时，气体分子热运动速度加快，当电弧温度达到或超过 3000℃时，气体分子进行强烈的不规则热运动并相互碰撞，使中性分子游离成为电子和正离子。这种因高温使分子撞击所产生的游离称为高温游离。

由以上分析可知，在触头刚开始分断时，首先是强电场放射。当触头完全打开时，由于触头间距离增加，电场强度减弱，维持电弧存在主要靠撞击电离，热电子发射和高温游离，而其中又以高温游离作用最大。但是在气体分子电离的同时，还存在消电离作用。消电离是指正负带电粒子复合成为中性粒子。对于消电离只有在带电粒子运动速度较低时才有可能。

因此冷却电弧，或将电弧挤入绝缘的窄缝里，迅速导出电弧内部热量，降低温度，减小离子的运动速度，以便加强复合过程。同时，高度密集的高温离子和电子，向周围密度小、温度低的地方扩散，使弧隙中的离子和电子浓度降低，电弧电流减小，也使高温游离大为减弱。

（3）灭弧的基本方法　当电离速度大于消电离速度时，电弧会持续燃烧；反之电弧会熄灭。灭弧的基本方法有：

1）快速拉长电弧。降低触头间的电场强度，使电弧电压不足以维持电弧的燃烧，从而使电弧熄灭。

2）冷却，使电弧与冷却介质接触，带走电弧热量，从而使离子运动速度减慢，同时又使离子的复合速度加快，使电弧熄灭。

3）窄缝灭弧。将电弧挤入窄缝，使电弧与固体介质接触以加强扩散和冷却的作用，减小离子运动速度，加快离子复合速度，使电弧熄灭。

4）短弧灭弧。将长电弧分割成几段，就增加了维持电弧燃烧所需的电压要求，而且增加了散热面积，使触头间电压不足以击穿各段的所有气隙，短电弧同时熄灭，不再重燃。

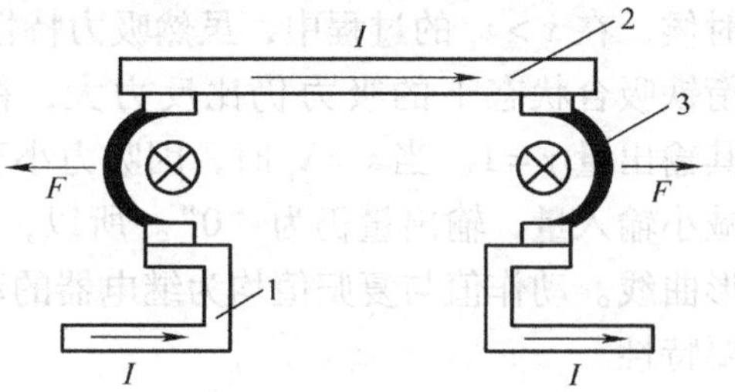

图 1-9　双断口电动力吹弧

1—静触头　2—动触头　3—电弧

（4）常用的灭弧装置

1）电动力吹弧。图 1-9 所示是一种桥式结构双断口触头的双断口电动力吹弧。当触头断开电路时，在断口处产生电弧，电弧电流在两电弧之间产生图 1-9 所示的磁场，根据左手定则，电弧电流将受到指向外侧的电动力 F 的作用，使电弧向外运动并拉长，迅速冷却并熄灭。此外，也具有将一个电弧分为两个电弧的作用。这种灭弧方法常用于小容量的交流接触器中。

2）磁吹灭弧。为加强弧区的磁场强度，以获得较大的电弧运动速度，在触头电路中串入磁吹线圈，磁吹灭弧原理如图 1-10 所示。该线圈产生的磁场由导磁夹板引向触头周围。磁吹线圈磁场与电弧电流磁场相互叠加，这两个磁场在电弧下方方向相同，在电弧上方方向相反，所以电弧下方的磁场强于上方的磁场。在下方磁场作用下，电弧受力方向为 F 所指的方向，在 F 的作用下，电弧被吹离触头，经引弧角引进灭弧罩，使电弧熄灭。这种灭弧方法常用于直流灭弧装置。

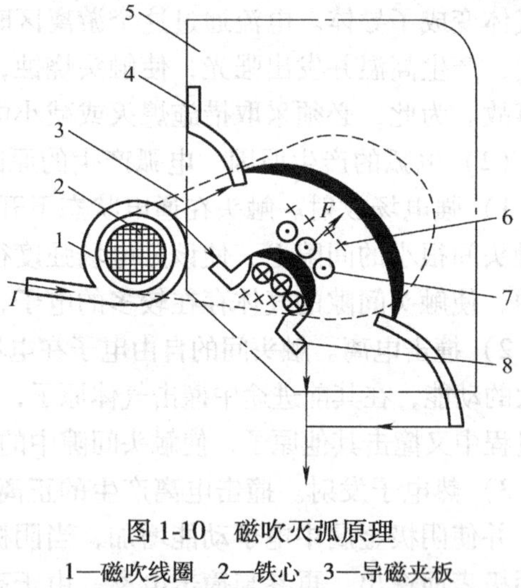

图 1-10　磁吹灭弧原理

1—磁吹线圈　2—铁心　3—导磁夹板

4—引弧角　5—灭弧罩　6—磁吹线圈磁场

7—电弧电流磁场　8—动触头

3）栅片灭弧。灭弧栅是由多片镀铜薄钢片（称为栅片）和石棉绝缘板组成，它们安放在电器触头上方的灭弧室内，彼此之间互相绝缘，片间距离约 2～5mm。当触头分断电路时，在触头之间产生电弧，电弧电流产生磁场。由于钢片磁阻比空气磁阻小得多，使灭弧栅上方的磁通非常稀疏，而灭弧栅处的磁通非常密集，这种上疏下密的磁场将电弧拉入灭弧罩中，电弧进入灭弧栅后，被分割成一段段串联的短弧，如图 1-11 所示。这样每两片灭弧栅片可看作一对电极，而每对电极间都有 150～250V 的绝缘强度，使整个灭弧栅的绝缘强度大大加强，以致外加电压无法维持，电弧迅速熄灭。同时，栅片还能吸收电弧热量，使电弧迅速冷却，也利于电弧熄灭。由于灭弧栅对交流电弧更有效，故灭弧栅装置常用于交流灭弧。

4）窄缝灭弧。这种灭弧方法是利用灭弧罩的窄缝来实现的。灭弧罩内有一个或数个纵缝，缝的下部宽上部窄，如图 1-12 所示。当触头断开时，电弧在电动力的作用下进入缝内，窄缝可将弧柱分成若干个直径较小的电弧，同时将电弧直径压缩，使电弧同缝壁紧密接触，加强冷却和消游离作用，同时也加大了电弧运动的阻力，使电弧运动速度下降，迅速熄灭。灭弧罩通常用陶土、石棉水泥或耐弧塑料制成。

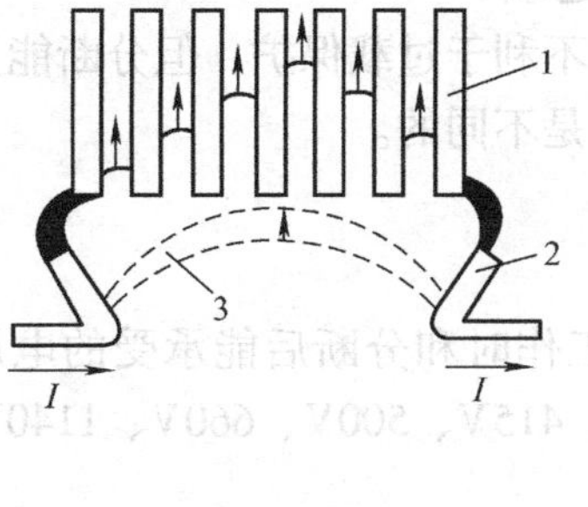

图 1-11　栅片灭弧示意图

1—灭弧栅片　2—触头　3—电弧

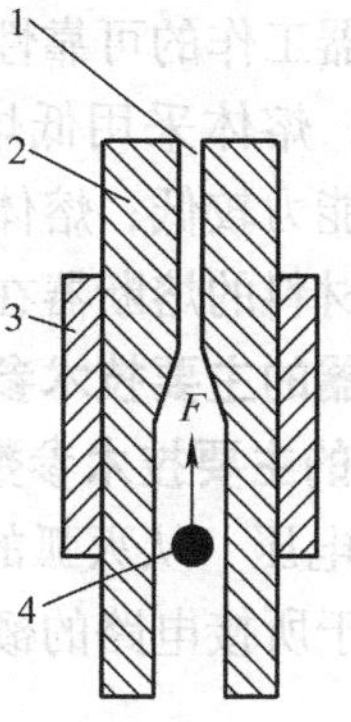

图 1-12　窄缝灭弧

1—纵缝　2—介质　3—磁性夹板　4—电弧

第二节　熔　断　器

熔断器是一种当电流超过规定值一定时间后，以它自身产生的热量使熔体熔化而分断电路的电器：是一种结构简单、使用方便、价格低廉的保护电器，广泛应用于低压配电系统、控制系统及用电设备中，主要用作短路保护和过电流保护。

一、熔断器结构及工作原理

熔断器主要由熔体、熔断管（座）、填料及导电部件等组成。其中熔体是熔断器的核心部件，它既是感测元件又是执行元件，常做成丝状、片状、带状或笼状。熔体的材料有两类：一类为低熔点材料，如铅、锡的合金，锑、铝合金，锌等，这些材料熔点低，熔化时所需热量少，有利于过载保护，但是其电阻率较大，在一定电阻值下熔体截面积较大，熔断时产生的金属蒸气较多，不利于熄弧，所以分断能力较低；另一类为高熔点材料，如银、铜、铝等，这些材料熔点较高，熔化时所需热量多，不利于过载保护，优点是这些材料的电阻率较低，制成的熔体截面积较小，因此熔断时产生的金属蒸汽少，有利于熄弧，所以分断能力较高。

填料目前广泛应用的是石英砂，主要有两个作用，即作为灭弧介质和帮助熔体散热。

熔断器的工作原理是：当熔断器接入电路时，熔体串接在电路中，负载电流经过熔体，当电路发生短路或过电流时，通过熔体的电流使其发热，当达到熔体金属的熔化温度时就会自行熔断，期间伴随着燃弧和熄弧过程，随之切断故障电路，起到保护作用。当电路正常工作时，熔体在额定电流下不会熔断，所以其最小熔化电流必须大于额定电流。

二、熔断器的保护特性

熔断器的保护特性是指流过熔体的电流与熔体熔断时间的关系曲线，称作“时间—电流特性”曲线或称作“安—秒特性”曲线，如图 1-13 所示。图中 I_{min} 为最小熔化电流或称临界电流，当熔体电流小于临界电流时，熔体不会熔断。最小熔化电流 I_{min} 与熔体额定电流 I_N 之比称为熔断器的熔化系数，即 $K = I_{min}/I_N$，当 K 小时对小倍数过载保护有利，但 K 也不宜接近于 1，因为当 K 为 1 时，不仅熔体在 I_N 下工作时温度会过高，而且还有可能因保护特性本身的误差而发生熔体在 I_N 下也熔断的现象，影响熔断器工作的可靠性。

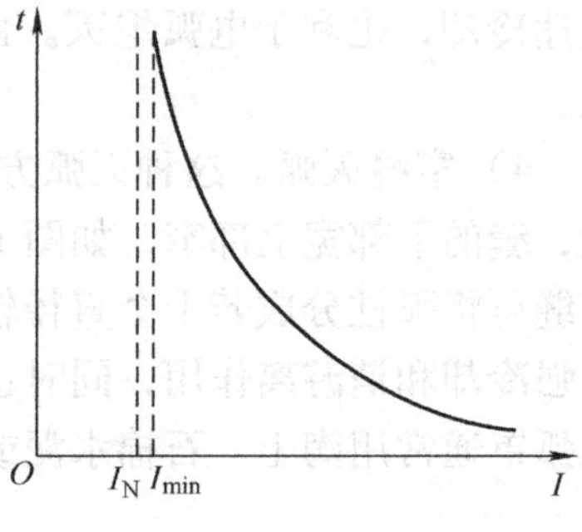

图 1-13 熔断器的保护特性

如前所述，熔体采用低熔点的金属材料，有利于过载保护，但分断能力较低；熔体采用高熔点的金属材料，不利于过载保护，但分断能力高。所以，不同熔体材料的熔断器在电路中保护作用的侧重点是不同的。

三、熔断器的主要技术参数及典型产品

1. 熔断器的主要技术参数

（1）额定电压　从灭弧的角度出发，熔断器长期工作时和分断后能承受的电压。其值一般大于或等于所接电路的额定电压，有 220V、380V、415V、500V、660V、1140V 等多个等级。

（2）额定电流　熔断器长期工作时，各部件温升不超过允许温升的最大工作电流。熔断器的额定电流有两种：一个是熔管额定电流，也称为熔断器额定电流；另一个是熔体的额定电流。熔管额定电流等级较少，而熔体额定电流等级较多，在一种规格的熔管内可安装多种电流规格的熔体，但熔体的额定电流最大不能超过熔管的额定电流。熔体的额定电流有 2A、4A、6A、8A、10A、12A、16A、20A、25A、32A、40A、50A、63A、80A、100A、125A、160A、200A、250A、315A、400A、500A、630A、800A、1000A、1250A 等多个等级。

（3）极限分断能力　熔断器在规定的额定电压和功率因数（或时间常数）条件下，能可靠分断的最大短路电流值，也就是熔断器可以分断的最大电流值，称为熔断器的极限分断能力。熔断器的限流作用越强，其分断能力就越大。

（4）最小熔化电流　通过熔体并使其熔化的最小电流。

熔断器的主要技术参数分为分断能力和保护特性两类，这两类参数都体现了在保护方面对熔断器提出的要求。其中，分断能力主要是为短路保护服务的，反映的是瞬时的限流特性；而保护特性主要是为过载保护服务的，具有反时限特性。

2. 熔断器的典型产品

熔断器的种类很多，按结构分有半封闭瓷插式、螺旋式、无填料密封管式和有填料密封管式。按用途分有一般工业用熔断器、半导体保护用快速熔断器和特殊熔断器。典型产品有 RL6、RL7、RL96、RLS2 系列螺旋式熔断器，RL1B 系列带断相保护螺旋式熔断器，RM10 系列无填料密封管式熔断器，RT18、RT18—□X 系列熔断器以及 RT14 系列有填料密封管式熔断器。此外，还有引进国外技术生产的 NT 系列高分断能力有填料封闭式刀型触头熔断器与 NGT 系列半导体器件保护用快速熔断器等。

RL系列熔断器型号含义如下：

RL □ □
- □（第二个）——额定电流
- □（第一个）——设计序号
- RL——螺旋式熔断器

RL6、RL7、RL96、RLS2系列熔断器技术数据见表1-1。图1-14所示为螺旋式熔断器外形、结构和符号。

表1-1 RL6、RL7、RL96、RLS2系列熔断器技术数据

型号	额定电压/V	额定电流/A		额定分断电流/kA	cosφ
		熔断器	熔体		
RL6—25，RL96—25 Ⅱ	500	25	2，4，6，10，16，20，25	50	0.1～0.2
RL6—63，RL96—63 Ⅱ		63	35，50，63		
RL6—100		100	80，100		
RL6—200		200	125，160，200		
RL7—25	660	25	2，4，6，10，16，20，25	25	
RL7—63		63	35，50，63		
RL7—100		100	80，100		
RLS2—30	500	30	16，20，25，30	50	
RLS2—63		63	35，45，50，63		
RLS2—100		100	75，80，90，100		

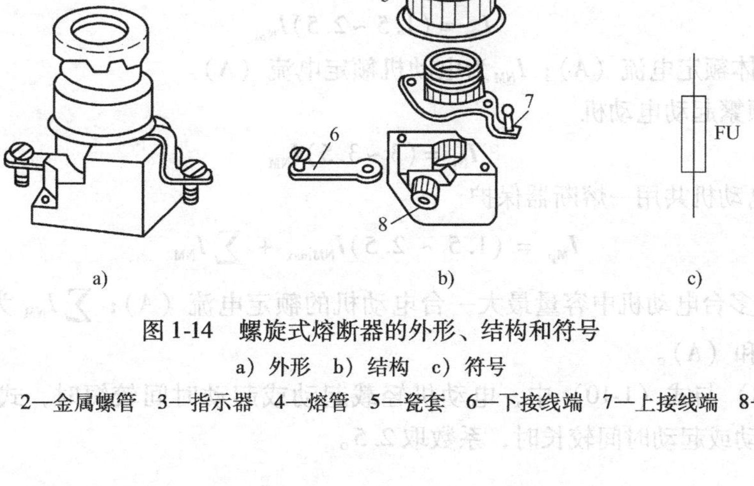

a) b) c)

图1-14 螺旋式熔断器的外形、结构和符号

a）外形 b）结构 c）符号

1—瓷帽 2—金属螺管 3—指示器 4—熔管 5—瓷套 6—下接线端 7—上接线端 8—瓷座

四、熔断器的选用

熔断器主要按熔断器的类型、熔断器额定电压、额定电流和熔体额定电流等进行选用。

1. 熔断器的选择原则

1）根据使用条件确定熔断器的类型。

2）首先选定熔体的规格，然后再根据熔体去选择熔断器的规格。

3）熔断器的保护特性应与被保护对象的过载特性有良好的配合。

4）在配电系统中，各级熔断器应相互匹配，一般上一级熔体的额定电流要比下一级熔体的额定电流大2~3倍。

5）对于保护电动机的熔断器，应注意电动机起动电流的影响。熔断器一般只作为电动机的短路保护，过载保护应采用热继电器。

6）熔断器的额定电流应不小于熔体的额定电流；额定分断能力应大于电路中可能出现的最大短路电流。

2. 一般熔断器的选择

（1）熔断器类型的选择　主要根据负载的情况和电路短路电流大小来选择熔断器类型。对于容量较小的照明电路或电动机的保护，宜采用RC1A系列插入式熔断器或RM10系列无填料密封管式熔断器；对于短路电流较大的电路或有易燃气体的场合，宜采用具有高分断能力的RL系列螺旋式熔断器或RT（包括NT）系列有填料密封管式熔断器；对于保护硅整流器件及晶闸管的场合，则应采用快速熔断器。

熔断器结构形式根据使用环境选择，管式熔断器常用于大型设备及容量较大的变电设备中，插入式熔断器常用于无振动场合，螺旋式熔断器多用于机床电路中，电子设备一般采用熔丝座。

（2）熔断器额定电压的选择　熔断器的额定电压应大于或等于所接电路的额定电压。

（3）熔体额定电流的选择　熔体额定电流的选择原则是电气设备正常工作及短时过电流时熔体不应熔断；出现故障电流或短路电流时，熔体熔断。熔体额定电流大小与负载大小、性质有关。对于负载平稳、无冲击电流的照明电路、电热电路等可按负载电流大小来确定熔体的额定电流；对于有冲击电流的电动机负载，为起到短路保护作用并保证电动机的正常起动，对三相笼型电动机其熔断器熔体的额定电流应按以下原则进行选用。

1）单台长期工作电动机

$$I_{Np}=(1.5\sim2.5)I_{NM} \tag{1-8}$$

式中，I_{Np}为熔体额定电流（A）；I_{NM}为电动机额定电流（A）。

2）单台频繁起动电动机

$$I_{Np}=(3\sim3.5)I_{NM} \tag{1-9}$$

3）多台电动机共用一熔断器保护

$$I_{Mp}=(1.5\sim2.5)I_{NMmax}+\sum I_{NM} \tag{1-10}$$

式中，I_{NMmax}为多台电动机中容量最大一台电动机的额定电流（A）；$\sum I_{NM}$为其余各台电动机额定电流之和（A）。

在式（1-8）与式（1-10）中，电动机轻载起动或起动时间较短时，式中系数取1.5；电动机重载起动或起动时间较长时，系数取2.5。

（4）熔断器额定电流的选择　每一种电流等级的熔断器可选配多种不同电流等级的熔体。当熔体额定电流确定后，根据熔断器额定电流应大于或等于熔体额定电流来确定熔断器额定电流。

第三节　热继电器

热继电器是利用电流流过发热元件产生热量使感测元件受热弯曲，进而推动机构动作的一种保护电器。由于发热元件具有热惯性，所以热继电器在电路中不能用作瞬时过载保护，更不能作短路保护，主要用作电动机的长期过载保护。在电力拖动控制系统中应用最广的是双金属片式热继电器。

一、电气控制对热继电器性能的要求

1. 应具有合理可靠的保护特性

热继电器主要用作电动机的长期过载保护，为适应电动机的过载特性，又能起到过载保护作用，要求热继电器具有形同电动机过载特性的反时限特性。热继电器保护特性与电动机过载特性的配合如图1-15所示。它是流过热继电器发热元件的电流与热继电器触头动作时间的关系曲线。考虑各种误差的影响，电动机的过载特性与热继电器的保护特性是一条曲带，误差越大，带越宽。从安全角度出发，热继电器的保护特性应处于电动机过载特性下方并相邻近。这样，当发生过载时，热继电器就在电动机未达到其允许过载之前动作，切断电动机电源，实现过载保护。

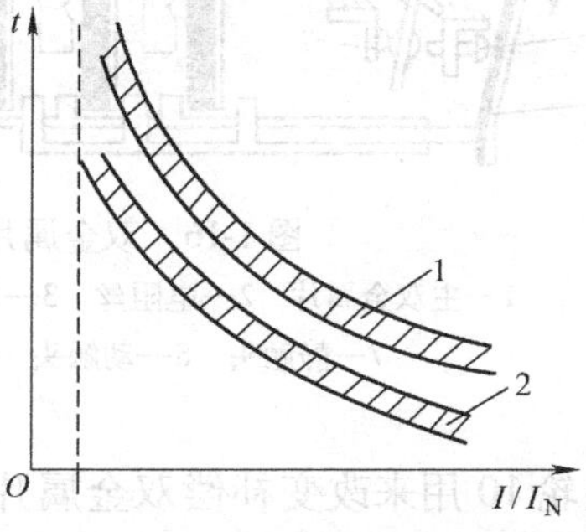

图1-15　热继电器保护特性与电动机过载特性的配合

1—电动机的过载特性　2—热继电器的保护特性

2. 具有一定的温度补偿

当环境温度变化时，热继电器检测元件受热弯曲存在误差，为补偿由于温度引起的误差，应具有温度补偿装置。

3. 热继电器动作电流可以方便地调节

为减少热继电器发热元件的规格，热继电器动作电流可在发热元件额定电流66%～100%范围内调节。

4. 具有手动复位与自动复位功能

热继电器动作后，可在2min内按下手动复位按钮进行复位，也可在5min内可靠地自动复位。

二、双金属片热继电器的结构及工作原理

双金属片热继电器主要由热元件、主双金属片、触头系统（动触头、静触头）、动作机构、复位按钮、电流整定装置和温度补偿元件等部分组成，如图1-16所示。

双金属片是热继电器的感测元件，它将两种线膨胀系数不同的金属片以机械辗压的方式形成一体，膨胀系数大的称为主动片，膨胀系数小的称为被动片。而环绕其上的电阻丝串联

于电动机定子电路中，流过电动机定子线电流，反映电动机过载情况。由于电流的热效应，双金属片遇热产生线膨胀，向被动片一侧弯曲。当电动机正常运行时，热元件产生的热量虽能使双金属片弯曲，但还不足以使热继电器的触头动作；只有当电动机长期过载时，过载电流流过热元件，使双金属片弯曲位移增大，经过一定时间后，双金属片弯曲到推动导板3，并通过补偿双金属片4与推杆6将触头7与8分开。此常闭触头串联于接触器线圈电路中，触头分开后，接触器线圈断电，接触器主触头断开电动机定子电源，实现电动机的过载保护。

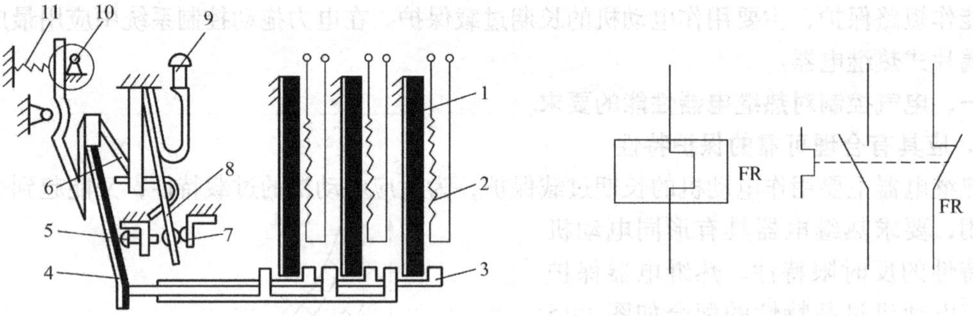

图1-16 双金属片式热继电器结构原理图与符号

1—主双金属片 2—电阻丝 3—导板 4—补偿双金属片 5—复位螺钉 6—推杆 7—静触头 8—动触头 9—复位按钮 10—调节凸轮 11—弹簧

调节凸轮10用来改变补偿双金属片与导板间的距离，达到调节整定动作电流的目的。此外，调节复位螺钉5来改变常开触头的位置，使继电器工作在手动复位或自动复位两种工作状态。调试手动复位时，在故障排除后需按下复位按钮9才能使常闭触头闭合。

补偿双金属片可在规定范围内补偿环境温度对热继电器的影响，当环境温度变化时，主双金属片与补偿双金属片同时向同一方向弯曲，使导板与补偿双金属片之间的推动距离保持不变。这样，继电器的动作特性将不受环境温度变化的影响。

三、带断相保护的热继电器

三相感应电动机运行时，若发生一相断路，流过电动机各相绕组的电流将发生变化，其变化情况将与电动机三相绕组的接法有关。如果热继电器保护的三相电动机是星形联结，当发生一相断路时，另外两相线电流增加很多，由于此时线电流等于相电流，而流过电动机绕组的电流就是流过热继电器热元件的电流，因此，采用普通的两相或三相热继电器就可对此作出保护。如果电动机是三角形联结，在正常情况下，线电流是相电流的$\sqrt{3}$倍，串联在电动机电源进线中的热元件按电动机额定电流即线电流来整定。当发生一相断路时，如图1-17所示电路，当电动机仅为额定负载的0.58时，流过跨接于全电压下的一相绕组的相电流I_{P3}等于1.15额定相电流，而流过两相绕组串联的电流$I_{P1}=I_{P2}$仅为0.58额定

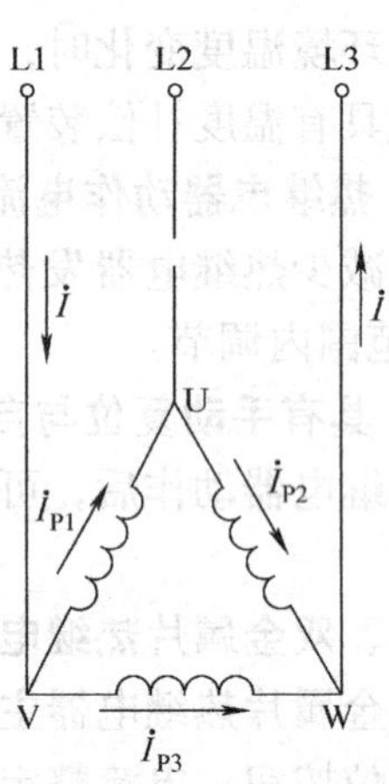

图1-17 电动机三角形联结时U相断线时的电流分析

相电流。此时未断相的那两相线电流正好为额定线电流，接在电动机进线中的热元件因流过额定线电流，热继电器不动作，但全压下的一相绕组已流过1.15倍额定相电流，时间一长便有过热烧毁的危险。所以三角形联结的电动机必须采用带断相保护的热继电器来对电动机进行长期过载保护。

带断相保护的热继电器是将热继电器的导板改成差动机构，如图1-18所示。差动机构由上导板1、下导板2及装有顶头4的杠杆3组成，它们之间均用转轴连接。其中，图1-18a所示为未通电时导板的位置；图1-18b所示为热元件流过正常工作电流时的位置，此时三相双金属片都受热向左弯曲，但弯曲的挠度不够，所以下导板向左移动一小段距离，顶头4尚未碰到补偿双金属片5，继电器不动作；图1-18c所示为电动机三相同时过载的情况，三相双金属片同时向左弯曲。推动下导板向左移动，通过杆杆3使顶头4碰到补偿双金属片端部，使继电器动作；图1-18d所示为W相断路时的情况，这时W相双金属片将冷却，端部向右弯曲，推动上导板向右移，而另外两相双金属片仍受热，端部向左弯曲推动下导板继续向左移动。这样上、下导板的一右一左移动，产生了差动作用，通过杠杆的放大作用，迅速推动补偿双金属片，使继电器动作。由于差动作用，继电器在断相故障时加速动作，保护电动机。带断相保护热继电器的保护特性见表1-2。

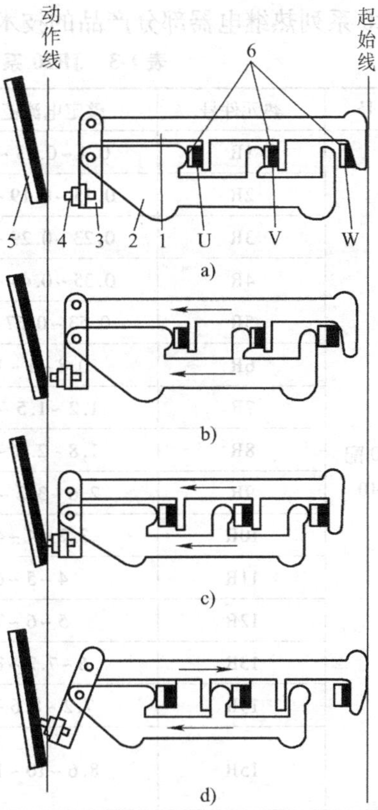

图1-18 差动式断相保护机构及工作原理
a）通电前 b）三相正常电流
c）三相均匀过载 d）W相断路
1—上导板 2—下导板 3—杠杆 4—顶头
5—补偿双金属片 6—主双金属片

表1-2 带断相保护热继电器的保护特性

项 号	电流倍数		动作时间	试验条件
	任意两相	第三相		
1	1	0.9	2h 不动作	冷态
2	1.15	0	<2h	从项1电流加热到稳定后开始

四、热继电器典型产品及主要技术参数

常用的热继电器有JR20，JRS1，JR36，JR21，3UA5、6，LR1-D，T系列。其中，后四种是引入国外技术生产的。下面以常用的JR20系列热继电器为例进行分析。

JR20系列热继电器带断相保护、温度补偿、整定电流值可调、手动脱扣、自动复位、动作后的信号指示。它与交流接触器可以进行分立式或组合式安装，二者可通过导电杆与挂钩直接插接。引进的T系列热继电器常与B系列接触器组合成电磁起动器。LR1—D系列热继电器与 LC1—D 系列交流接触器插接组成电磁起动器。

JR20 系列热继电器部分产品的技术数据见表 1-3。

表 1-3　JR20 系列热继电器部分产品的技术数据

型　号	热元件号	整定电流范围/A	型　号	热元件号	整定电流范围/A
JR20—10 配 CJ20—10	1R	0.1～0.13～0.15	JR20—16 配 CJ20—16	1S	3.6～4.5～5.4
	2R	0.15～0.19～0.23		2S	5.4～6.7～8
	3R	0.23～0.29～0.35		3S	8～10～12
	4R	0.35～0.44～0.53		4S	10～12～14
	5R	0.53～0.67～0.8		5S	12～14～16
	6R	0.8～1～1.2		6S	14～16～18
	7R	1.2～1.5～1.8	JR20—25 配 CJ20—25	1T	7.8～9.7～11.6
	8R	1.8～2.2～2.6		2T	11.6～14.3～17
	9R	2.6～3.2～3.8		3T	17～21～25
	10R	3.2～4～4.8		4T	21～25～29
	11R	4～5～6	JR20—63 配 CJ20—40、63	1U	16～20～24
	12R	5～6～7		2U	24～30～36
	13R	6～7.2～8.4		3U	32～40～47
	14R	7.2～8.6～10		4U	40～47～55
	15R	8.6～10～11.6		5U	47～55～62
				6U	55～63～71

JR20 系列热继电器型号含义：

JR　20—□　□/□

- □（最后）——热带产品代号用 TH 表示
- □（第二个）——派生代号:组合安装式基本型无代号；
  Z:与接触器组合安装式；
  L:独立安装式;G:标准导轨安装式；
  GZ:标准导轨组合安装式;GL:标准导轨独立安装式
- □（第一个）——品种代号
- 20——设计序号
- JR——热继电器

五、热继电器的选用

热继电器主要用作电动机的过载保护，选用时应根据使用条件、工作环境、电动机型号及运行条件和要求，电动机起动情况和负载情况等综合考虑。

1）热继电器有三种安装方式，独立安装式（通过螺钉固定）、导轨安装式（在标准安装轨上安装）和插接安装式（直接挂接在与其配套的接触器上）。应按实际安装情况选择安装方式。

2）原则上热断电器的额定电流应按电动机的额定电流选择。但对于过载能力较差的电动机，其配用的热继电器的额定电流应适当小些，通常选取热继电器的额定电流（实际上是选取热元件的额定电流）为电动机额定电流的60% ~80%。

3）在不频繁起动的场合，要保证热继电器在电动机起动过程中不产生误动作。当电动机起动电流为其额定电流6倍及以下，起动时间不超过5s时，若很少连续起动，则可按电动机额定电流选用热继电器。电动机起动时间较长，就不宜采用热继电器，而采用过电流继电器作保护。

4）一般情况下可选用两相结构的热继电器。对于电网电压均衡性较差、无人看管的电动机或与大容量电动机共用一组熔断器的电动机，宜选用三相结构的热继电器。定子三相绕组为三角形联结的电动机，应采用带断相保护的三元件热继电器作过载和断相保护。

5）双金属片式热继电器一般用于轻载、不频繁起动电动机的过载保护。对于重载、频繁起动的电动机，则可用过电流继电器（延时动作型的）作它的过载和短路保护，因为热元件受热变形需要时间，故热继电器不能作短路保护。

6）当电动机工作于重复短时工作制时，要注意确定热继电器的允许操作频率。因为热继电器的操作频率很有限的，操作频率较高时，热继电器的动作特性会变差，甚至不能正常工作。对于频繁正反转和频繁通断的电动机，不宜采用热继电器作保护，可选用埋入电动机绕组的温度继电器或热敏电阻来保护。

第四节 电磁式接触器

接触器是一种用于中远距离频繁接通与断开交、直流主电路及大容量控制电路的自动开关电器，主要用于控制交、直流电动机、电热设备、电容器组等。接触器具有大的执行机构，大容量的主触头以及迅速熄灭电弧的能力。当电路发生故障时，能迅速、可靠地切断电源，并有欠电压释放功能，常与保护电器配合用于电动机的控制及保护，故应用十分广泛。

接触器按操作方式分为电磁式接触器、气动式接触器和电磁气动式接触器；按灭弧介质分，有空气电磁式接触器、油浸式接触器和真空接触器等；按主触头控制的电流性质分，有交流接触器、直流接触器；而按电磁机构的励磁方式可分为直流励磁操作接触器与交流励磁操作接触器两种。其中应用最广泛的是空气电磁式交流接触器和空气电磁式直流接触器，简称为交流接触器和直流接触器。

一、接触器的结构及工作原理

1. 接触器的结构

接触器由电磁机构、触头系统、灭弧装置及辅助部件等构成。CJ10-20型交流接触器的结构与工作原理如图1-19所示。

电磁机构由线圈、铁心和衔铁组成，用来产生电磁吸力，带动触头动作。

触头系统有主触头和辅助触头两种，中小容量的交、直流接触器的主、辅触头一般都采用直动式双断口桥式结构，大容量的主触头为转动式单断点指型触头。主触头为常开触头，用于接通和分断主电路，允许通过较大电流。辅助触头在结构上通常是常开和常闭成对的，用在控制电路中，只允许通过小电流。当线圈通电后，衔铁在电磁吸力作用下吸向铁心，同时带动动触头动作，使其与常闭触头的定触头分开，与常开触头的定触头接触，实现常闭触头断开，常开触头闭合。当线圈断电或线圈电压降低时，电磁吸力消失或减弱，衔铁在释放弹簧作用下释放，触头复位，实现低电压释放保护功能。

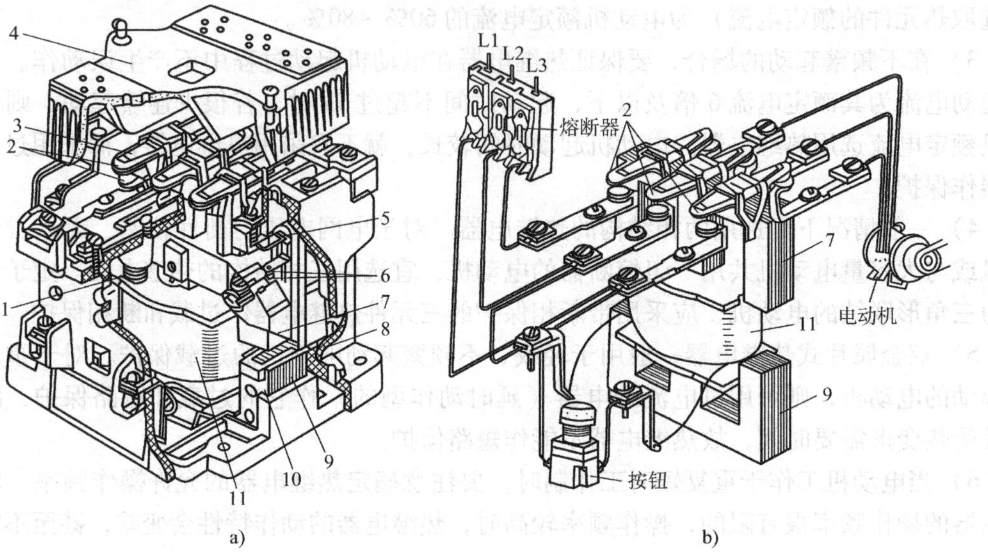

图 1-19　交流接触器的结构和工作原理

a）结构　b）工作原理

1—反作用弹簧　2—主触头　3—触头压力弹簧　4—灭弧罩　5—辅助常闭触头

6—辅助常开触头　7—动铁心　8—缓冲弹簧　9—静铁心　10—短路环　11—线圈

由于接触器主触头用来接通或断开主电路或大电流电路，为了灭弧，小容量接触器常采用电动力吹弧、灭弧罩灭弧；对于大容量接触器常采用纵缝灭弧装置或栅片灭弧装置灭弧；直流接触器常采用磁吹式灭弧装置来灭弧。

接触器的图形符号与文字代号如图 1-20 所示。

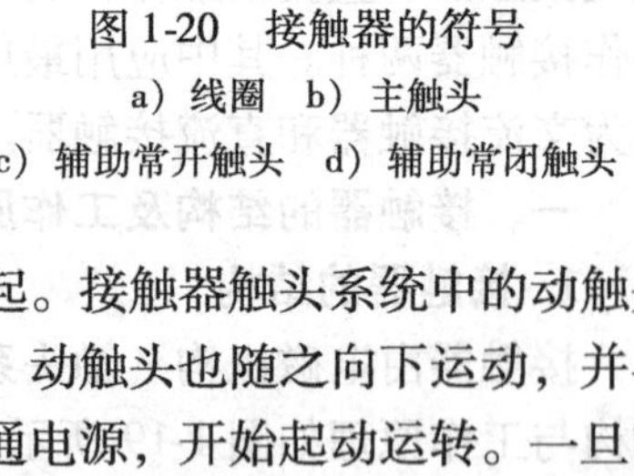

图 1-20　接触器的符号

a）线圈　b）主触头

c）辅助常开触头　d）辅助常闭触头

2. 接触器的工作原理

因接触器最主要的用途是控制电动机，下面介绍接触器控制电动机的工作原理。

如图 1-19 所示，当把按钮向下按时，接触器的线圈就经过按钮和熔断器与电源接通。当线圈通电后，产生的磁场将静铁心磁化，吸引动铁心向着静铁心运动，并最终吸合在一起。接触器触头系统中的动触头是同动铁心固定在一起的，当动铁心被静铁心吸引向下运动时，动触头也随之向下运动，并与静触头闭合。这样，电动机便经接触器的触头系统和熔断器接通电源，开始起动运转。一旦电源电压消失或明显降低，以致电磁线圈没有励磁或励磁不足，动铁心就会因电磁吸力消失或过小而在释放弹簧的反作用力作用下释放，脱离静铁心，与此同时，和动铁心固定在一起的动触头也与静触头脱离，使电动机断开电源，停止运转，这就是所谓失电压保护。

二、接触器的主要技术参数

接触器的主要技术参数有极数和电流种类、额定工作电压、额定工作电流（或额定控制功率）、约定发热电流、额定通断能力、线圈额定电压、允许操作频率、机械寿命和电气寿命、接触器线圈的起动功率和吸持功率、使用类别等。

（1）极数和电流种类 按接触器主触头的个数不同有两极、三极与四极接触器。按接触器接通与断开主电路电流种类不同，有直流接触器和交流接触器。

（2）额定工作电压 接触器额定工作电压是指主触头之间的正常工作时的电压值，也就是指主触头所在电路的电源电压。直流接触器的额定工作电压有：110V、220V、440V、660V，交流接触器的额定工作电压有：127V、220V、380V、500V、660V。

（3）额定工作电流 接触器额定工作电流是指主触头正常工作时的电流值。直流接触器的额定工作电流有40A、80A、100A、150A、250A、400A及600A；交流接触器的额定工作电流有10A、20A、40A、60A、100A、150A、250A、400A及600A。

（4）约定发热电流 在规定条件下试验时，在8h工作制下，各部分温升不超过极限值时所承载的最大电流。老产品只给出额定工作电流，新产品（如CJ20系列）则有约定发热电流和额定工作电流之分。

（5）额定通断能力 额定通断能力指接触器主触头在规定条件下能可靠地接通和分断的电流值。在此电流值下接通电路时主触头不应发生熔焊；在此电流下分断电路时，主触头不应发生长时间燃弧。电路中超出此电流值的分断任务，则由熔断器、断路器等电器承担。

（6）线圈额定工作电压 指接触器线圈正常工作时的电压值。常用接触器线圈的额定工作电压为：交流线圈有127V、220V、380V；直流线圈有110V、220V、440V。

（7）允许操作频率 指接触器在每小时内可实现的最高操作次数。交、直流接触器的额定操作频率有600次/h、1200次/h。

（8）机械寿命和电气寿命 机械寿命是指接触器在需要修理或更换机构零件前所能承受的无载操作次数。电气寿命是在规定的正常工作条件下，接触器不需修理或更换的有载操作次数。

（9）接触器线圈的起动功率和吸持功率 直流接触器起动功率和吸持功率相等。交流接触器起动视在功率一般为吸持视在功率的5～8倍。而线圈的工作功率是指吸持有功功率。

（10）使用类别 不同负载对接触器主触头的接通和分断能力要求不同，应按不同使用条件来选用相应使用类别的接触器。在电力拖动控制系统中，接触器常见的使用类别及典型用途见表1-4。它们的主触头达到的接通和分断能力为：AC1和DC1类允许接通和分断额定电流；AC2、DC3和DC5类允许接通和分断4倍的额定电流；AC3类允许接通6倍的额定电流和分断额定电流；AC4类允许接通和分断6倍的额定电流。

表1-4 接触器常见使用类别和典型用途

电流种类	使用类别	典型用途
AC(交流)	AC-1	无感或微感负载、电阻炉
	AC-2	绕线转子异步电动机的起动、制动
	AC-3	笼型异步电动机的起动、运转中分断
	AC-4	笼型异步电动机的起动、反接制动、反向和点动
DC(直流)	DC-1	无感或微感负载、电阻炉
	DC-3	并励电动机的起动、反接制动和点动
	DC-5	串励电动机的起动、反接制动和点动

三、常用典型交流接触器简介

1. 空气电磁式交流接触器

在接触器中，空气电磁式交流接触器应用最广泛，品种最多，各类产品的结构和工作原理基本相同。典型产品有 CJ20、CJ21、CJ26、CJ29、CJ35、CJ40、NC、B、LC1—D、3TB 和 3TF 等系列交流接触器。其中 CJ20 是 20 世纪 80 年代国内统一设计的产品，CJ40 是在 CJ20 基础上在 20 世纪 90 年代更新设计的产品。CJ21 是引进德国芬纳尔公司技术生产的、3TB 和 3TF（国内型号为 CJX3）是引进德国西门子公司技术生产（3TF 是在 3TB 基础上改进设计的产品）的、B 系列是引进德国 ABB 公司技术生产的、LC1—D（国内型号为 CJX2）是引进法国 TE 公司技术生产的。此外还有 CJ12、CJ15、CJ24 等系列大功率重任务交流接触器。

CJ20 系列型号含义：

CJ 20—□ □/□ □

- TH 代表湿热带产品
- 辅助规格代号，以数字代表额定电压
- K 代表组成矿用起动器的接触器
- 规格代号，用 380V、AC-3 额定电流表示
- 设计序号
- 交流接触器

B 系列型号含义：

B □ □ □ □ □

- 辅助常闭触头数
- 辅助常开触头数
- 常闭主触头数
- 常开主触头数
- 接触器规格
- B 系列交流接触器

CJ20 系列部分交流接触器主要技术数据见表 1-5。

表 1-5 CJ20 系列部分交流接触器主要技术数据

产品型号	额定绝缘电压/V	额定工作电压/V	约定发热电流/A	断续周期工作制下的额定工作电流/A				AC-3 使用类别下额定工作功率/kW	不间断工作制下的额定工作电流/A
				AC-1	AC-2	AC-3	AC-4		
CJ20—10	660	220	10	10	10	10	10	2.2	10
		380						4	
		660			5.2	5.2	5.2		
CJ20—16		220	16	16	16	16	16	4.5	16
		380						7.5	
		660			13	13	13	11	

（续）

<table>
<tr><th rowspan="2">产品型号</th><th rowspan="2">额定绝缘电压/V</th><th rowspan="2">额定工作电压/V</th><th rowspan="2">约定发热电流/A</th><th colspan="4">继续周期工作制下的额定工作电流/A</th><th rowspan="2">AC-3 使用类别下额定工作功率/kW</th><th rowspan="2">不间断工作制下的额定工作电流/A</th></tr>
<tr><th>AC-1</th><th>AC-2</th><th>AC-3</th><th>AC-4</th></tr>
<tr><td rowspan="3">CJ20—25</td><td rowspan="6">660</td><td>220</td><td rowspan="3">32</td><td rowspan="3">32</td><td rowspan="2">25</td><td rowspan="2">25</td><td rowspan="2">25</td><td>5.5</td><td rowspan="3">32</td></tr>
<tr><td>380</td><td>11</td></tr>
<tr><td>660</td><td>14.5</td><td>14.5</td><td>14.5</td><td>13</td></tr>
<tr><td rowspan="3">CJ20—40</td><td>220</td><td rowspan="3">55</td><td rowspan="3">55</td><td rowspan="2">40</td><td rowspan="2">40</td><td rowspan="2">40</td><td>11</td><td rowspan="3">55</td></tr>
<tr><td>380</td><td rowspan="2">22</td></tr>
<tr><td>660</td><td>25</td><td>25</td><td>25</td></tr>
</table>

2. 切换电容器接触器

切换电容器接触器是专用在低压无功辅偿设备中投入或切除并联电容器组，以调整用电系统的功率因数。常用产品有 CJ16、CJ19、CJ36C、CJ41、CJX4、CJX2A、LC1-D、6C 系列等。

3. 真空接触器

真空接触器是以真空为灭弧介质，其主触头密封在真空开关管内。特别适用于条件恶劣的危险环境中。常用的真空接触器有 CKJ 和 EVS 系列等。

四、直流接触器

直流接触器应用于直流电力线路中，供远距离接通与分断电路及直流电动机的频繁起动、停止、反转或反接制动控制，以及 CD 系列电磁操作机构合闸线圈或频繁接通和断开起重电磁铁、电磁阀、离合器和电磁线圈等。常用的直流接触器有 CZ18、CZ21、CZ22 和 CZ0 系列等。

CZ18 系列接触器型号含义：

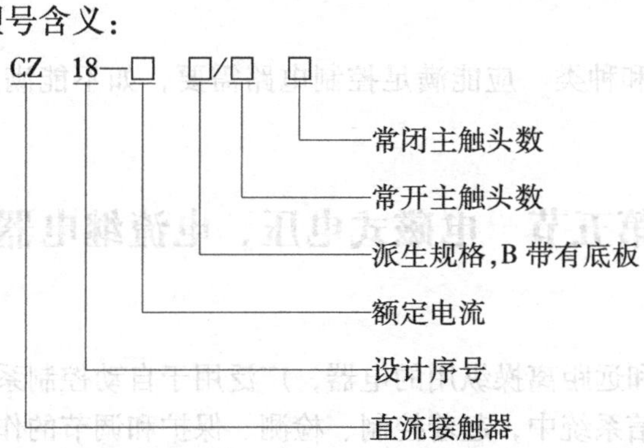

CZ18 系列直流接触器技术数据见表 1-6。

五、接触器的选用

（1）接触器极数和电流种类的确定　接触器由主电路电流种类来决定选择直流接触器还是交流接触器。三相交流系统中一般选用三极接触器，当需要同时控制中性线时，则选用四极交流接触器。单相交流和直流系统中则常用两极或三极并联。

表 1-6 CZ18 系列直流接触器的技术数据

型号	额定工作电压/V	约定发热电流/A	额定操作频率/(次·h^{-1})	使用类型	常开主触头数	辅助触头		
						常开	常闭	约定发热电流/A
CZ18—40/10	440	40(20、10、5①)	1200	DC-2②	1	2	2	6
CZ18—40/20					2			
CZ18—80/10		80	1200		1			
CZ18—80/20					2			
CZ18—160/10		160	600		1			10
CZ18—315/10		315			1			
CZ18—630/10		630			1			
CZ18—1000/10		1000			1			

① 5A、10A、20A 为吹弧线圈的额定工作电流。

② DC2 时，在 440V 下额定工作电流等于约定发热电流。

（2）接触器使用类别的确定　根据接触器所控制负载的工作任务来选择相应使用类别的接触器。如负载是一般任务则选用 AC3 使用类别：负载为重任务则应选用 AC4 类别；如果负载为一般任务与重任务混合时，则可根据实际情况选用 AC3 或 AC4 类接触器，如选用 AC3 类时，应降级使用。一般场合选用电磁式接触器；易爆易燃场合应选用防爆型及真空接触器。

（3）主触头电流等级的确定　根据负载功率和操作情况来确定接触器主触头的电流等级。当接触器使用类别与所控制负载的工作任务相对应时，一般按控制负载电流值来决定接触器主触头的额定电流值，即主触头额定电流应大于或等于负载电流；若不对应时，应降低接触器主触头电流等级使用。

（4）接触器的额定电压的确定　根据接触器主触头接通与分断主电路电压等级来决定。

（5）接触器线圈的额定电压的确定　根据所接控制电路电压确定接触器线圈的额定电压。

（6）接触器触头数和种类　应能满足控制电路需要，如不能满足，可增加中间继电器解决。

第五节　电磁式电压、电流继电器

一、概述

继电器是一种自动和远距离操纵用的电器，广泛用于自动控制系统、遥控系统、遥测系统、电力保护系统及通信系统中，起着控制、检测、保护和调节的作用，是现代电气装置中最基本的器件之一。本节主要介绍在电力拖动自动控制系统中最常用的控制继电器。

1. 继电器的结构及用途

不论继电器的动作原理、结构形式如何千差万别，他们都是由感测机构（又称感应机构)、中间机构（又称比较机构）和执行机构三个基本部分组成的。感测机构把感测得到的电气量或非电气量传递给中间机构，将它与预定值（整定值）进行比较，当达到整定值

（过量或欠量）时，中间机构便执行动作，从而闭合或断开电路。

虽然继电器与接触器都是用来自动闭合或断开电路，但是它们仍有许多不同之处，其主要区别如下：

1）继电器一般用于控制小电流电路，触头额定电流不大于5A，所以不加灭弧装置，而接触器一般用于控制大电流电路，所以加有灭弧装置。

2）接触器一般只能对电压的变化作出反应，而各种继电器能对相应的各种电量或非电量作出反应。

继电器的用途很多，一般可以归纳如下：

1）信号转换（从断开到接通）；

2）增加输出电路（即切换几个负载或切换不同电源负载）；

3）输入与输出电路之间的隔离；

4）重复信号；

5）切换不同电压和电流负载；

6）保留输出信号；

7）闭锁电路；

8）提供遥控信号。

2. 继电器主要参数

（1）额定参数　指继电器的线圈和触头在正常工作时的电压和电流的允许值。同一系列的继电器，其线圈有不同的额定电压或额定电流的数值。

（2）动作参数　指衔铁刚产生动作时线圈的电压（或电流）数值。有吸合电压或电流，释放电压或电流。对于电压继电器其动作参数有吸合电压 U_o 与释放电压 U_r；对于电流继电器其动作参数有吸合电流 I_o 与释放电流 I_r。

（3）整定参数

1）整定值。人为调节的动作值称为整定值，该值是用户使用时可调节的动作参数。电磁式控制继电器的整定参数见表1-7。

表1-7　电磁式控制继电器的整定参数

继电器类型	电流种类	可调参数	可调参数返回
欠电压继电器	DC	动作电压	吸合电压30% ~50% U_N 释放电压7% ~20% U_N
过电压继电器	AC	动作电压	105% ~120% U_N
过电流继电器	AC	动作电流	110% ~350% I_N
	DC		70% ~300% I_N
欠电流继电器	DC	动作电流	吸合电流30% ~65% I_N 释放电流10% ~20% I_N
时间继电器	AC	通电或断电延时	0.2 ~30s　10 ~180s
	DC	断电延时	0.3 ~0.9s　0.8 ~3s　2.5 ~5s

2）灵敏度。灵敏度是指继电器在整定值下动作所需的最小功率或安匝数。

（4）返回系数　返回系数是指继电器的释放值与吸合值的比值，用K表示。对于电压继电器，其电压返回系数$K_U = U_r/U_o$；对于电流继电器，其电流返回系数$K_I = I_r/I_o$。返回系数实际上反映了继电器吸力特性和反力特性配合紧密程度，是电压、电流继电器的重要参数。

（5）动作时间　有吸合时间与释放时间两种。吸合时间是指从线圈通电瞬间起，到动、静触头闭合为止所需的时间。释放时间是从线圈断电瞬间起，到动、静触头恢复到原始状态为止所需的时间。一般继电器动作时间为0.05～0.2s。动作时间小于0.05s的为快速动作继电器，动作时间大于0.2s的为延时动作继电器。

3. 继电器的分类

（1）按对被控电路的控制方式不同　分为有触头继电器与无触头继电器。

（2）按应用领域、环境不同　可分为电气系统继电保护用继电器、自动控制用继电器、通信用继电器、船舶用继电器、航空用继电器、航天用继电器、热带用继电器、高原用继电器等。

（3）按输入信号的性质不同　可分为直流继电器、交流继电器、电压继电器、电流继电器、中间继电器、时间继电器、热继电器、温度继电器、速度继电器、压力继电器等。

（4）按工作原理不同　可分为电磁式继电器、感应式继电器、双金属片式继电器、电动式继电器、电子式继电器等。

二、电磁式继电器

1. 电磁式继电器的基本结构和工作原理

（1）电磁式继电器的基本结构　电磁式继电器的结构和工作原理与电磁式接触器相似，其结构如图1-21所示。它由电磁机构和触头系统、调节装置三部分组成。因继电器的触头均接在控制电路中，电流小，无需再设灭弧装置，但继电器为满足控制要求，需调节动作参数，故有调节装置。

1）电磁机构。直流继电器的电磁机构均为U形拍合式，铁心和衔铁均由电工软铁制成，为了改变衔铁闭合后的气隙，在衔铁的内侧面上装有非磁性垫片，铁心铸在铝基座上。交流继电器的电磁机构有U形拍合式、E形直动式、螺管式等结构型式。铁心与衔铁均由硅钢片叠制而成，且在铁心柱端面上嵌有短路环。

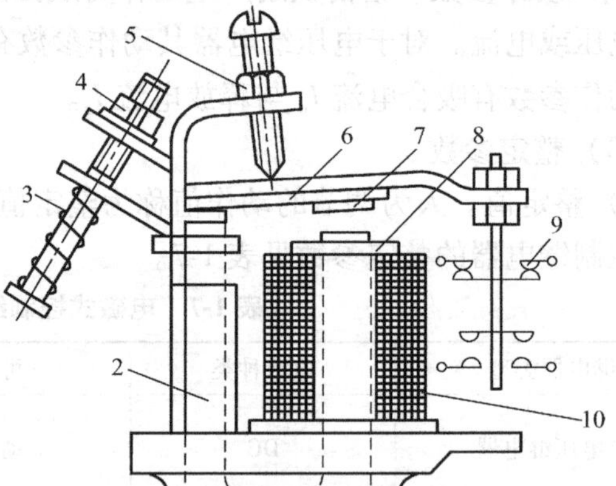

图1-21　电磁式继电器的典型结构

1—底座　2—铁心　3—释放弹簧　4—调节螺母　5—调节螺母　6—衔铁　7—非磁性垫片　8—极靴　9—触头系统　10—线圈

2）触头系统。继电器的触头一般都为桥式触头，有常开和常闭两种形式，没有灭弧装置。

3）调节装置。为改变继电器的动作参数，应设有改变继电器释放弹簧松紧程度的调节装置和改变衔铁释放时与闭合时磁路气隙大小的调节装置，如调节螺母和非磁性垫片。

（2）电磁式继电器的工作原理　在图 1-21 中，线圈的作用是从电源获取能量、建立磁场。铁心的作用是加强工作气隙内的磁场，使磁通大部分沿铁心、衔铁和工作气隙闭合。衔铁的主要作用是实现电磁能与机械能的转换。释放弹簧用来提供反力，当线圈接通电源以后，线圈的励磁电流产生磁场，因而产生力图使工作气隙减小的电磁吸力吸引衔铁。一旦电磁吸力大于反力，动铁心就开始运动带动与之连接的动触头向下移动，使动触头与上面的常闭静触头分开，而与下面的常开静触头接触。最后衔铁被吸持在最终位置上，即与极靴相接触的位置上。若切断线圈电源，磁场便消失。于是，衔铁在反力的作用下脱离极靴，并带动动触头返回起始位置。

在电磁式继电器中装设不同的线圈，可制成电流继电器、电压继电器和中间继电器。而继电器的线圈又有交流和直流两种，直流继电器再加装铜套又可构成电磁式时间继电器。

2. 电磁式继电器用途与分类

电磁式继电器广泛用于电力拖动系统中，起到控制、放大、联锁、保护与调节的作用，以实现控制过程的自动化。

电磁式继电器品种繁多，其分类及用途见表 1-8。

表 1-8　电磁式控制继电器的分类及用途

名称	动作特点	主要用途
电压继电器	当电路中端电压达到规定值时动作	用于电动机失电压或欠电压保护以及制动和反转控制等
电流继电器	当电路中通过的电流达到规定值时动作	用于电动机的过载及短路保护，直流电动机磁场控制及失磁保护
中间继电器	当电路中端电压达到规定值时动作	触头数量较多，容量较大，通过它增加控制回路数或起信号放大作用
时间继电器	自得到动作信号起至触头动作有一定延时	用于交直流电动机，作为以变量起动时切换电阻的加速继电器，笼型电动机的自动星-三角起动、能耗制动及控制各种生产工艺程序等

此外，按线圈电流种类不同，电磁式继电器可分为直流继电器和交流继电器。其中直流继电器有 12V、24V、48V、110V、220V 等规格；交流继电器有 36V、110V、127V、220V、380V 等规格。

三、电磁式电压继电器

电磁式电压继电器的线圈并联在电路中，用来反映电路电压的大小。其触头的动作与线圈电压大小有直接关系，在电力拖动控制系统中起电压保护和控制作用。按吸合电压相对额定电压的大小可分为过电压继电器和欠电压继电器。

1. 过电压继电器

在电路中用于过电压保护。当线圈为额定电压时，衔铁不吸合，当线圈电压高于其额定电压时，衔铁才吸合。当线圈所接电路电压降低到继电器释放电压时，衔铁才返回释放状态，相应触头也返回原来状态。所以，过电压继电器释放值小于动作值，其返回系数 $K_V <$

1，规定当 $K_U > 0.65$ 时，称为高返回系数继电器。

由于直流电路一般不会出现过电压，所以产品中没有直流过电压继电器。交流过电压继电器吸合电压调节范围为 $U_o = (1.05 \sim 1.2) U_N$。

2. 欠电压继电器

在电路中用于欠电压保护。当线圈电压低于其额定电压值时衔铁就吸合，而当线圈电压很低时衔铁才释放。一般直流欠电压继电器吸合电压 $U_o = (0.3 \sim 0.5) U_N$，释放电压 $U_r = (0.07 \sim 0.2) U_N$。交流欠电压继电器的吸合电压与释放电压的调节范围分别为 $U_o = (0.6 \sim 0.85) U_N$，$U_r = (0.1 \sim 0.35) U_N$。由此可见，欠电压继电器的返回系数 K_U 很小。

电压继电器的符号如图 1-22 所示。

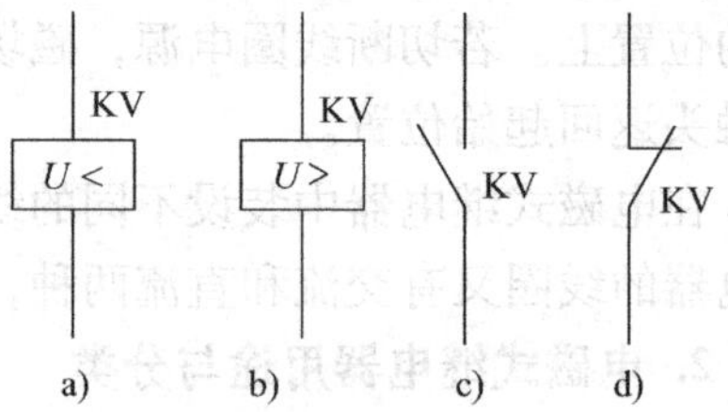

图 1-22 电压继电器的符号

a）欠电压线圈 b）过电压线圈

c）常开触头 d）常闭触头

四、电磁式电流继电器

电磁式电流继电器线圈串联在电路中，用来反映电路电流的大小，触头是否动作与线圈电流大小直接有关。该继电器按线圈电流种类不同分为交流电流继电器与直流电流继电器。按吸合电流大小不同可分为过电流继电器和欠电流继电器。

1. 过电流继电器

正常工作时，线圈流过负载电流，即便是流过额定电流，衔铁处于释放状态，而不被吸合；当流过线圈的电流超过额定电流一定值时，衔铁才被吸合而动作，从而带动触头动作，其常闭触头断开，分断负载电路，起到过电流保护作用。

通常，交流过电流继电器的吸合电流 $I_0 = (1.1 \sim 3.5) I_N$，直流过电流继电器的吸合电流 $I_0 = (0.75 \sim 3) I_N$。由于过电流继电器在出现过电流时衔铁吸合动作，其触头切断电路，故过电流继电器无释放电流值。

2. 欠电流继电器

正常工作时，继电器线圈流过负载额定电流，衔铁吸合动作；当负载电流降低至继电器释放电流时，衔铁释放，带动触头动作。欠电流继电器在电路中起欠电流保护作用，所以常用欠电流继电器的常开触头接于电路中，当继电器欠电流释放时，常开触头断开电路起保护作用。

在直流电路中，由于某种原因而引起负载电流的降低或消失，往往会导致严重的后果，如直流电动机的励磁回路电流过小会使电动机发生超速，带来危险。因此在电器产品中有直流欠电流继电器，对于交流电路因无欠电流保护，也就没有交流欠电流继电器了。

直流欠电流继电器的吸合电流与释放电流调节范围 $I_0 = (0.3 \sim 0.65) I_N$ 和 $I_r = (0.1 \sim 0.2) I_N$。

电流继电器的符号如图 1-23 所示。

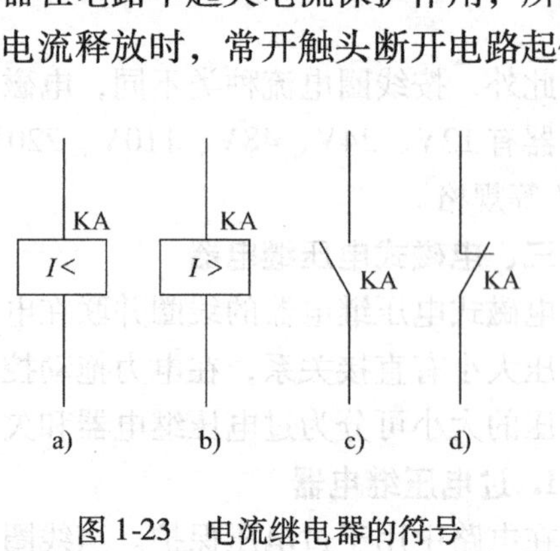

图 1-23 电流继电器的符号

a）欠电流线圈 b）过电流线圈

c）常开触头 d）常闭触头

五、电磁式中间继电器

电磁式中间继电器实质上是一种电磁式电压继电器，其特点是触头数量较多，在电路中起增加触头数量和中间放大作用。由于中间继电器只要求线圈电压为零时能可靠释放，对动作参数无要求，故中间继电器没有调节装置。JZ7 系列中间继电器的结构及符号如图 1-24 所示。

按电磁式中间继电器线圈电压种类不同，又分为直流中间继电器和交流中间继电器。有的电磁式直流继电器，更换不同电磁线圈时便可成为直流电压、直流电流及直流中间继电器；若在铁心柱上套有阻尼套筒，便可成为电磁式时间继电器。因此，这类继电器具有“通用”性，又称为通用继电器。

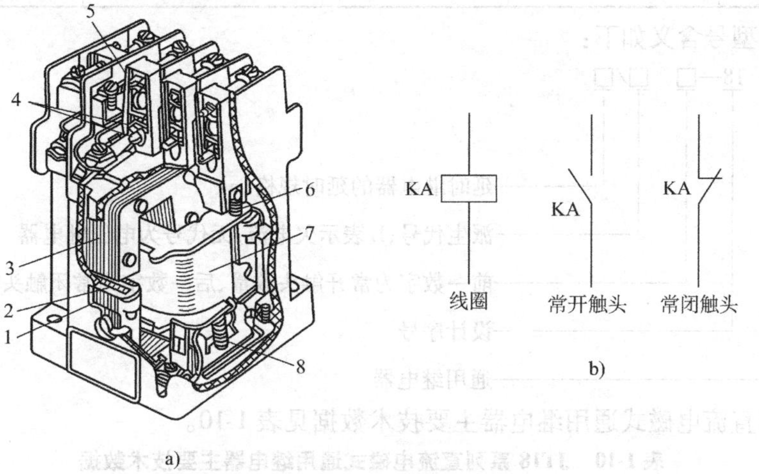

图 1-24　JZ7 系列中间继电器的结构及符号

a）结构　b）符号

1—静铁心　2—短路环　3—衔铁　4—常开触头　5—常闭触头

6—反作用弹簧　7—线圈　8—缓冲弹簧

六、常用典型电磁式继电器简介

1. 直流电磁式通用继电器

常用的有 JT3A、JT9、JT10、JT18 等系列。其中，JT3A 系列直流通用继电器主要用于直流 440V 以下的电力拖动自动控制系统中，作为电压（或中间、电流和时间）继电器用。

JT3A 型号含义如下：

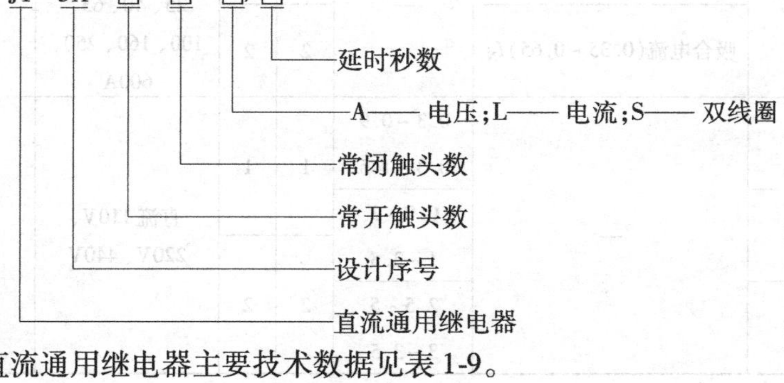

JT3A 系列直流通用继电器主要技术数据见表 1-9。

表 1-9 JT3A 系列直流通用继电器主要技术数据

型号	类别	线圈额定电压/V	线圈额定电流/A	触头组成
JT3A—□□	电压	12、24、48、110、220、440	JT4 系列交流电磁继电器	最多为四对，可任意组合
JT3A—□□/1	时间			
JT3A—□□/3				
JT3A—□□/5				
JT3A—□□L	欠电流		1、5、2.5、5、10、25、50、100、150、300、600	最多为三对
JT3A—11F	高返回系数			一常开一常闭
JT3A—12G	电压延时	110、220		一常开两常闭

JT18 系列型号含义如下：

JT 18—□ □/□

- □（/后）——延时继电器的延时规格(s)
- □——派生代号，L 表示欠电流，无代号为电压继电器
- □（—后）——前一数字为常开触头数量、后一数字为常闭触头数量
- 18——设计序号
- JT——通用继电器

JT18 系列直流电磁式通用继电器主要技术数据见表 1-10。

表 1-10 JT18 系列直流电磁式通用继电器主要技术数据

继电器类型	型号	可调参数调整范围	延时可调范围/s 断电/短路	触头数量 常开	触头数量 常闭	吸引线圈 额定电压(或电流)	吸引线圈 消耗功率/W	机械寿命/万次	电气寿命/万次
电压	JT18—□	吸合电压(0.3~0.5)U_N 释放电压(0.07~0.3)U_N	—	1	1	直流 24、48、110、220、440V	19	300	50
		吸合电压(0.35~0.5)U_N		2	2				
电流	JT18—□/L	吸合电流(0.3~0.65)I_N 释放电流(0.1~0.2)I_N	—	1	1	直流 1.6、2.5、4.6、10、16、25、40、63、100、160、250、600A	19	300	50
		吸合电流(0.35~0.65)I_N		2	2				
时间	JT18—□/1	—	0.3~0.9 0.3~1.5	1	1	直流 110V、220V、440V	19	300	50
	JT18—□/3		0.8~3						
			1~3.5	2	2				
	JT18—□/5		2.5~5 3~3.5						

2. 电磁式中间继电器

常用的有 JZ7、JDZ2、JZ14 等系列。引进产品有 MA406N 系列中间继电器，3TH 系列（国内型号 JZC）。Z14 系列中间继电器主要技术数据见表 1-11。

JZ14 系列型号含义如下：

JZ 14—□ □ □/□

- □（最后）——结构特征代号：无代号为敞开式板后安装；1 为敞开式板前安装；2 为带外罩板后安装；3 为带外罩板前安装；4 为带外罩和接线底座
- □——J 交流；Z 直流
- □——常闭触头数量
- □——常开触头数量
- 14——设计序号
- JZ——中间继电器

表 1-11 JZ14 系列中间继电器主要技术数据

型号	电压种类	触头电压/V	触头额定电流/A	触头组合		额定操作频率/(次·h^{-1})	通电持续率(%)	吸引线圈电压/V	吸引线圈消耗功率
				常开	常闭				
JZ14—□□J/□ JZ14—□□Z/□	交流、 直流	380 220	5	6 4 2	2 4 6	2000	40	交流 110、127、220、380 直流 24、48、110、220	10V·A 7W

3. 电磁式交、直流电流继电器

常用的有 JL3、JL14、JL15 等系列。其中，JL14 系列电流继电器主要技术数据见表 1-12。

JL14 系列型号含义如下：

JL 14—□ □ □ □

- □（最后）——S：手动复位机构；Q：欠电流；G：高返回系数
- □——Z：直流；J：交流
- □——常闭触头数量
- □——常开触头数量
- 14——设计序号
- JL——电流继电器

表 1-12　JL14 系列电流继电器主要技术数据

电流种类	型　号	线圈额定电流 I_N/A	吸合电流调整范围 I_o/A	触头数量		备　注
				常开	常闭	
直流	JL14—□□Z	1、1.5、2.5、5、10、15、20、40、60、100、150、300、600、1200、1500	0.7～3	3	3	
	JL14—□□ZS		0.3～0.65 或释放电流在 0.1～0.2 范围	2	1	手动复位
	JL14—□□ZQ			1	2	欠电流
交流	JL14—□□J		1.1～4.0	1	1	
	JL14—□□JS			2	2	手动复位
	JL14—□□JQ			1	1	返回系数大于 0.6

4. JT4 系列交流电磁继电器

本系列交流继电器用于交流 380V 及以下的自动控制电路，作为零电压（或中间）、过电流和过电压继电器使用，它的线圈为交流线圈，当安置不同的线圈时，可以作成交流电压、交流电流及交流中间继电器。

JT4 系列型号含义如下：

JT　4—□　□　□

- □——P—— 零电压；A—— 过电压；L—— 过电流；S— 手动复位
- □——常闭触头数
- □——常开触头数
- 4——设计序号
- JT——通用继电器

JT4 系列交流电磁继电器主要技术数据见表 1-13。

表 1-13　JT4 系列交流电磁继电器主要技术数据

型　号	可调参数调整范围	返回系数	触头数量	线圈 额定电压（或电流）	线圈 消耗功率	复位方式	机械寿命/万次	电寿命/万次
JT4—□□A 过电压继电器	吸合电压 105%～120% U_N	0.1～0.3	1 常开 1 常闭	110、220、380V	75V · A	自动	1.5	1.5
JT4—□□P 零电压（或中间）继电器	吸合电压 60%～85% U_N 或释放电压 10%～35% U_N	0.2～0.4	1 常开 1 常闭 或 2 常开 2 常闭	110、127、220、380V			100	10
JT4—□□L 过电流继电器	吸合电流 110～350% I_N	0.1～0.3		5、10、15、20、40、80、150、300、600A	5W		1.5	1.5
JT4—□□S 过电流继电器						手动		

七、电磁式继电器的选用

1. 类型和系列的选用

首先根据表1-8中所给继电器分类及用途，按被控制或被保护对象的工作要求来选择继电器的类型。然后根据灵敏度或精度要求来选择恰当的系列。在选择系列时也要注意继电器与系统的匹配性。

2. 使用类别的选用

继电器的典型用途是控制接触器的线圈，即控制交、直流电磁铁。按规定，继电器使用类别有：AC-11控制交流电磁铁负载与DC-11控制直流电磁铁负载。

3. 额定工作电流与额定工作电压的选用

在对应使用类别下，继电器的最高工作电压为继电器的额定绝缘电压，继电器的最高工作电流应小于继电器的额定发热电流。

选用继电器电压线圈的电压种类与额定电压值时，应与系统电压种类与电压值一致。

4. 使用环境的选用

继电器一般为普通型，选用时须考虑继电器安装地点的周围环境温度、海拔、相对湿度、污染等级及冲击、震动等条件，以便确定继电器的结构特征和防护类型。如用于尘埃较多的场所时，应选用带罩壳的全封闭式继电器；如用于湿热带地区时，应选用湿热带型继电器，才能保证继电器正常而可靠地工作。

5. 工作制的选用

继电器工作制应与其使用场合工作制一致，且实际操作频率应低于继电器额定操作频率。

6. 继电器返回系数的调节

应根据控制要求来调节电压和电流继电器的返回系数。一般采用增加衔铁吸合后的气隙、减小衔铁打开后的气隙或适当放松释放弹簧等措施来达到增大返回系数的目的。

第六节 时间继电器与速度继电器

一、时间继电器

从得到输入信号（线圈的通电或断电）开始，经一定延时后才输出信号（触头的闭合或断开）的继电器，称为时间继电器。时间继电器被广泛应用于电动机的起动控制和各种自动控制系统。

时间继电器种类很多，按动作原理不同主要有电磁式、空气阻尼式、同步电动机式和晶体管式（又称电子式），其主要特点如下：

1）电磁式时间继电器结构简单、价格低廉，但延时较短（一般延时只有0.3~5.5s），且只能用于直流断电延时。

2）空气阻尼式时间继电器又称气囊式时间继电器，其结构简单、价格低廉，但延时范围较大（0.4~180s），延时准确度较低，有通电延时和断电延时两种。

3）同步电动机式时间继电器延时准确度高、延时范围大（可达几十小时），但价格较昂贵。

4）晶体管式时间继电器，其体积小、精度高、可靠性好。延时几分钟到几十分钟，比空气阻尼式长，比同步电动机式短；延时精确度比空气阻尼式高，比同步电动机式略低。由于其较好的性价比，随着电子技术的发展，其应用越来越广泛。

时间继电器按延时方式不同有通电延时型和断电延时型。

1）通电延时型时间继电器是接受输入信号后延迟一定的时间，输出信号才发生变化；当输入信号消失后，输出瞬时复原。

2）断电延时型时间继电器是接受输入信号时，瞬时产生相应的输出信号；当输入信号消失后，延迟一定时间，输出才复原。

1. 直流电磁式时间继电器

直流电磁式时间继电器是在电磁式电压继电器铁心上套上阻尼铜套，如图1-25所示。当电磁线圈接通电源时，在阻尼套筒内产生感应电动势，流过感应电流。在感应电流作用下产生的磁通阻碍穿过铜套内原磁通的变化，因而对原磁通起阻尼作用，使磁路中的原磁通增加缓慢，达到吸合磁通值的时间加长，衔铁吸合时间后延，触头也延时动作。由于电磁线圈通电前，衔铁处于打开位置，磁路气隙大，磁阻大，磁通小，阻尼套筒作用也小，因此衔铁吸合时的延时只有0.1～0.5s，延时作用可不计。

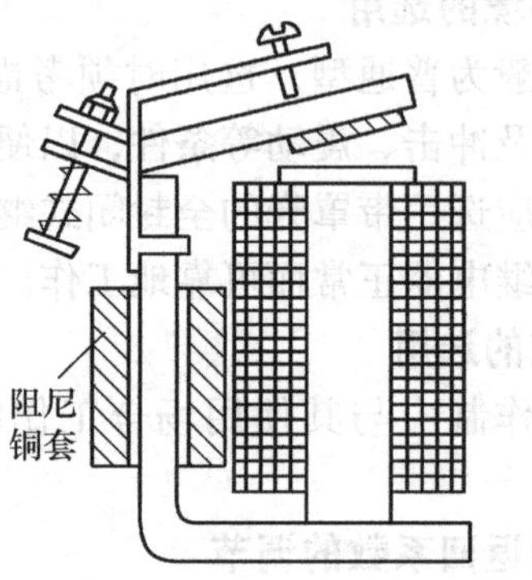

图1-25 直流电磁式时间继电器

但当衔铁已处于吸合位置，在切断电磁线圈直流电源时，因磁路气隙小，磁阻小，磁通变化大，铜套的阻尼作用大，所以电磁线圈断电后衔铁延时释放，相应触头延时动作，线圈断电获得的延时可达0.3～5s。

直流电磁式时间继电器延时时间的长短可通过改变铁心与衔铁间非磁性垫片的厚薄（粗调）或改变释放弹簧的松紧（细调）来调节。垫片厚则延时短，垫片薄则延时长；释放弹簧紧则延时短，释放弹簧松则延时长。

直流电磁式时间继电器具有结构简单、寿命长、允许通电次数多等优点。但仅适用于直流电路，若用于交流电路则需加整流装置；仅能获得断电延时，且延时时间短，延时精度不高。常用的有JT18系列电磁式时间继电器，其主要技术数据见表1-10。

2. 空气阻尼式时间继电器

（1）空气阻尼式时间继电器结构与工作原理　空气阻尼式时间继电器由电磁机构、延时机构和触头系统三部分组成，它是利用空气阻尼原理达到延时目的。延时方式有通电延时型和断电延时型两种。其外观区别在于：衔铁位于铁心和延时机构之间的为通电延时型；铁心位于衔铁和延时机构之间的为断电延时型。下面以JS7—A系列时间继电器为例来分析其工作原理。图1-26所示为JS7—A系列空气阻尼式时间继电器外形与结构图。

图1-27所示为JS7—A系列空气阻尼式时间继电器原理图。现以通电延时型为例说明其

工作原理。

当线圈1通电后，衔铁3吸合，活塞杆6在塔形弹簧7的作用下带动活塞13及橡皮膜9向上移动，橡皮膜下方空气室的空气变得稀薄，形成负压，活塞杆只能缓慢移动，其移动速度由进气孔气隙大小来决定。经过一段延时后，活塞杆通过杠杆15压动微动开关14，使其触点动作，起到通电延时作用。

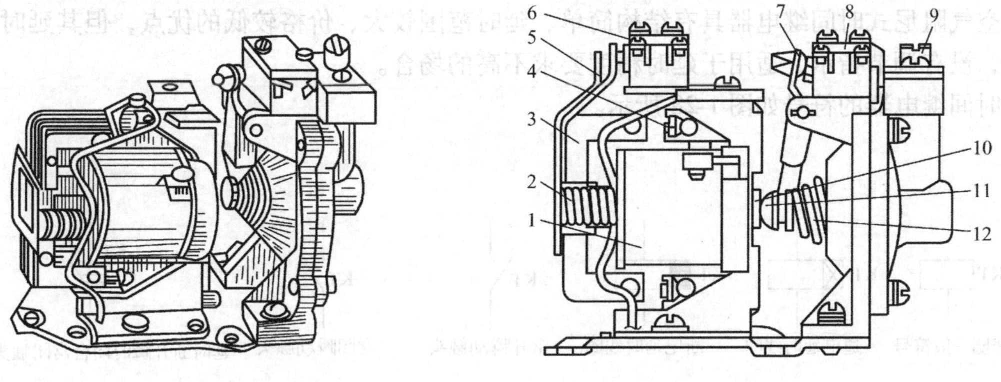

a) b)

图1-26 JS7—A系列空气阻尼式时间继电器外形与结构图

a）外形 b）结构

1—线圈 2—反力弹簧 3—衔铁 4—铁心 5—弹簧片 6—瞬时触头 7—杠杆 8—延时触头 9—调节螺钉 10—推杆 11—活塞杆 12—塔形弹簧

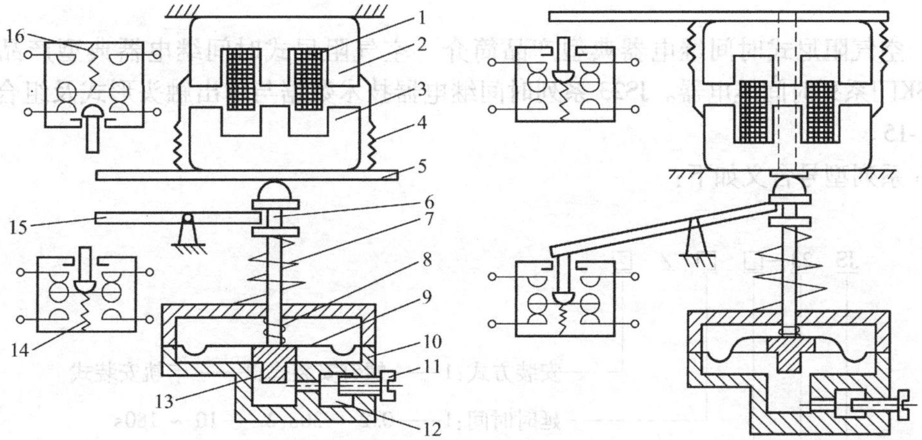

a) b)

图1-27 JS7—A系列空气阻尼式时间继电器原理图

a）通电延时型 b）断电延时型

1—线圈 2—铁心 3—衔铁 4—反力弹簧 5—推板 6—活塞杆 7—塔形弹簧 8—弱弹簧 9—橡皮膜 10—空气室壁 11—调节螺钉 12—进气孔 13—活塞 14、16—微动开关 15—杠杆

当线圈断电时，衔铁3释放，橡皮膜9下方空气室内的空气通过活塞肩部所形成的单向阀迅速排出，使活塞杆、杠杆、微动开关迅速复位。由线圈通电至触头动作的一段时间即为时间继电器的延时时间，延时长短可通过螺钉11调节进气孔气隙大小来改变。

微动开关16在线圈通电或断电时，在推板5的作用下都能瞬时动作，其触头为时间继电器的瞬动触头。

空气阻尼式时间继电器具有结构简单、延时范围较大、价格较低的优点，但其延时精度较低，没有调节指示，适用于延时精度要求不高的场合。

时间继电器的符号如图1-28所示。

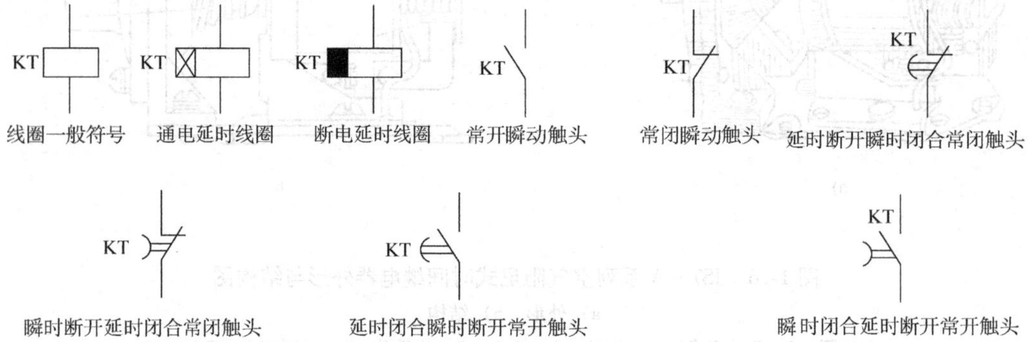

图1-28　时间继电器的符号

（2）空气阻尼式时间继电器典型产品简介　空气阻尼式时间继电器典型产品有JS7、JS23、JSK□系列时间继电器。JS23系列时间继电器技术数据与输出触头形式及组合见表1-14、表1-15。

JS23系列型号含义如下：

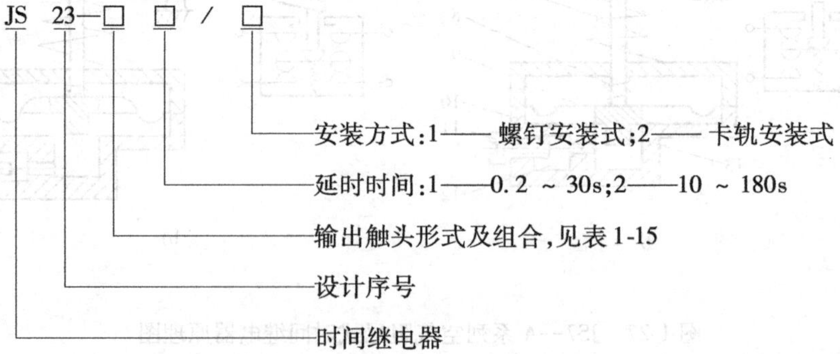

JSK□系列空气阻尼式时间继电器采用积木式结构，它由LA2—D或LA3—D型空气延时头与CA2—DN/122型中间继电器组合而成，其主要技术数据见表1-16。

表 1-14 JS23 系列时间继电器主要技术数据

<table>
<tr><th rowspan="2">型号</th><th rowspan="2" colspan="2">额定电压/V</th><th colspan="2">最大额定电流/A</th><th rowspan="2">线圈额定电压/V</th><th rowspan="2">延时重复误差(%)</th><th rowspan="2">机械寿命/万次</th><th colspan="2">电气寿命/万次</th></tr>
<tr><th>瞬动</th><th>延时</th><th>瞬动触头</th><th>延时触头</th></tr>
<tr><td rowspan="4">JS23—□□/□</td><td rowspan="2">交流</td><td>220</td><td colspan="2">—</td><td rowspan="4">交流 110、220、380</td><td rowspan="4">≤9</td><td rowspan="4">100</td><td rowspan="4">100</td><td rowspan="4">50</td></tr>
<tr><td>380</td><td colspan="2">0.79</td></tr>
<tr><td rowspan="2">直流</td><td>110</td><td></td><td></td></tr>
<tr><td>220</td><td>0.27</td><td>0.14</td></tr>
</table>

表 1-15 JS23 系列时间继电器输出触头形式及组合

<table>
<tr><th rowspan="3">型 号</th><th colspan="4">延时动作触头数量</th><th colspan="2" rowspan="2">瞬时动作触头数量</th></tr>
<tr><th colspan="2">线圈通电后延时</th><th colspan="2">线圈断电后延时</th></tr>
<tr><th>常开触头</th><th>常闭触头</th><th>常开触头</th><th>常闭触头</th><th>常开触头</th><th>常闭触头</th></tr>
<tr><td>JS23—1□/□</td><td>1</td><td>1</td><td>—</td><td>—</td><td>4</td><td>0</td></tr>
<tr><td>JS23—2□/□</td><td>1</td><td>1</td><td>—</td><td>—</td><td>3</td><td>1</td></tr>
<tr><td>JS23—3□/□</td><td>1</td><td>1</td><td>—</td><td>—</td><td>2</td><td>2</td></tr>
<tr><td>JS23—4□/□</td><td>—</td><td>—</td><td>1</td><td>1</td><td>4</td><td>0</td></tr>
<tr><td>JS23—5□/□</td><td>—</td><td>—</td><td>1</td><td>1</td><td>3</td><td>1</td></tr>
<tr><td>JS23—6□/□</td><td>—</td><td>—</td><td>1</td><td>1</td><td>2</td><td>2</td></tr>
</table>

表 1-16 JSK□系列时间继电器主要技术数据

<table>
<tr><th rowspan="2">型 号</th><th rowspan="2">延时范围/s</th><th rowspan="2">动作方式</th><th rowspan="2">复位方式</th><th colspan="2">触 头 数 量</th><th rowspan="2">线圈额定电压/V</th><th rowspan="2">产 品 构 成</th></tr>
<tr><th>延时</th><th>瞬动</th></tr>
<tr><td>JSK□—3/1</td><td>0.1 ~ 3</td><td rowspan="3">通电延时</td><td rowspan="3">自动复位</td><td rowspan="6">1 常开
2 常闭</td><td rowspan="6">2 常开
2 常闭</td><td rowspan="6">220
380
415
440
550</td><td>LA2—D20 + CA2—DN/122</td></tr>
<tr><td>JSK□—30/1</td><td>0.1 ~ 30</td><td>LA2—D22 + CA2—DN/122</td></tr>
<tr><td>JSK□—180/1</td><td>10 ~ 180</td><td>LA2—D24 + CA2—DN/122</td></tr>
<tr><td>JSK□—3/2</td><td>0.1 ~ 3</td><td rowspan="3">断电延时</td><td rowspan="3">自动复位</td><td>LA2—D20 + CA2—DN/122</td></tr>
<tr><td>JSK□—30/2</td><td>0.1 ~ 30</td><td>LA2—D22 + CA2—DN/122</td></tr>
<tr><td>JSK□—180/2</td><td>10 ~ 180</td><td>LA2—D24 + CA2—DN/122</td></tr>
</table>

3. 晶体管时间继电器

晶体管时间继电器除了执行继电器外，均由电子元器件组成，没有机械零件，因而具有寿命和精度较高、体积小、延时范围宽、控制功率小等优点。

晶体管时间继电器按构成原理不同可分为阻容式和数字式两类。按延时方式不同可分为通电延时型、断电延时型、带瞬动触头的通电延时型等。

晶体管时间继电器的种类很多，电路各异，下面以具有代表性的 JS20 系列时间继电器为例进行分析。JS20 系列时间继电器有通电延时型、断电延时型与带瞬动触头的通电延时型三种。所用电路有单结晶体管电路与场效应晶体管电路两种，延时等级对于通电延时型分为 1s、5s、10s、30s、60s、120s、180s、300s、600s、1800s、3600s。断电延时型分为 1s、5s、10s、30s、60s、120s、180s 等。

图 1-29 为 JS20 系列通电延时型继电器电路图，它由稳压电源、RC 充放电电路、电压鉴别电路、输出电路和指示电路等部分组成。

电路工作原理：接通交流电源，经整流、滤波和稳压后，直流电压经波段开关上的电阻 R_{10}、RP_1、R_2 向电容 C_2 充电。开始时 VF 场效应晶体管截止，晶体管 VT_1、晶闸管 VT_2 也处于截止状态。随着充电的进行，电容器 C_2 上的电压由零按指数曲线上升，直至 U_C 上升到 $|U_C-U_S|<|U_P|$ 时 VT_1 导通。这是由于 I_D 在 R_3 上产生电压降，D 点电位开始下降，一旦 D 点电位降低到 VT_1 的发射极电位以下时，VT_1 导通。VT_1 的集电极电流 I_C 在 R_4 上产生压降，使场效应晶体管 U_S 降低，即负栅偏压越来越小。所以对 VF 来说，R_4 起正反馈作用，使 VT_1 导通，并触发晶闸管 VT_2 使它导通，同时使继电器 KA 动作，输出延时信号。从时间继电器接通电源，C_2 开始充电到 KA 动作这段时间即为通电延时动作时间。KA 动作后，C_2 经 KA 常开触头对电阻 R_9 放电，同时氖泡 Ne 指示灯启辉，并使场效应晶体管 VF 和晶体管 VT_1 都截止，为下次工作做准备。但此时晶闸管 VT_2 仍保持导通，除非切断电源，使电路恢复到原来状态，继电器 KA 才释放。

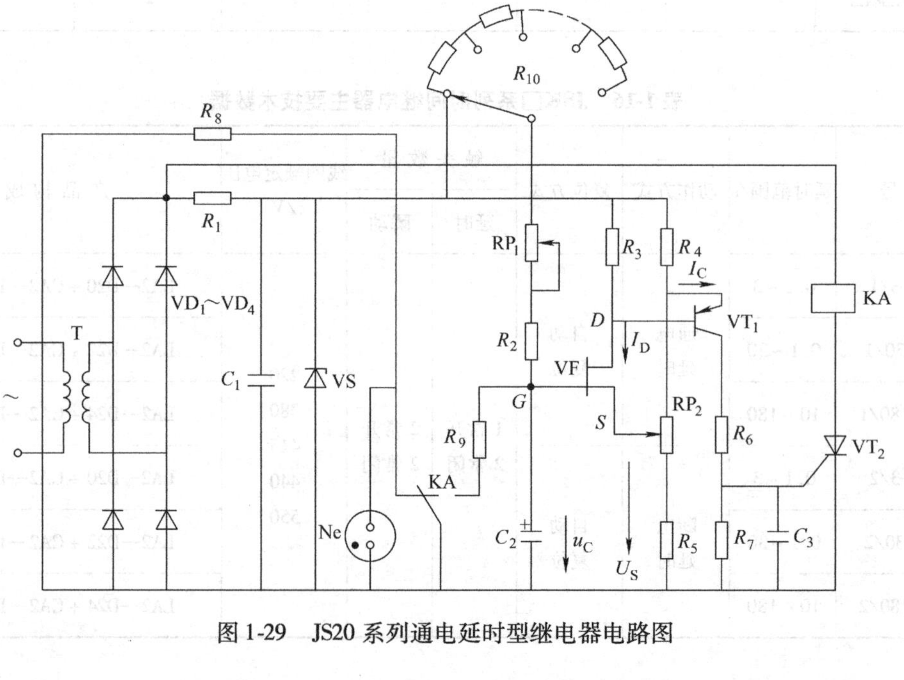

图 1-29　JS20 系列通电延时型继电器电路图

JS20 系列时间继电器型号含义如下：

JS　20—□　□/□　□

- □——辅助规格代号：0—— 装置式；1— 面板式；2— 外接式；
  3—— 装置式带瞬动触头；
  4—— 面板式带瞬动触头；
  5—— 外接式带瞬动触头
- □——辅助规格代号：0—— 无波段开关；1—— 带波段开关
- □——派生代号：D—— 断电延时；无字母 —— 通电延时
- □——基本规格代号：以数字表示延时时间范围（s）
- 20——设计序号
- JS——时间继电器

JS20 系列时间继电器主要技术数据见表 1-17。

表 1-17　JS20 系列时间继电器主要技术数据

型号	结构形式	延时整定元件位置	延时范围/s	延时触头数量				瞬动触头数量		工作电压/V		功率损耗/W	机械寿命/万次
				通电延时		断电延时							
				常开	常闭	常开	常闭	常开	常闭	交流	直流		
JS20—□/00	装置式	内接											
JS20—□/01	面板式	内接		2	2	—	—	—	—				
JS20—□/02	装置式	外接	0.1~300										
JS20—□/03	装置式	内接											
JS20—□/04	面板式	内接		1	1	—	—	1	1				
JS20—□/05	装置式	外接											
JS20—□/10	装置式	内接											
JS20—□/11	面板式	内接		2	2	—	—	—	—	36、100、127、220、380	24、48、110	≤5	1000
JS20—□/12	装置式	外接	0.1~3600										
JS20—□/13	装置式	内接											
JS20—□/14	面板式	内接		1	1	—	—	1	1				
JS20—□/15	装置式	外接											
JS20—□/00	装置式	内接											
JS20—□/01	面板式	内接	0.1~180	—	—	2	2	—	—				
JS20—□/02	装置式	外接											

此外，还有引进国外技术国产化的 JSS 系列数字式时间继电器。这类产品采用先进的数控技术和集成电路技术，其特点是延时精度高、延时范围宽、寿命长、功耗小、触头容量大、调整方便直观，目前已广泛用于自动顺序控制系统以及生产过程的自动控制系统。无锡市机床电器厂还引进国外技术生产了目前国际上最新式的 ST 系列超级时间继电器，其内部装有时间继电器专用的大规模集成电路，使用了高质量薄膜电容器与金属陶瓷可变电阻器，

采用了高精度振荡回路和高频率分频回路，从而减少了元件、缩小了体积，具有高精度、长延时，抗干扰等特点，是一种体积小重量轻、可靠性高的小型时间继电器，广泛应用于要求高精度、高可靠性的自动控制场合。

4. 时间继电器的选用

1）时间继电器的延时方式应根据采用哪种延时方式更方便组成控制电路来确定。

2）根据使用场合、工作环境、延时范围和精度要求选择时间继电器的类型。对延时精度要求不高的场合，一般采用价格较低的电磁式或空气阻尼式时间继电器；对延时精度要求较高的场合，一般采用电动机式或晶体管式时间继电器。

3）根据控制要求选择使用延时闭合触头还是延时断开触头。

4）考虑延时触头数量和瞬动触头数量是否满足控制要求。

5）注意电源参数变化的影响。例如，在电源电压波动大的场合，采用空气阻尼式或电动机式时间继电器比采用晶体管式时间继电器好；而在电源频率波动大的场合，则不宜采用电动机式时间继电器。

6）应注意环境温度变化的影响。通常在环境温度变化较大处，不宜采用空气阻尼式和晶体管式时间继电器。

7）对操作频率也要加以注意。因为操作频率过高不仅会影响电气寿命，还可能导致延时误动作。

二、速度继电器

速度继电器是将电动机的转速信号经电磁感应原理来实现触头动作的电器，它常被用于电动机反接制动的控制电路中，当反接制动时电动机的转速下降到接近零时，由速度继电器触头来控制自动地切断电动机电源。

速度继电器的结构主要由定子、转子和触头系统三部分组成。定子是一个笼型空心圆环，由硅钢片叠成，并嵌有笼型导条；转子是一个圆柱形永久磁铁；触头系统有正向运转时动作的和反向运转时动作的触头各一组；每组又各有一对常闭、常开触头，如图1-30所示。

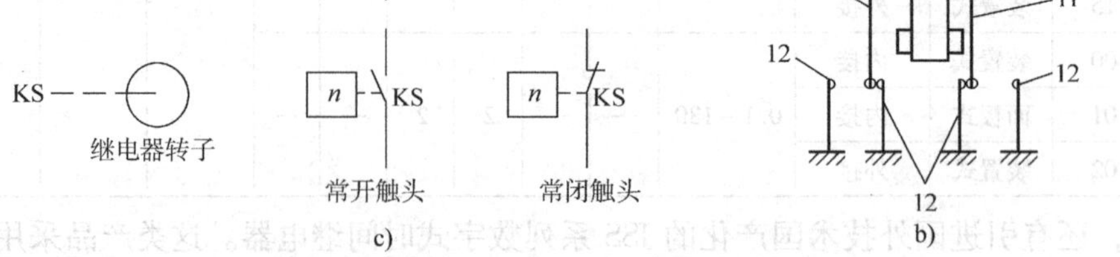

图1-30 JY1型速度继电器的外形、结构和符号

a) 外形 b) 结构 c) 符号

1—可动支架 2—转子 3—定子 4—端盖 5—连接头 6—电动机轴 7—转子（永久磁铁） 8—定子 9—定子绕组 10—胶木摆杆 11—簧片（动触头） 12—静触头

使用时，连接头与电动机轴相连接，定子空套在转子外围。当电动机起动旋转时，转子7随着转动，永久磁铁的静止磁场就成了旋转磁场。定子8内的笼型导条9因切割磁场而产生感应电动势，形成感应电流，并在磁场作用下产生电磁转矩，使定子随转子旋转方向转动，与定子相连的胶木摆杆也随之偏转，但定子只能随转子旋转方向偏转。当定子偏转到一定角度时，在胶木摆杆10的作用下使常闭触头打开而常开触头闭合。在摆杆推动触头的同时也压缩相应的反力弹簧，其反作用力阻止定子偏转。当电动机转速下降时，继电器转子转速也随之下降，定子导条中的感应电动势、感应电流、电磁转矩随之减小。当继电器转子转速下降到一定值时，电磁转矩小于反力弹簧的反作用力矩，定子返回原位，继电器触头恢复到原来状态。调节螺钉的松紧，可调节反力弹簧的反作用力大小，也就调节了触头动作所需的转子转速。一般速度继电器触头的动作转速为140r/min左右，复位转速为100r/min。

当电动机正向运转时，定子偏转使正向常开触头闭合、常闭触头断开，同时接通与断开与它们相连的电路；当正向旋转速度接近零时，定子复位，使常开触头断开，常闭触头闭合，同时与其相连的电路也改变状态。当电动机反向运转时，定子向反方向偏转，使反向动作触头动作，情况与正向时相同。

常用的速度继电器有JY1和JFZ0系列。JY1系列可在700~3600r/min范围内可靠工作。JFZ0—1型适用于转速为300~1000r/min的场合；JFZ0—2型适用于转速为1000~3600r/min的场合。它们具有两对常开、常闭触头，触头额定电压为380V，额定电流为2A。

JFZ0系列速度继电器型号含义如下：

JY1、JFZ0系列速度继电器主要技术数据见表1-18。

表1-18　JY1、JFZ0系列速度继电器主要技术数据

型号	触头额定电压/V	触头额定电流/A	触头数量		额定工作转速/(r/min)	允许操作频率/(次/h)
			正转时动作	反转时动作		
JY1	380	2	1组转换触头	1组转换触头	700~3600	<30
JFZ0					300~3600	

速度继电器主要根据电动机的额定转速、控制要求来选择。

第七节　低压断路器

低压断路器又称自动开关，是一种既有手动开关作用又能自动进行欠电压、失电压、过载和短路保护的开关电器。

低压断路器种类较多，按用途分有保护电动机用、保护配电线路用及保护照明线路用三类。按灭弧介质分为油浸式、空气式、真空断路式三类：按结构型式分有框架式和塑壳式两种：按级数分有单极、双极、三极和四极断路器。

一、低压断路器的结构和工作原理

各种低压断路器在结构上都由主触头及灭弧装置、各种脱扣器、自由脱扣机构和操作机构等部分组成。

1. 主触头及灭弧装置

主触头是断路器的执行元件，用来接通和分断主电路，为了提高其分断能力，主触头上装有灭弧装置。

2. 脱扣器

脱扣器是断路器的感测元件，也是断路器的保护元件。当电路出现故障时，脱扣器感测到故障信号后，经自由脱扣器使断路器主触头分断，从而起到保护作用。按感测的故障信号不同，有以下几种脱扣器。

(1) 分励脱扣器　用于远距离使断路器断开电路的脱扣器，其实质是一个电磁铁，由控制电源供电，可以按照操作人员指令或继电保护信号使电磁铁线圈通电，衔铁动作，使断路器切断电路。一旦断路器断开电路，分励脱扣器电磁线圈也就断电了，所以分励脱扣器是短时工作的。

(2) 欠电压、失电压脱扣器　这是一个具有电压线圈的电磁机构，其线圈并联在主电路中。当主电路电压消失或降至一定值以下时，电磁吸力不足以继续吸持衔铁，在反力作用下，衔铁释放，衔铁顶板推动自由脱扣机构，将断路器主触头断开，实现欠电压与失电压保护。

(3) 过电流脱扣器　其实质是一个电流线圈的电磁机构，电磁线圈串联在主电路中，流过负载电流。当正常电流通过时，产生的电磁吸力不足以克服反力，衔铁不被吸合；当电路出现瞬时过电流或短路电流时，吸力大于反力，使衔铁吸合并带动自由脱扣机构使断路器主触头断开，实现过电流与短路电流保护。

(4) 热脱扣器　该脱扣器由热元件、双金属片组成，将双金属片热元件串联在主电路中，其工作原理与双金属片式热继电器相同。当过载到一定值时，由于温度升高，双金属片受热弯曲并带动自由脱扣机构，使断路器主触头断开，实现长期过载保护。

3. 自由脱扣机构和操作机构

自由脱扣机构是用来联系操作机构和主触头的机构，当操作机构处于闭合位置时，也可操作分励脱扣机构进行脱扣，将主触头断开。

操作机构是实现断路器闭合、断开的机构。通常电力拖动控制系统中的断路器采用手动操作机构，低压配电系统中的断路器有电磁铁操作机构和电动机操作机构两种。图 1-31 所示为 DZ5—20 型低压断路器的外形和结构。

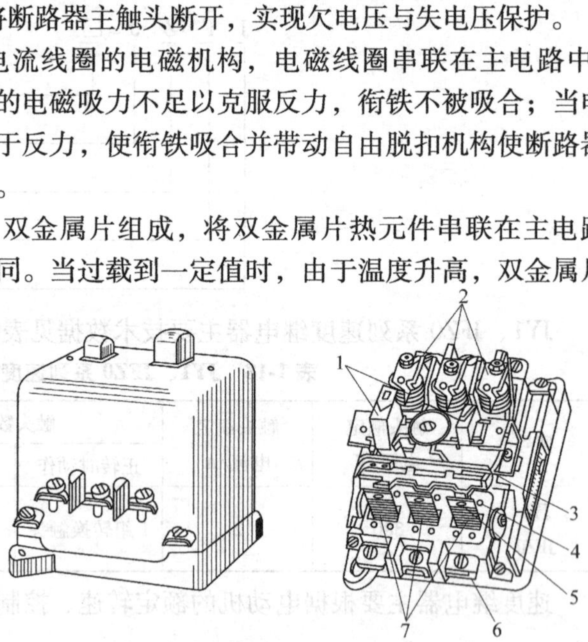

图 1-31　DZ5—20 型低压断路器的外形和结构

a) 外形　b) 结构

1—按钮　2—电磁脱扣器　3—自由脱扣器

4—动触头　5—静触头

6—接线柱　7—发热元件

低压断路器的工作原理与符号如图

1-32 所示。图中是一个三极低压断路器，三个主触头串联于三相电路中。经操作机构将其闭合，此时传动杆 3 由锁扣 4 钩住，保持主触头的闭合状态，同时分闸弹簧 1 已被拉伸。当主电路出现过电流故障且达到过电流脱扣器的动作电流时，过电流脱扣器 6 的衔铁吸合，顶杆上移将锁扣 4 顶开，在分闸弹簧 1 的作用下使主触头断开。当主电路出现欠电压、失电压或过载时，则欠电压、失电压脱扣器和热脱扣器分别将锁扣顶开，使主触头断开。分励脱扣器可由主电路或其他控制电源供电，由操作人员发出指令或由继电保护信号使分励线圈通电，其衔铁吸合，将锁扣顶开，在分闸弹簧作用下使主触头断开，同时也使分励线圈断电。

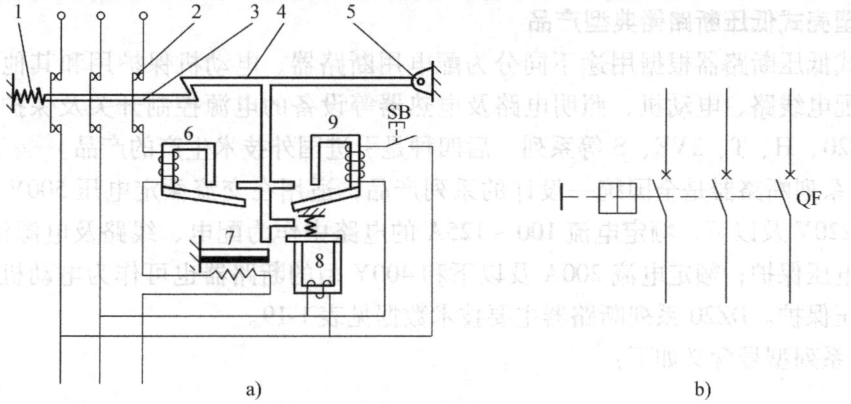

图 1-32 低压断路器工作原理与符号

a）原理示意图 b）符号

1—分闸弹簧 2—主触头 3—传动杆 4—锁扣 5—轴 6—过电流脱扣器

7—热脱扣器 8—欠电压、失电压脱扣器 9—分励脱扣器

二、低压断路器的主要技术数据和保护特性

1. 主要技术数据

（1）额定电压 断路器在电路中长期工作时的允许电压值。常用的有 220V、380V、500V、660V 等。

（2）额定电流 指脱扣器允许长期通过的电流，即脱扣器额定电流。

（3）壳架等级额定电流 指每一件框架或塑壳中能安装的最大脱扣器额定电流。

（4）通断能力 指在规定操作条件下，断路器能接通和分断短路电流的能力。

2. 保护特性

断路器的保护特性主要是指断路器长期过载和过电流保护特性，即断路器动作时间与热脱扣器和过电流脱扣器动作电流的关系曲线，如图 1-33 所示。图中出现的转折点，将三条特性曲线分别分成了两段或三段，这就是通常所称的两段保护特性和三段保护特性。其中，曲线上的 *ab* 段为过载长延时部分，具有过载电流越大、动作时间越短的反时限特性。*ce* 段为短路短延时部分，它属于定时限动作，即当过电流达到一定值时，经过一定时间的延时后再

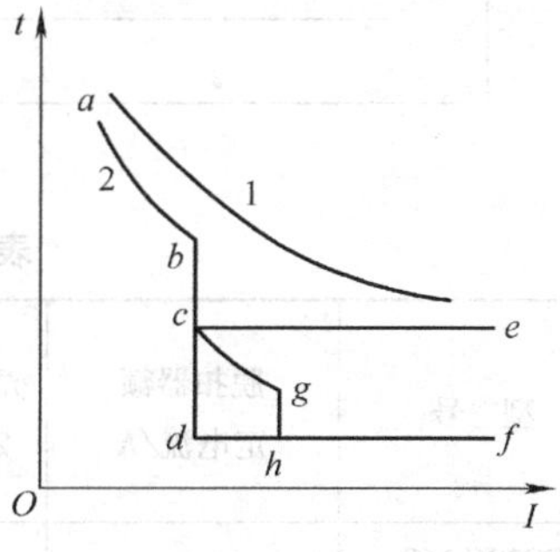

图 1-33 低压断路器的保护特性

1—被保护对象的发热特性

2—断路器的保护特性

动作；*df* 段为瞬时动作部分，即当过故障电流达到规定值时，脱扣器立即动作，切断故障电路。即断路器的保护特性有两段保护与三段保护的功能：*abdf* 段为过载长延时、短路瞬动两段保护特性；*abce* 段为过载长延时、短路短延时两段保护特性；*abcghf* 段为过载长延时、短路短延时、严重短路瞬动三段保护特性。

为了达到良好的保护作用，断路器的保护特性应与被保护对象的发热特性有合理的配合，即断路器的保护特性 2 应位于被保护对象发热特性 1 的下方，并以此来合理选择断路器的保护特性。

三、塑壳式低压断路器典型产品

塑壳式低压断路器根据用途不同分为配电用断路器、电动机保护用和其他负载用断路器，用作配电线路、电动机、照明电路及电热器等设备的电源控制开关及保护。常用的有 DZ15、DZ20、H、T、3VE、S 等系列，后四种是引进国外技术生产的产品。

DZ20 系列断路器是全国统一设计的系列产品，适用在交流额定电压 500V 以下、直流额定电压 220V 及以下，额定电流 100～125A 的电路中作为配电、线路及电源设备的过载、短路和欠电压保护；额定电流 200A 及以下和 400Y 型的断路器也可作为电动机的过载、短路和欠电压保护。DZ20 系列断路器主要技术数据见表 1-19。

DZ20 系列型号含义如下：

DZ 20 □—□ □/□ □ □

- □（第八位）——用途代号：配电用无代号；2——电动机保护用
- □（第七位）——脱扣器方式及附件代号
- □（第六位）——极数
- □（第五位）——操作方式：手柄直接操作无代号；P——电动机操作；Z——转动手柄操作
- □（第四位）——壳架等级额定电流
- □（第三位）——额定短路通断能力代号：C——经济型；Y——一般型；J——较高型；G——最高型
- 20——设计代号
- DZ——塑壳式断路器

表 1-19　DZ20 系列断路器主要技术数据

型号	脱扣器额定电流/A	壳架等级额定电流/A	瞬时脱扣整定值/A		交流短路极限通断能力/kA	电气寿命/次	机械寿命/次
			配电用	电动机用			
DZ20C-160	16,20,32,50,63,80,100（C:125,160）	160	$10I_N$	$12I_N$	12	4000	4000
DZ20Y-100		100			18		
DZ20J-100					35		
DZ20G-100					100		

（续）

型　号	脱扣器额定电流/A	壳架等级额定电流/A	瞬时脱扣整定值/A		交流短路极限通断能力/kA	电气寿命/次	机械寿命/次
			配电用	电动机用			
DZ20C-250	100,125,160,180,200,225(C:250)	250	$5I_N$，$10I_N$	$8I_N$，$12I_N$	15	2000	6000
DZ20Y-200		200			25		
DZ20J-200					42		
DZ20G-200					100		
DZ20C-400	200,250,315,350,400(C:100,125,160,180)	400	$10I_N$	$12I_N$	20	1000	4000
DZ20Y-400					30		
DZ20J-400			$5I_N$	—	42		
DZ20G-400			$10I_N$	—	100		

四、塑壳式低压断路器的选用

塑壳式低压断路器常用来作电动机的过载与短路保护，其选择原则是：

1）断路器额定电压等于或大于电路额定电压。

2）断路器额定电流等于或大于电路或设备额定电流。

3）断路器通断能力等于或大于电路中可能出现的最大短路电流。

4）欠电压脱扣器额定电压等于电路额定电压。

5）分励脱扣器额定电压等于控制电源电压。

6）长延时电流整定值等于电动机额定电流。

7）瞬时整定电流：对保护笼型异步电动机的断路器，瞬时整定电流为8~15倍电动机额定电流；对于保护绕线转子异步电动机的断路器，瞬时整定电流为3~6倍电动机额定电流。

8）6倍长延时电流整定值的可返回时间等于或大于电动机实际起动时间。

使用低压断路器来实现短路保护要比使用熔断器更加优越，因为当三相电路发生短路时，很可能只有一相的熔断器熔断，造成单相运行。对于低压断路器，只要造成短路都会使开关跳闸，将三相电源全部切断。何况低压断路器还有其他自动保护作用。但它结构复杂，操作频率低，价格较高，一般适用于要求较高的场合。

第八节　主令电器

主令电器是一种在电气自动控制系统中用于发送或转换控制指令的电器。它一般用于控制接触器、继电器或其他电器电路，使电路接通或分断来实现对电力传输系统或生产过程的自动控制。

主令电器的开关特性如图1-34所示。图中X为主令电器的输入量（电压、电流、作用力、作用距离），Y为主令电器的输出量（光、电压、电流等）。X_1为产生输出的最小输入量，称动作值；X_R为输出截止的最大输入量，称为返回值或释放值；X_{max}为允许最大输入值。

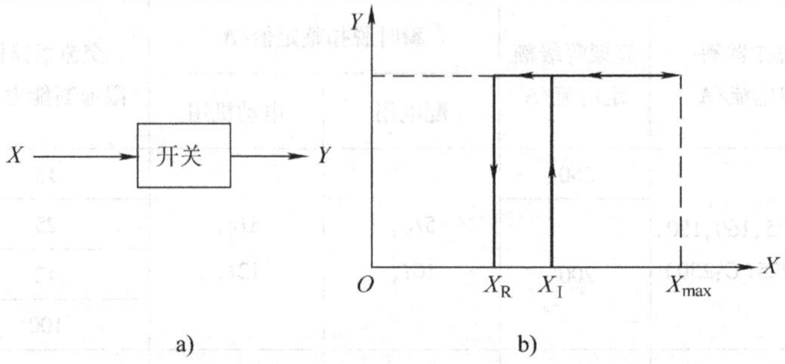

图 1-34 主令电器的开关特性
a）主令电器框图 b）主令电器开关特性

主令电器的主要技术数据有：额定工作电压、额定发热电流、额定控制功率（或工作电流）、输入动作参数和开关特性、工作精度、机械寿命及电气寿命、工作可靠性等。

主令电器应用广泛，种类繁多，按其作用分，常用的有控制按钮、行程开关、接近开关、万能转换开关和主令控制器等。

一、控制按钮

控制按钮是一种结构简单、应用广泛的主令电器。主要用于远距离操作具有电磁线圈的电器，如接触器、继电器等，也可用在控制电路中发布指令和执行电气联锁。

控制按钮一般由按钮、复位弹簧、触头和外壳等部分组成，其结构示意图如图 1-35 所示。每个按钮中的触头形式和数量可根据需要装配成一常开一常闭到六常开六常闭等形式。按下按钮时，先断开常闭触头，后接通常开触头；当松开按钮时，在复位弹簧作用下，先断开常开触头，后闭合常闭触头。

控制按钮按防护形式不同分为开启式、保护式、防水式和防腐式等。按结构型式不同分为嵌压式、紧急式、钥匙式、带信号灯、带灯揿钮式、带灯紧急式等。按钮颜色有红、黑、绿、黄、白、蓝等。

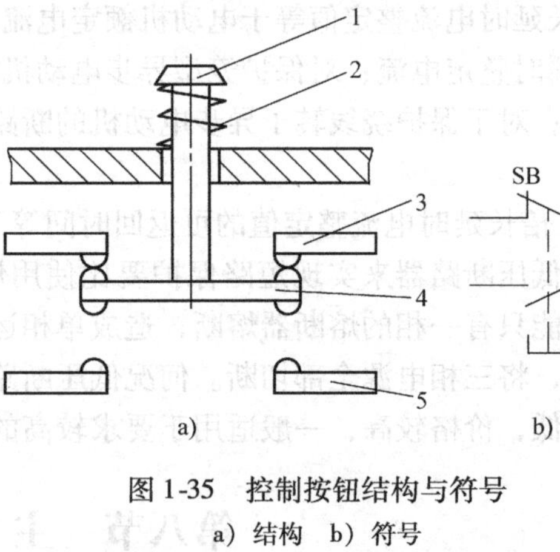

图 1-35 控制按钮结构与符号
a）结构 b）符号
1—按钮 2—复位弹簧 3—常闭静触头
4—动触头 5—常开静触头

按钮的主要技术参数有额定电压、额定工作电流、结构型式、触头数及按钮颜色等。常用控制按钮的额定电压为交流电压为 380V，额定工作电流为 5A。

常用的控制按钮有 LA18、LA19、LA20 及 LA25 等系列。LA20 系列控制按钮的主要技术数据见表 1-20。

LA20 系列型号含义如下：

LA　20—□　□

- □（第二个）——按钮型式：空白——按钮式；J——紧急式；D——带灯式；DJ——带灯紧急式
- □（第一个）——触头组合：左边数字为常开触头数；右边数字为常闭触头数
- 20——设计序号
- LA——控制按钮

表 1-20　LA20 系列控制按钮的主要技术数据

型号	触头数量		结构型式	按　钮		指示灯	
	常开	常闭		钮数	颜　色	电压/V	功率/W
LA20—11	1	1	揿钮式	1	红、绿、黄、蓝或白	—	—
LA20—11J	1	1	紧急式	1	红	—	—
LA20—11D	1	1	带灯揿钮式	1	红、绿、黄、蓝或白	6	<1
LA20—11DJ	1	1	带灯紧急式	1	红	6	<1
LA20—22	2	2	揿钮式	1	红、绿、黄、蓝或白	—	—
LA20—22J	2	2	紧急式	1	红	—	—
LA20—22D	2	2	带灯揿钮式	1	红、绿、黄、蓝或白	6	<1
LA20—22DJ	2	2	带灯紧急式	1	红	6	<1
LA20—2K	2	2	开启式	2	白红或绿红	—	—
LA20—3K	3	3	开启式	3	白、绿、红	—	—
LA20—2H	2	2	保护式	2	白红或绿红	—	—
LA20—3H	3	3	保护式	3	白、绿、红	—	—

控制按钮选用的原则如下：

1）根据使用场合，选择控制按钮的防护形式，如开启式、防水式、防腐式等；

2）根据用途，选择控制按钮的结构型式，如钥匙式、紧急式、带灯式等；

3）根据控制回路的需求，确定按钮数量，如单钮、双钮、三钮、多钮等；

4）根据工作状态指示和工作情况的要求，选择按钮及指示灯的颜色。

二、行程开关

依据生产机械的行程发出命令，以控制其运动方向和行程长短的主令电器称为行程开关。若将行程开关安装于生产机械行程的终点处，用以限制其行程，则称为限位开关或终端开关。

行程开关按结构分为机械结构的接触式行程开关和电气结构的非接触式接近开关。机械结构的接触式行程开关是依靠移动机械上的撞块碰撞其可动部件使常开触头闭合、常闭触头断开来实现对电路控制的。当工作机械上的撞块离开可动部件时，行程开关复位，触头恢复其原始状态。

行程开关按其结构不同可分为直动式、滚轮式和微动式三种。

直动式行程开关结构与符号如图 1-36 所示，它的动作原理与控制按钮相同，但它的缺点是触头分合速度取决于生产机械的移动速度，当移动速度低于 0.4m/min 时，触头分断太慢，易受电弧烧蚀。为此，应采用盘形弹簧瞬时动作的滚轮式行程开关，如图 1-37 所示。当滚轮 1 受到向左的外力作用时，上转臂 2 向左下方转动，推杆 4 向右转动，并压缩右边弹簧 10，同时下面的小滚轮 5 也很快沿着擒纵件 6 向右滚动。小滚轮滚动又压缩弹簧 9，当滚过擒纵件 6 的中点时，盘形弹簧 3 和弹簧 9 都使擒纵件迅速转动，从而使动触头迅速地与右边静触头分开，并与左边静触头闭合，减少了电弧对触头的烧蚀，适用于低速运行的机械。

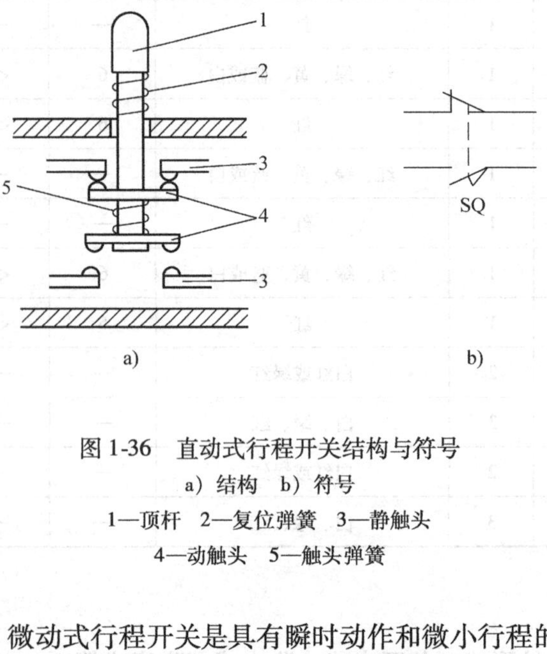

图 1-36 直动式行程开关结构与符号
a）结构 b）符号
1—顶杆 2—复位弹簧 3—静触头
4—动触头 5—触头弹簧

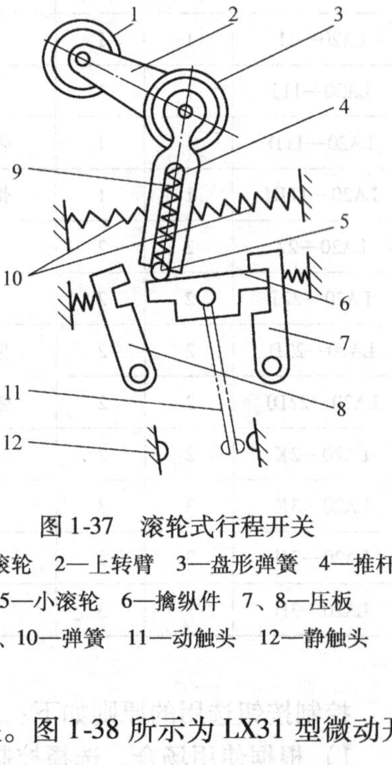

图 1-37 滚轮式行程开关
1—滚轮 2—上转臂 3—盘形弹簧 4—推杆
5—小滚轮 6—擒纵件 7、8—压板
9、10—弹簧 11—动触头 12—静触头

微动式行程开关是具有瞬时动作和微小行程的灵敏开关。图 1-38 所示为 LX31 型微动开关结构示意图，当开关推杆 5 被机械压下时，弹簧片 6 产生变形，储存能量并产生位移，当达到临界点时，弹簧片连同桥式动触头瞬时动作。当外力失去后，推杆在弹簧片作用下迅速复位，触头恢复原来状态。由于采用瞬动结构，触头换接速度不受推杆压下速度的影响。

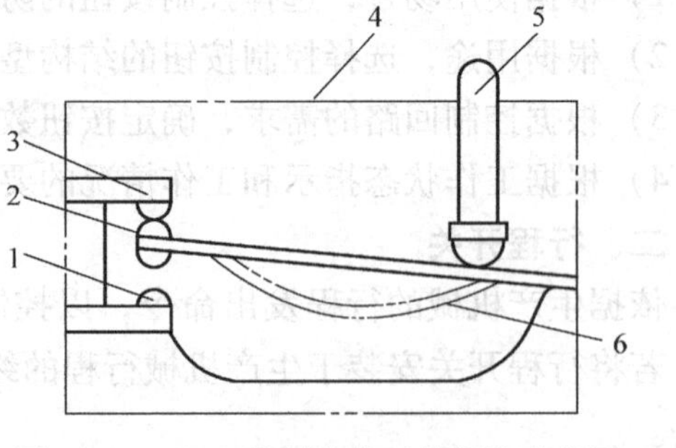

图 1-38 LX31 系列微动开关结构示意图
1—常开静触头 2—桥式动触头
3—常闭静触头 4—壳体
5—推杆 6—弹簧片

常用的行程开关有 JLXK1、LX2、LX3、LX5、LX12、LX19A、LX21、LX22、LX29、LX32 系列，微动开关有 LX31 系列和 JW 型。

JLXK 系列型号含义如下：

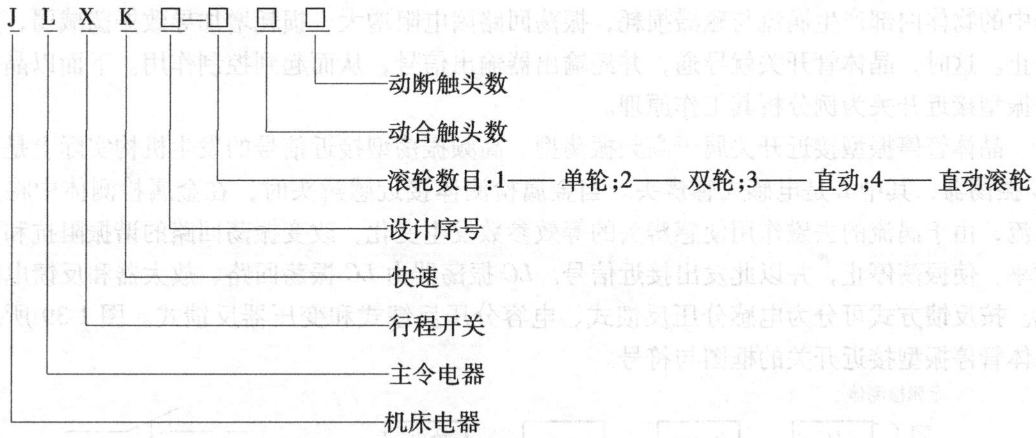

JLXK1 系列行程开关的主要技术数据见表 1-21。

表 1-21　JLXK1 系列行程开关的主要技术数据

型号	额定电压 /V	额定电流 /A	结构形式	触头对数		动作行程距离及角度	超行程
				常开	常闭		
JLXK1—111	AC500	5	单轮防护式	1	1	12° ~ 15°	≤30°
JLXK1—211			双轮防护式			45°	≤45°
JLXK1—311			直动防护式			1 ~ 3mm	2 ~ 4mm
JLXK1—411			直动滚轮防护式			1 ~ 3mm	2 ~ 4mm

行程开关的选用原则如下：

1）根据应用场合及控制对象选择行程开关类型；

2）根据安装使用环境选择防护型式；

3）根据控制回路的电压和电流选择行程开关系列；

4）根据运动机械与行程开关的传力和位移关系选择行程开关的头部型式。

三、接近开关

1. 接近开关的作用

接近开关又称无触点行程开关，是开关型传感器，它既有行程开关、微动开关的特点，同时也具有传感性能，是一种当机械运动部件运动到一定距离时就能发出动作信号的电子主令电器。它能准确反应出运动部件的位置和行程，其定位精度、操作频率、使用寿命、安装调整的方便性和对恶劣环境的适用能力，是一般机械式行程开关所不能相比的。

接近开关还可用于高速计数、检测金属体的存在、测速、液压控制、检测零件尺寸以及作无触头式按钮等。

2. 接近开关的结构和工作原理

接近开关由接近信号辨识机构、检波、鉴幅和输出电路等部分组成。按辨识机构工作原理不同分为高频振荡型、感应型、电容型、光电型、永磁及磁敏元件型、超声波型等，其中以高频振荡型最为常用。

高频振荡型接近开关由感辨头、振荡器、检波器、鉴幅器、输出电路和稳压器等部分组成。当装在运动部件上的金属检测体接近感辨头时，由于感应作用，处于高频振荡器线圈磁场中的物体内部产生涡流与磁滞损耗，振荡回路因电阻增大、损耗增加导致振荡减弱，直至停止。这时，晶体管开关就导通，并经输出器输出信号，从而起到控制作用。下面以晶体管停振型接近开关为例分析其工作原理。

晶体管停振型接近开关属于高频振荡型。高频振荡型接近信号的发生机构实际上是一个 *LC* 振荡器，其中 *L* 是电感式感辨头。当金属检测体接近感辨头时，在金属检测体中将产生涡流，由于涡流的去磁作用使感辨头的等效参数发生变化，改变振荡回路的谐振阻抗和谐振频率，使振荡停止，并以此发出接近信号。*LC* 振荡器由 *LC* 振荡回路、放大器和反馈电路构成。按反馈方式可分为电感分压反馈式、电容分压反馈式和变压器反馈式。图 1-39 所示为晶体管停振型接近开关的框图与符号。

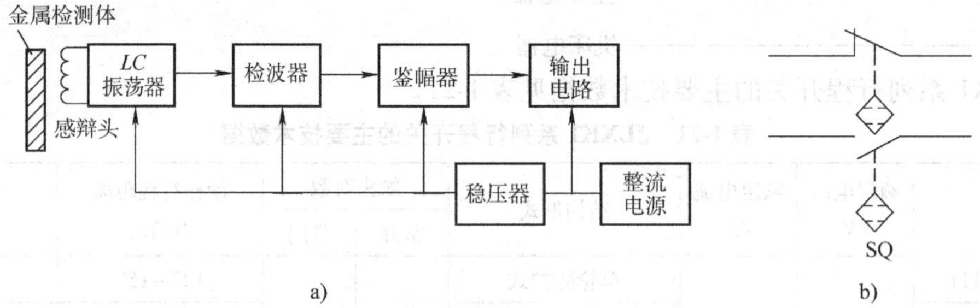

图 1-39 晶体管停振型接近开关的框图与符号
a）框图 b）符号

晶体管停振型接近开关实际电路图如图 1-40 所示。图中采用了电容三点式振荡器，感辨头 *L* 仅有两根引出线，因此也可做成分离式结构。由 C_2 取出的反馈电压经 R_2 和 R_f 加到晶体管 VT_1 的基极和发射极两端，取分压比等于 1，即 $C_1 = C_2$，其目的是为了能够通过改变 R_f 来整定开关的动作距离。由 VT_2、VT_3 组成的射极耦合触发器不仅用作鉴幅，同时也起电压和功率放大作用。VT_2 的发射结还兼作检波器。为了减轻振荡器的负担，选用较小的耦合电容 C_3（510pf）和较大的耦合电阻 R_4（10kΩ）。振荡器输出的正半周电压使 C_3 充电，负半周 C_3 经 R_4 放电，选择较大的 R_4 可减小放电电流。由于每个周期内的充电量等于放电量，所以较大的 R_4 也会减小充电电流，使振荡器在正半周的负担减轻。但是 R_4 也不应过大，以免 VT_2 基极信号过小而在正半周内不足以饱和导通。检波电容 C_4 不接在 VT_2 的基极而接在

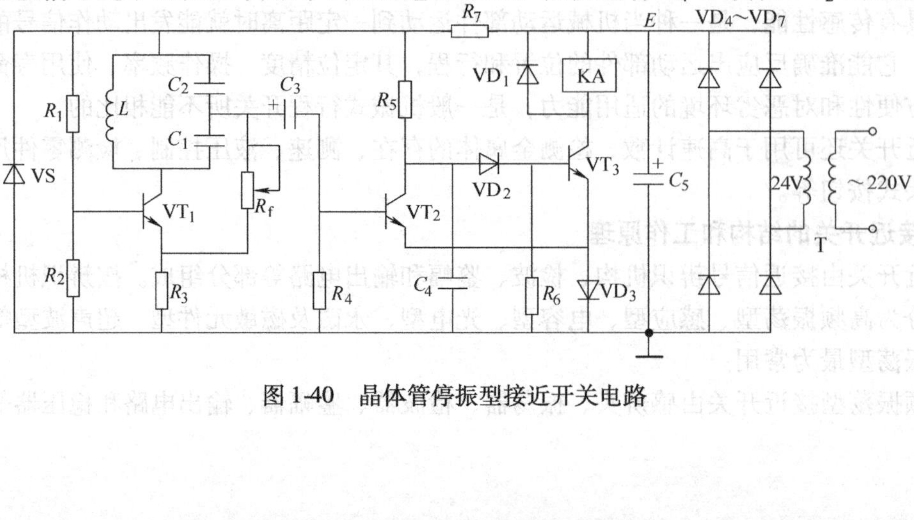

图 1-40 晶体管停振型接近开关电路

集电极上，其目的是为了减轻振荡器的负担。由于充电时间常数 R_5C_4 远大于放电时间常数（C_4 通过半波导通向 VT_2 和 VD_3 放电），因此当振荡器振荡时，VT_2 的集电极电位基本等于其发射极电位，并使 VT_3 可靠截止。当有金属检测体接近感辨头 L 使振荡器停振时，VT_3 导通，继电器 KA 通电吸合发出接近信号，同时 VT_3 的导通因 C_4 充电约有数百微秒的延迟。C_4 的另一作用是当电路接通电源时，振荡器虽不能立即起振，但由于 C_4 上的电压不能突变，使 VT_3 不至于有瞬间的误导通。

3. 接近开关常用型号

常用的接近开关有 LJ、CWY、SQ 系列及引进国外技术生产的 3SG 系列。

接近开关型号含义如下：

L J □—□ □/□ □ □ □

- TH—— 热带产品
- 感应面方向：1—— 顶端；2—— 左端；3—— 右端；4—— 底面
- 输出接头方向：1—— 接插式；2—— 螺纹式
- 工作电压：1——DC12V；2——DC24V
- 无字母—— 普通型；G—— 高电位输出型；S—— 延时动作型；F—— 感应头分离型；FG—— 感应头分离式高电位输出型；FS—— 感应头分离式延时动作型
- 动作距离：5——5mm；10——10mm；15——15mm
- 设计序号
- 接近开关
- 主令电器

4. 接近开关主要技术数据及选用原则

接近开关的主要技术参数除了工作电压、输出电流或控制功率，还有其特有的技术参数：动作距离、重复精度、操作频率和复位行程等。

LJ5 系列接近开关主要技术数据见表 1-22。

表 1-22　LJ5 系列接近开关主要技术数据

<table>
<tr><th colspan="2">接近开关类型</th><th>额定工作电压 /V</th><th>输出电流 /mA</th><th>开关压降 /V</th><th>截止状态电流 /mA</th><th>工作电压允许范围</th><th>操作频率 /(次/s)</th><th>外螺纹直径 /mm</th><th>外壳防护等级</th></tr>
<tr><td rowspan="3">直流</td><td>二线型</td><td>10 ~ 30</td><td>5 ~ 50</td><td>8</td><td>1.5</td><td rowspan="3">85% U_{Nmin} ~ 110% U_{Nmax}</td><td rowspan="3">100 ~ 200</td><td rowspan="4">M18、M30</td><td rowspan="4">IP65</td></tr>
<tr><td>三线型</td><td>6 ~ 30</td><td>5 ~ 300</td><td rowspan="2">3.5</td><td rowspan="2">0.5</td></tr>
<tr><td>四线型</td><td>10 ~ 30</td><td>2 × (5 ~ 50)</td></tr>
<tr><td colspan="2">交流</td><td>30 ~ 220</td><td>20 ~ 30</td><td>10</td><td>2.5</td><td>80% U_{Nmin} ~ 110% U_{Nmax}</td><td>5</td></tr>
</table>

接近开关的选用原则如下：

1）接近开关仅用于工作频率高，可靠性及精度要求均较高的场合；

2）按应答距离要求选择型号、规格；

3）按输出要求的触点型式（有触点、无触点）及触点数量，选择合适的输出型式。

四、万能转换开关

万能转换开关简称转换开关，它是由多组相同结构的触头组件叠装而成的多挡位、多回路主令电器。

1. 万能转换开关的用途和分类

万能转换开关主要用于各种控制电路的转换，电气测量仪表的转换，也可用于控制小容量电动机的起动、制动、正反转换向以及双速电动机的调速控制。由于它触头挡位多、换接的线路多且用途广泛，故称为“万能”转换开关。

万能转换开关按手柄形式不同分为旋钮、普通手柄、带定位可取出钥匙的和带信号灯指示的等；按定位形式不同分为复位式和定位式。定位角又分为30°、45°、60°、90°等数种；按接触系统档数分，对于LW5有1、2、3、4、5、6、7、8、9、10、11、12、13、14、15、16等16种单列转换开关。

2. 万能转换开关的结构和工作原理

万能转换开关是由多组相同结构的触头组件叠装而成。它由操作机构、定位装置和触头系统三部分组成。万能转换开关结构与符号如图1-41所示。在每层触头底座上均可装三对触头，并由触头底座中的凸轮经转轴来控制这三对触头的通断。由于各层凸轮可做成不同的形状，这样用手柄将开关转至不同位置时，经凸轮的作用，可实现各层中的各触头按所规定的规律接通或断开，以适应不同的控制要求。

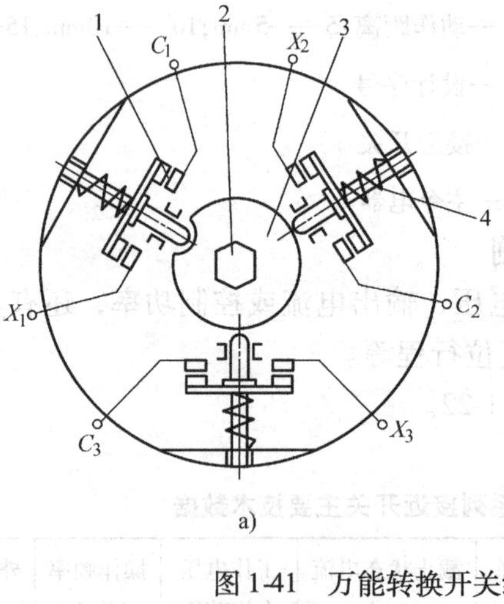

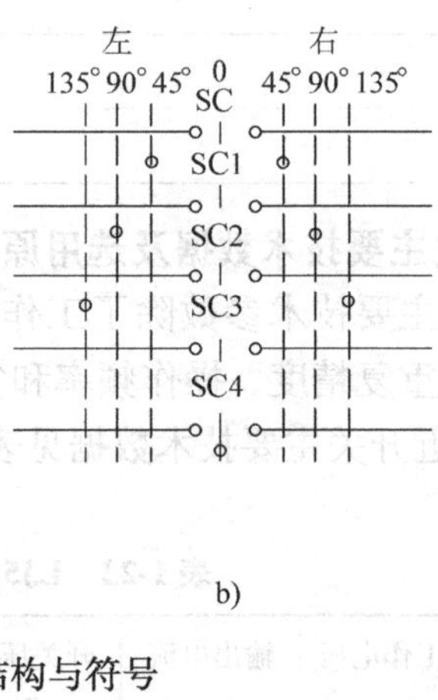

图1-41 万能转换开关结构与符号

a）结构 b）符号

1—触头 2—转轴 3—凸轮 4—触头弹簧

3. 万能转换开关常用型号及主要技术数据

常用的万能转换开关有LW5、LW6、LW12—16等系列。用于各种低压控制电路的转换、电气测量仪表的转换以及配电设备的遥控和转换，还可用于小容量电动机不频繁起动停止的控制。

万能转换开关型号含义如下：

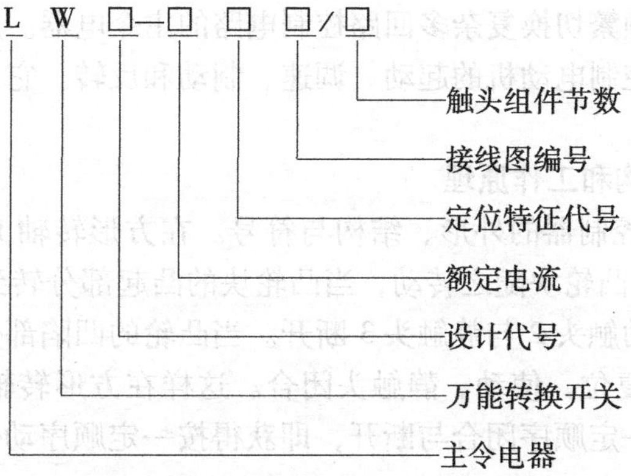

LW5 系列 5.5kW 手动转换开关用途见表 1-23。

表 1-23　LW5 系列 5.5kW 手动转换开关用途

用　途	型　号	定位特性			接触装置挡数
直接起动开关	LW5—15/5.5Q		0°	45°	2
可逆转换开关	LW5—15/5.5N	45°	0°	45°	3
双速电机变速开关	LW5—15/5.5S	45°	0°	45°	5

LW5、LW6 系列万能转换开关的主要技术数据见表 1-24。

表 1-24　LW5、LW6 系列万能转换开关的主要技术数据

系列	额定电压/V	额定电流/A	双断点触头技术数据												操作频率/(次/h)	触头挡数
			AC						DC							
			接　通			分　断			接　通			分　断				
			电压/V	电流/A	cosφ	电压/V	电流/A	cosφ	电压/V	电流/A	时间/ms	电压/V	电流/A	时间/ms		
LW5	AC、DC：500	15	24 48 110 220 380 440 500	30 20 15 10	0.3 ~ 0.4	24 48 110 220 380 440 500	30 20 15 10	0.3 ~ 0.4	24 48 110 220 380 440 500	20 15 2.5 1.25 0.5 0.35	60 ~ 66	24 48 110 220 380 440 500	20 15 2.5 1.25 0.5 0.35	60 ~ 66	120	每一触头座内有二对触头，挡数有 1 ~ 16、18、21、24、27、30 可取代 LW1、LW4
LW6	AC：380 DC：220	5	380	5		380	0.5		220	0.2	50 ~ 100	220	0.2	50 ~ 100		每一触头座内有三对触头，挡数有 1 ~ 6、8、10、12、16、20

4. 万能转换开关的选用原则

万能转换开关的选用原则：

1）按额定电压和工作电流选用相应的万能转换开关系列；

2）按操作需要选定手柄形式和定位特征；

3）按控制要求参照转换开关产品样本，确定触头数量和接线图编号；选择面板型式及标志。

五、主令控制器

主令控制器是用来频繁切换复杂多回路控制电路的主令电器。用它在控制系统中发出命令，通过接触器来实现控制电动机的起动、调速、制动和反转。它主要用作起重机、轧钢机的主令控制。

1. 主令控制器的结构和工作原理

图 1-42 所示为主令控制器的外形、结构与符号。在方形转轴 1 上装有不同形状的凸轮块 7，转动方形转轴时，凸轮块随之转动，当凸轮块的凸起部分转到与小轮 8 接触时，则推动支架 6 向外张开，使动触头 2 与静触头 3 断开。当凸轮的凹陷部分与小轮 8 接触时，支架 6 在复位弹簧 10 作用下复位，使动、静触头闭合。这样在方形转轴上安装一串不同形状的凸轮块，便可使触头按一定顺序闭合与断开，即获得按一定顺序动作的触头，也就获得按一定顺序动作的电路了。

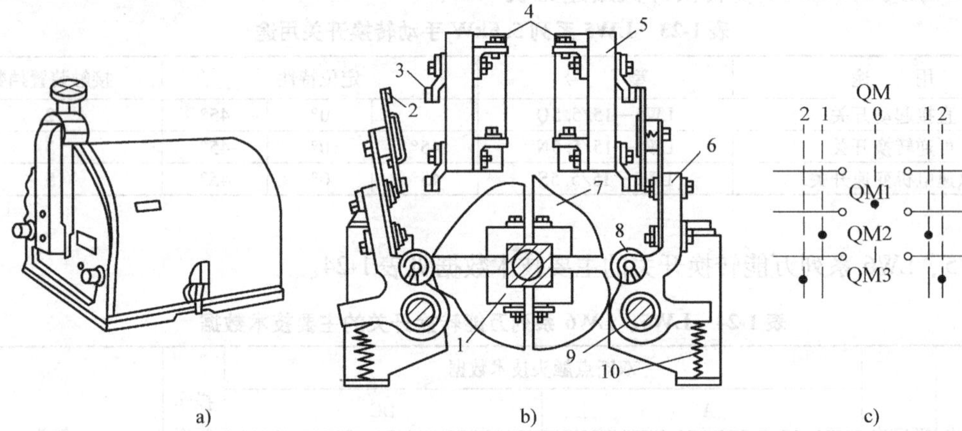

图 1-42 主令控制器的外形、结构与符号

a）外形 b）结构 c）符号

1—方形转轴 2—动触头 3—静触头 4—接线柱 5—绝缘板 6—支架 7—凸轮块 8—小轮 9—转动轴 10—复位弹簧

2. 主令控制器的常用型号和主要技术数据

常用的主令控制器有 LK5、LK6、LK14、LK15、LK16、LK17、LK18 系列，它们都属有触头的主令控制器，对电路输出的是开关量主令信号。为实现对电路输出模拟量的主令信号，可采用无触头主令控制器，主要有 WLK 系列。

LK18 系列主令控制器主要技术参数为手柄操作力：不大于 30N；最多控制挡位一般左右各 6 挡；控制电路数：一般为 12 个，最多可达 17 个；通断能力；电气寿命。

LK 系列主令控制器型号含义如下：

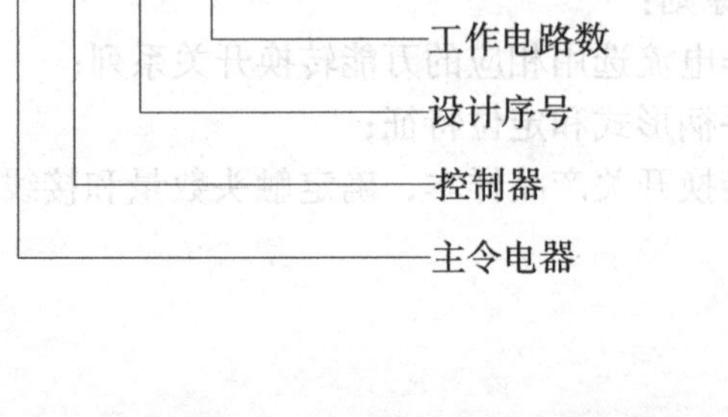

LK14 系列主令控制器主要技术数据见表 1-25。

表 1-25 LK14 系列主令控制器主要技术数据

型号	额定电压		额定电流	控制电路数
	交流	直流		
LK14—12/07 LK14—12/08 LK14—12/51 LK14—12/57 LK14—12/59 LK14—12/61 LK14—12/70 LK14—12/76 LK14—12/77 LK14—12/90 LK14—12/96 LK14—12/97	380V	220V	10A	12 个

3. 主令控制器的选用原则

1）使用环境：室内选用防护式、室外选用防水式。

2）主要根据所需操作位置数、控制电路数、触头闭合顺序以及长期允许电流大小来选择。

3）控制电路数的选择：全系列主令控制器的控制电路数有 2、5、6、8、16、24 等规格，一般选择时应留有若干电路空着以作备用。

4）在起重机控制中，主令控制器应根据磁力控制盘型号来选择。

习 题

1-1 什么是电器？什么是低压电器？什么是低压控制电器？

1-2 低压电器一般由哪几部分组成？

1-3 什么是电磁机构？电磁机构主要由哪几部分组成？

1-4 从外部特征上如何来区分直流电磁机构与交流电磁机构？怎样区分电压线圈与电流线圈？

1-5 何为交流电磁铁的短路环？它有何作用？

1-6 三相交流电磁铁有无短路环？为什么？

1-7 误将交流电磁线圈接入对应直流电源电压或误将直流电磁线圈接入对应交流电源电压后，各将发生什么问题？为什么？

1-8 交流电弧与直流电弧有何不同？

1-9 常用的灭弧方法有哪些？

1-10 常用的灭弧装置有哪些？

1-11 熔断器的额定电流、熔体的额定电流、熔断器的极限分断电流，三者各有何不同？

1-12 一般用途熔断器应如何选用？

1-13 什么是热继电器的整定电流？它有什么样的保护特性？

1-14 简述双金属片式热继电器的结构和工作原理。

1-15 为什么热继电器一般只能用于过载保护而不能用于短路保护？

1-16 怎样选择热继电器？JR20—10 型号含义是什么？

1-17 接触器是怎样实现控制作用的？

1-18 交流接触器、直流接触器是以什么来定义的？
1-19 交流接触器与直流接触器有哪些不同？
1-20 交流接触器为何要规定操作频率？
1-21 接触器的主要技术参数有哪些？其含义是什么？
1-22 CJ20—40 型号含义是什么？如何选择接触器？
1-23 什么是继电器？它有哪些用途？
1-24 交流继电器与直流继电器是以什么来定义的？
1-25 电磁式继电器与接触器有哪些区别？
1-26 什么是电压继电器？其结构有什么特点？
1-27 什么是电流继电器？其结构有什么特点？
1-28 如何选择电压继电器？如何选择电流继电器？
1-29 什么是通用继电器？其结构有什么特点？
1-30 什么是中间继电器？它有什么用途？如何选择中间继电器？
1-31 中间继电器与接触器有哪些区别？
1-32 时间继电器有哪几种类型？按延时方式又分为哪几种？
1-33 简述速度继电器的结构与工作原理，如何调节速度继电器的复位动作值？
1-34 什么是断路器？它有什么用途？
1-35 什么是脱扣器？断路器常用的脱扣器有哪几种？
1-36 如何选用塑壳式断路器？
1-37 什么是主令电器？它有哪些主要用途和类型？
1-38 怎样选择控制按钮？
1-39 怎样选择行程开关？
1-40 怎样选择万能转换开关？
1-41 怎样选择主令控制器？

第二章　继电—接触器控制电路基本环节

继电接触器式控制是应用最早的控制系统，它是由各种有触点的接触器、继电器、按钮、行程开关等组成的控制电路，来实现对电力拖动系统的起动、制动、反向和调速的控制；实现对电力拖动系统的保护和生产加工自动化。其具有结构简单、易于掌握、维护调整简便、价格低廉等优点，获得广泛应用。由于各种生产机械的工艺过程不同，其控制电路也千差万别，但其都遵循一定的原则和规律，也都是由一些比较简单的基本控制环节组合而成。本章将对典型基本环节进行分析研究，使读者掌握其规律，为进一步阅读控制电路和设计控制电路打下坚实基础。

第一节　电　气　图

常用的电气图有系统图和框图、电路图、接线图与功能表图等。在保证图面布局紧凑、清晰和使用方便的原则下选择图纸幅面尺寸，按国家标准 GB/T 14689—1993 规定，图纸幅面尺寸及其代号见表 2-1。应优先选用 A4 ~ A0 号幅面尺寸，若需要加长的图纸，可采用 A4 ×5 ~ A3 ×3 的幅面，若上述所列幅面仍不能满足要求，可按照 GB/T 14689—2008《技术制图　图纸幅面和格式》的规定加大幅面。

表 2-1　电气图幅面尺寸及其代号

代　号	尺　寸/mm	代　号	尺　寸/mm
A0	841 ×1189	A3 ×3	420 ×891
A1	594 ×841	A3 ×4	420 ×1189
A2	420 ×594	A4 ×3	297 ×630
A3	297 ×420	A4 ×4	297 ×841
A4	210 ×297	A4 ×5	297 ×1051

为了便于确定图上的内容、补充、更改和组成部分等的位置，可以在各种幅面的图纸上分区，见图 2-1。分区数应该是偶数。每一分区的长度一般不小于 25mm，不大于 75mm。每个分区内竖边方向用大写拉丁字母，横边方向用阿拉伯数字分别编号。编号的顺序应从标题栏相对的左上角开始。分区代号用该区域的字母和数字表示，如 B3、C5。

一、电气图的图形符号、文字符号及接线端子标记

1. 图形符号

所有图形符号应符合 GB4728—1996 ~ 2000《电气简图用图形符号》的规定。当 GB4728 给出几种形式时，应尽可能采用优选形式；在满足需要的前提下，尽量采用最简单的形式；在同一图号的图中使用同一种形式。上述标准示出的符号方位在不改变符号含义的前提下，符合可根据图面布置的需要旋转或成镜像放置，但文字和指示方向不得倒置。

2. 文字符号

电气图中的文字符号应符合 GB7159—1987《电气技术中的文字符号制订通则》。该标准规定的文字符号适用于电气技术领域中技术文件的编制，也可表示在电气设备、装置和元器件上或其近旁，以标明电气设备、装置和元器件的名称、功能、状态和特征。

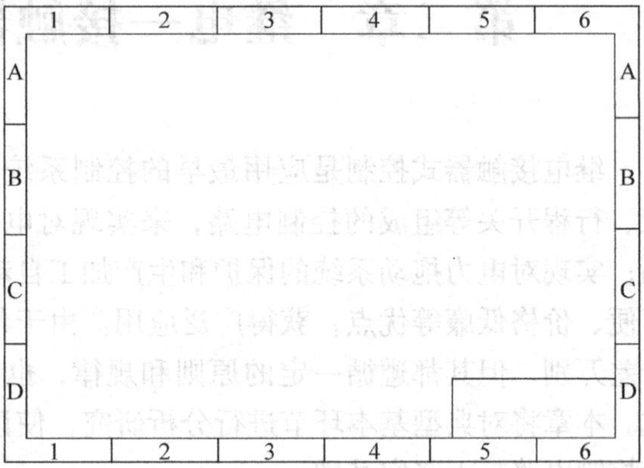

图 2-1　图幅分区

文字符号分为基本文字符号和辅助文字符号。

（1）基本文字符号　基本文字符号有单字母符号与双字母符号两种。

单字母符号是按拉丁字母将各种电气设备，装置和元器件划分为 23 大类，每一大类用一个专用单字母符号表示。如“C”表示电容器类，“R”表示电阻器类等。

双字母符号是由一个表示种类的单字母符号与另一字母组成，其组合型式应以单字母符号在前、另一字母在后的次序列出。只有当用单字母符号不能满足要求、需要将大类进一步划分时，才采用双字母符号，以便较详细和更具体地表述电气设备、装置和元器件。如“F”表示保护器件类，而“FU”表示熔断器，“FR”表示具有延时动作的限流保护器件，“FV”表示限压保护器件等。

（2）辅助文字符号　辅助文字符号是用以表示电气设备、装置和元器件以及线路的功能、状态和特征的。如“SYN”表示同步，“L”表示限制，“RD”表示红色等，辅助文字符号也可放在表示种类的单字母符号后边组成双字母符号，如“SP”表示压力传感器，“YB”表示电磁制动器。为简化文字符号起见，若辅助文字符号由两个以上字母组成时，允许只采用其第一位字母进行组合，如“MS”表示同步电动机等。辅助文字符号还可以单独使用，如“ON”表示接通，“M”表示中间线，“PE”表示保护接地等。

（3）补充文字符号的原则　当规定的基本文字符号和辅助文字符号如不够使用，可按国家标准中规定的文字符号组成规律和下述原则予以补充。

1）在不违背 GB7159—1987 标准编制原则的条件下，可采用国际标准中规定的电气技术文字符号。

2）在优先采用标准中规定的单字母符号、双字母符号和辅助文字符号前提下，可补充未列出的双字母符号和辅助文字符号。

3）文字符号应按有关电气名词术语国家标准或专业标准中规定的英文术语缩写而成。对基本文字符号不得超过两位字母，对辅助文字符号一般不能超过三位字母。

4）因拉丁字母“I”“O”易同阿拉伯数字“1”和“O”混淆，因此，不允许单独做为文字符号使用。

5）文字符号的字母采用拉丁字母大写正体字。

电气图常用图形及文字符号见附录 B。

3. 接线端子标记

接线端子标记是指用以连接器件和外部导电件的标记。主要用于基本件（如电阻器、熔断器、继电器、变压器、旋转电动机等）和这些器件组成的设备（如电动机控制设备）的接线端子标记，也适用于执行一定功能的导线线端（如电源接地、机壳接地等）的识别。根据 GB4026—1992《电器设备接线端子和特定导线线端的识别及应用字母数字系统的通则》规定。

交流系统三相电源导线和中性线用 L1、L2、L3、N 标记。直流系统电源正、负极导线和中间线用 L_+L_-、M 标记。保护接地线用 PE 标记。接地线用 E 标记。

带 6 个接线端子的三相电器，首端分别用 U1、V1、W1 标记；尾端用 U2、V2、W2 标记；中间抽头用 U3、V3、W3 标记。

对于同类型的三相电器，其首端或尾端在字母 U、V、W 前冠以数字来区别，即 1U1、1V1、1W1 与 2U1、2V1、2W1 来标记两个同类三相电器的首端，而 1U2、1V2、1W2 与 2U2、2V2、2W2 为其尾端标记。

控制电路接线端采用阿拉伯数字编号，一般由三位或三位以下的数字组成。标注方法按“等电位”原则进行，在垂直绘制的电路中，标号顺序一般由上而下编号，凡是被线圈、绕组、触头或电阻、电容等元件所间隔的线段，都应标以不同的电路标号。

二、电气图

国家标准 GB/T 6988—1993～2002《电气制图》规定了电气技术领域中各种图的编制方法，如系统图和框图、电路图、接线图和接线表、功能表图与逻辑图等。在此仅就前几种电气图的编制进行讲述，对于后两种电气图将在有关处进行讲述。

1. 系统图和框图

系统图和框图是采用符号（以方框符号为主）或带有注释的框绘制，用于概略表示系统、分系统、成套装置或设备等基本组成部分的主要特征及其功能关系的一种电气图。其用途是为进一步编制详细的技术文件提供依据，供操作和维修时参考。

系统图和框图原则上没有区别，在实际使用中，通常系统图用于系统或成套装置，框图用于分系统或设备。

系统图和框图均可在不同的层次上绘制，可参照绘图对象的逐级分解来划分层次。较高层次的系统图和框图可反映对象的概况；较低层次的系统图和框图可将对象表达得较为详细。

系统图、框图中各框可以按照 GB5094—1985《电气技术中的项目代号》的规定标注项目代号。

系统图、框图的布局应清晰并利于识别过程和信息的流向。非电过程的电气控制系统或电气控制设备的系统图、框图可以根据非电过程的流程图绘制。图上控制信号流向应与过程流向垂直绘制。

系统图、框图上可根据需要加注各种形式的注释和说明。如：在连接线上可标注信号名称、电平、频率、波形、去向等。也允许将上述内容集中表示在图的空白处。

2. 电路图

电路图又称电气原理图，是按工作顺序用图形符号排列，详细表示电路、设备或成套装置的全部基本组成和连接关系，而不考虑其实际位置的一种电气图。它通常是在系统图和框图基础上，采用图形符号并按功能布局绘制的，是电气技术中使用最为广泛的电气图。

电路图的用途是：详细理解电路、设备或成套装置及其组成部分的作用原理；为测试和寻找故障提供信息；作为编制接线图的依据。

国家标准 GB6988.4—1996《电气制图　电路图》规定了电路图的绘制规则：

1）电路图应布局合理、清晰，能准确地表达作用原理。

2）需要测试和拆、接外部引出线的端子，应用图形符号“空心圆”表示。电路的连接点用“实心圆”表示。

3）电路图在布局上采用功能布局法，同一功能的电气相关元器件应画在一起。电路应按动作顺序和信号流自上而下或自左至右的原则绘制。

4）电路图中各电气元器件，一律采用国家标准规定的图形符号绘出，用国家标准文字符号标记。

5）电路图中的元件、器件和设备的可动部分以在非激励或不工作的状态或位置来表示。如：继电器和接触器在非激励的状态；断路器和隔离开关在断开位置；带零位的手动控制开关在零位位置，不带零位的手动控制开关在图中规定的位置；机械操作开关，例如行程开关在非工作的状态或位置，即搁置时的情况。

6）电路图应按主电路、控制电路、照明电路、信号电路分开绘制。直流和单相电源电路用水平线画出，一般画在图纸上方（直流电源的正极）和下方（直流电源的负极）。多相电源电路，集中水平画在图纸上方，相序自上而下排列。中性线（N）和保护接地线（PE）放在相线之下。主电路与电源电路垂直画出。控制电路与信号电路垂直画在两条水平电源线之间。耗电元件（如电器的线圈，电磁铁，信号灯等）直接与下方水平线连接，控制触头连接在上方水平线与耗电元件之间。

7）电路中各元器件触头图形符号，当图形垂直放置时以“左开右闭”原则绘制，即垂线左侧的触头为常开触头，垂线右侧的触头为常闭触头；当图形为水平放置时以“上闭下开”原则绘制，即在水平线上方的触头为常闭触头，在下方的触头为常开触头。

图 2-2 所示为 CW6132 型车床电路图。

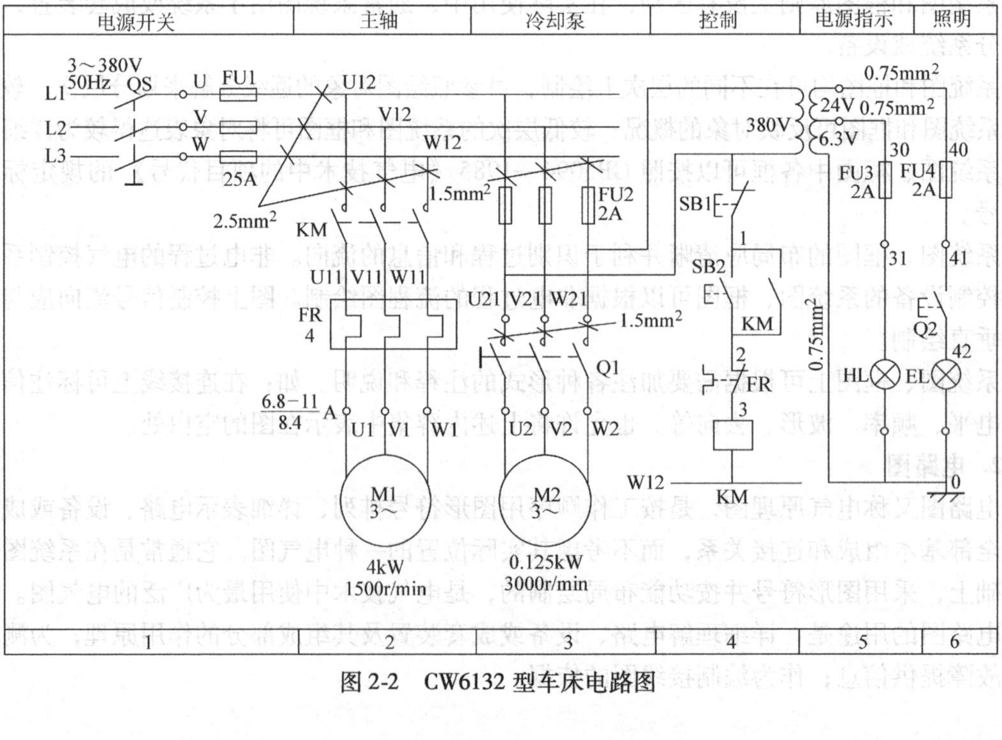

图 2-2　CW6132 型车床电路图

3. 位置图

位置图是表示成套装置、设备或装置中各个项目位置的一种图。如机床上各电气设备的位置，机床电气控制柜上各电器的位置，都由相应的位置图来表示。图 2-3 所示为 CW6132 型车床控制盘电器位置图，图 2-4 所示为 CW6132 型车床电气设备安装位置图。

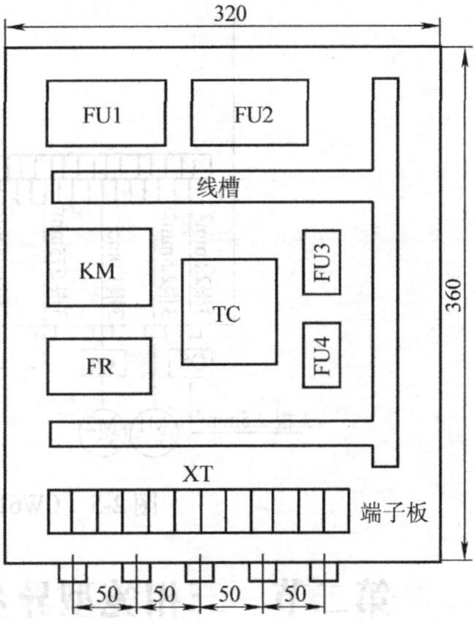

图 2-3　CW6132 型车床控制盘电器位置图

4. 接线图

接线图表示成套装置、设备或装置的连接关系，用于安装接线、线路检查、线路维修和故障处理。在实际应用中接线图通常需要与电路图和位置图一起使用。

接线图分为单元接线图、互连接线图、端子接线图、电缆配置图等。

单元接线图表示单元内部的连接情况，通常不包括单元之间的外部连接，但可给出与之有关的互连图的图号。单元接线图通常应大体按各个项目的相对位置进行布置。

互连接线图表现单元之间的连接情况，通常不包括单元内部的连接，但可给出与之有关的电路图或单元接线图的图号。

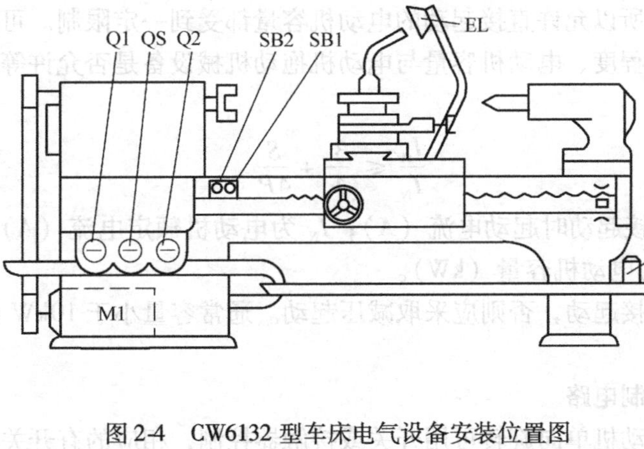

图 2-4　CW6132 型车床电气设备安装位置图

端子接线图表现单元和设备的端子及其与外部导线的连接关系，通常不包括单元或设备的内部连接，但可提供与之有关的图号。

电缆配置图表现单元之间外部电缆的敷设，也可表示线缆的路径情况。

图 2-5 所示为 CW6132 型车床电气互连图。

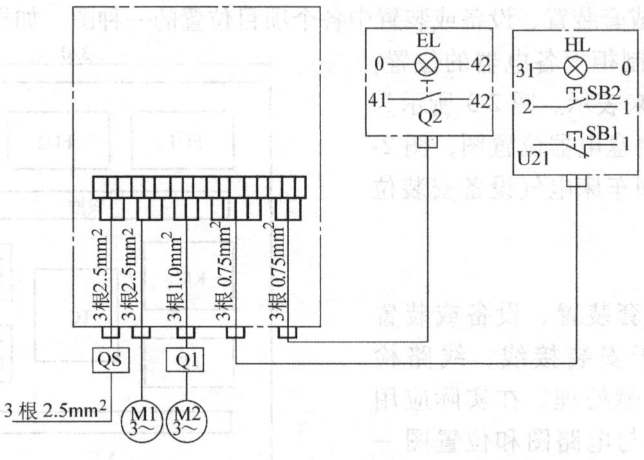

图 2-5 CW6132 型车床电气互连图

第二节 三相笼型异步电动机直接起动控制电路

三相笼型异步电动机具有结构简单、价格便宜、坚固耐用、维修方便等优点，因而获得广泛应用。笼型异步电动机的起动控制有直接起动与减压起动两种。

三相笼型异步电动机定子接上额定电压、额定频率的三相交流电源，定子绕组按规定的接线方式接成三角形或星形，电动机由静止状态逐渐加速到稳定运行状态的起动称直接起动。直接起动是一种简单、经济的起动方法，但由于直接起动时，其起动电流为电动机额定电流的 4 ~7 倍，过大的起动电流会造成电网电压明显下降，直接影响在同一电网中工作的其他负载正常工作，所以允许直接起动的电动机容量都受到一定限制。可根据电源变压器容量、电动机起动频繁程度、电动机容量与电动机拖动机械设备是否允许等来分析，也可用下面经验公式来确定：

$$\frac{I_{st}}{I_N} \leqslant \frac{3}{4} + \frac{S}{4P} \tag{2-1}$$

式中，I_{st}为电动机直接起动时起动电流（A）；I_N 为电动机额定电流（A）；S 为电源变压器容量（kV · A）；P 为电动机容量（kW）。

满足此条件可直接起动，否则应采取减压起动。通常容量小于 10kW 的电动机可采用直接起动。

一、单向旋转控制电路

三相笼型异步电动机单向旋转可用开关或接触器控制，相应的有开关控制电路和接触器控制电路。

1. 开关控制电路

图 2-6 所示为电动机单向旋转开关控制电路，图 2-6a 所示为刀开关控制电路，图 2-6b 所示为断路器控制电路。前者能实现短路保护，后者能实现长期过载的热保护和过电流保护。它们适用于不频繁起动的小容量电动机，但不能实现远距离控制。

2. 接触器控制电路

图 2-7 所示为电动机单向旋转接触器控制电路。图中 Q 为电源开关，FU1、FU2 分别为主电路与控制电路熔断器，KM 为接触器，SB1、SB2 分别为停止按钮与起动按钮，M 为三相笼型异步电动机。

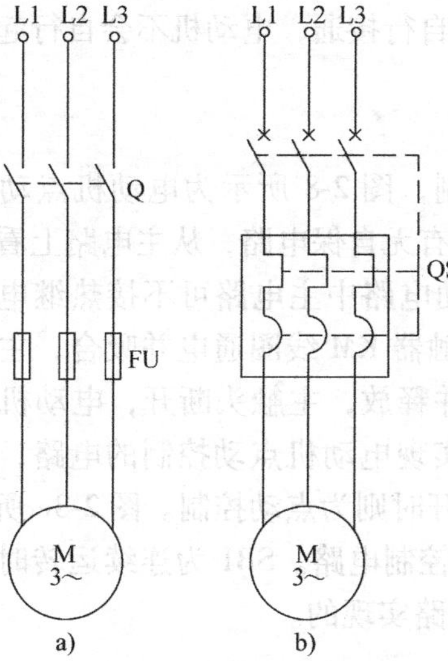

图 2-6　电动机单向旋转开关控制电路
a）刀开关控制电路　b）断路器控制电路

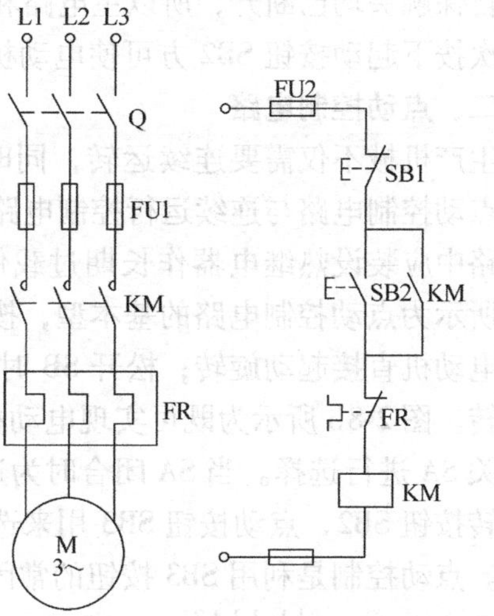

图 2-7　电动机单向旋转接触器控制电路

电动机起动控制：合上电源开关 Q，接通控制电路电源。按下起动按钮 SB2，其常开触头闭合，接触器 KM 线圈通电吸合，其主触头闭合，电动机接入三相交流电源起动旋转。同时，与起动按钮 SB2 并联的接触器 KM 常开辅助触头闭合，从而使 KM 线圈经 SB2 触头与 KM 自身常开触头两路获得供电而吸合。当松开 SB2 按钮时，KM 线圈仍通过自身常开触头这一路径继续保持通电，从而使电动机获得连续运转。这种依靠接触器自身辅助触头保持线圈通电的电路称为自保电路，而这对常开辅助触头称为自保触头。

电动机需停转时，可按下停止按钮 SB1，接触器 KM 线圈断电并释放，KM 常开主触头、辅助触头均断开，切断电动机主电路与控制电路，电动机停止旋转。

电路保护环节：

（1）短路保护　由熔断器 FU1、FU2 分别实现主电路与控制电路的短路保护。

（2）过载保护　由热继电器 FR 实现电动机的长期过载保护。当电动机出现长期过载时，串接在电动机定子电路中的发热元件使双金属片受热弯曲，经联动机构使串接在控制电路中的常闭触头断开，切断 KM 线圈电路，KM 复原，KM 主触头断开电动机电源，实现过载保护。

（3）欠压和失压保护　具有自保电路的接触器控制具有欠压与失压保护作用。欠压保护是指当电动机电源电压降低到一定值时自动切断电动机电源的保护；失压（或零压）保护是指运行中的电动机电源断电而停转，而一旦恢复供电时，电动机不致于自行起动的保护。

电动机运行中当电源电压下降，控制电路电源电压相应下降，接触器线圈电压下降，将引起接触器磁路磁通下降，电磁吸力减小，动铁心在反作用弹簧作用下释放，自保触头断开，失去自保，同时接触器主触头也断开，电动机切断电源，以免电动机因电源电压降低引起电动机电流加大，严重时烧毁电动机。

电动机运行时，电源停电，电动机停转。在恢复供电时，由于接触器线圈断电，其主触头与自保触头均已断开，所以主电路和控制电路都不会自行接通，电动机不会自行起动，只有再次按下起动按钮 SB2 方可使电动机再次起动。

二、点动控制电路

生产机械不仅需要连续运转，同时还需要点动控制，图 2-8 所示为电动机点动控制电路。点动控制电路与连续运行控制电路的根本区别在于有无自保电路，从主电路上看连续运转电路中应装设热继电器作长期过载保护，而对于点动电路中主电路可不接热继电器。图 2-8a 所示为点动控制电路的基本型，按下 SB 按钮，接触器 KM 线圈通电并吸合，主触头闭合，电动机直接起动旋转；松开 SB 时，KM 线圈断电并释放，主触头断开，电动机断电停止旋转。图 2-8b 所示为既可实现电动机连续运转又可实现电动机点动控制的电路，并由手动开关 SA 进行选择。当 SA 闭合时为连续控制，SA 断开时则为点动控制。图 2-8c 所示为连续运转按钮 SB2，点动按钮 SB3 用来选择连续与点动的控制电路。SB1 为连续运转时的停止按钮。点动控制是利用 SB3 按钮的常闭触头断开自保电路实现的。

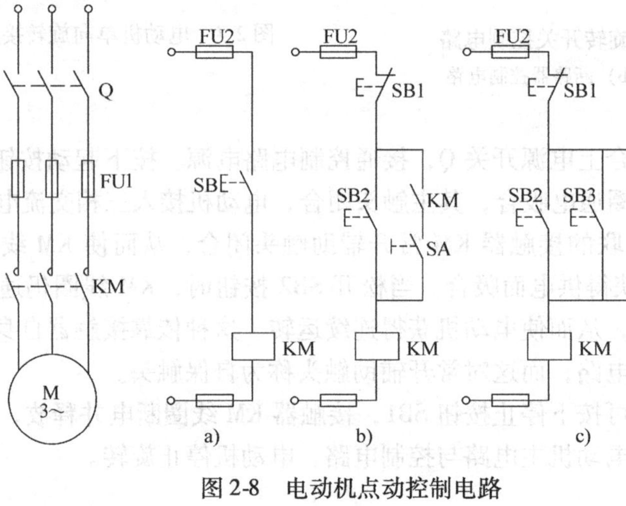

图 2-8 电动机点动控制电路

三、可逆旋转控制电路

生产机械的运动部件往往要求能够做正反两个方向的运动，这就要求拖动电动机能做正反向旋转。由电动机原理可知，改变电动机三相电源相序即可改变电动机旋转方向，由此出发，电动机可逆旋转控制电路常用的有以下几种。

1. 倒顺转换开关可逆旋转控制电路

图 2-9 所示为倒顺转换开关控制电动机正反转电路图。其中图 2-9a 所示为倒顺开关直接控制电动机正反转，由于倒顺开关无灭弧装置，仅适用于电动机容量在 5. 5kW 以下的电动机的正反转控制。对于容量大于 5. 5kW 的电动机，则用图 2-9b 所示电路来控制。在图 2-9b 中，倒顺开关用来预选电动机旋转方向，而由按钮来控制接触器接通与断开电源，实现电动

机的起动与停止，所以其控制电路是电动机单向旋转控制电路，而主电路引入了倒顺开关。由于采用了接触器控制，并且接入了热继电器 FR，所以电路具有长期过载保护和欠压与零压保护。

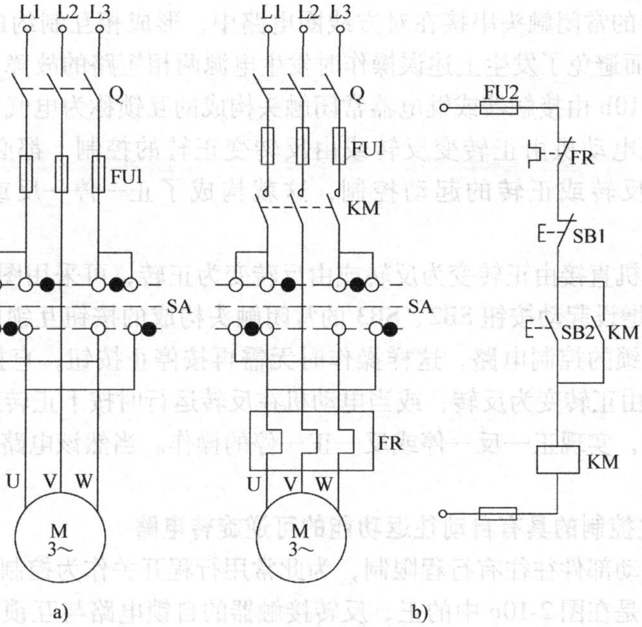

图 2-9　倒顺转换开关控制电动机正反转电路

a）由倒顺开关直接控制电动机正反转　b）由倒顺开关—接触器控制

2. 按钮控制的可逆旋转控制电路

图 2-10 所示为按钮控制电动机正反转控制电路。其中图 2-10a 系由两组单向旋转控制电路组合而成，主电路由正反转接触器 KM1、KM2 的主触头来改变电动机相序，实现电动机

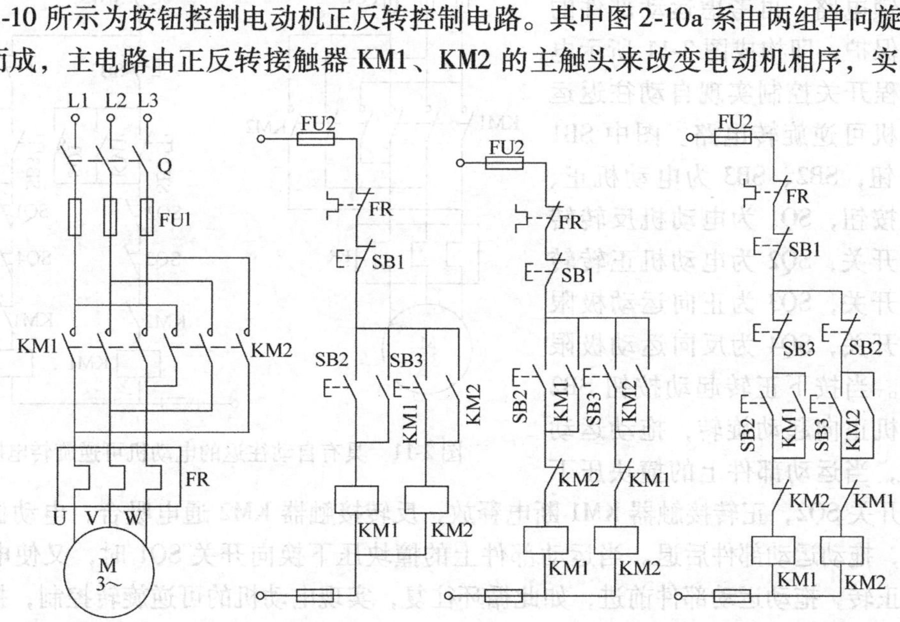

图 2-10　按钮控制电动机正反转控制电路

的可逆旋转。但图2-10a若发生电动机在按下正转起动按钮SB2，电动机已进行正向旋转后，又按下反向起动按钮SB3的误操作时，由于正反转接触器KM1、KM2线圈均通电吸合，其主触头闭合，将发生电源两相短路，致使熔丝烧断，电动机无法工作。为此，将KM1、KM2正反转接触器的常闭触头串接在对方线圈电路中，形成相互制约的控制，形成如图2-10b所示电路，从而避免了发生上述误操作时发生电源两相短路的故障。这种相互制约的关系称为互锁，图2-10b由接触器或继电器常闭触头构成的互锁称为电气互锁。在这一电气互锁电路中，要实现电动机由正转变反转或由反转变正转的控制，都必须先按下停止按钮SB1，然而再进行反转或正转的起动控制，这就构成了正—停—反或反—停—正的操作顺序。

为了实现电动机直接由正转变为反转或由反转变为正转，可采用图2-10c所示电路。即在图2-10b基础上增设起动按钮SB2、SB3的常闭触头构成的按钮互锁电路，从而构成具有电气、按钮双重互锁的控制电路，这样操作时无需再按停止按钮，直接按下反转起动按钮SB3即可使电动机由正转变为反转，或当电动机在反转运行时按下正转起动按钮SB2可直接使电动机变为正转，实现正—反—停或反—正—停的操作。当然该电路也能实现正—停—反的操作。

3. 由行程开关控制的具有自动往返功能的可逆旋转电路

生产机械的运动部件往往有行程限制，为此常用行程开关作为控制元件来控制电动机的正反转，实质上，是在图2-10c中的正、反转接触器的自锁电路与互锁电路上，增加由行程开关常开触头并联在起动按钮常开触头两端构成另一条自锁电路，由行程开关常闭触头串联在接触器线圈电路中构成互锁电路，再考虑运动部件的运动限位保护，即构成图2-11所示电路中的行程开关控制实现自动往返运动的电动机可逆旋转电路。图中SB1为停止按钮，SB2、SB3为电动机正、反转起动按钮，SQ1为电动机反转转正转行程开关，SQ2为电动机正转转反转行程开关，SQ3为正向运动极限保护行程开关，SQ4为反向运动极限行程开关。当按下正转起动按钮SB2时，电动机正向起动旋转，拖动运动部件前进，当运动部件上的撞块压下换向行程开关SQ2，正转接触器KM1断电释放，反转接触器KM2通电吸合，电动机由正转变为反转，拖动运动部件后退。当运动部件上的撞块压下换向开关SQ1时，又使电动机由反转变为正转，拖动运动部件前进，如此循环往复，实现电动机的可逆旋转控制，拖动运动部件实现自动往返运动。当按下停止按钮SB1时，电动机便停止旋转。行程开关SQ3、SQ4安装在运动部件的正、反向极限位置。当由于某种故障，运动部件到达换向开关位置，未能切断KM1或KM2时，运动部件继续移动，撞块压下极限行程开关SQ3或SQ4，使KM1或

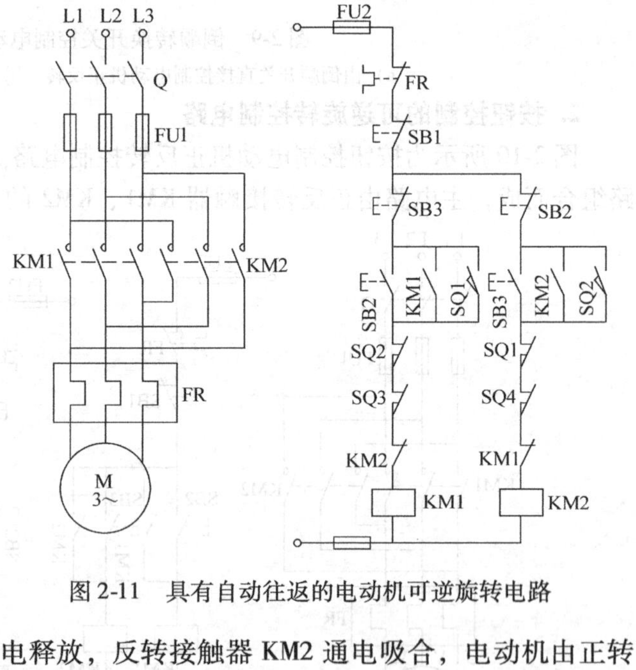

图2-11 具有自动往返的电动机可逆旋转电路

KM2 断电释放，电动机停止，从而避免运动部件由于越出允许位置而导致事故发生。因此，SQ3、SQ4 起限位保护作用。该图采用按钮互锁，无须按下停止按钮，可直接实现由正向转反向或由反向转正向的操作。

这种用行程开关按运动部件的行程位置进行的控制，称为行程控制原则。行程控制是机械设备自动化和生产过程自动化中应用最广泛的控制方法之一。

四、电磁起动器控制电路

电磁起动器是将交流接触器、热继电器、按钮等电器组合而成，可以远距离直接控制三相笼型电动机起动、停止和换向。常用的国产电磁起动器有 QC10、QC12、QC20 系列，以及引进的 MSJB 和 MSBB 系列电磁起动器。

MSJB 和 MSBB 系列电磁起动器由 B 系列交流接触器、T 系列热继电器以及有关附件组成，附件有辅助触头、TP 型延时继电器、VB 型机械联锁器、WB 型自锁继电器及各种连接件等，根据需要选择和装配。这两类电磁起动器具有失压、过载和断相保护作用。其中 MSJB 系列为塑料外壳，MSBB 系列为金属外壳，除防护等级不同外，其余性能完全相同，其技术数据见表 2-2。

表 2-2　MSJB、MSBB 系列电磁起动器技术数据

型号	主要元件			起动器额定电流/A		可控笼型电动机功率/kW	
	交流接触器 型号	交流接触器 额定电流/A	热继电器型号	380V	660V	380V	660V
MSJ(B)B9	B9	16	T16	8.5	3.5	4	3
MSJ(B)B12	B12	20	T16	11.5	4.9	5.5	4
MSJ(B)B16	B16	25	T16	15.5	6.7	7.5	5.5
MSJ(B)B25	B25	40	T16,T25	22	13	11	11
MSJ(B)B30	B30	45	T25,T45	30	17.5	15	15
MSBB37	B37	45	T25,T45	37	21	18.5	18.5
MSBB45	B45	60	T45	45	25	22	22
MSBB65	B65	80	T85	65	44	33	40
MSBB85	B85	100	T85	85	53	45	50
MSBB105	B105	140	T85,T105,T170	105	82	55	75
MSBB170	B170	230	T105,T170	170	118	90	110
MSBB250	B250	300	T205	250	170	132	160
MSBB370	B370	410	T370	370	286	200	250
MSBB460	B460	600	T370	475	337	250	315

图 2-12 所示为可逆带热保护型电磁起动器接线图。

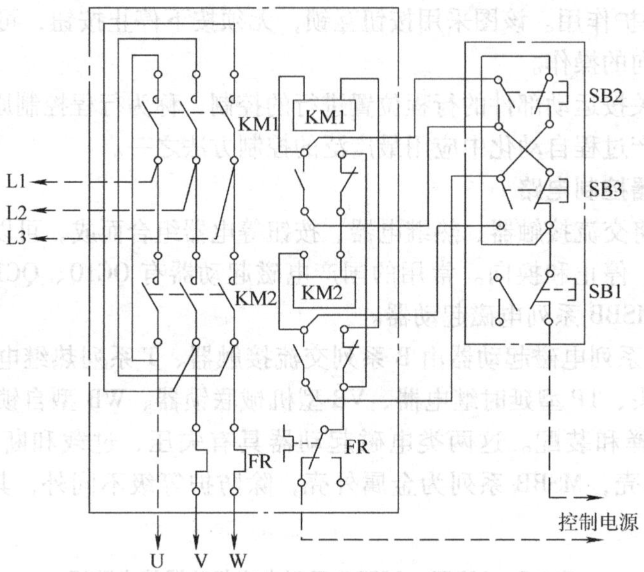

图 2-12 可逆带热保护型电磁起动器接线图

第三节 三相笼型异步电动机减压起动控制电路

三相笼型异步电动机采用全压起动，控制电路简单，但当电动机容量较大，不允许采用全压直接起动时，应采用减压起动。有时，即便是允许采用直接起动的电动机，但为了减小起动时对机械的冲击，往往也采用减压起动。所谓减压起动，就是利用某些设备或者采用电动机定子绕组换接的方法，使电动机起动时，定子绕组的端电压低于额定电压，从而减小了起动电流。不过，因为电动机的电磁转矩和端电压平方成正比，所以电动机的起动转矩也就减小了。

三相笼型异步电动机减压起动方法有：定子电路串电阻或电抗器减压起动、自耦变压器减压起动、Y-△减压起动、延边三角形减压起动等。虽然方法各异，但都是为了减小起动电流，从而减小电路电压降，而当电动机转速上升到接近额定转速时，再将电动机定子绕组电压恢复到额定电压，电动机进入正常运行。在起动过程中，时间、转速、电流等参量都发生变化，根据所选用控制信号不同，有时间原则、转速原则、电流原则的控制电路。下面讨论几种常用的减压起动控制电路。

一、定子绕组串接电阻器或电抗器减压起动控制

在三相笼型异步电动机定子绕组串接电阻或电抗起动时，起动电流在电阻或电抗上产生电压降，使加在电机定子绕组上的电压低于电源电压，使起动电流减小。待电动机转速接近额定转速时，再将电阻或电抗短接，使电动机在额定电压下运行，电抗减压起动通常用于高压电动机，电阻减压起动通常用于低压电动机。这种起动方式不受电动机接线型式的限制，较为方便。但串电阻起动时，将在电阻上消耗大量的电能，所以不宜用在经常起动的电动机上。若用电抗代替电阻，虽能克服这一缺点，但设备费用较大。

图 2-13 所示为按时间原则自动短接电阻减压起动电路。图 2-13a 所示为自动短接电阻起

动电路，图中 KM1 为起动接触器，KM2 为运行接触器，KT 为时间继电器。电路工作情况是：合上电源开关 Q，按下起动按钮 SB2，KM1、KT 线圈同时通电并自保，此时电动机定子绕组串接电阻 R 进行减压起动。当电动机转速接近额定转速时，时间继电器 KT 通电延时闭合触头闭合，KM2 线圈通电并自保，KM2 常闭触头断开并切断 KM1、KT 线圈电路，使 KM1、KT 断电释放。于是构成先由 KM2 主触头短接定子回路电阻，后由 KM1 主触头断开定子电阻，电动机经 KM2 主触头在全压下进入正常运转。

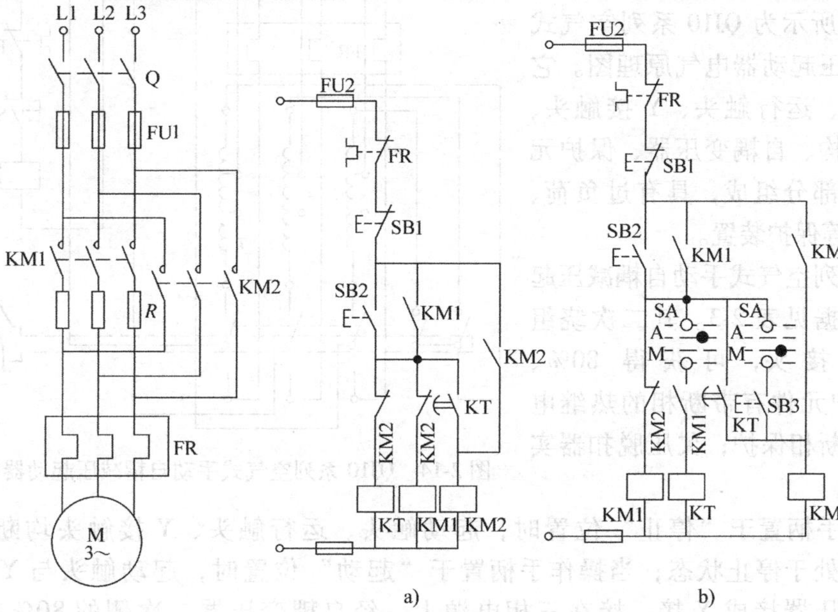

图 2-13　时间原则自动短接电阻减压起动电路

a）自动短接电阻减压起动　b）自动与手动短接电阻减压起动

图 2-13b 所示为自动与手动短接电阻减压起动电路。图中 SA 为选择开关，当 SA 置于“A”位时为自动控制，电路情况与图 2-13a 电路完全相同。若 SA 置于“M”位时，则为手动控制，此时将时间继电器 KT 断开，且引入加速按钮 SB3。起动时按下起动按钮 SB2 后，电动机经 KM1 主触头串入电阻 R 减压起动，当电动机转速接近额定转速时，再按下加速按钮 SB3，接触器 KM2 通电并自保，KM1 断电释放，使 R 先短接后断开，电动机在全压下运行。

二、自耦变压器减压起动控制

电动机自耦变压器减压起动是将自耦变压器一次绕组接在电网上，二次绕组接在电动机定子绕组上。这样电动机定子绕组得到的电压是自耦变压器的二次电压 U_2，自耦变压器的电压比为 $K = U_1/U_2 > 1$。由电动机原理可知：当利用自耦变压器起动时的电压为电动机额定电压的 $1/K$ 时，电网供给的起动电流减小为直接起动时的 $1/K^2$，由于起动转矩正比于 U^2，所以起动转矩降为直接起动时的 $1/K^2$。待电动机转速接近电动机额定转速时，再将电动机定子绕组接在电网上进入正常运转。由此可见，自耦变压器减压起动常用于电动机的空载或轻载起动。在自耦变压器二次绕组上有多个抽头，以获得不同电压比 K，从而满足不同起动场合所需。

自耦变压器减压起动有手动与自动控制两种。

1. 手动控制的自耦变压器减压起动

常用的 QJ10 系列空气式手动自耦减压起动器适用于电压在 380V 及以下、容量在 75kW 及以下的三相笼型异步电动机，做不频繁减压起动和停止用。

图 2-14 所示为 QJ10 系列空气式手动自耦减压起动器电气原理图。它由起动触头、运行触头、Y 接触头、手动操作机构、自耦变压器、保护元件与箱体等部分组成，具有过负荷、断相和欠压等保护装置。

QJ10 系列空气式手动自耦减压起动器技术数据见表 2-3。其二次绕组有几个分接头，可获得 80%、65% U_N，保护元件有带断相的热继电器作过载与断相保护；欠压脱扣器实现欠压保护。

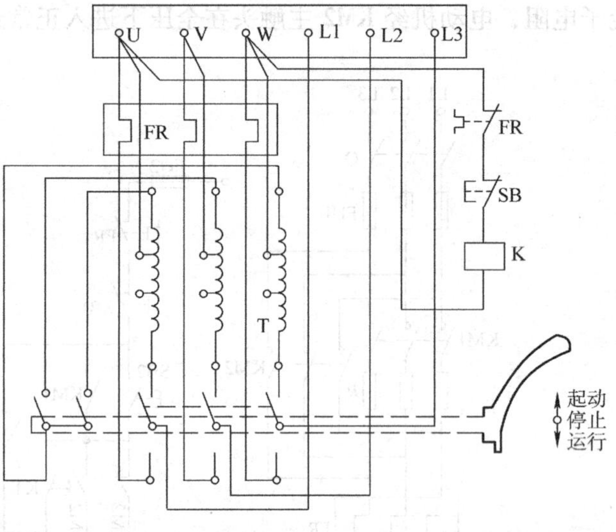

图 2-14 QJ10 系列空气式手动自耦减压起动器电气原理

当操作手柄置于“停止”位置时，起动触头、运行触头、Y 接触头均断开，电动机不通电，处于停止状态；当操作手柄置于“起动”位置时，起动触头与 Y 接触头闭合，自耦变压器接成 Y 接，接在三相电源上，经自耦变压器二次侧的 80% 或 65% U_N 抽头接到三相笼型感应电动机定子上，获得减压起动。当电动机转速接近额定转速时，将手柄迅速扳到“运行”位置，起动触头、Y 接触头断开，运行触头闭合，三相电源直接送入电动机定子，在额定电压下正常运转。当需停止时，按下停止按钮 SB，欠压脱扣线圈 K 断电，经机械操作机构使操作手柄返回“停止”位置，运行触头断开，电动机切断三相电源，电动机停转。

表 2-3 QJ10 系列空气式手动自耦减压起动器技术数据

型号	额定电压/V	控制电动机功率/kW	电动机额定电流/A	过载保护整定电流/A	最大起动时间/s
QJ10-10	380	10	20.7	20.7	30
QJ10-13		13	25.7	25.7	
QJ10-17		17	34	34	40
QJ10-20		20	43	43	
QJ10-30		30	58	58	
QJ10-40		40	77	77	
QJ10-55		55	105	105	60
QJ10-75		75	142	142	

2. 自动控制的自耦减压起动

自动控制的自耦减压起动是由自耦变压器、交流接触器、热继电器、时间继电器、按钮等元器件组成的减压起动控制电路。根据主电路采用接触器数目不同有两接触器控制与三接触器控制的自耦减压起动电路。

图 2-15 所示为 XJ01 系列自耦减压起动器电路图。适用于被控制电动机功率 14 ~ 300kW 减压起动，为两接触器控制型。表 2-4 列出了部分 XJ01 系列自耦减压起动器的技术数据。

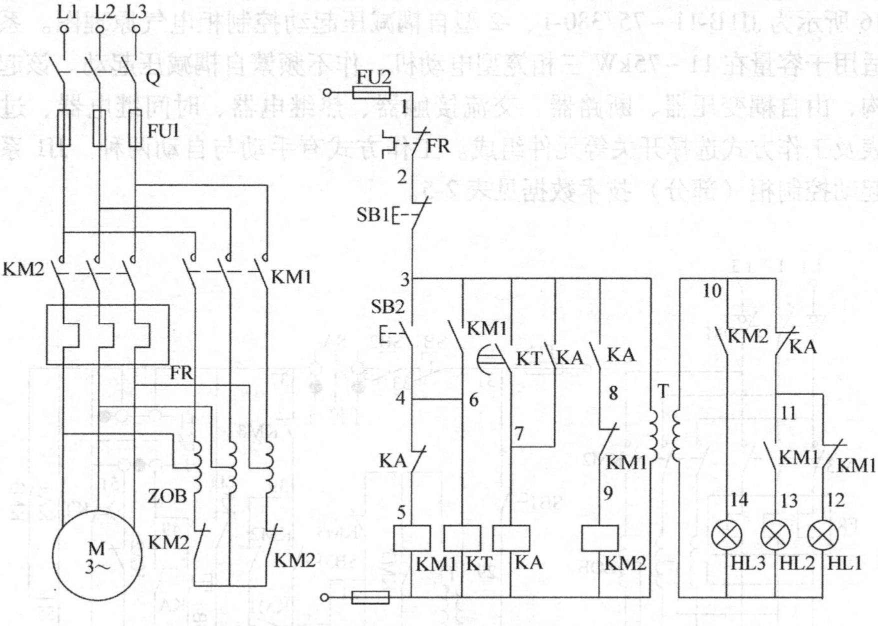

图 2-15　XJ01 系列自耦减压起动器电路图

表 2-4　XJ01 系列部分自耦减压起动器技术数据

型　　号	被控制电动机功率/kW	最大工作电流/A	自耦变压器功率/kW	电流互感器变压比	热继电器整定电流/A
XJ01-14	14	28	14	—	32
XJ01-20	20	40	20	—	40
XJ01-28	28	58	28	—	63
XJ01-40	40	77	40	—	85
XJ01-55	55	110	55	—	120
XJ01-75	75	142	75	—	142
XJ01-80	80	152	115	300/5	2.8
XJ01-95	95	180	115	300/5	3.2
XJ01-100	100	190	115	300/5	3.5

图 2-15 中 KM1 为减压起动接触器，KM2 为运行接触器，KA 为中间继电器，KT 为减压起动时间继电器，HL1 为电源指示灯，HL2 为减压起动指示灯，HL3 为正常运行指示灯。

电路工作情况：合上电源开关 Q，HL1 灯亮，表明电源电压正常。按下起动按钮 SB2，KM1、KT 线圈同时通电并自保，将自耦变压器 T 接入，电动机定子经自耦变压器供电作减压起动，同时指示灯 HL1 灭，HL2 亮，显示电动机正进行减压起动。当电动机转速接近额定转速时，时间继电器 KT 通电延时闭合触头 KT（3-7）闭合，使 KA 线圈通电并自保，其触头 KA（4-5）断开，使 KM1 线圈断电释放，将自耦变压器切除；触头 KA（10-11）断开，HL2 指示灯断电熄灭；而触头 KA（3-8）闭合，使 KM2 线圈通电吸合，电源电压全部加在电动机定子上进入正常运转，同时 HL3 指示灯亮，表明电动机减压起动结束，进入正常运行。由于接入自耦变压器 Y 接部分的电流为自耦变压器一、二次电流之差，故采用 KM2 的辅助触头来联接。

图 2-16 所示为 JJ1B-11 ~75/380-1、-2 型自耦减压起动控制柜电气原理图。系三接触器控制型，适用于容量在 11 ~75kW 三相笼型电动机，作不频繁自耦减压起动。该起动柜为柜式防护结构，由自耦变压器、断路器、交流接触器、热继电器、时间继电器、过电流继电器、电流表及工作方式选择开关等元件组成。工作方式有手动与自动两种。JJ1 系列自耦变压器减压起动控制柜（部分）技术数据见表 2-5。

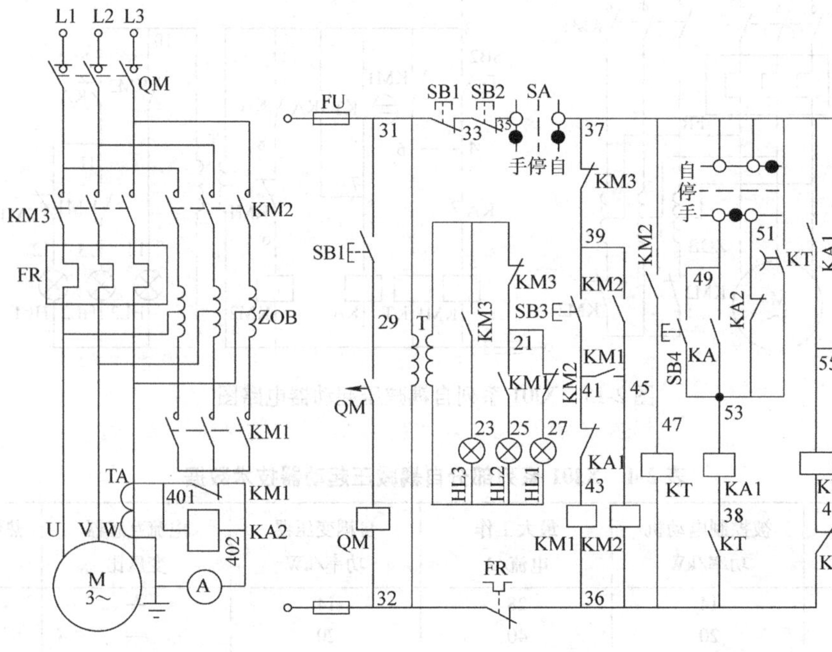

图 2-16 JJ1B-11 ~75/380-1、-2 型自耦减压起动控制柜电气原理图

图中 KM1、KM2 为自耦减压起动接触器，KM3 为全压运行接触器，KA1 为起动中间继电器，KA2 为转换电流继电器，由于自耦变压器一般是按短时工作制设计的，故对起动持续时间有规定。KT 为自耦变压器保护时间继电器，QM 为断路器，SA 为工作方式选择开关，HL1 为电源指示灯，HL2 为减压起动指示灯，HL3 为正常运行指示灯。

电路工作情况，当 SA 置于手动工作位置，首先合上断路器 QM，电路接通三相交流电源，按下减压起动按钮 SB3，KM1、KM2 相继通电并自保，电动机经自耦变压器减压起动，待电动机接近额定转速时，按下正常运行按钮 SB4，中间继电器 KA1 通电并自保，其常闭触头 KA1（41-43）断开，KM1 断电释放，自耦变压器 Y 接断开，同时 KA1（37-55）闭合，

KM3 通电并自保，KM3 主触头闭合，电动机在全电压下运行，KM3（37-39）触头断开，KM2 线圈断电释放。所以，当 SA 处于手动位置时，按下 SB3 为减压起动开始，当按下 SB4 后减压起动结束，进入正常运行。而在 KM2 线圈通电之后，时间继电器 KT 通电，而 KT 为自耦变压器保护用时间继电器，为了加速起动、缩短起动时间，以及对每次起动持续时间的规定来确定时间继电器 KT 的延时，当 KT（37-53）通电延时闭合触头闭合，使 KA1 通电，KM3 通电、KM2 断电进行强迫转换。

表 2-5　JJ1 系列自耦变压器减压起动控制柜（部分）技术数据

型　　号	额定电压/V	被控电动机功率/kW	最大工作电流/A	自耦变压器保护时间继电器最大整定值/s	转换电流继电器整定电流值/A	热继电器整定电流/A	断路器脱扣器额定电流/A
JJ1B-11/380-1	380	11	22	40	3.3	22	25
JJ1B-11/380-2				100			
JJ1B-15/380-1		15	29	40	4.4	29	30
JJ1B-15/380-2				100			
JJ1B-18.5/380-1		18.5	36	40	5.3	36	40
JJ1B-18.5/380-2				100			
JJ1B-22/380-1		22	42	40	4.2	42	50
JJ1B-22/380-2				100			
JJ1B-30/380-1		30	57	40	5.7	57	60
JJ1B-30/380-2				100			
JJ1B-37/380-1		37	70	40	5.3	70	80
JJ1B-37/380-2				100			
JJ1B-45/380-1		45	84	40	6.3	84	100
JJ1B-45/380-2				100			
JJ1B-55/380-1		55	103	40	3.8	103	120
JJ1B-55/380-2				100			
JJ1B-75/380-1		75	140	40	5.2	140	140
JJ1B-75/380-2				100			

当 SA 置于自动位置时，按下减压起动按钮 SB3，KM1、KM2、KT 相继通电并自保，电动机经自耦变压器起动，起动时电流继电器 KA2 经电流互感器 TA 接入电动机定子电路中。起动时，起动电流较大，使 KA2 动作，KA2（51-53）触头断开，随着电动机转速升高，电动机定子电流减小，待电动机转速接近额定转速时，定子电流已到达 KA2 的释放电流值，KA2（51-53）闭合，KA1 通电，使 KM1 断电，KM3 通电，自耦减压起动结束，电动机进入正常运行。所以，自动工作是由转换电流继电器 KA2 自动控制的。

JJ1 系列自耦减压起动控制柜具有过载保护、断相保护和短路保护等功能。

三、星—三角减压起动控制电路

对于正常运行时电动机定子绕组接成三角形联结的三相笼型异步电动机，起动时均可采用星—三角起动。起动时，先将定子绕组按星形联结，接入三相交流电源。此时，由于电动机每相绕组电压只为正常工作电压的 $1/\sqrt{3}$，故起动电流下降到电动机额定电压下起动时的电流的 $1/\sqrt{3}$，起动转矩也只有额定电压下起动时的转矩的 1/3。待电动机转速接近额定转速时，再将电动机定子绕组改成三角形联结，各相绕组承受额定工作电压，电动机进入正常运转。这种起动方法简便、经济，对于 Y 系列笼型异步电动机，由于其起动转矩为额定转矩的1.4～2.2 倍，即便采用星—三角起动，起动转矩减小至 1/3，那也有额定转矩的 0.47～0.73 倍，所以 Y 系列电动机采用星—三角起动不仅适用于轻载起动，也适用于较重负载下的起动。

星—三角起动电路按电动机主电路所用接触器数目分，有两接触器式与三接触器式，前者用于容量在 13kW 以下电动机的控制，后者用于容量在 13kW 以上电动机的控制。

1. 两接触器式星—三角起动控制电路

图 2-17 所示为用两接触器和一个时间继电器实现星—三角起动的控制电路。图中 KM1 为电路接触器，KM2 为星—三角转换接触器，KT 为减压起动时间继电器。

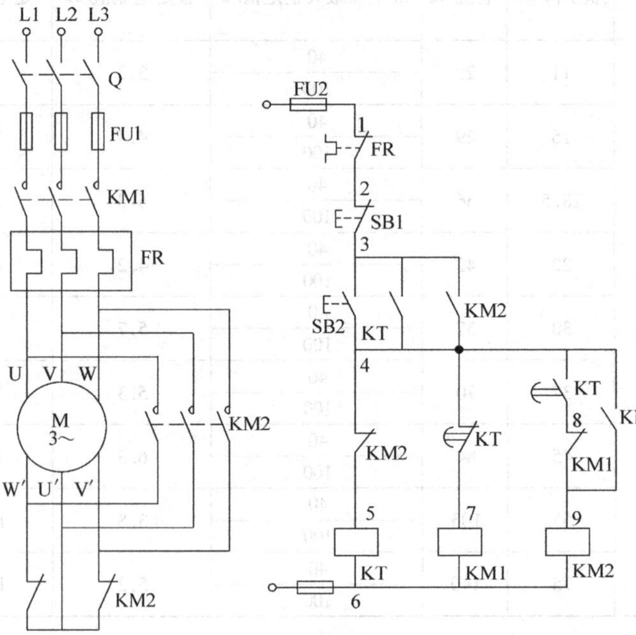

图 2-17　两接触器控制电动机星—三角减压起动电路

电路工作情况：合上电源开关 Q，为起动作准备。按下起动按钮 SB2，接触器 KM1、时间继电器 KT 线圈同时通电吸合并自保，KM1 主触头闭合接入三相交流电源，由于 KM1（8～9）触头断开，使 KM2 线圈处于断电状态，电动机接成星形联结进行减压起动并升速。当电动机转速接近额定转速时，时间继电器 KT 动作，其通电延时断开触头 KT（4-7）断开，通电延时闭合触头 KT（4-8）闭合。前者使 KM1 线圈断电释放，其主触头断开，切断电动机三相电源。而触头 KM1（8-9）闭合与后者 KT（4-8），使 KM2 线圈通电吸合并自保，KM2 主触头将电动机定子绕组接成三角形联结，KM2 辅助常闭触头断开，使电动机定子绕组末端脱离短接状态，另一触头 KM2（3-4）断开，使 KT 线圈断电释放。由于触头 KT（4-7）复原闭合，使接触器 KM1 线圈重新通电吸合，于是电动机在三角形联结下正常运转。所以，KT 时间继电器延时动作的时间就是电动机联成星形进行减压起动的时间。

由于电动机主电路中采用 KM2 常闭辅助触头来短接电动机三相绕组末端，因容量有限，故该电路适用于容量在13kW以下电动机的起动控制。

2. 三接触器式星—三角减压起动控制

图2-18所示为QX4系列自动星—三角起动器电路图。该电路适用于交流50Hz、电压380V、容量125kW及以下的三相笼型异步电动机的星—三角起动和停止。它是由交流接触器、热继电器、时间继电器、控制按钮及信号灯等元器件组成，具有过载保护和失压保护等功能。

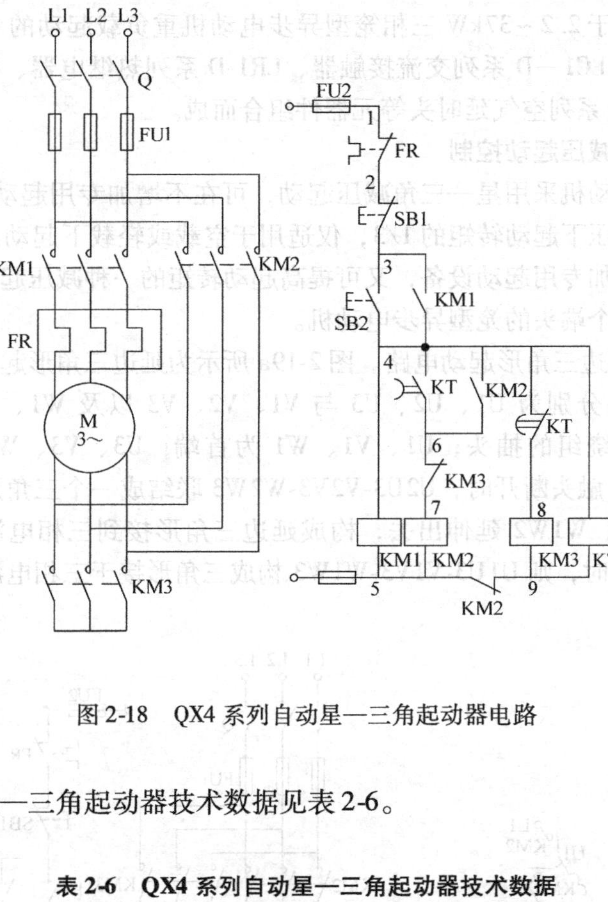

图2-18　QX4系列自动星—三角起动器电路

QX4系列自动星—三角起动器技术数据见表2-6。

表2-6　QX4系列自动星—三角起动器技术数据

型号	控制电动机功率/kW	额定电流/A	热继电器整定电流/A	时间继电器整定值/s
QX4-17	13	26	15	11
	17	33	19	13
QX4-30	22	42.5	25	15
	30	58	34	17
QX4-55	40	77	45	20
	55	105	61	24
QX4-75	75	142	85	30
QX4-125	125	260	100～160	14～60

电路工作情况：合上三相电源开关 Q，按下起动按钮 SB2，KM1、KT、KM3 线圈同时通电吸合并自保，电动机接成星形联结，接入三相交流电源进行减压起动。当电动机转速接近额定转速时，通电延时型时间继电器 KT 动作，其触头 KT（4-8）断开，触头 KT（4-6）闭合。前者使 KM3 线圈断电释放，后者使 KM2 线圈经 KM3（6-7）触头通电吸合，电动机由星形联结改成三角形联结，进入正常运行。而触头 KM2（5-9）断开，使时间继电器 KT 在电动机星—三角起动完成后断电，并实现 KM2 与 KM3 的电气互锁。

此外，还有适用于 2.2～37kW 三相笼型异步电动机重负载起动的 LC3-D 系列星—三角减压起动器。它是由 LC1—D 系列交流接触器、LR1-D 系列热继电器、LA1-D 系列辅助触头组和 LA2-D 或 LA3-D 系列空气延时头等元器件组合而成。

四、延边三角形减压起动控制

三相笼型异步电动机采用星—三角减压起动，可在不增加专用起动设备的情况下实现，但其起动转矩只为全压下起动转矩的 1/3，仅适用于空载或轻载下起动。而延边三角形减压起动是一种既不用增加专用起动设备，又可提高起动转矩的一种减压起动方法。它适用于电动机定子绕组具有 9 个端头的笼型异步电动机。

图 2-19 所示为延边三角形起动电路。图 2-19a 所示为延边三角形起动电动机定子绕组联接图。各相绕组端头分别为 U1、U2、U3 与 V1、V2、V3 以及 W1、W2、W3。其中 U2、V2、W2 分别为各相绕组的抽头；U1、V1、W1 为首端；U3、V3、W3 为尾端。当 KM1、KM2 触头闭合，KM3 触头断开时，U2U3-V2V3-W2W3 联结成一个三角形，三角形的各联结点再经 U1U2、V1V2、W1W2 延伸出去，构成延边三角形接到三相电源上。当 KM2、KM3 触头闭合、KM1 断开时，则 U1U3-V1V3-W1W3 构成三角形接于三相电源上。由此可知，当

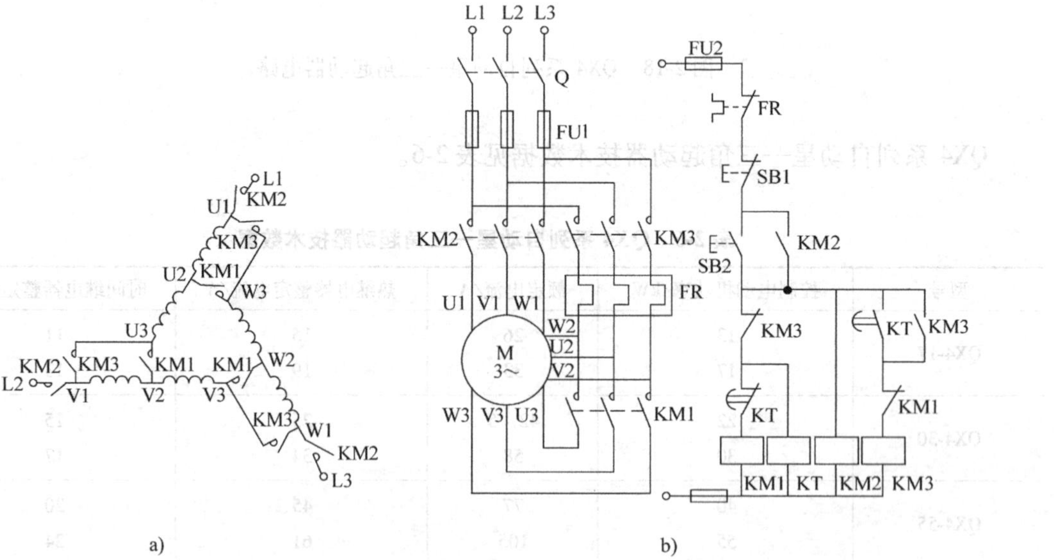

图 2-19 延边三角形减压起动电路

a）延边三角形起动电动机定子绕组接线图 b）延边三角形起动电路图

电动机定子绕组作延边三角形联结时，每相绕组承受的电压比三角形联结时低，此时定子绕组相电压与电源线电压的关系将取决于每相定子绕组两部分的匝数比。若延边部分的匝数 N_1 与三角形部分匝数 N_2 之比为1∶1，且当电源线电压为380V时，此时每相绕组电压为264V；若 N_1∶N_2 =1∶2 时，则每相绕组电压为290V。由此可知，改变延边部分与三角形联结部分的匝数比就可改变电动机每相绕组电压的高低，达到减小起动电流的目的。但在一般情况下，电动机的抽头比已确定，故不可能获得更多或任意的匝数比。电动机绕组各抽头匝数比不同时的起动特性见表2-7。

延边三角形减压起动电路如图2-19b所示。图中KM1为延边三角形联结接触器，KM2为线路接触器，KM3为三角形联结接触器，KT为起动时间继电器。电路工作情况是：合上电源开关Q，按下起动按钮SB2，KM1、KM2、KT线圈同时通电并自保，电动机定子接成延边三角形减压起动。当电动机转速接近额定转速时，时间继电器KT动作，其相应触头闭合或断开，使KM1线圈断电释放，KM3线圈通电吸合并自保，电动机定子由延边三角形转换成三角形联结正常运转。图中延边三角形接触器KM1与三角形联结接触器KM3之间设有电气互锁。

表2-7　不同抽头比时的延边三角形起动特性

N_1/N_2	每相绕组电压/V	I_{St}/I_N
1	264	3～3.5
0.5	290	3.6～4.2
2	230	2.6～3.1

由以上分析可知，三相笼型异步电动机采用延边三角形减压起动，其起动转矩比采用星—三角减压起动时大，并可在一定范围内选择。所以延边三角形减压起动具有星—三角减压起动不需增加专用设备的优点，又在一定程度上吸取了自耦变压器减压起动时起动转矩较大且可调节的优点。但要求电动机至少有9个接线端钮，并且接线比较麻烦。常用的延边三角形起动器有XJ1系列低压起动控制箱，该系列起动控制箱，可用作延边三角形减压起动，也可用作星—三角减压起动，适用于容量在11～132kW的电动机的起动控制。

第四节　三相绕线转子异步电动机起动控制电路

三相绕线转子异步电动机的转子绕组可通过滑环串接起动电阻以减小起动电流、提高转子电路的功率因数，提高起动转矩，适用于要求起动转矩高的场合。

按照绕线转子异步电动机转子绕组在起动过程中串接装置不同分串电阻起动与串频敏变阻器起动两种控制电路。

一、转子绕组串电阻起动电路

串接在三相转子绕组中的起动电阻，一般都联结成星形。起动时，将全部起动电阻接入，随着起动的进行，起动电阻依次被短接，在起动结束时，转子电阻全部被短接。短接电阻的方法有三相电阻不平衡短接法和三相电阻平衡短接法两种。所谓不平衡短接法是每一相的各级起动电阻轮流被短接。而平衡短接法是三相中的各级起动电阻同时被短接。本节仅介绍用接触器控制的平衡电阻短接法起动电路，不平衡电阻短接法起动电路待后续章节中讨论。

图 2-20 所示为转子串入三级电阻按时间原则短接起动电阻的起动电路。图中 KM1 为线路接触器，KM2、KM3、KM4 为短接电阻接触器，KT1、KT2、KT3 为起动时间继电器，该电路工作情况读者可自行分析。值得注意的是，电动机起动后进入正常运行时，只有 KM1、KM4 线圈长期通电，而 KT1、KT2、KT3 与 KM2、KM3 线圈的通电时间，均压缩到最低限度。这一方面是电路工作时，这些电器没有必要都处于通电状态，这样可以节省电能，延长电器寿命，更为重要的是减少电路故障，保证电路安全可靠地工作。但电路也存在下列问题：一旦时间继电器损坏，电路将无法实现电动机的正常起动和运行。另一方面，在电动机的起动过程中，由于逐级短接电阻，将使电动机电流及转矩突然增大，产生较大的机械冲击。

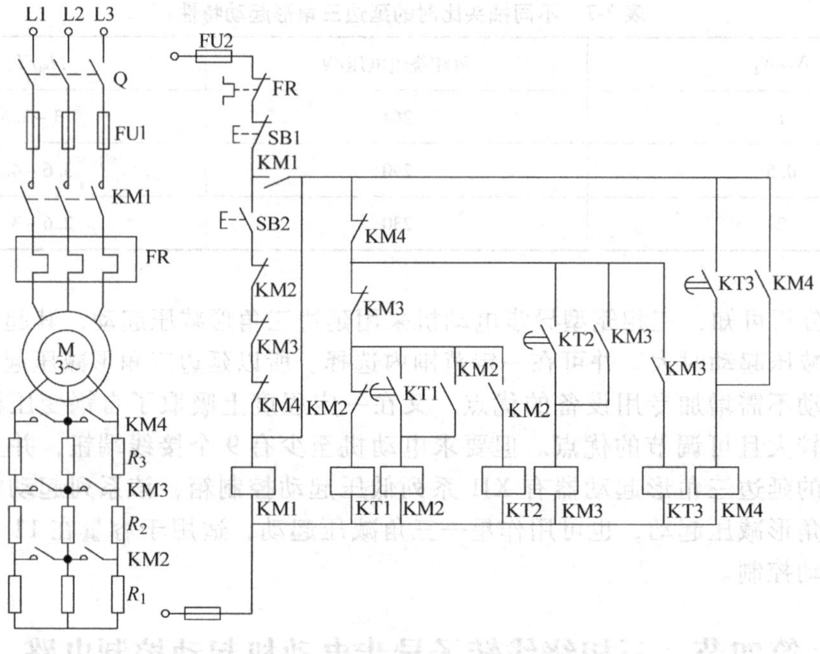

图 2-20　按时间原则短接起动电阻的起动电路

图 2-21 所示为按电流原则短接起动电阻的起动电路。它是按照电动机在起动过程中转子电流变化来控制电动机起动电阻的切除。图中 KA1、KA2、KA3 为电流继电器，其线圈串接在电动机转子电路中，调节它们的吸合电流相同，释放电流不同，且 KA1 释放电流最大，KA2 次之，KA3 释放电流最小。KA4 为中间继电器，KM1 ~ KM3 为短接电阻接触器，KM4 为线路接触器。

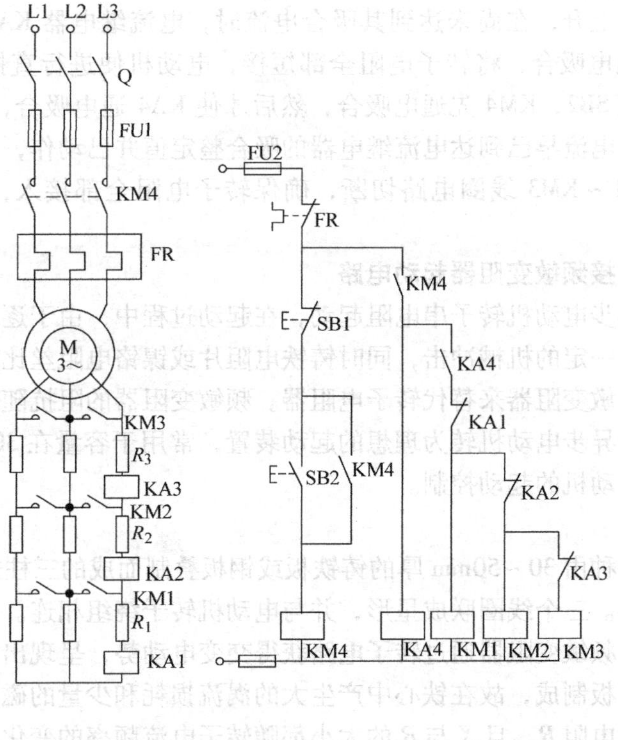

图 2-21　按电流原则短接起动电阻的起动电路

电路工作情况：合上电源开关 Q，按下起动按钮 SB2，KM4 通电并自保，电动机定子接通三相交流电源，转子串入全部电阻接成星接起动。同时 KA4 通电，为 KM1 ~ KM3 通电作准备。由于起动电流大，KA1 ~ KA3 吸合电流相同，故同时吸合，其常闭触头都断开，使 KM1 ~ KM3 处于断电状态，转子电阻全部串入，达到限流和提高起动转矩的目的。随着电动机转速的升高，起动电流逐渐减小，当起动电流减小到 KA1 释放电流 I_1 时，KA1 首先释放，其常闭触头闭合，使 KM1 通电，KM1 主触头短接一段转子电阻 R_1，由于转子电阻减小，转子电流上升，起动转矩加大，电动机转速加快上升，这又使转子电流下降，当降至 KA2 释放整定电流 I_2 时，KA2 释放，其常闭触头闭合，使 KM2 通电，其主触头短接第二段转子电阻 R_2，于是转子电流上升，起动转矩加大，电动机转速升高，如此继续，直至转子电阻全部切除，电动机起动过程才结束。

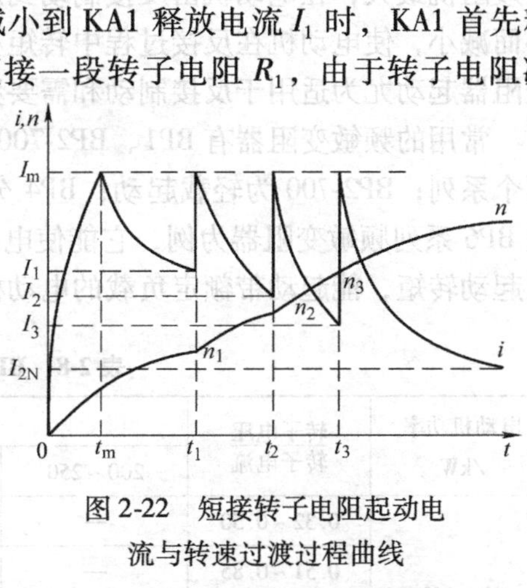

图 2-22　短接转子电阻起动电流与转速过渡过程曲线

图 2-22 所示为电流原则短接转子电阻起动电流与转速过渡过程曲线。图中 I_1、I_2、I_3 为 KA1 ~ KA3 释放电流，I_m 为限制的最大起动电流，I_{2N} 为电动机转子额定电流。n_1、n_2、n_3 为电动机转子电阻 R_1、R_2、R_3 短接时电动机达到的转速，n 为电动机的稳定转速，即起动后达到的转速。

电路中间继电器 KA4 是为保证起动时转子电阻全部接入而设置的。若无 KA4，则当电动机起动电流由零上升，在尚未达到其吸合电流时，电流继电器 KA1 ~ KA3 未吸合，将使 KM1 ~ KM3同时通电吸合，将转子电阻全部短接，电动机便进行直接起动。而设置 KA4 后，当按下起动按钮 SB2，KM4 先通电吸合，然后才使 KA4 通电吸合，再使 KA4 常开触头闭合，在这之前起动电流早已到达电流继电器的吸合整定值并已动作，KA1 ~ KA3 的常闭触头已断开，并将 KM1 ~ KM3 线圈电路切断，确保转子电阻全部接入，避免电动机的直接起动。

二、转子绕组串接频敏变阻器起动电路

三相绕线转子异步电动机转子串电阻起动，在起动过程中，由于逐级短接电阻，电流与转矩突然增大，产生一定的机械冲击，同时铸铁电阻片或镍铬电阻丝比较粗笨，控制箱体积较大，为此，采用频敏变阻器来替代转子电阻器。频敏变阻器的阻抗随转子电流频率的减小而减小，是绕线转子异步电动机转为理想的起动装置，常用于容量在 300kW 及以下的 380V 低压绕线转子异步电动机的起动控制。

1. 频敏变阻器

频敏变阻器是一种由 30 ~ 50mm 厚的铸铁板或钢板叠制而成的三柱式铁心，在铁心上分别套有线圈的电抗器。三个线圈联成星形，并与电动机转子绕组相连。

电动机起动时，频敏变阻器通过转子电路获得交变电动势，呈现出电抗 X。由于频敏变阻器铁心是由较厚钢板制成，故在铁心中产生大的涡流损耗和少量的磁滞损耗，其在转子电路中相当于一个等效电阻 R。且 X 与 R 的大小都随转子电流频率的变化而变化。理论分析与实践证明，频敏变阻器等值电阻与电抗均近似与转差率的平方根成正比。所以，绕线型异步电动机串接频敏变阻器起动时，随着电动机转速的升高，转子频率的降低，其阻抗值自动减小，从而既限制了起动电流，又获得了大致恒定的起动转矩，实现了平滑无级的起动。

频敏变阻器结构简单，占地面积小，运行可靠，无需经常维修，但其功率因数低，起动转矩小，对于要求有低速运转和起动转矩大的机械不宜采用。当电动机反接时，频敏变阻器等效阻抗最大，在电动机由反接制动到反向起动的过程中，其等效阻抗随转子电流频率的减小而减小，使电动机在反接过程中转矩亦接近恒定。因此绕线转子异步电动机转子串接频敏变阻器起动尤为适用于反接制动和需要频繁正反转工作的机械。

常用的频敏变阻器有 BP1、BP2-700、BP4、BP6 等系列。其中 BP1 分为轻载和重载起动两个系列；BP2-700 为轻载起动；BP4 分为轻载和重载起动两个系列；BP6 为重载起动用。以 BP6 系列频敏变阻器为例，它能使电动机在 2.5 倍额定电流起动下得到 1.3 倍额定转矩的恒起动转矩，能起动带额定负载的电动机。表 2-8 列出了 BP6 系列频敏变阻器部分系列表。

表 2-8 BP6 系列频敏变阻器系列表

电动机功率/kW	转子电压/转子电流	转子电流/A				组数接法
		200 ~ 250	251 ~ 315	316 ~ 400	401 ~ 500	
80 ~ 160	0.32 ~ 0.50	—	—	BP6-1/4040	—	1 组 Y 接法
	0.51 ~ 0.85	—	BP6-1/5032	BP6-1/5040	—	
	0.81 ~ 1.25	BP6-1/6325	BP6-1/6332	—	—	
	1.26 ~ 2.0	BP6-1/8025	—	—	—	

（续）

电动机功率/kW	转子电压/转子电流	转子电流/A				组数接法
		200～250	251～315	316～400	401～500	
161～315	0.40～0.63	—	—	—	BP6-2/3250	1组 Y接法
	0.64～1.0	—	—	BP6-2/4040	BP6-2/4050	
	1.01～1.60	—	BP6-2/5032	BP6-2/5040	—	
	1.61～2.5	—	BP6-2/6332	—		

2. 频敏变阻器起动控制电路

将断路器、接触器、频敏变阻器、电流互感器、时间继电器、电流继电器与中间继电器等组合而成频敏起动控制箱（柜）。常用的有 XQP 系列频敏起动控制箱，CTT6121 系列频敏起动控制柜、TG1 系列控制柜等。其中 TG1 系列控制柜广泛应用于冶金、矿山、轧钢、造纸、食品、纺织与发电等厂矿企业。图 2-23 为 TG1—K21 型频敏起动控制柜电路图。可用来控制低压、容量在 45～280kW 的绕线转子异步电动机的起动。图中 KM1 为线路接触器，KM2 为短接频敏变阻器接触器，KT1 为起动时间继电器，KT2 为防止 KA3 在起动时误动作的时间继电器，KA1 为起动中间继电器，KA2 为短接 KA3 的中间继电器，KA3 为过电流继电器，RD 红色信号灯为电源指示灯，GN 绿色信号灯为起动结束，进入正常运行指示灯。QF 为断路器。

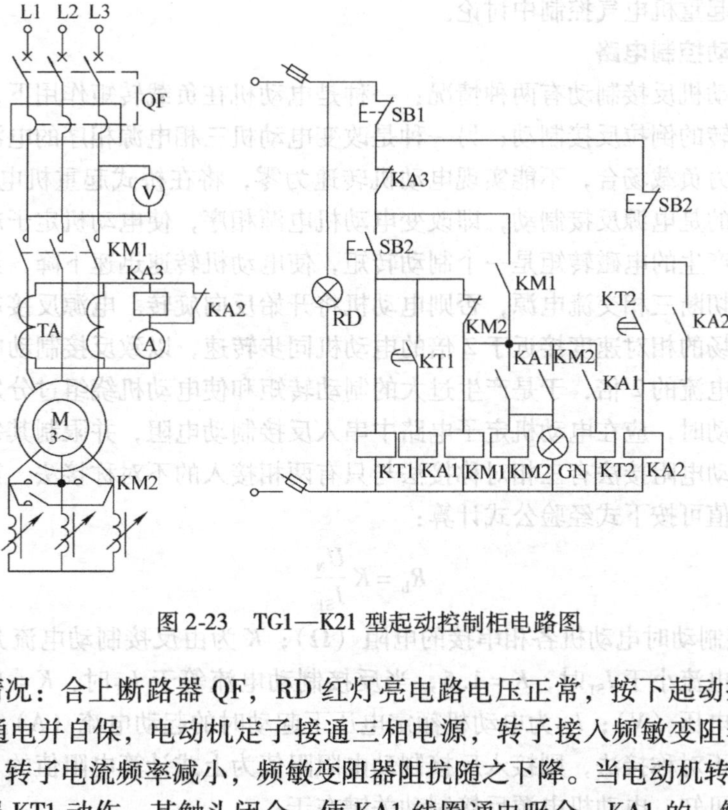

图 2-23 TG1—K21 型起动控制柜电路图

电路工作情况：合上断路器 QF，RD 红灯亮电路电压正常，按下起动按钮 SB2、KT1、KM1 线圈同时通电并自保，电动机定子接通三相电源，转子接入频敏变阻器起动，随着电动机转速上升，转子电流频率减小，频敏变阻器阻抗随之下降。当电动机转速接近额定转速时，时间继电器 KT1 动作，其触头闭合，使 KA1 线圈通电吸合，KA1 的一触头使 KM2 线圈通电并自保，同时 GN 绿色指示灯亮，KM2 主触头将频敏变阻器短接，电动机起动过程结束，KA1 的另一触头闭合，使 KT2 线圈通电吸合，经延时 KT2 动作，使 KA2 线圈通电并自保，其触头动作。使过电流继电器 KA3 串入定子电路，对电动机进行过电流保护，所以电动机起动过程中，KA3 是被 KA2 触头短接的，不致因电动机起动电流大而使 KA3 发生误动作。

时间继电器 KT1 延时时间略大于电动机实际起动时间，一般以大于电动机起动时间 2 ~ 3s 为最佳。过电流继电器 KA3 出厂时整定电流整定为定子接触器 KM1 额定电流，在使用时应根据电动机实际负载大小来调整，以便发挥过电流速断保护的作用。

第五节　三相异步电动机电气制动控制电路

三相异步电动机定子绕组断开电源，由于机械惯性，转子需经一段时间才停止旋转，这往往不能满足生产机械迅速停车的要求，也影响生产率的提升。为此，应对电动机采取有效的制动措施。一般采用的制动方法有机械制动与电气制动。所谓机械制动，是利用外加的机械力使电动机转子迅速停止的方法。电气制动是使电动机的电磁转矩方向与电动机旋转方向相反，起到制动作用。电气制动有反接制动、能耗制动、电容制动与超同步制动。前三种制动能使电动机转速迅速下降至零，达到停车目的，而超同步制动是使电动机运行在再生发电状态，即电动机转子在外加转矩作用下超同步运行，从而使电动机电磁转矩方向与转子旋转方向相反，从而限制电动机转速不致过高，即不致高出电动机同步转速过多，起稳定作用，此内容将在桥式起重机电气控制中讨论。

一、反接制动控制电路

三相异步电动机反接制动有两种情况：一种是电动机在负载转矩作用下，使按正转接线的电动机出现反转的倒拉反接制动；另一种是改变电动机三相电源相序的电源反接制动。前者往往出现在重力负载场合，不能实现电动机转速为零，将在桥式起重机电气控制中讨论。而一般场合使用的是电源反接制动，即改变电动机电源相序，使电动机定子旋转磁场与转子旋转方向相反，产生的电磁转矩是一个制动转矩，使电动机转速迅速下降，当电动机转速接近于零时应立即切断三相交流电源，否则电动机将开始反向旋转。电源反接制动时，转子转速与定子旋转磁场的相对速度接近于 2 倍的电动机同步转速，以致反接制动电流将为电动机全压起动时起动电流的 2 倍，于是产生过大的制动转矩和使电动机绕组过分发热。为此，电动机电源反接制动时，应在电动机定子电路中串入反接制动电阻，并限制其每小时的反接制动次数。反接制动电阻接法有三相对称接法与只有两相接入的不对称接法，当采用三相对称接法时，其电阻值可按下式经验公式计算：

$$R_b = K\frac{U_N}{I_{ST}} \tag{2-2}$$

式中，R_b 为反接制动时电动机各相串接的电阻（Ω）；K 为由反接制动电流允许值决定的系数。当反接制动电流小于 I_{ST} 时，$K=1.5$，当反接制动电流等于 I_{ST} 时，$K=1.3$；U_N 为电动机起动时电源相电压（V）；I_{ST} 为电动机额定电压下起动时的起动电流（A）。

若采用的是不对称接法，则接入反接制动电阻阻值为上式计算电阻值的 1.5 倍。

由以上分析可知，电动机电源反接制动关键在于：

1）三相异步电动机电源相序要反接。

2）当电动机转速接近零时，应迅速切断三相异步电动机三相电源、否则将出现反向起动。

3）在进行电源反接制动时，电动机定子电路应串入反接制动电阻，以减小反接制动电流，减小制动冲击。

电源反接制动的电气控制应满足上述基本要求。

1. 电动机单向运行反接制动控制电路

图 2-24 所示为电动机单向运行反接制动控制电路。图中 KM1 为电动机单向运行接触器，KM2 为反接制动接触器，KS 为速度继电器，*R* 为反接制动电阻。

电路工作情况：电动机已处于单向旋转时，KM1 通电并自保，电动机单向旋转并使与其有机械联系的速度继电器相应触头闭合，为反接制动做准备。需停车制动时，按下停止按钮 SB1，KM1 线圈断电释放，其三对主触头断开，切除三相交流电源，电动机以惯性旋转。当将 SB1 按到底时，SB1 常开触头闭合，使 KM2 线圈通电并自保，电动机定子串入不对称电阻接入反相序三相电源进行反接制动，电动机转速迅速下降，当电动机转速低于 100r/min 时，速度继电器 KS 复原，其常开触头复位，使 KM2 线圈断电释放，电动机断开反相序电源自然停车至零。

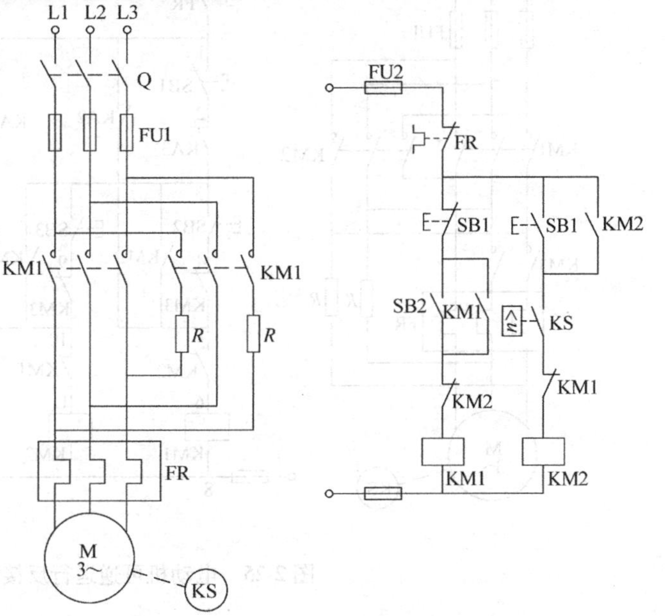

图 2-24　电动机单向运行反接制动控制电路

2. 电动机可逆运行反接制动电路

图 2-25 所示为电动机可逆运行反接制动电路。图中 KM1、KM2 为电动机正、反转接触器，KM3 为短接反接制动电阻接触器，KA1、KA2、KA3 为中间继电器，KS 为速度继电器，其中 KS-1 为正转触头，KS-2 为反转触头，*R* 为反接制动电阻。

电路工作情况：若需电动机正向运行，则合上电源开关 Q，按下正向起动按钮 SB2，KM1 线圈通电并自保，电动机定子串入电阻，接入正相序三相交流电源进行减压起动，当电动机转速 $n>130$r/min 时，速度继电器 KS 动作，其正向触头 KS-1 闭合，使 KM3 线圈通电，短接定子电阻，电动机在全压下起动并进入正常运行。因此本电路，电动机转速在 0～130r/min 范围内是进行减压起动，而 $n>130$r/min 以后为额定电压下起动。

当需停车时，按下停止按钮 SB1，KM1、KM3 线圈相继断电释放，电动机脱离正相序三相交流电源并串入电阻。当将 SB1 按钮按到底时，KA3 线圈通电，其触头 KA3（13-14）再次断开 KM3 线圈电路，确保 KM3 线圈处于断电状态，保证反接制动电阻的接入；而另一触头 KA3（16-7）闭合，由于此时电动机因惯性转速仍大于速度继电器释放值，使触头 KS-1 仍处于闭合状态，从而使 KA1 线圈经 KS-1 触头通电吸合，其触头 KA1（1-17）闭合，确保停止按钮 SB1 松开后 KA3 线圈仍保持通电状态，KA1 的另一触头 KA1（1-10）闭合，又使 KM2 线圈通电。于是，电动机定子串入反接制动电阻接入反相序三相交流电源进行反接制动，使电动机转速迅速下降，当电动机转速低于 100r/min 时，速度继电器释放，触头 KS-1 断开，KA1、KM2、KA3 线圈相继断电，反接制动结束，电动机自然停车至零。

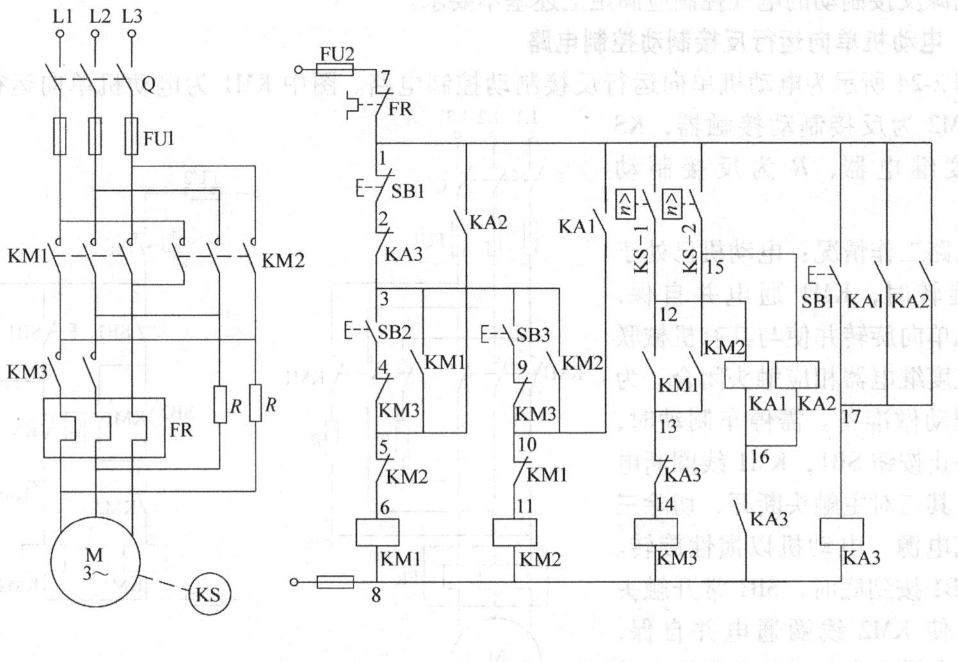

图 2-25 电动机可逆运行反接制动电路

电动机反向运转、停车时的反接制动电路工作情况与上述情况相似，读者可自行分析，但此时速度继电器起作用的触头是 KS-2，中间继电器 KA2 替代 KA1。

由以上分析可知，起动时，电动机转速由零到 140r/min 为串入电阻减压起动。所以电阻 R 具有限制起动电流和反接制动电流的双重作用。同时，停车时应将 SB1 按钮按到底，否则将因 SB1（1-17）不闭合而无反接制动。热继电器发热元件接于图中位置，可避免起动电流和制动电流的影响。

电动机反接制动效果与速度继电器触头反力弹簧的松紧程度有关。当反力弹簧调得过紧，且电动机转速较高时，其触头便在反力弹簧作用下使其断开，过早切断反接制动电路，使反接制动效果明显减弱；若反力弹簧调得过松，则速度继电器触头复原过于迟缓，使电动机有可能在制动停止后出现短时反转的现象。因此，应适当调整速度继电器反力弹簧的松紧程度。

二、能耗制动控制电路

能耗制动是在三相异步电动机脱离三相交流电源后，迅速在定子绕组上加一直流电源，产生恒定磁场。电动机转子以惯性旋转，切割定子恒定磁场而在转子中产生感应电动势，流过感应电流，转子感应电流与恒定磁场相互作用产生电磁力，建立电磁转矩，该转矩将是一个制动转矩，使电动机转速迅速下降至零。能耗制动按接入直流电源的控制方法，有速度原则控制和时间原则控制，相应的控制元件为速度继电器与时间继电器。

1. 按时间原则控制的单向运行能耗制动电路

图2-26所示为时间原则控制电动机单向运行能耗制动电路。图中KM1为单向运行接触器，KM2为能耗制动接触器，KT为时间继电器，T为整流变压器，VC为桥式整流电路。

电路工作情况：电动机原已单向运行，所以KM1通电并自保。若要使电动机停转，按下停止按钮SB1，KM1线圈断电，电动机定子脱离三相交流电源；同时，KM2、KT线圈同时通电并自保。KM2主触头将电动机二相定子绕组接入直流电源进行能耗制动，使电动机转速迅速降低，当转速接近零时，时间继电器KT延时时间到，其常闭延时断开触头动作，使KM2、KT线圈相继断电，制动过程结束。

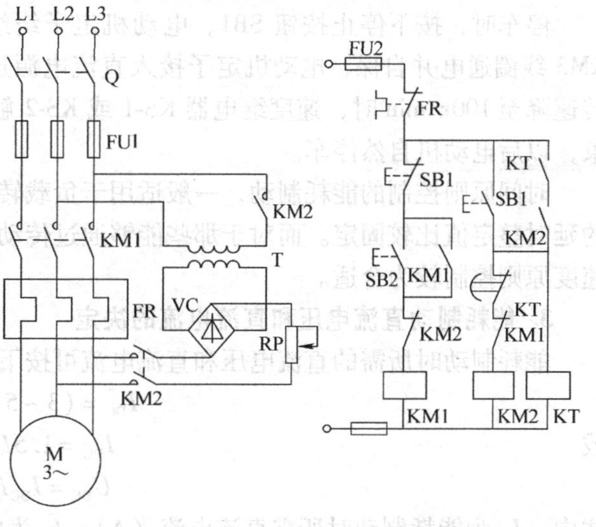

图2-26　时间原则控制电动机单向运行能耗制动电路

该电路中，将KT常开瞬动触头与KM2自保触头串接，是考虑时间继电器线圈断线或其他故障，致使KT常闭通电延时断开触头打不开而致使KM2线圈长期通电，造成电动机定子长期通入直流电源。引入KT常开瞬动触头后，则避免了上述故障的发生。

2. 按速度原则控制的可逆运行能耗制动电路

图2-27所示为速度原则控制的可逆运行能耗制动电路。图中KM1、KM2为电动机正反转接触器，KM3为能耗制动接触器，KS为速度继电器。

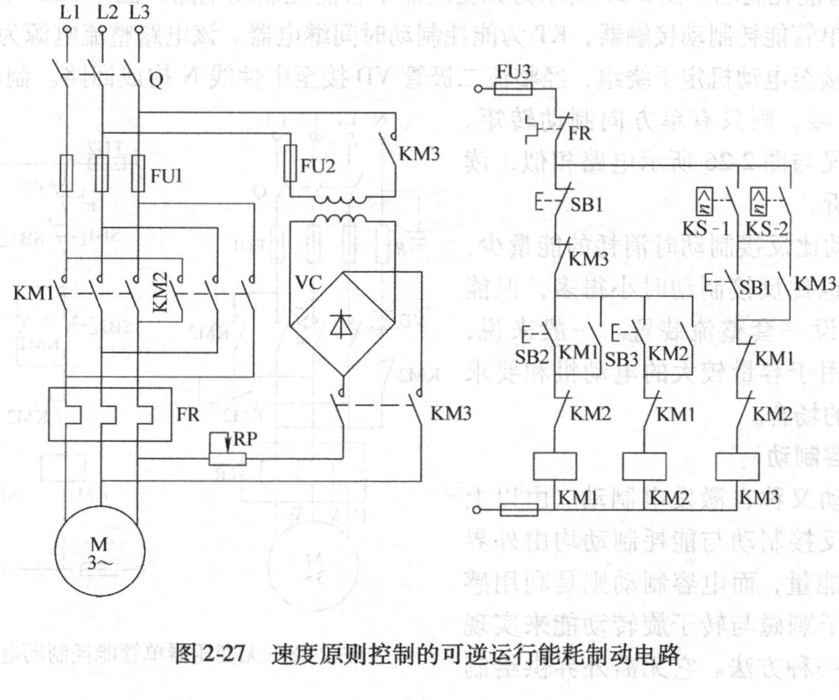

图2-27　速度原则控制的可逆运行能耗制动电路

电路工作情况：合上电源开关 Q，根据工作需要按下正转或反转起动按钮 SB2 或 SB3，相应接触器 KM1 或 KM2 通电吸合并自保，电动机正常运转。此时速度继电器的正转或反转触头 KS-1 或 KS-2 闭合，为停车接通 KM3 实现能耗制动作准备。

停车时，按下停止按钮 SB1，电动机定子绕组脱离三相交流电源。当 SB1 按到底时，KM3 线圈通电并自保，电动机定子接入直流电源进行能耗制动，电动机转速迅速下降，当转速降至 100r/min 时，速度继电器 KS-1 或 KS-2 触头断开，使 KM3 断电释放，能耗制动结束，以后电动机自然停车。

时间原则控制的能耗制动，一般适用于负载转矩较为稳定的电动机，这时对时间继电器的延时整定值比较固定。而对于那些能够通过传动系统来实现负载转速变换的生产机械采用速度原则控制较为合适。

3. 能耗制动直流电压和直流电流的决定

能耗制动时所需的直流电压和直流电流可按下列经验公式计算：

$$I_{DC}=(3\sim5)I_0$$

或

$$I_{DC}=1.5I_N \tag{2-3}$$

$$U_{DC}=I_{DC}R \tag{2-4}$$

式中，I_{DC}为能耗制动时所需直流电流（A）；I_N 为电动机额定电流（A）；I_0 为电动机空载时的线电流，一般 $I_0=(0.3\sim0.4)I_N$（A）；U_{DC}为能耗制动时所需直流电压（V）；R 为定子绕组的冷态电阻（Ω）。

4. 无变压器的单管能耗制动电路

图 2-26 与图 2-27 所示能耗制动电路，均需一套整流装置及整流变压器，构成单相桥式整流电路，其制动效果较好。而对于功率较大的电动机则应采用三相整流电路。对于容量在 10kW 以下电动机，在制动要求不高的场合，为减少设备，降低成本，减小体积，可采用无变压器的单管能耗制动。图 2-28 所示为无变压器单管能耗制动电路。图中 KM1 为线路接触器，KM2 为单管能耗制动接触器，KT 为能耗制动时间继电器。该电路整流电源为 220V，由 KM2 主触头接至电动机定子绕组，经整流二极管 VD 接至中性线 N 构成回路。制动时 U、V 相被 KM2 短接，则只有单方向制动转矩。电路工作情况与图 2-26 所示电路相似，读者可自行分析。

能耗制动比反接制动时消耗的能量少，其制动电流也比反接制动时小得多，但能耗制动需增设一套整流装置。一般来说，能耗制动适用于容量较大的电动机和要求起制动频繁的场合。

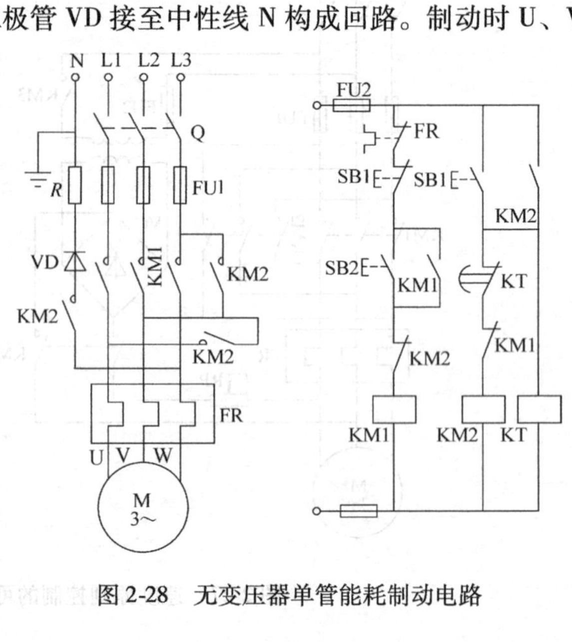

图 2-28　无变压器单管能耗制动电路

三、电容制动

电容制动又称自激发电制动。由以上分析可知，反接制动与能耗制动均由外界供给一定的能量，而电容制动则是利用感应电动机转子剩磁与转子旋转动能来实现快速制动的一种方法。它无需外界供给制动能量，且电路简单，制动效果好，是一种实用可靠，节约电能的好方法，特别适用于存在机械摩擦和阻尼的工作机械、需多台电动机同时制动的场合。

图 2-29 所示为电动机电容制动电路。图中 KM1 为线路接触器，KM2 为制动接触器，KT 为制动时间继电器，*C* 为制动电容，*R* 为放电电阻。

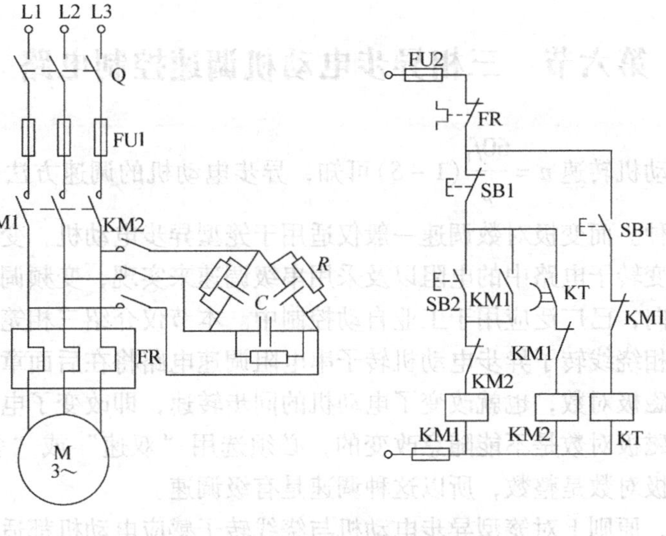

图 2-29　电动机电容制动电路

电路工作情况：电动机起动时按下起动按钮 SB2，KM1 通电并自保，电动机直接起动。需停止时，按下停止按钮 SB1，KM1 断电，电动机切除交流电源，当按钮 SB1 按到底时，KT 线圈通电，其常开触头立即闭合，为 KM2 线圈通电作准备。当松开停止按钮 SB1 后，KT 线圈断电，但 KT 断电延时断开触头仍处于闭合状态，所以 KM2 线圈通电，KM2 主触头将电阻—电容电路接入电动机定子电路。此时电动机转子以惯性旋转，而转子中存有剩磁，这一旋转的转子磁场切割电动机定子绕组，在定子绕组中产生感应电动势，在定子电阻—电容电路中流过电容电流，这一电容电流流过定子绕组建立磁场，使转子的剩余磁场得到加强，产生了感应电动机的自励磁。由于电路并没有注入能量，所以随着转子旋转，其动能转化为电能向定子输入并在 *RC* 中消耗掉，使电动机很快停止。当 KT 延时时间已到，KT 延时断开触头断开，KM2 断电释放，电阻—电容电路从定子电路中切除，电动机电容制动结束。图中 KT 延时时间即为电动机电容制动时间。

四、双流制动

双流制动主电路如图 2-30 所示。图中 KM1 为正常运转接触器，KM2 为制动接触器，其使电动机按反相序接入电源，并串入整流二极管。

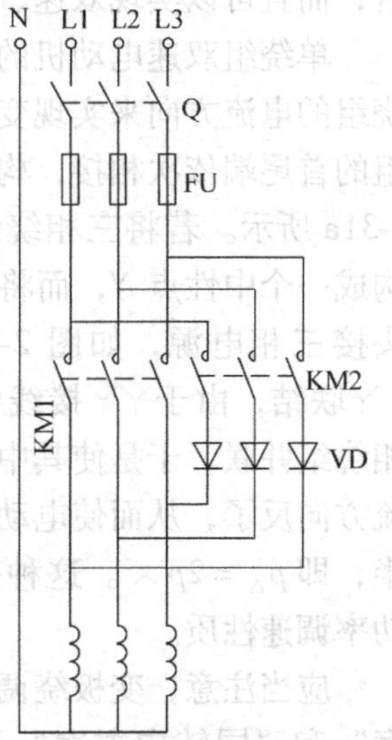

图 2-30　双流制动主电路图

当电动机由运行转入制动时，KM1 断电释放，KM2 通电吸合，由于整流二极管的作用，其中交流成分产生反接制动转矩，而直流成分产生能耗制动转矩，故称为双流制动，也称为混合制动。由此可知，双流制动既避免了能耗制动制动力矩不足，又避免了反接制动难以准确停车的缺陷。

双流制动使电动机迅速制动，并进入反相低速运行，其低速约为电动机同步转速的1% ~2%，可在适当时间切断 KM2 实现电动机拖动运动部件的准确定位。

第六节 三相异步电动机调速控制电路

由三相异步电动机转速 $n=\frac{60f_1}{p}(1-S)$ 可知，异步电动机的调速方法有变极对数、变转差率及变频调速三种。而变极对数调速一般仅适用于笼型异步电动机，变转差率调速可通过调节定子电压、改变转子电路中的电阻以及采用串级调速来实现，变频调速是现代电力传动的一个主要发展方向，已广泛应用于工业自动控制中。本节仅介绍三相笼型异步电动机变极对数调速电路，三相绕线转子异步电动机转子串电阻调速电路将在后面章节讲授。

改变电动机的磁极对数，也就改变了电动机的同步转速，即改变了电动机的转速。一般三相异步电动机的磁极对数是不能随意改变的，必须选用“双速”或“多速”电动机来进行。由于电动机的极对数是整数，所以这种调速是有级调速。

采用变极调速，原则上对笼型异步电动机与绕线转子感应电动机都适用，但对绕线转子异步电动机，要改变转子磁极对数以与定子磁极一致，其结构相当复杂，故一般不采用。而笼型异步电动机转子极对数具有自动与定子极对数相等的能力，因而只要改变定子极对数即可，所以变极调速主要适用于三相笼型异步电动机。

笼型异步电动机往往采用以下两种方法来改变定子绕组的极对数：一是改变定子绕组的联结，即改变定子绕组的半相绕组电流方向；二是在定子上设置具有不同极对数的两套相互独立的绕组。有时为了获得更多的转速等级，在同一台电动机中同时采用上述两种方法。

采用两套不同极对数的独立绕组变极方便，但采用单绕组变极不仅引出线较少，用铜省，而且可以实现双速、三速及倍极比、非倍极比的变极调速，应用较多。

单绕组双速电动机的接线方法常用的有Y-YY与△-YY变换，它们都是改变各相的一半绕组的电流方向来实现变极的。图 2-31 所示为△-YY变换时的三相绕线接线图。将三相绕组的首尾端依次相接，构成一个封闭三角形，从首端引出接三相电源，中间抽头空着，如图 2-31a 所示。若将三相绕组的首尾端相接构成一个中性点 N，而将各绕组的中间抽头接三相电源，如图 2-31b 所示，构成YY联结，由于YY接线中每相的两个半相绕组并联，于是使其中一个半相绕组电流方向反了，从而使电动机极对数减小一半，即 $p_{\triangle}=2p_{YY}$。这种变换具有近似恒功率调速性质。

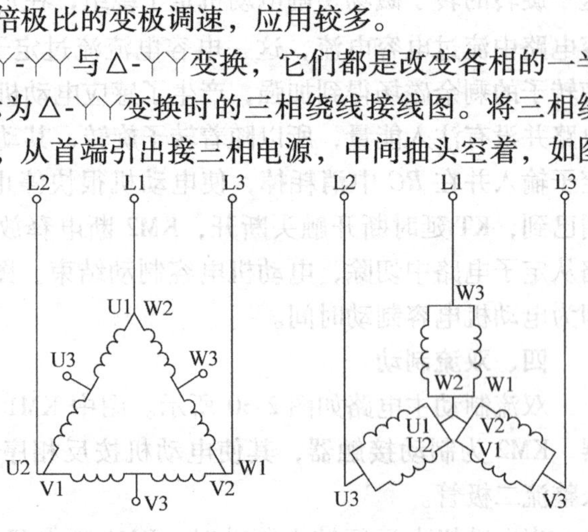

图 2-31 △-YY反转向方案变极调速电动机绕组接线图

a) △形接线 b) YY形接线

应当注意，变极绕调速有“反转向方案”和“同转向方案”两种方法。采用前一种方案时，变极后若电源相序不变，电动机将反转，若要保持电动机变极后转向不变，则在变极同时应改变电源相序。图 2-31 为“反转向方案”。

图 2-32 所示为 4/2 极双速电动机起动电路。图中 KM1 为△接接触器，KM2、KM3 为 YY 接接触器，KT 为时间继电器。

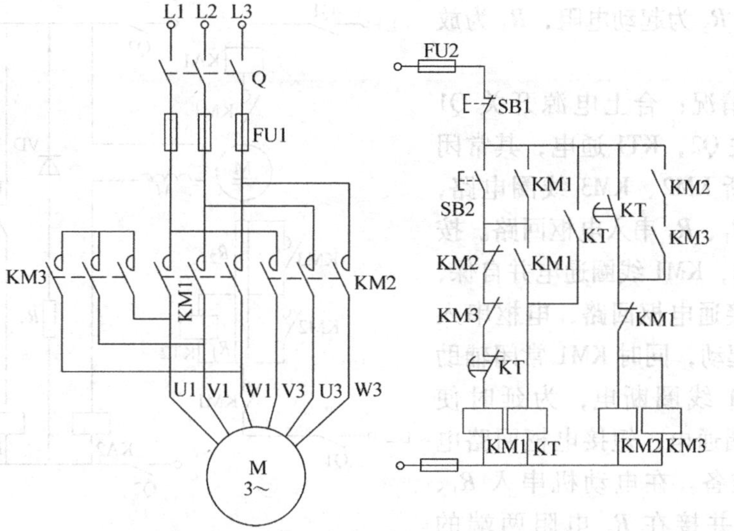

图 2-32　4/2 极双速电动机起动电路

电路工作情况：当按下起动按钮 SB2 后，KM1、KT 相继通电并自保，电动机成△接 4 极起动，经一定时间延时后 KT 动作，使 KM1 断电释放，KM2、KM3 通电吸合并自保，电动机接成 YY 形接线，进入 2 极起动运行。该图也可根据需要，设计成选择 Y 接或 YY 接，从而获得 4 极 2 极电动机的转速。

第七节　直流电动机的控制电路

直流电动机具有良好的起动、制动与调速性能，容易实现直流电动机各种运行状态的自动控制，以直流电动机为主体的直流拖动系统在工业生产中得到了广泛的应用。

直流电动机有串励、并励、复励和他励 4 种，其控制电路基本相同。本节仅讨论他励直流电动机的起动、反向和制动的自动控制电路。

一、单向运转起动电路

由电机原理可知，直流电动机电压平衡方程式与反电动势为：

$$U = E_M + I_M R_m \tag{2-5}$$

$$E_M = C_e \phi n \tag{2-6}$$

式中，U 为电源电压（V）；E_M 为电枢反电动势（V）；I_M 为电枢电流（A）；R_m 为电枢电阻（Ω）。

电动机在接通电源起动瞬间，由于 $n=0$，$E_M=0$，电枢电流 $I_M=U/R_m$，由于电枢电阻

R_m 很小，若采用直接起动，起动电流可高达电动机额定电流的 10～20 倍，引起电动机换向条件的恶化，产生极严重的火花和机械冲击。因此，除小容量电动机外，一般不允许全压直接起动，必须采用在电枢电路串入电阻或减低电枢电压的起动方法，以限制起动电流。

图 2-33 为电枢串二级电阻、按时间原则起动电路。图中 KM1 为线路接触器，KM2、KM3 为短接起动电阻接触器，KA1 为过电流继电器，KA2 为欠电流继电器，KT1、KT2 为时间继电器，R_1、R_2 为起动电阻，R_3 为放电电阻。

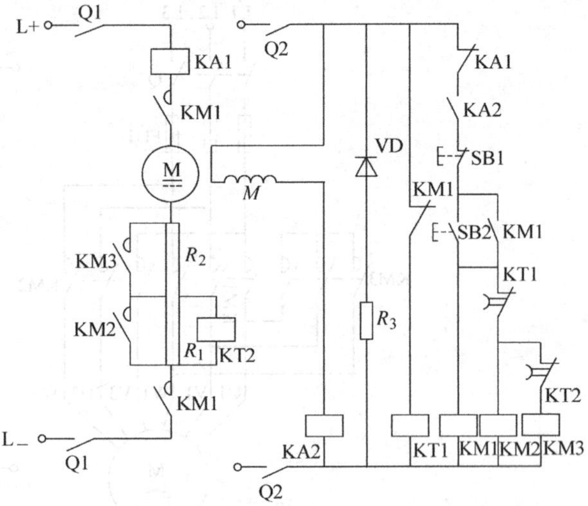

图 2-33 直流电动机电枢串二级电阻按时间原则起动电路

电路工作情况：合上电源开关 Q1 和控制电路开关 Q2，KT1 通电，其常闭触头断开，切断 KM2、KM3 线圈电路，保证起动电阻 R_1、R_2 串入电枢回路。按下起动按钮 SB2，KM1 线圈通电并自保，主触头闭合，接通电枢回路，电枢串入二级起动电阻起动，同时 KM1 常闭辅助触头断开，KT1 线圈断电，为延时使 KM2、KM3 线圈通电，短接电枢回路电阻 R_1、R_2 作准备。在电动机串入 R_1、R_2 起动同时，并接在 R_1 电阻两端的 KT2 通电，其常闭触头断开，使 KM3 不能接通，确保 R_2 串入电枢。

经一段时间延时后，KT1 常闭断电延时闭合触头闭合，KM2 线圈通电，短接电枢起动电阻 R_1，电动机转速升高，电枢电流减小，为保持一定的加速转矩，起动中应逐级切除电枢起动电阻，就在 R_1 被 KM2 主触头短接的同时，KT2 线圈断电，再经一定时间延时，KT2 常闭断电延时闭合触头闭合，KM3 线圈通电，其主触头短接第二段电枢起动电阻 R_2，电动机在额定电压下运转，起动过程结束。

电路保护环节：过电流继电器 KA1 实现电动机过载保护和短路保护；欠电流继电器 KA2 实现电动机欠磁场保护；电阻 R_3 与二极管 VD 构成电动机励磁绕组断开电源时的放电回路，以免产生过电压。

二、可逆运转起动电路

改变直流电动机的旋转方向有两种方法，一种是改变励磁电流的方向；另一种是改变电枢电压极性。由于前者电磁惯性大，对于要求频繁正反向运转的电动机，通常采用后一种方法。

图 2-34 所示为直流电动机可逆运转的起动电路。图中 KM1、KM2 为正、反转接触器，KM3、KM4 为短接电枢电阻接触器，KT1、KT2 为时间继电器，KA1 为过电流继电器，KA2 为欠电流继电器，R_1、R_2 为起动电阻，R_3 为放电电阻，SQ1 为反向转正向行程开关，SQ2 为正向转反向行程开关。该电路工作情况与图 2-33 基本相同，在此不再重复。

三、制动控制电路

直流电动机的电气制动有能耗制动、反接制动和再生制动。为获得迅速、准确的停车，一般采用能耗制动和反接制动。

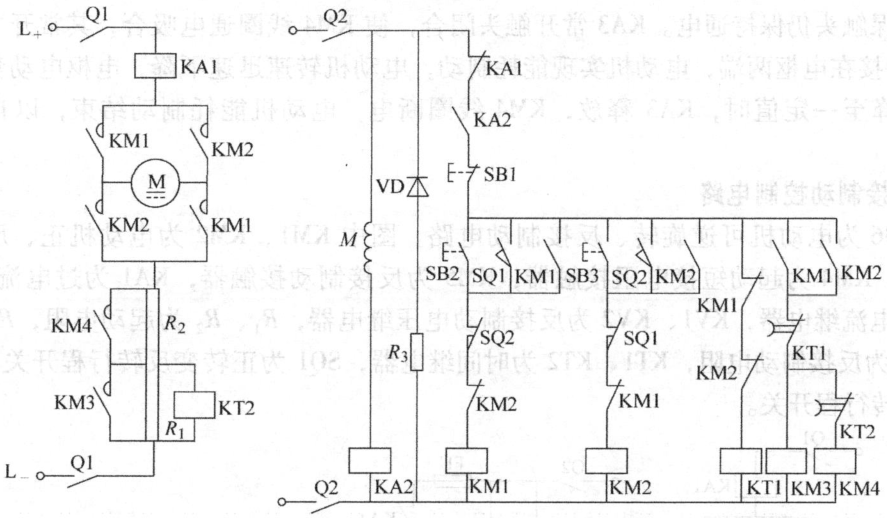

图 2-34 直流电动机可逆运转起动电路

1. 能耗制动控制电路

图 2-35 所示为直流电动机单向旋转串二级电阻起动，能耗制动的控制电路。图中 KM1 为线路接触器，KM2、KM3 为起动短接电阻接触器，KM4 为制动接触器，KA1 为过电流继电器，KA2 为欠电流继电器，KA3 为电压继电器，KT1、KT2 为时间继电器。

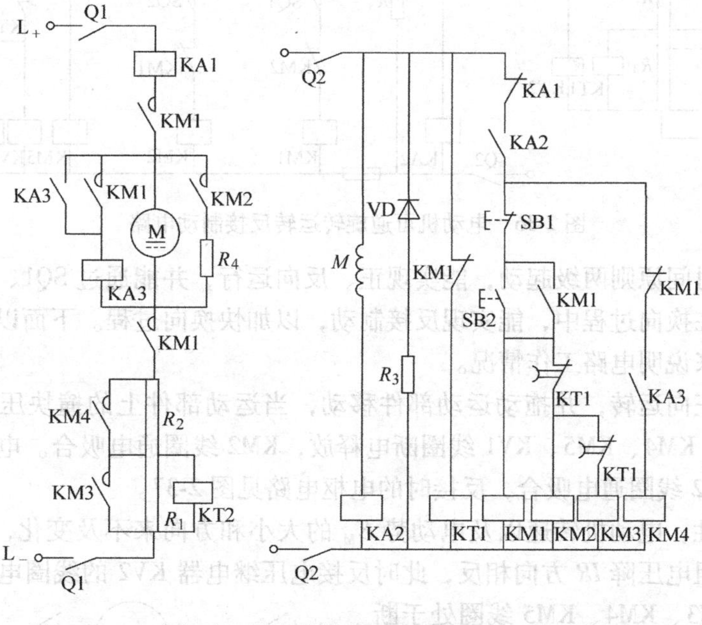

图 2-35 直流电动机单向旋转串二级电阻起动，能耗制动电路

电路工作情况：电动机起动时电路工作情况与图 2-33 相同，在此不再重复。停车时，按下停止按钮 SB1、KM1 线圈断电释放，其主触头断开电动机电枢直流电源。电动机以惯性旋转，此时电动机转速较高，电枢两端仍有一定电压，并联在电动机电枢两端的电压继电器

KA3 经自保触头仍保持通电。KA3 常开触头闭合，使 KM4 线圈通电吸合，其常开主触头将电阻 R_4 并接在电枢两端，电动机实现能耗制动，电动机转速迅速下降，电枢电动势也随之下降，当降至一定值时，KA3 释放，KM4 线圈断电，电动机能耗制动结束，以自然停车至零。

2. 反接制动控制电路

图 2-36 为电动机可逆旋转、反接制动电路。图中 KM1、KM2 为电动机正、反转接触器，KM3、KM4 为起动短接电阻接触器，KM5 为反接制动接触器，KA1 为过电流继电器，KA2 为欠电流继电器，KV1、KV2 为反接制动电压继电器，R_1、R_2 为起动电阻，R_3 为放电电阻，R_4 为反接制动电阻，KT1、KT2 为时间继电器，SQ1 为正转变反转行程开关，SQ2 为反转变正转行程开关。

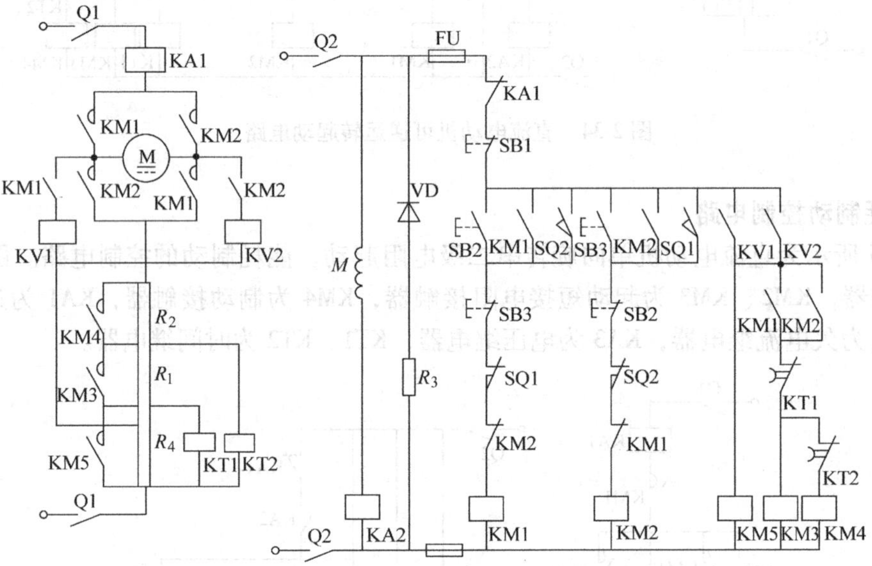

图 2-36 电动机可逆旋转运转反接制动电路

该电路为按时间原则两级起动，能实现正、反向运行，并能通过 SQ1、SQ2 行程开关能实现自动换向，在换向过程中，能实现反接制动，以加快换向过程。下面以电动机正转运行变反转运行为例来说明电路工作情况。

电动机正在正向运转，并拖动运动部件移动，当运动部件上的撞块压下行程开关 SQ1 时，KM1、KM3、KM4、KM5、KV1 线圈断电释放，KM2 线圈通电吸合。电动机电枢接通反向电源，同时 KV2 线圈通电吸合，反接时的电枢电路见图 2-37。

由于机械惯性，电动机转速以及电动势 E_M 的大小和方向来不及变化，且电动势 E_M 方向与电枢串联电阻电压降 IR 方向相反，此时反接电压继电器 KV2 的线圈电压很小，不足以使 KV2 吸合，KM3、KM4、KM5 线圈处于断电状态，电动机电枢串入全部电阻进行反接制动。电动机转速迅速下降，随着电动机转速的下降，电动势 E_M 逐渐减小，反接电压继电器 KV2 上的电压逐渐增加，当 $n\approx0$ 时，$E_M\approx0$，加在 KV2 线圈两端电压加大并使它

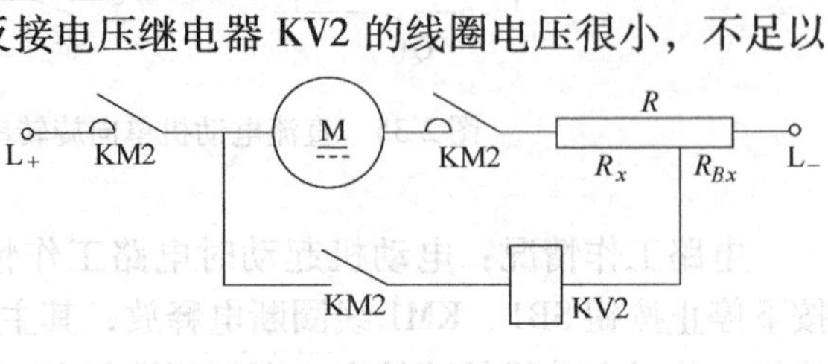

图 2-37 反接时电枢电路

吸合，其常开触头闭合，KM5 线圈通电吸合。KM5 主触头短接反接制动电阻 R_4，同时 KT1 线圈断电释放，电动机电枢串入 R_1、R_2 反向起动，直至电动机反向运转。

当反向运转拖动运动部件反向移动，且撞块压下行程开关 SQ2 时，则由反接制动电压继电器 KV1 来控制电动机实现反转时的反接制动和转为正向起动过程，不再复述。

3. 反接电压继电器的连接与整定

反接电压继电器 KV1、KV2 的连接如图 2-36 所示，其等效电路如图 2-37 所示，图中：

$$R_x = R_1 + R_2 + (R_4 - R_{Bx})$$

反接制动过程中，KV1、KV2 不应吸合。在反接瞬间应使反接电压继电器线圈电压 U_{KV} = 0，即：

$$U_{KV} = -U + I_M R_x = 0$$

$$R_x = \frac{U}{I_x} \tag{2-7}$$

式中，I_M 为反接开始时的电枢电流，也就是最大反接电流（A）；U 为电枢电压（V）；R_x 为反接电压继电器跨接电枢电路电阻值（Ω）。

而反接电流

$$I_M = \frac{U + E_{Mmax}}{R_x + R_{Bx}} = \frac{2U}{R_x + R_{Bx}} = \frac{2U}{R} = \frac{U}{0.5R} \tag{2-8}$$

式中，R 为电枢电路附加电阻总和（Ω）。

所以，反接制动电压继电器 KV1、KV2 的一端应接在电枢附加总电阻一半的位置。

电动机起动时，反接电压继电器应吸合动作，此时动作电压 U_K 为：

$$U_K = E_M + I_{st} R_x = \frac{U}{R} R_x = \frac{U}{R} \times 0.5R = \frac{1}{2} U \tag{2-9}$$

式中，U_K 为反接电压继电器吸合电压（V）；I_{st}为电动机起动电流，$I_{st} = U/R$（A）。

为使反接电压继电器在起动时可靠吸合，通常吸合电压整定为上式的 0.8，因此反接电压继电器实际整定的吸合电压为：

$$U_K = 0.8 \frac{1}{2} U = 0.4U \tag{2-10}$$

习 题

2-1 三相笼型异步电动机允许采用直接起动的容量大小是如何决定的？

2-2 什么是失压、欠压保护？利用哪些电器元件可以实现失压、欠压保护？

2-3 电动机点动控制与连续运转控制电路的关键环节是什么？试画出几种既可点动又可连续运转控制的电路图。

2-4 试设计一个采取两地操作的点动与连续运转的电路图。

2-5 试分析图 2-10 中三种控制电路的区别点及应用场合。

2-6 试述图 2-11 中各电器触头的作用。

2-7 笼型异步电动机在何情况下应采用减压起动？定子绕组为星形接法的笼型异步电动机能否采用Y-△起动？为什么？

2-8 图 2-38 中的这些电路各有什么错误？工作时会出现什么现象？应如何改正？

2-9 在图 2-10c 所示电路中，已采用了按钮的机械互锁，为什么还要采用接触器常闭触头的电气互锁？当出现互锁触头接错时会出现何现象？

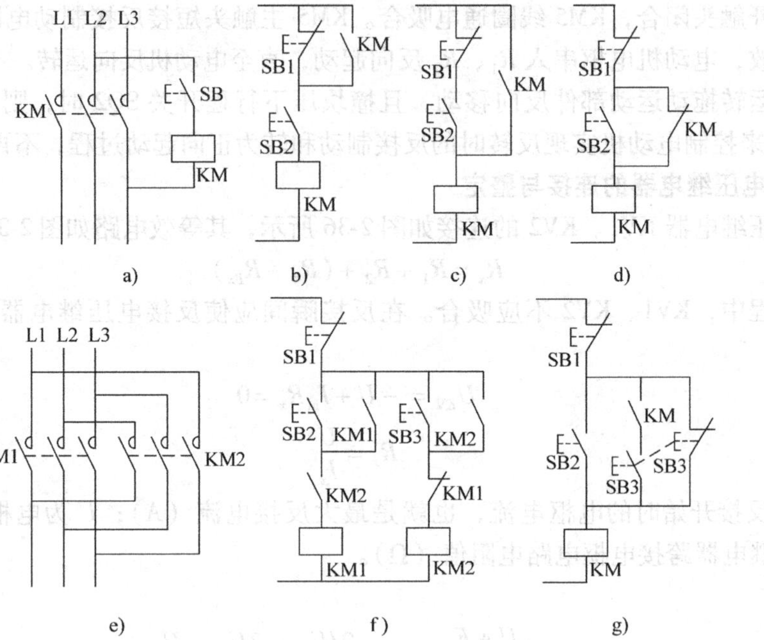

图 2-38　题 2-8 图

2-10　画出两台三相笼型异步电动机的顺序控制电路，起动时要求 M1 起动后 M2 才可起动，停止时两台电动机同时停止。

2-11　试画出两台三相笼型异步电动机 M1、M2 的控制电路，要求 M1、M2 可以分别起动和停止，也可实现同时起动和停止。

2-12　分析图 2-39 中自动Y-△起动器的工作原理。

2-13　将图 2-13a 所示电路更改成电动机正常工作时只有 KM2 通电工作，且用断电延时型时间继电器来替代通电延时型时间继电器的控制电路。

2-14　试分析图 2-17 中将时间继电器 KT 的延时闭合触头与延时断开触头接反，电路将出现什么现象？

2-15　设计一个控制电路，三台笼型异步电动机起动时，M1 先起动，经 10s 后 M2 自行起动，运行 30s 后 M1 停止并同时使 M3 自行起动，再运行 30s 后电动机全部停止。

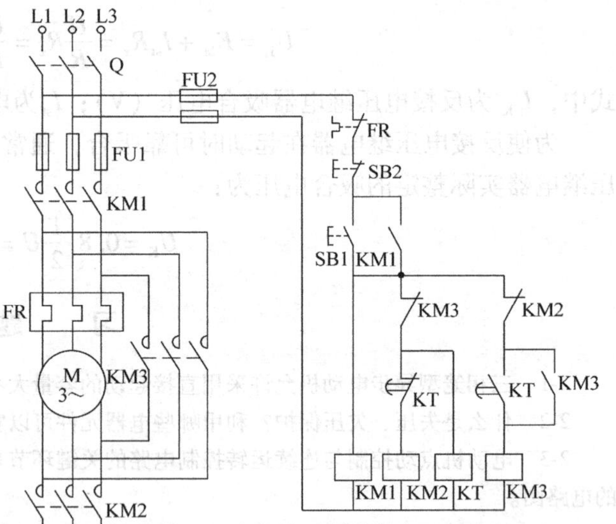

图 2-39　QX3-13 型自动Y-△起动器电路图

2-16　设计一个小车运行的电路图，小车由一台三相笼型异步电动机拖动，其动作程序如下：

1）小车由原位开始前进，到终端后自动停止；

2）小车在终端停留 2min 后自动返回原位停止；

3）要求能在前进或后退途中任意位置都能使小车停止或再次起动继续运行。

2-17　在图 2-24 所示电路中，若将速度继电器 KS 触头接错成另一对，会有何情况发生？如何调节反接制动的制动强度？

2-18　三相交流电动机反接制动与能耗制动各有何特点？

2-19　现有一台双速笼型异步电动机，试按下列要求设计电路图：

1）分别用两个起动按钮来控制电动机的高速起动与低速起动，由一个停止按钮来控制电动机的停车。

2）高速起动时，电动机先接成低速，经延时后自动换接成高速运行。

3）具有短路和过载保护。

2-20　图2-40为一台三级皮带运送机，分别由M1、M2、M3拖动，用按钮操作，试按如下要求设计电路图：

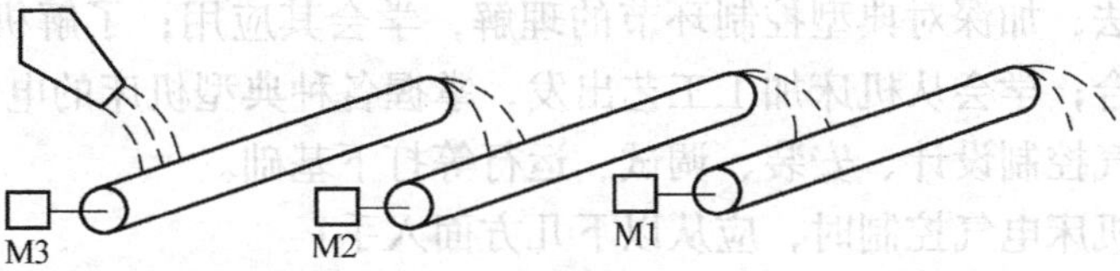

图2-40　题2-20图

1）起动时，按M1→M2→M3顺序进行；

2）正常停车时，按M3→M2→M1顺序进行；

3）事故停车时，如M2停车时，M3立即停而M1延时停；

4）上述动作均按时间原则控制。

2-21　图2-41中的这些控制电路各有何缺点或问题？应如何改正？

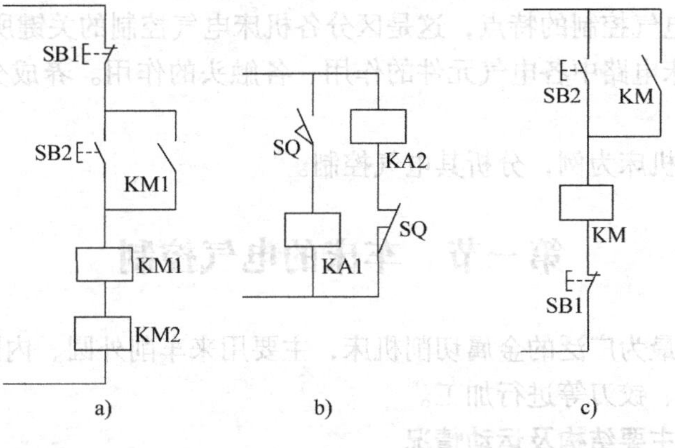

图2-41　题2-21图

第三章 常用机床的电气控制

在学习了常用低压电器与继电接触器控制电路基本控制环节的基础上，下面将对生产机械的电气控制进行分析和研究。本章从常用机床的电气控制入手，以期学会阅读、分析机床电气控制电路的方法；加深对典型控制环节的理解，学会其应用；了解机床中机械、液压、电气之间的紧密配合；学会从机床加工工艺出发，掌握各种典型机床的电气控制。为机床及其他生产机械的电气控制设计、安装、调试、运行等打下基础。

在学习与分析机床电气控制时，应从以下几方面入手：

1）了解控制对象，明确控制目的。应对机床的基本结构、运动情况、加工工艺要求等有一定的了解。

2）了解机床机械操作手柄与电器开关元件之间的关系；了解机床液压系统与电气控制的关系等。

3）先将整个机床电气控制电路按功能不同分成若干局部控制电路，进行逐个分析，然后再统观整个电路，形成整体概念。分析时，尤其要注意各局部电路之间的联锁与互锁关系。

4）抓住各机床电气控制的特点，这是区分各机床电气控制的关键所在。

5）深刻理解机床电路中各电气元件的作用、各触头的作用。养成分析的习惯，学会分析的方法。

下面以几台典型机床为例，分析其电气控制。

第一节 车床的电气控制

车床是一种应用最为广泛的金属切削机床，主要用来车削外圆、内圆、端面、螺纹和定型表面，也可用钻头、铰刀等进行加工。

一、卧式车床的主要结构及运动情况

卧式车床主要由床身、主轴变速箱、挂轮箱、进给箱、溜板箱、溜板与刀架、尾架、光杠和丝杆等部分组成，如图 3-1 所示。

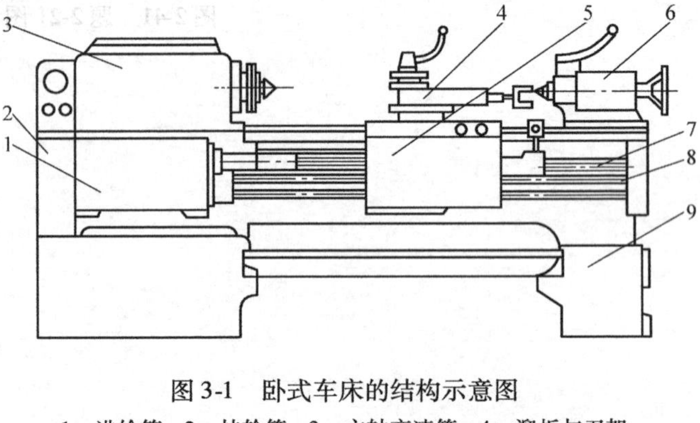

图 3-1 卧式车床的结构示意图

1—进给箱 2—挂轮箱 3—主轴变速箱 4—溜板与刀架 5—溜板箱 6—尾架 7—丝杠 8—光杠 9—床身

车床的主运动为工件的旋转运动，它是由主轴通过卡盘或顶尖带动工件旋转，其承受车削加工时的主要切削功率。车削加工时，应根据被加工工件材料、刀具种类、工件尺寸、工艺要求等来选择不同的切削速度。这就要求主轴能在相当大的范围内调速，对于卧式车床，调速范围一般大于70。车削加工时，一般不要求反转，但在加工螺纹时，为避免乱扣，要反转退刀，再纵向进刀继续加工，这就要求主轴具有正、反转。

车床的进给运动是溜板带动刀架的纵向或横向直线运动。其运动方式有手动或机动两种。加工螺纹时，工件的旋转速度与刀具的进给速度应有严格的比例关系。为此，车床溜板箱与主轴箱之间通过齿轮传动来连接，而主运动与进给运动由一台电动机拖动。

车床的辅助运动有刀架的快速移动，尾架的移动以及工件的夹紧与放松等。

二、中小型车床对电气控制的要求

根据车床的运动情况和工艺要求，中小型车床对其电气控制提出如下要求：

1）主拖动电动机一般选用三相笼型异步电动机，为满足调速要求，采用机械变速。

2）为车削螺纹，主轴要求能够正、反转。对于小型车床主轴而言，其主轴正反转由拖动电动机正反转来实现；当主拖动电动机容量较大时，主轴的正反转则靠摩擦离合器来实现，电动机只作单向旋转。

3）一般中小型车床的主轴电动机均采用直接起动。当电动机容量较大时，常用Y-△减压起动。停车时为实现快速停车，一般采用机械或电气制动。

4）车削加工时，刀具与工件温度高，需用切削液进行冷却。为此，设有一台冷却泵电动机，拖动冷却泵输出冷却液，且与主轴电动机有着联锁关系，即冷却泵电动机应在主轴电动机起动后方可选择起动与否；当主轴电动机停止时，冷却泵电动机便立即停止。

5）为实现溜板箱的快速移动，由单独的快速移动电动机拖动，采用点动控制。

6）电路应具有必要的保护环节和安全可靠的照明和信息指示。

三、CA6140型卧式车床的电气控制

图3-2所示为CA6140型卧式车床电路图。图中M1为主轴电动机，拖动主轴旋转，并通过进给机构实现车床的进给运动；M2为冷却泵电动机，拖动冷却泵输出冷却液；M3为溜板快速移动电动机，拖动溜板实现快速移动。

由于电动机M1、M2、M3容量小于10kW，故采用全压直接起动，皆由接触器控制的单向旋转电路控制。M1主轴电动机由床鞍上的绿色起动按钮SB1、红色蘑菇形停止按钮SB2和接触器KM1构成电动机单向连续运转起动—停止电路，实现M1的起动与停止。而主轴的正反转是由摩擦离合器改变传动链来实现的。

M2冷却泵电动机是在主轴电动机起动之后，通过扳动冷却泵开关SA1来控制接触器KM2，实现冷却泵电动机的起动与停止。由于SA1开关具有定位作用，故不设自保触头。

M3快速移动电动机由装在溜板箱上的快慢速进给手柄内的快速移动按钮SB3来控制KM3接触器，进而实现M3的点动。操作时，先将快慢速进给手柄扳到所需移动方向，再按下SB3按钮，即可实现该方向溜板箱的快速移动。

CA6140型卧式车床电路具有完善的保护环节，主要有：

1）电路电源开关系带有开关锁SA2的断路器QS。当需合上电源时，先用开关钥匙将开关锁SA2右旋，再扳动断路器QS将其合上，此时，电源送入主电路380V交流电压，并经控制变压器输出110V控制电压，24V照明电压，6V信号灯电压。

当将开关锁SA2左旋时，触点SA2（03—13）闭合，QS线圈通电，断路器QS跳开。若出现误操作，又将QS合上，QS将在0.1s内再次自动跳闸。由于机床接通电源需使用钥匙开关，再合上开关，增加了安全性。

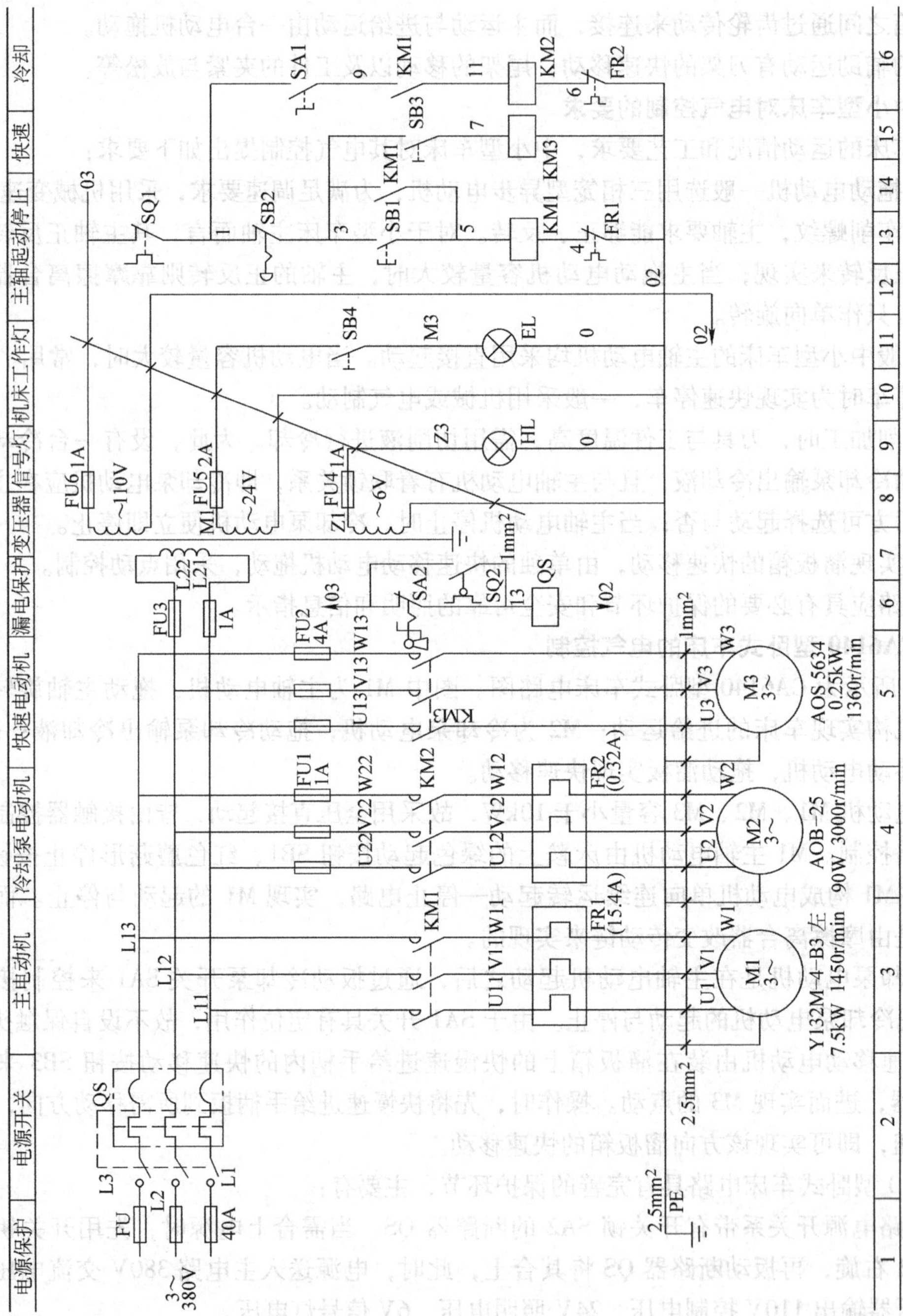

图 3-2 CA6140 型卧式车床电路图

2）在机床控制配电盘壁龛门上装有安全行程开关 SQ2，当打开配电盘壁龛门时，行程开关触头 SQ2（03—13）闭合，将使 QS 线圈通电，QS 断路器自动断开，切除机床电源，以确保人身安全。

3）在机床床头皮带罩处设有安全开关 SQ1，当打开床头皮带罩，SQ1（03—1）断开，使接触器 KM1、KM2、KM3 线圈断电释放，电动机全部停止转动，以确保人身安全。

4）为满足打开机床配电盘壁龛门进行带电检修的需要，可将 SQ2 开关传动杆拉出，使触头 SQ2（03—13）断开，此时 QS 线圈断电，QS 开关仍可合上。当检修完毕，关上壁龛门后，SQ2 开关传动杆复原，保护作用照常。

5）电动机 M1、M2 由热继电器 FR1、FR2 实现电动机长期过载保护；断路器 QS 实现全电路的电流、欠电压、热保护；熔断器 FU、FU1 ~ FU6 实现各部分电路的短路保护。

此外，电路还设有 EL 机床照明灯和 HL 信号灯进行机床局部照明和刻度照明。

四、CA6140 型卧式车床电气控制特点与故障分析

CA6140 型卧式车床电气控制特点有：

1）机床由三台电动机拖动，它们分别是主轴与进给电动机 M1、冷却泵电动机 M2 与快速移动电动机 M3。尤其是溜板箱的快速移动单由一台快速移动电动机拖动，这在相当型号的卧式车床中是较为突出的。

2）具有完善的人身安全保护环节：带钥匙的电源断路器、机床床头皮带罩处的安全开关 SQ1、机床控制配电盘壁龛门上的安全开关 SQ2 等。

CA6140 型卧式车床电气控制的故障往往出现在 SQ1、SQ2 安全开关上，首先应调整 SQ1、SQ2 开关动作正确才可保证其安全可靠。由于长期使用，可能出现开关松动移位，致使打开床头皮带罩时 SQ1（03—1）触头断不开或打开配电盘壁龛门时 SQ2（03—13）不闭合而失去人身安全保护作用。

另一个故障是由带有钥匙开关 SA2 的断路器 QS 引起的，当开关锁 SA2 失灵时将会失去保护作用。因此，应检验将开关锁 SA2 左旋时断路器 QS 能否自动跳开，跳开后若又将 QS 开关合上后，经过 0.1sQS 开关能否自动跳闸。

其次故障为电动机单向旋转常见故障，在此不再复述。

第二节　磨床的电气控制

磨床是用砂轮的周边或端面进行加工的精密机床。砂轮的旋转是主运动，工件或砂轮的往复运动为进给运动，而砂轮架的快速移动及工作台的移动为辅助运动。磨床的种类很多，按其工作性质可分为外圆磨床、内圆磨床、平面磨床、工具磨床以及一些专用磨床，如螺纹磨床、齿轮磨床、球面磨床、花键磨床、导轨磨床与无心磨床等。其中尤以平面磨床应用最为普遍，下面以 M7130 卧轴矩台平面磨床为例进行分析与讨论。

一、主要结构及运动情况

图 3-3 所示为卧轴矩台平面磨床外形图。在箱形床身 1 中装有液压传动装置，工作台 2 通过活塞杆 10 由油压驱动作往复运动，床身导轨有自动润滑装置进行润滑。工作台表面有 T 形槽，用以固定电磁吸盘，再用电磁吸盘来吸持加工工件。工作台往返运动的行程长度可通过调节装在工作台正面槽中的撞块 8 的位置来改变。换向撞块 8 是通过碰撞工作台往复运

动换向手柄9来改变油路方向，以实现工作台往复运动的。

在床身上固定有立柱7，沿立柱7的导轨上装有滑座6，砂轮箱4能沿滑座的水平导轨作横向移动。砂轮轴由装入式砂轮电动机直接拖动。在滑座内部往往也装有液压传动机构。

滑座可在立柱导轨上作上下垂直移动，并可由垂直进刀手轮11操作。砂轮箱的水平轴向移动可由横向移动手轮5操作，也可由液压传动作连续或间断横向移动，连续移动用于调节砂轮位置或整修砂轮，间断移动用于进给。

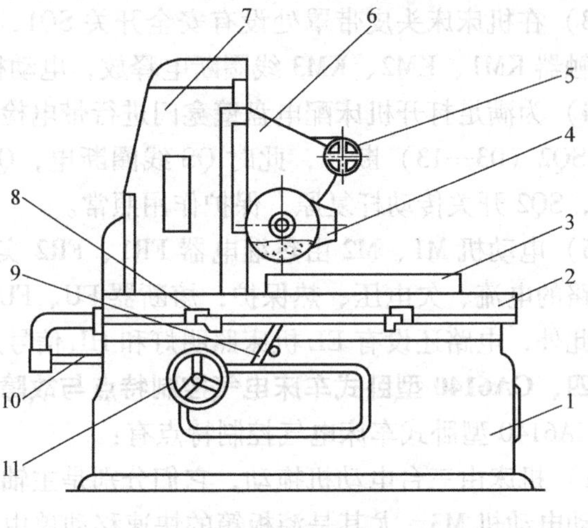

图3-3 卧轴矩台平面磨床外形图

1—床身 2—工作台 3—电磁吸盘 4—砂轮箱 5—砂轮箱横向移动手轮 6—滑座 7—立柱 8—工作台换向撞块 9—工作台往复运动换向手柄 10—活塞杆 11—砂轮箱垂直进刀手轮

矩形工作台平面磨床工作图如图3-4所示。砂轮的旋转运动是主运动。进给运动有垂直进给，即滑座在立柱上的上下运动；横向进给，即砂轮箱在滑座上的水平运动；纵向进给，即工作台沿床身的往复运动。工作台每完成一次往复运动时，砂轮箱便作一次间断性的横向进给；当加工完整个平面后，砂轮箱作一次间断性的垂直进给。

二、M7130平面磨床电力拖动特点及控制要求

M7130平面磨床采用多电动机拖动，其中砂轮电动机拖动砂轮旋转；液压电动机驱动油泵，供出压力油，经液压传动机构来完成工作台往复运动并实现砂轮的横向自动进给，并承担工作台导轨的润滑；冷却泵电动机拖动冷却泵，供给磨削加工时需要的冷却液。从而使其具有最简单的机械传动机构。

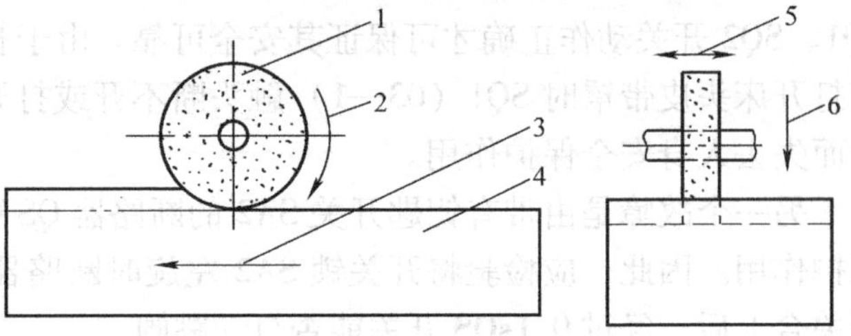

图3-4 矩形工作台平面磨床工作图

1—砂轮 2—主运动 3—纵向进给运动 4—工作台 5—横向进给运动 6—垂直进给运动

平面磨床是一种精密机床，为保证加工精度，使其运行平稳，确保工作台往复运动换向时惯性小无冲击，一般采用液压传动，实现工作台往复运动及砂轮箱的横向进给。

磨削加工时无调速要求，但要求砂轮转速高，通常采用两极笼型电动机，且采用装入式笼型电动机直接拖动，这样还能提高砂轮主轴刚度，进而提高磨削加工精度。

为减小工件在磨削加工中的热变形，并冲走磨屑，以保证加工精度，需使用冷却液。

为适应磨削小工件，也为使工件在磨削过程中受热能自由伸缩，通常采用电磁吸盘来吸持工件。

为此，M7130平面磨床由砂轮电动机、液压泵电动机、冷却泵电动机分别拖动，且只进行单方向旋转。冷却泵电动机与砂轮电动机具有顺序联锁关系：在砂轮电动机起动后才可开动冷却泵电动机；无论电磁吸盘工作与否，均可开动各电动机，以便进行磨床的调整运动，具有完善的保护环节和工件退磁环节及机床照明电路。

三、M7130 型平面磨床电气控制

图 3-5 所示为 M7130 型平面磨床电气控制电路图。其电气设备均安装在床身后部的壁龛盒内，控制按钮安装在床身前部的电气操纵盒上。电气电路图可分为主电路、控制电路、电磁吸盘控制电路及机床照明电路等部分。

1. 主电路

砂轮电动机 M1，冷却泵电动机 M2 与液压泵电动机 M3 皆为单向旋转。其中 M1、M2 由接触器 KM1 控制，再经接插器 X1 供电给 M2，电动机 M3 由接触器 KM2 控制。

三台电动机共用熔断器 FU1 作短路保护，M1、M2 由热继电器 FR1，M3 由热继电器 FR2 作长期过载保护。

2. 电动机控制电路

由按钮 SB1、SB2 与接触器 KM1 构成砂轮电动机 M1 单向旋转起动—停止控制电路；由按钮 SB3、SB4 与接触器 KM2 构成液压泵电动机 M3 单向旋转起动—停止控制电路。但电动机的起动必须在下述条件之一成立时方可进行。

1）电磁吸盘 YH 工作，且欠电流继电器 KA 通电吸合，表明吸盘电流足够大，足以将工件吸牢时，其触头 KA（3-4）闭合。

2）若电磁吸盘 YH 不工作，转换开关 SA1 置于“去磁”位置，其触头 SA1（3-4）闭合。

3. 电磁吸盘控制电路

（1）电磁吸盘构造与原理　电磁吸盘的外形有长方形和圆形两种。矩形平整磨床采用长方形电磁吸盘。电磁吸盘结构与工作原理如图 3-6 所示。图中 1 为钢制吸盘体，在它的中部凸起的芯体 *A* 上绕有线圈 2，钢制盖板 3 被隔磁层 4 隔开。在线圈 2 中通入直流电流，芯体将被磁化，磁力线经由盖板、工件、盖板、吸盘体、芯体闭合，将工件 5 牢牢吸住。盖板中的隔磁层由铅、铜、黄铜及巴氏合金等非磁性材料制成，其作用是使磁力线通过工件再回到吸盘体，不致直接通过盖板闭合，以增强对工件的吸持力。

电磁吸盘与机械夹紧装置相比，具有夹紧迅速，不损伤工件，能同时吸持多个小工件；在加工过程中，工件发热可自由伸延，加工精度高等优点。但也存在夹紧力不及机械夹紧，调节不便；需用直流电源供电；不能吸持非磁性材料工件等缺点。

（2）电磁吸盘控制电路　电磁吸盘控制电路由整流装置、控制装置及保护装置等部分组成。

电磁吸盘整流装置由整流变压器 T2 与桥式全波整流器 VC 组成，输出 110V 直流电压对电磁吸盘供电。

电磁吸盘由转换开关 SA1 控制。SA1 有三个位置：充磁、断电与去磁。当开关处于“充磁”位置时，触头 SA1（14-16）与 SA1（15-17）接通；当开关置于“去磁”位置时，触头 SA1（14-18）、SA1（16-15）及 SA1（4-3）接通；当开关置于“断电”位置时，SA1 所有触头都断开。对应 SA1 各位置，其电路工作情况如下：

当 SA1 置于“充磁”位置时，电磁吸盘 YH 获得 110V 直流电压，其极性 19 号线头为正极，16 号线为负极，同时欠电流继电器 KA 与 YH 串联，当吸盘电流足够大时，KA 动作，触头 KA（3-4）闭合，表明电磁吸盘吸力足以将工件吸牢，此时可分别操作起动按钮 SB1 与 SB3，起动 M1 与 M3 电动机进行磨削加工。当加工完成，按下停止按钮 SB2 与 SB4，M1 与 M3 停止旋转。为使工件易于从电磁吸盘上取下，需对工件进行去磁。其方法是将开关 SA1 扳至“退磁”位置。

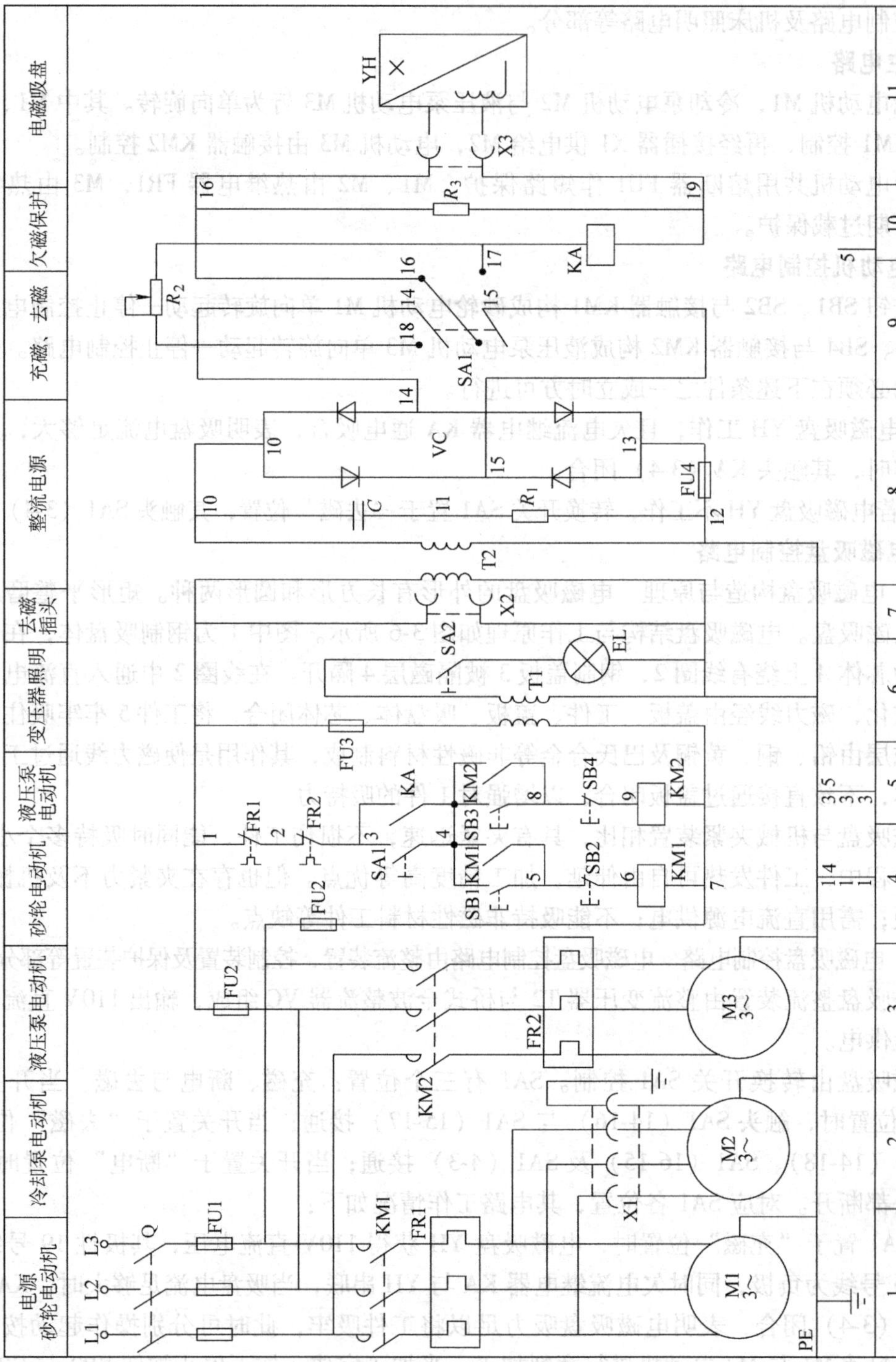

图 3-5 M7130 型平面磨床电气控制电路图

当SA1扳至“退磁”位置时，电磁吸盘中通入反方向电流，并在电路中串入可变电阻R_2，用以限制并调节反向去磁电流大小，达到既退磁又不致反向磁化的目的。退磁结束，将SA1扳到“断电”位置，便可取下工件。若工件对去磁要求严格，在取下工件后，还要用交流去磁器进行去磁。交流去磁器是平面磨床的一个附件，使用时，将交流去磁器插头插在床身的插座X2上，再将工件放在去磁器上即可去磁。

交流去磁器的构造和工作原理如图3-7所示。由硅钢片制成铁心1，在其上套有线圈2并通以交流电，在铁心柱上装有极靴3，在由软钢制成的两个极靴间隔有隔磁层4。去磁时将工件在极靴平面上来回移动若干次，即可完成去磁要求。

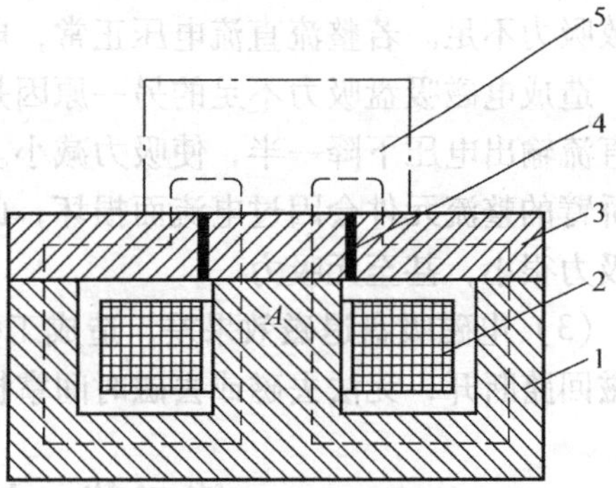

图3-6 电磁吸盘结构与工作原理
1—钢制吸盘体 2—线圈 3—钢制盖板 4—隔磁层 5—工件

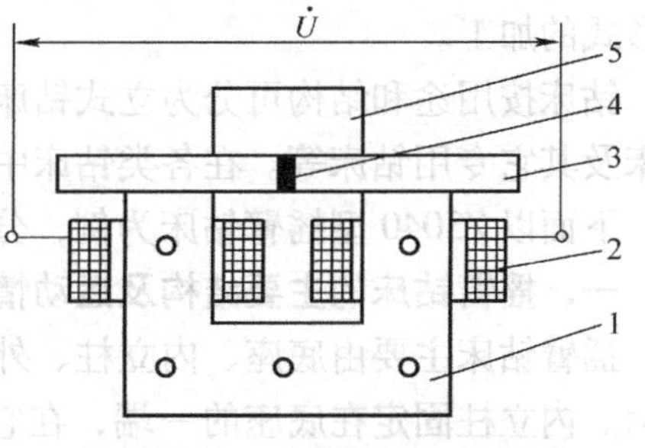

图3-7 交流去磁器结构原理图
1—铁心 2—线圈 3—极靴 4—隔磁层 5—工件

（3）电磁吸盘保护环节 电磁吸盘具有欠电流保护、过电压保护及短路保护等。

电磁吸盘的欠电流保护：为了防止平面磨床在磨削过程中出现断电事故或吸盘电流减小，致使电磁吸力消失或吸力减小，造成工件飞出，危及设备及人身安全，故在电磁吸盘线圈电路中串入欠电流继电器KA。只有当电磁吸盘直流电压符合设计要求，吸盘具有足够吸力时，欠电流继电器KA才吸合动作，触头KA（3-4）闭合，起动M1、M3电动机，为磨削加工做准备，否则不能开动磨床进行加工；若在磨削加工中，吸盘电流过小，将使欠电流继电器KA释放，触头KA（3-4）断开，接触器KM1、KM2线圈断电，电动机M1、M3停止旋转，避免事故发生。

电磁吸盘线圈的过电压保护：电磁吸盘线圈匝数多，电感L大，通电工作时线圈中储有较大的磁场能量$W_L=\frac{1}{2}LI^2$。当线圈断电时，由于电磁感应，会在线圈两端产生大的感应电动势，为此在电磁吸盘线圈两端设有放电装置，该磨床在电磁吸盘两端并联了电阻R_3，作为放电电阻。

电磁吸盘的短路保护：在整流变压器T2的二次侧或整流装置输出端装有熔断器FU4作短路保护。

此外，在整流装置中还设有R、C串联支路并联在T2二次侧，用以吸收交流电路产生过电压和直流侧电路通断时在T2二次侧产生浪涌电压，实现整流装置的过电压保护。

4. 照明电路

由照明变压器T1将交流380V降为36V，并由开关SA2控制照明灯EL。在T1的一次侧接有熔断器FU3作短路保护。

四、平面磨床电气控制常见故障分析

平面磨床电气的控制特点是采用电磁吸盘，在此仅对电磁吸盘的常见故障作一分析。

（1）电磁吸盘没有吸力　首先应检查三相交流电源是否正常，然后再检查 FU1、FU2 与 FU4 熔断器是否完好，接触是否正常，再检查接插器 X3 接触是否良好。如上述检查均未发现故障，则进一步检查电磁吸盘电路，包括欠电流继电器 KA 线圈是否断开，吸盘线圈是否断路等。

（2）电磁吸盘吸力不足　常见的原因有交流电源电压低，导致整流直流电压相应下降，以致吸力不足。若整流直流电压正常，电磁吸力仍不足，则有可能系 X3 接插器接触不良。

造成电磁吸盘吸力不足的另一原因是桥式整流电路的故障。如整流桥一臂发生开路，将使直流输出电压下降一半，使吸力减小。若有一臂整流元件击穿形成短路，则与它相邻的另一桥臂的整流元件会因过电流而损坏，此时 T2 也会因电路短路而造成过电流，致使电磁吸盘吸力很小，甚至无吸力。

（3）电磁吸盘退磁效果差，造成工件难以取下　其故障原因往往在于退磁电压过高或去磁回路断开，无法去磁或去磁时间掌握不好等。

第三节　摇臂钻床的电气控制

钻床是一种用途较广的万能机床，可以用来钻孔、扩孔、铰孔、攻螺纹及修刮端面等多种形式的加工。

钻床按用途和结构可分为立式钻床、台式钻床、摇臂钻床、多轴钻床、深孔钻床、卧式钻床及其它专用钻床等。在各类钻床中，摇臂钻床操作方便、灵活，适用范围广，具有典型性。下面以 Z3040 型摇臂钻床为例，分析其电气控制。

一、摇臂钻床的主要结构及运动情况

摇臂钻床主要由底座、内立柱、外立柱、摇臂、主轴箱及工作台等部分组成，如图 3-8 所示。内立柱固定在底座的一端，在它外面套着外立柱，外立柱可绕内立柱回转 360°，摇臂的一端为套筒，它套在外立柱上，借助丝杠的正反转可使摇臂沿外立柱作上下移动，由于该丝杠与外立柱连为一体，而升降螺母固定在摇臂上，所以摇臂只能与外立柱一起绕内立柱回转。主轴箱是一个复合部件，它由主传动电动机、主轴和主轴传动机构、进给和变速机构以及机床的操作机构等部分组成。主轴箱安装在摇臂的水平导轨上，可以通过手轮操作使其在水平导轨上沿摇臂移动。

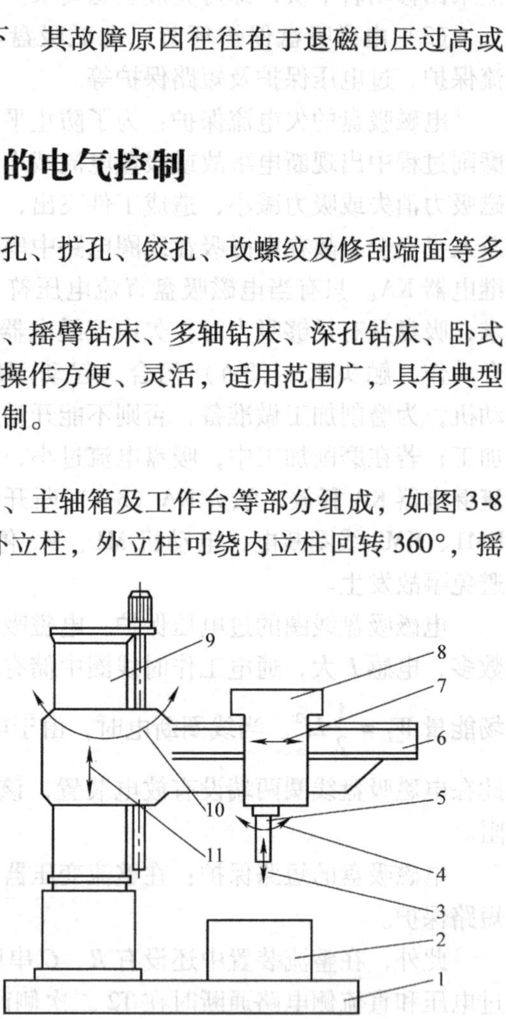

图 3-8　摇臂钻床结构及运动情况示意图
1—底座　2—工作台　3—主轴纵向进给　4—主轴旋转主运动　5—主轴　6—摇臂　7—主轴箱沿摇臂径向运动　8—主轴箱　9—内外立柱　10—摇臂回转运动　11—摇臂垂直移动

钻削加工时，主轴旋转为主运动；主轴的纵向进给为进给运动。此时，主轴箱由夹紧装置将其紧固在摇臂水平导轨上，外立柱紧固在内立柱上，摇臂紧固在外立柱上，然后进行钻削加工，辅助运动有：摇臂沿外立柱的垂直移动；主轴箱沿摇臂长度方向的水平移动；摇臂与外立柱一起绕内立柱的回转

运动。

二、摇臂钻床的电力拖动特点及控制要求

1）摇臂钻床运动部件较多，为简化传动装置，采用多电动机拖动。

2）摇臂钻床为适应多种形式的加工，要求主轴及进给有较大的调速范围。主轴一般速度下的钻削加工常为恒功率负载；而低速时主要用于扩孔、铰孔、攻螺纹等加工，这时则为恒转矩负载。

3）摇臂钻床的主运动与进给运动皆为主轴的运动，为此这两种运动由一台主轴电动机拖动，分别经主轴传动机构、进给传动机构实现主轴旋转和进给。所以主轴变速机构与进给变速机构都装在主轴箱内。

4）为加工螺纹，主轴要求能够正、反转。摇臂钻床主轴正反转一般采用机械方法来实现，这样主轴电动机只需单方向旋转。

5）摇臂的升降由升降电动机拖动，要求电动机能够正、反转。

6）内外立柱的夹紧与放松、主轴箱与摇臂的夹紧与放松可采用手柄机械操作、电气—机械装置、电气—液压装置或电气—液压—机械装置等控制方法来实现。若采用液压装置则备有液压泵电动机，拖动液压泵供出压力油来实现。

7）摇臂的移动严格按照摇臂松开→移动→摇臂夹紧的程序进行。因此，摇臂的夹紧放松与摇臂升降按自动控制进行。

8）根据钻削加工需要，应有冷却泵电动机拖动冷却泵，供出冷却液进行刀具的冷却。

9）具有机床安全照明和信号指示。

10）具有必要的联锁和保护环节。

三、Z3040 型摇臂钻床的电气控制

Z3040 型摇臂钻床在机械上有两种结构型式，相应的电气控制也有两种型式，下面以沈阳生产的 Z3040 型摇臂钻床为例进行分析。

该摇臂钻床具有两套液压控制系统：一套是由主轴电动机拖动齿轮泵送出压力油，通过操纵机构实现主轴正转、反转、停车制动、空档、预选与变速的操纵机构液压系统；另一套是由液压泵电动机拖动液压泵送出压力油来实现摇臂的夹紧与松开，主轴箱的夹紧、松开和立柱的夹紧、松开的夹紧机构液压系统。前者安装于主轴箱内，后者安装于摇臂电器盒下部。

1. 液压系统简介

（1）操纵机构液压系统　该系统压力油由主轴电动机拖动齿轮泵送出，由主轴操作手柄来改变两个操纵阀的相互位置，使压力油作不同的分配，获得不同的动作。操作手柄有 5 个空间位置：上、下、里、外和中间位置。其中上为“空档”，下为“变速”，外为“正转”，里为“反转”，中间位置为“停车”。而主轴转速及主轴进给量各由一个旋钮预选，然后再操作主轴手柄。

主轴旋转时，首先按下主轴电动机起动按钮，主轴电动机起动旋转，拖动齿轮泵，送出压力油。然后操纵主轴手柄，扳至所需转向位置（里或外），两个操纵阀相互位置改变，使一股压力油将制动摩擦离合器松开，为主轴旋转创造条件；另一股压力油压紧正转（反转）摩擦离合器，接通主轴电动机到主轴的传动链，驱动主轴正转或反转。

主轴停车时，将操作手柄扳回中间位置，这时主轴电动机仍拖动齿轮泵旋转，但此时整

个液压系统为低压油，无法松开制动摩擦离合器，而在制动弹簧作用下将制动摩擦离合器压紧，使制动轴上的齿轮不能转动，实现主轴停车。所以主轴停车时主轴电动机仍在旋转，只是不能将动力传到主轴。

在主轴正转或反转的过程中，可转动变速旋钮，改变主轴转速或主轴进给量。

主轴变速与进给变速：将主轴操作手柄扳至“变速”位置，于是改变两个操纵阀的相互位置，使齿轮泵送出的压力油进入主轴转速预选阀和主轴进给量预选阀，然后进入各变速油缸。变速液压缸为差动液压缸，具体哪个液压缸上腔进压力油或回油，视所选择主轴转速和进给量大小。与此同时，另一油路系统推动拨叉缓慢移动，逐渐压紧主轴正转摩擦离合器，接通主轴电动机到主轴的传动链，带动主轴缓慢旋转，称为缓速，以利于齿轮的顺利啮合。当变速完成，松开操作手柄，此时手柄在弹簧作用下由“变速”位置自动复位到主轴“停车”位置，然后再操纵主轴正转或反转，主轴将在新的转速或进给量下工作。

主轴空档：将操作手柄扳向“空档”位置，这时压力油使主轴传动中的滑移齿轮处于中间脱开位置。这时，可用手轻便地转动主轴。

（2）夹紧机构液压系统　主轴箱、内外立柱和摇臂的夹紧与松开，是由液压泵电动机拖动液压泵送出压力油，推动活塞，菱形块来实现的。其中主轴箱和立柱的夹紧放松由一个油路控制，而摇臂的夹紧放松因要与摇臂的升降运动构成自动循环，故由另一油路来控制。这两个油路均由电磁阀操纵。

2. 电气控制电路分析

图 3-9 所示为 Z3040 型摇臂钻床电路图。图中 M1 为主轴电动机，M2 为摇臂升降电动机，M3 为液压泵电动机，M4 为冷却泵电动机。

（1）主轴电动机的控制　主轴电动机 M1 为单向旋转，由按钮 SB1、SB2 和接触器 KM1 构成主轴电动机单向起动停止控制电路。主轴电动机起动后拖动齿轮泵送出压力油，再操纵主轴操作手柄，驱动主轴实现正转或反转。

（2）摇臂升降的控制　当摇臂升降指令发出，先使摇臂松开，尔后摇臂上升或下降，待摇臂升降到位时，又自行重新夹紧。由于摇臂的松开与夹紧是由夹紧机构液压系统实现的，所以摇臂升降控制须与夹紧机构液压系统紧密配合。

M2 为摇臂升降电动机，由按钮 SB3、SB4 点动控制正、反转接触器 KM2、KM3 实现 M2 电动机的正、反转，拖动摇臂上升或下降。

液压泵电动机 M3 由正反转接触器 KM4、KM5 控制，实现电动机正、反转，拖动双向液压泵，送出压力油，经二位六通阀送至摇臂夹紧机构实现夹紧与松开。

下面以摇臂上升为例分析摇臂升降的控制。

按下上升点动按钮 SB3，时间继电器 KT 线圈通电，瞬动常开触头 KT（13-14）闭合，接触器 KM4 线圈通电，液压泵电动机 M3 起动旋转，拖动液压泵送出压力油，同时 KT 的断电延时断开触头 KT（1-17）闭合，电磁阀 YV 线圈通电。于是液压泵送出的压力油经二位六通阀进入摇臂夹紧机构的松开油腔，推动活塞和菱形块，将摇臂松开。同时，活塞杆通过弹簧片压上行程开关 SQ2，发出摇臂松开信号，即触头 SQ2（6-13）断开，SQ2（6-7）闭合，前者断开 KM4 线圈电路，液压泵电动机 M3 停止旋转，液压泵停止供油，摇臂维持在松开状态；后者接通 KM2 线圈电路，使 KM2 线圈通电，摇臂升降电动机 M2 起动旋转，拖动摇臂上升。所以行程开关 SQ2 是用来反映摇臂是否松开且发出松开信号的元件。

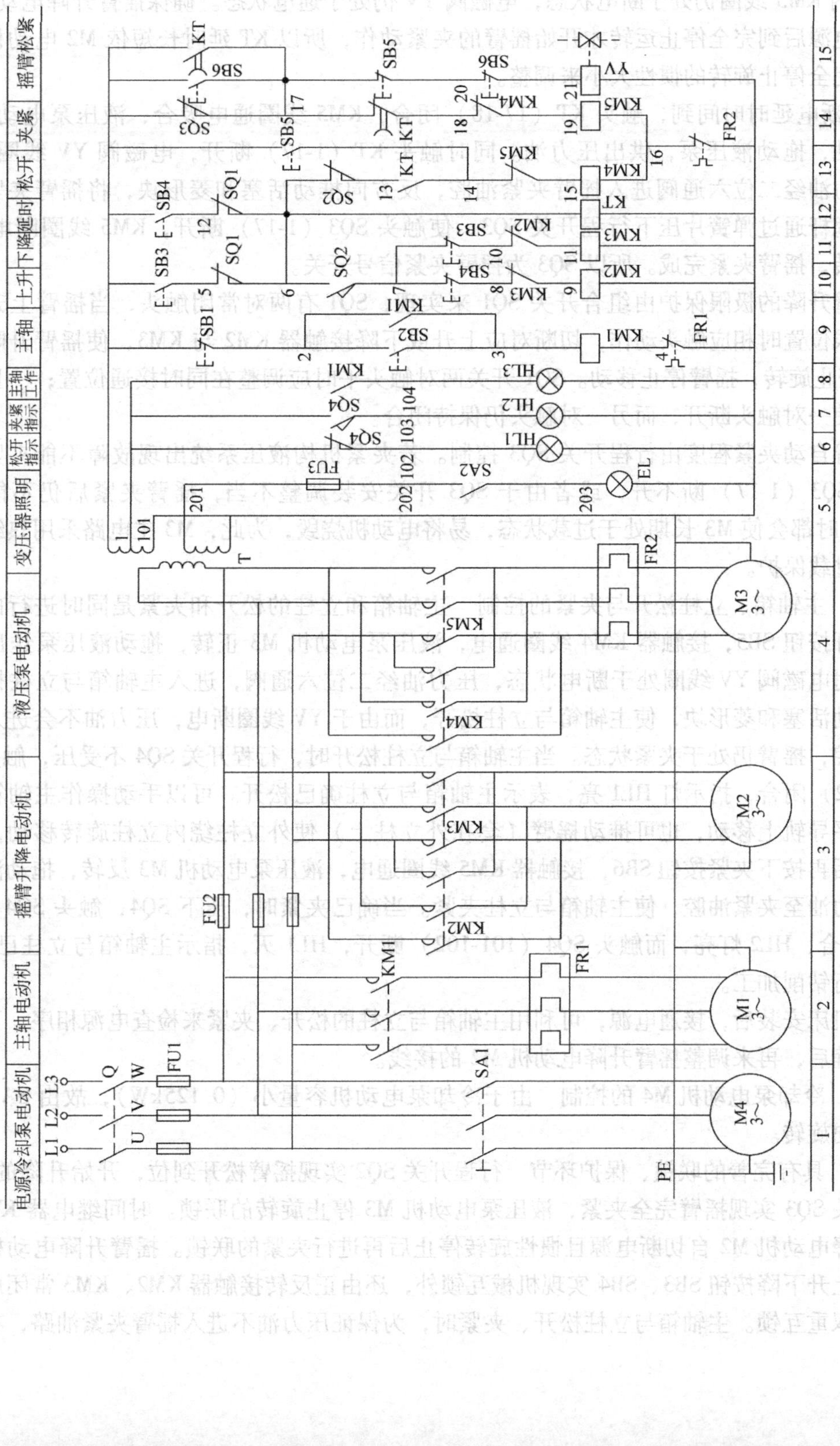

图 3-9 Z3040 型摇臂钻床电路图

当摇臂上升到所需位置时，松开摇臂上升点动按钮 SB3，KM2 与 KT 线圈同时断电，M2 电动机依惯性旋转，摇臂停止上升。而 KT 线圈断电其断电延时闭合触头 KT（17-18）经延时 1～3s 后才闭合，断电延时断开触头 KT（1-17）经延时后才断开。在 KT 断电延时的 1～3s 时间内 KM5 线圈仍处于断电状态，电磁阀 YV 仍处于通电状态。确保摇臂升降电动机 M2 在断开电源后到完全停止运转才开始摇臂的夹紧动作，所以 KT 延时长短依 M2 电动机切断电源至完全停止旋转的惯性大小来调整。

KT 断电延时时间到，触头 KT（17-18）闭合，KM5 线圈通电吸合，液压泵电动机 M3 反向起动，拖动液压泵，供出压力油。同时触头 KT（1-17）断开，电磁阀 YV 线圈断电，这时压力油经二位六通阀进入摇臂夹紧油腔，反方向推动活塞和菱形块，将摇臂夹紧。同时，活塞杆通过弹簧片压下行程开关 SQ3，使触头 SQ3（1-17）断开，KM5 线圈断电，M3 停止旋转，摇臂夹紧完成。所以 SQ3 为摇臂夹紧信号开关。

摇臂升降的极限保护由组合开关 SQ1 来实现，SQ1 有两对常闭触头，当摇臂上升或下降到极限位置时相应触头动作，切断对应上升或下降接触器 KM2 与 KM3，使摇臂升降电动机 M2 停止旋转，摇臂停止移动。SQ1 开关两对触头平时应调整在同时接通位置；一旦动作时，应使一对触头断开，而另一对触头仍保持闭合。

摇臂自动夹紧程度由行程开关 SQ3 控制。若夹紧机构液压系统出现故障不能夹紧，将使触头 SQ3（1-17）断不开，或者由于 SQ3 开关安装调整不当，摇臂夹紧后仍不能压下 SQ3。这时都会使 M3 长期处于过载状态，易将电动机烧毁，为此，M3 主电路采用热继电器 FR2 作过载保护。

（3）主轴箱、立柱松开与夹紧的控制　主轴箱和立柱的松开和夹紧是同时进行的。当按下松开按钮 SB5，接触器 KM4 线圈通电，液压泵电动机 M3 正转，拖动液压泵送出压力油，这时电磁阀 YV 线圈处于断电状态，压力油经二位六通阀，进入主轴箱与立柱松开油腔，推动活塞和菱形块，使主轴箱与立柱松开，而由于 YV 线圈断电，压力油不会进入摇臂松开油腔，摇臂仍处于夹紧状态。当主轴箱与立柱松开时，行程开关 SQ4 不受压，触头 SQ4（101-102）闭合，指示灯 HL1 亮，表示主轴箱与立柱确已松开。可以手动操作主轴箱在摇臂的水平导轨上移动，也可推动摇臂（套在外立柱上）使外立柱绕内立柱旋转移动，当移动到位后再按下夹紧按钮 SB6，接触器 KM5 线圈通电，液压泵电动机 M3 反转，拖动液压泵送出压力油至夹紧油腔，使主轴箱与立柱夹紧。当确已夹紧时，压下 SQ4，触头 SQ4（101-103）闭合，HL2 灯亮，而触头 SQ4（101-102）断开，HL1 灭，指示主轴箱与立柱已夹紧，可以进行钻削加工。

在机床安装后，接通电源，可利用主轴箱与立柱的松开、夹紧来检查电源相序，当电源相序正确后，再来调整摇臂升降电动机 M2 的接线。

（4）冷却泵电动机 M4 的控制　由于冷却泵电动机容量小（0.125kW），故由 SA1 开关控制单向旋转。

（5）具有完善的联锁、保护环节　行程开关 SQ2 实现摇臂松开到位，开始升降的联锁。行程开关 SQ3 实现摇臂完全夹紧，液压泵电动机 M3 停止旋转的联锁。时间继电器 KT 实现摇臂升降电动机 M2 自切断电源且惯性旋转停止后再进行夹紧的联锁。摇臂升降电动机正反转，由上升下降按钮 SB3、SB4 实现机械互锁外，还由正反转接触器 KM2、KM3 常闭触头实现电气双重互锁。主轴箱与立柱松开、夹紧时，为保证压力油不进入摇臂夹紧油路，在进行主轴箱与立柱松开、夹紧操作即按下 SB5 或 SB6 按钮时，用 SB5 或 SB6 常闭触头接入电磁阀线圈 YV 电路，切断 YV 电路来实现联锁目的。

电路设有熔断器 FU1 作为总电路和电动机 M1、M4 的短路保护，熔断器 FU2 作为电动机 M2、M3 及控制变压器 T 一次侧的短路保护。热继电器 FR1、FR2 作为电动机 M1、M3 的长期过载保护。组合行程开关 SQ1 作摇臂上升、下降的极限位置保护。FU3 作照明的短路保护。按钮与各接触器实现电路的失压或欠压保护等。

（6）照明与信号指示电路　HL3 为主轴旋转工作指示灯。HL2 为主轴箱、立柱夹紧指示灯。HL1 为主轴箱、立柱松开指示灯，灯亮时，可以手动操作主轴箱移动或摇臂回转移动。

照明灯 EL 由控制变压器供给 36V 安全电压，经 SA2 开关操作实现照明。

3. 电气控制电路常见故障分析

Z3040 型摇臂钻床摇臂的控制是机、电、液的联合控制，这也是该钻床的重要特点。下面仅以摇臂移动中的常见故障作一分析。

（1）摇臂不能上升　由摇臂上升的电气动作过程可知，摇臂移动的前提是摇臂完全松开，此时活塞杆通过弹簧片压下行程开关 SQ2，接触器 KM4 线圈断电，液压泵电动机 M3 停止旋转，而接触器 KM2 线圈通电吸合，摇臂升降电动机 M2 起动旋转，拖动摇臂上升。下面抓住 SQ2 开关有无动作来分析摇臂不能移动的原因。

若 SQ2 不动作，常见故障为 SQ2 安装位置不当或位置发生移动。这样，摇臂虽已松开，但活塞杆仍压不上 SQ2，致使摇臂不能移动。有时也会出现因液压系统发生故障，使摇臂没有完全松开，活塞杆压不上 SQ2，为此，应配合机械、液压系统调整好 SQ2 位置并安装牢固。

有时电动机 M3 电源相序接反，此时按下摇臂上升按钮 SB3 时，电动机 M3 反转，使摇臂夹紧，更压不上 SQ2，摇臂也不会上升。所以，机床大修或安装完毕后，必须认真检查电源相序及电动机正反转是否正确。

（2）摇臂移动后夹不紧　摇臂移动到位后，松开 SB3 或 SB4 按钮后，摇臂应自动夹紧，而夹紧动作的结束是由行程开关 SQ3 来控制的。若摇臂夹不紧，说明摇臂控制电路能动作，只是夹紧力不够，这是由于 SQ3 动作过早，使液压泵电动机 M3 在摇臂还未充分夹紧时就停止旋转，这往往是由于 SQ3 安装位置不当，过早地被活塞杆压上动作所致。

（3）液压系统的故障　有时电气控制系统工作正常，而电磁阀芯卡住或油路堵塞，造成液压控制系统失灵，也会造成摇臂无法移动。所以，在维修工作中应正确判断是电气控制系统还是液压系统的故障，然而这两者之间又相互联系，为此应相互配合共同排除故障。

第四节　铣床的电气控制

铣床可用来加工平面、斜面、沟槽，装上分度头后可以铣切直齿齿轮和螺旋面，装上圆工作台后还可铣切凸轮和弧形槽，所以铣床在机械行业的机床设备中占有相当大的比重。铣床按结构型式和加工性能的不同，可分为升降台式铣床、龙门铣床、仿形铣床和各种专用铣床。

铣床所用的切削刀具为各种形式的铣刀。铣床运动形式有主运动、进给运动及辅助运动。铣刀的旋转运动为主运动；工件在垂直铣刀轴线方向的直线运动是进给运动；而工件与铣刀相对位置的调整运动及工作台的回转运动皆为辅助运动。

铣刀的旋转由主电动机拖动，为适应铣削加工顺铣和逆铣的需要，主电动机应能正向或反向旋转，而一旦铣刀选定后，铣削方向就确定了，工作过程中不需变换电动机转向。为此，可在电动机主电路中接入换相开关来预选正反向，也可在主电动机控制电路中接入换向开关来决定正转还是反转接触器线圈通电吸合来选择主电动机的正反转。又因铣削加工是多刀多刃不连续切削，负载波动，因此为减轻负载波动的影响，往往在主轴传动系统中加入飞轮，但这随之又将引起主轴停车惯性大，造成停车时间长。为实现快速停车，主电动机往往采用制动停车方式。

铣削的进给运动是直线运动，一般是工作台的垂直、纵向和横向三个方向的移动。为保证安全，加工时只允许一个方向的运动，为此这三个方向的运动应设有互锁。所以，工作台的移动由一台进给电动机拖动，并由运动方向手柄来选择运动方向，由进给电动机的正、反转来实现上或下、左或右、前或后的运动。有些铣床为扩大加工能力而增设圆工作台，在使用圆工作台时，原工作台的上下、左右、前后几个方向的运动都不允许进行。

升降台式铣床用于加工尺寸不大的工件，特别适用于单件或批量生产，是铣床中应用最广的一种。升降台式铣床有卧式铣床、卧式万能铣床、立式铣床三种基本型式。卧式万能铣床外形如图 3-10 所示。箱形的床身 13 固定在底座 1 上，在床身内装有主轴传动机构及主轴变速机构。在床身的顶部有水平导轨，其上装着带有一个或两个刀杆支架的悬梁。刀杆支架用来支承安装铣刀心轴的一端，而心轴另一端则固定在主轴上。在床身的前方有垂直导轨，一端悬持的升降台可沿之作上下移动。在升降台上面的水平导轨上，装有可平行于主轴轴线方向移动（横向移动）的溜板 5。工作台 7 可沿溜板上部转动部分 6 的导轨在垂直于主轴轴线的方向移动（纵向移动）。

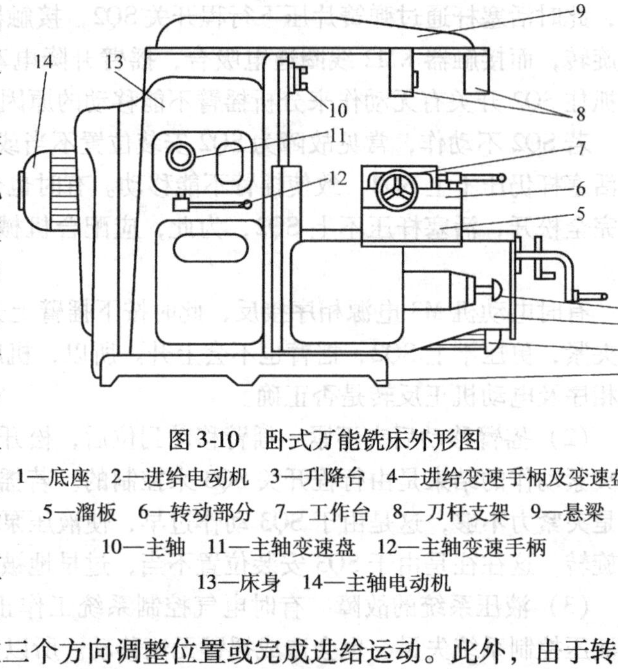

图 3-10 卧式万能铣床外形图

1—底座 2—进给电动机 3—升降台 4—进给变速手柄及变速盘 5—溜板 6—转动部分 7—工作台 8—刀杆支架 9—悬梁 10—主轴 11—主轴变速盘 12—主轴变速手柄 13—床身 14—主轴电动机

这样，安装在工作台上的工件，可以在三个方向调整位置或完成进给运动。此外，由于转动部分对溜板 5 可绕垂直轴线转动一个角度（通常为 ±45°），这样工作台于水平面上除能平行或垂直于主轴轴线方向进给外，还能在倾斜方向上进给，从而完成铣螺旋槽的加工。

卧式铣床与卧式万能铣床唯一的区别在于前者没有转动部分 6，因此卧式铣床不能加工螺旋槽。

下面以 X62W 型万能升降台铣床为例，来分析中小型铣床的电气控制。

X62W 型铣床为通用机床。主要适用于单件、小批生产和工具、修理部门，也可用于成批生产部门。该铣床可用各种圆柱铣刀、圆片铣刀、角度铣刀、成型铣刀和端面铣刀，加工各种平面、斜面、沟槽、齿轮等，如果使用万能铣头、圆工作台、分度头等铣床附件时，可以扩大机床加工范围。工作台可向左、右各回转 45°，当工作台转动一定角度，采用分度头附件时，可以加工各种螺旋槽。

一、机床运动及传动情况

主运动：主轴的旋转运动；

进给运动：工作台上下、前后、左右三个相互垂直方向上的进给运动；

辅助运动：工作台在三个相互垂直方向上的快速直线运动。

主轴传动系统在床身内部，进给系统在升降台内，为此采用单独传动形式，即主轴和工作台分别由主轴电动机、进给电动机拖动，而工作台的快速移动也由进给电动机经快速传动链来获得。

主轴由法兰盘式电动机拖动，电动机装在床身后面，利用主轴变速操纵箱内的拨叉来移动两个三联齿轮和一个二联齿轮，由此组成不同的啮合情况，从而使主轴获得18种转速，调速范围为50。主轴制动采用反接制动。主轴变速时，主轴电动机有冲动控制。

进给变速箱是一个独立部件，装在升降台左边，变速箱包括4根传动轴，利用传动轴上的两个三联齿轮和一套背轮的不同啮合组成18种进给速度，为了保证变速顺利，进给电动机有冲动控制，所以变换进给速度允许在开车情况下进行。

工作台三个方向运动的进给传动和快速移动是通过牵引电磁铁动作，拨动摩擦离合器，减少中间传动装置实现快速移动的。

二、X62W型卧式万能铣床电力拖动特点与控制要求

X62W型卧式万能铣床的主轴传动系统装在床身内，进给传动系统在升降台内，由于主轴旋转运动与工作台的进给运动之间不存在速度比例协调的要求，故采用分别驱动，即主轴旋转由主轴电动机拖动，工作台的进给与快速运动皆由进给电动机拖动，但经牵引电磁铁拨动摩擦离合器来控制。圆工作台的旋转也由进给电动机拖动。另外，铣削加工时为冷却铣刀与工件设有冷却泵电动机。

1. 主拖动对电气控制的要求

1）为适应铣削加工需要，要求主传动系统能够调速，且在各种铣削速度下保持功率不变，即主轴要求恒功率调速。为此，主轴电动机采用三相笼型异步电动机，经主轴齿轮变速箱拖动主轴。

3）为能进行顺铣和逆铣加工，要求主轴能够实现正、反转，但旋转方向不需经常变换，仅在加工前预选主轴转动方向。为此，主轴电动机应能正、反转，并由转向选择开关来选择电动机的转向。

3）为实现主轴准确停车和缩短停车时间，主轴电动机应设有制动环节。

4）为使主轴变速时齿轮易于啮合，减小齿轮端面的冲击，主轴电动机在主轴变速时应具有主轴变速冲动。

5）为适应铣削加工时操作者的正面与侧面操作位置，应备有两地操作设施。

2. 进给拖动对电气控制的要求

1）X62W型卧式铣床工作台运行方式有手动、进给运动和快速移动三种。其中手动为通过操作者摇动手柄使工作台移动；进给运动与快速移动则由进给电动机拖动，通过快速点动按钮，控制牵引电磁铁，拨动摩擦离合器，改变变速箱齿轮传动比来实现快速移动。

2）为减少按钮数量，避免误操作，对进给电动机的控制采用电气开关、机械挂挡联动的手柄操作，即扳动操作手柄的同时压合相应的电气开关，挂上相应传动机构的挡，而且要求操作手柄扳动方向与运动方向一致，增强直观性。

3）工作台的进给方向有左右的纵向运动，前后的横向运动和上下的垂直运动，它们都是由进给电动机的正反转来实现的。而正反转接触器又是由两个操作手柄来控制的，一个是纵向操作手柄，另一个是垂直与横向操作手柄。

4）进给运动的控制也为两地操作。因此，纵向操作手柄与垂直、横向操作手柄各有两套，可在工作台正面与侧面实现两地操作，而且两地操作手柄是联动的。

5）工作台上、下、左、右、前、后6个方向的运动只允许一个方向运动，也就是说6个方向应有只可取一的联锁。

6）应具有主轴起动，进给运动才能起动的联锁。

7）为便于进给变速时齿轮的啮合，应具有进给电动机的变速冲动。

8）工作台6个方向的运动应具有限位保护。

三、X62W 型卧式万能铣床电气控制电路分析

图3-11所示为X62W型卧式万能铣床电气控制电路图。图中M1为主轴拖动电动机，M2为工作台进给与快速拖动电动机，M3为冷却泵拖动电动机，QS为电源开关。由于该机床机械操作与电气开关密切相关，因此，在分析电气控制电路图时，应把机械操作手柄与相应电器开关的动作关系，各电器开关的作用及各开关的状态都应一一弄清。如SQ1、SQ2是与纵向操作手柄有机械联系的纵向进给行程开关，SQ3、SQ4为与垂直、横向操作手柄有机械联系的垂直、横向进给行程开关，SQ6为进给变速冲动开关，SQ7为主轴变速冲动开关，SA1为圆工作台转换开关，SA2为机床照明灯开关，SA3为冷却泵电动机起动停止开关，SA4为主轴旋转方向选择开关等，然后再分析电路。

1. 主电路分析

三相交流电源经电源开关QS引入，主轴电动机M1由接触器KM1控制，由转向选择开关SA4预先选择主轴旋转方向。接触器KM2的主触头串接两相电阻并与速度继电器KS配合，实现M1的停车反接制动。主轴变速时，通过主轴变速操作机构和接触器KM2实现主轴变速低速冲动控制。

工作台拖动电动机M2由正、反转接触器KM3、KM4实现正、反转，并由快速移动接触器KM5控制快速电磁铁YA，实现工作台快速移动。当KM5通电吸合，YA通电吸合时工作台实现快速移动，否则工作台为慢速工作进给。

冷却泵电动机M3由接触器KM6控制，实现单方向旋转。

2. 主拖动控制电路分析

由于该机床控制电器数量较多，控制电路电压采用交流110V，由控制变压器TC1供给。

主轴电动机控制电路中，SB3、SB4是两处控制的起动按钮，SB1和SB2为两处控制的停止按钮，它们分别安装在机床的两处，一处在床身侧面；另一处在升降台上方、工作台正前方，以便实现两地操作。

（1）主轴电动机M1的起动控制　起动前合上电源开关QS，再把主轴转向选择开关SA4扳到主轴所需的旋转方向，然后按下起动按钮SB3或SB4，接触器KM1线圈通电并自锁，KM1主触头闭合，接通主轴电动机三相电源，M1实现全压起动。

当M1转速高于140r/min时，速度继电器KS的常开触头KS1闭合（或KS2闭合），为主轴电动机M1的停车反接制动作准备。

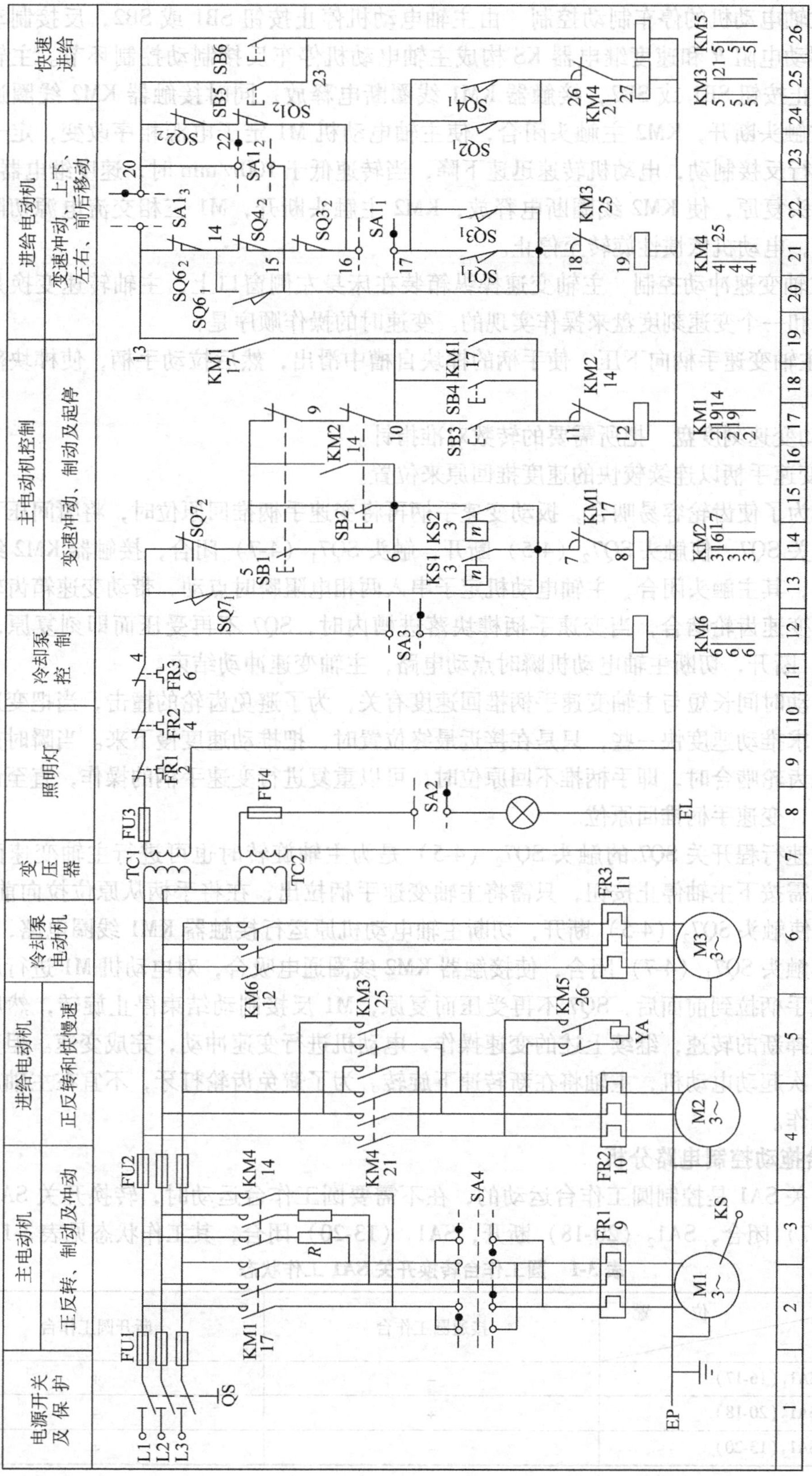

图 3-11　X62W 型万能铣床电气控制电路

（2）主轴电动机的停车制动控制　由主轴电动机停止按钮 SB1 或 SB2，反接制动接触器 KM2，制动电阻 R 和速度继电器 KS 构成主轴电动机停车反接制动控制环节。主轴停车时，按下停止按钮 SB1 或 SB2，接触器 KM1 线圈断电释放，同时接触器 KM2 线圈通电吸合，KM1 主触头断开，KM2 主触头闭合，使主轴电动机 M1 定子电源相序改变，定子串入两相电阻进行反接制动，电动机转速迅速下降，当转速低于 100r/min 时，速度继电器 KS 闭合的常开触头复原，使 KM2 线圈断电释放，KM2 主触头断开，M1 三相交流电源切除，反接制动结束，电动机依惯性旋转至停止。

（3）主轴变速冲动控制　主轴变速操纵箱装在床身左侧窗口上，主轴转速变换是由一个变速手柄和一个变速刻度盘来操作实现的。变速时的操作顺序是：

1）将主轴变速手柄向下压，使手柄的榫块自槽中滑出，然后拉动手柄，使榫块落到第二道槽为止。

2）转动变速刻度盘，把所需要的转数对准指针。

3）把变速手柄以连续较快的速度推回原来位置。

变速时为了使齿轮容易啮合，扳动变速手柄再将变速手柄推回原位时，将瞬间压下主轴变速行程开关 SQ7，使触头 $SQ7_2$（4-5）断开，触头 $SQ7_1$（4-7）闭合，接触器 KM2 线圈瞬时通电吸合，其主触头闭合，主轴电动机定子串入两相电阻瞬时点动，带动变速箱齿轮转动一下，利于变速齿轮啮合，当变速手柄榫块落进槽内时，SQ7 不再受压而即刻复原，触头 $SQ7_1$（4-7）断开，切断主轴电动机瞬时点动电路，主轴变速冲动结束。

变速冲动时间长短与主轴变速手柄推回速度有关，为了避免齿轮的撞击，当把变速手柄推回时，要求推动速度快一些，只是在接近最终位置时，把推动速度慢下来。当瞬时点动一次未能实现齿轮啮合时，即手柄推不回原位时，可以重复进行变速手柄的操作，直至齿轮实现良好啮合，变速手柄推回原位。

主轴变速行程开关 SQ7 的触头 $SQ7_2$（4-5）是为主轴旋转时也可进行主轴变速而设计的。此时无需按下主轴停止按钮，只需将主轴变速手柄拉出，在将手柄从原位拉向前面时，压下 SQ7，使触头 $SQ7_2$（4-5）断开，切断主轴电动机原运行接触器 KM1 线圈电路，M1 断电；立即其触头 $SQ7_1$（4-7）闭合，使接触器 KM2 线圈通电吸合，对电动机 M1 进行反接制动。当变速手柄拉到前面后，SQ7 不再受压而复原，M1 反接制动结束停止旋转，然后再转动变速盘选择新的转速，继续上述的变速操作，电动机进行变速冲动，完成变速。但变速完成后还需再次起动电动机，主轴将在新转速下旋转。为了避免齿轮打牙，不宜在主轴旋转中进行变速操作。

3. 进给拖动控制电路分析

转换开关 SA1 是控制圆工作台运动的，在不需要圆工作台运动时，转换开关 SA1 触头 $SA1_1$（16-17）闭合，$SA1_2$（20-18）断开，$SA1_3$（13-20）闭合，其工作状态见表 3-1。

表 3-1　圆工作台转换开关 SA1 工作状态

触头 \ 位置	接通圆工作台	断开圆工作台
$SA1_1$(16-17)	−	+
$SA1_2$(20-18)	+	−
$SA1_3$(13-20)	−	+

工作台进给方向的左右纵向运动、前后的横向运动和上下的垂直运动，都是依靠电动机 M2 的正反转来实现的。而正反转接触器 KM3、KM4 是由行程开关 SQ1、SQ3 与 SQ2、SQ4 来控制的，行程开关又是由两个操作手柄控制的。一个是纵向机械操作手柄；另一个是垂直与横向机械操作手柄，扳动机械操作手柄，在完成相应机械挂挡的同时，将压合相应的行程开关，从而接通正反转接触器，起动进给电动机，从而拖动工作台按预定方向运动。

纵向机械操作手柄有左、中、右三个位置。垂直与横向机械操作手柄有上、下、前、后、中 5 个位置。SQ1、SQ2 为与纵向机械操作手柄有机械联系的行程开关；SQ3、SQ4 为与垂直、横向机械操作手柄有机械联系的行程开关。当这两个机械操作手柄处于中间位置时，SQ1 ~ SQ4 都处在未压下的原始状态，当扳动机械操作手柄时，将压下相应的行程开关。

纵向机械操作手柄是复式的，一个安装在工作台底座的正面中央处，另一个安装在工作台底座的左下方。它们是联动的，只要扳动一个，另一个手柄也作相应动作。垂直与横向机械操作手柄也是复式的，他们分别安装在工作台的左侧前方和后方，它们也是联动的。

在起动进给拖动之前，首先起动主轴电动机，即合上三相电源开关 QS，按下主轴起动按钮 SB3 或 SB4，线路接触器 KM1 线圈通电并自锁，其常开辅助触头 KM1（10-13）闭合，将工作台进给拖动控制电路的电源接通，为工作台进给电动机起动作好准备。

（1）工作台纵向（左右）进给运动的控制　若需工作台向右工作进给，则将纵向机械操作手柄扳向右侧，手柄的联动机构一方面使纵向运动传动丝杠的离合器接合，为纵向运动丝杠的转动作准备；另一方面压下行程开关 SQ1，触头 $SQ1_1$（17-18）闭合，$SQ1_2$（22-16）断开。后者切断通往 KM3、KM4 线圈的另一条通路，前者使进给电动机 M2 的正转接触器 KM4 通电吸合，M2 正向起动旋转，进而使纵向运动丝杠正转，拖动工作台向右工作进给。

向右工作进给结束后，将纵向进给操作手柄由右侧位置扳回到中间位置，此时机械上纵向运动丝杠的离合器脱开，电气上行程开关 SQ1 不再受压而复位，触头 $SQ1_1$（17-18）断开，KM4 线圈断电释放，KM4 主触头断开 M2 三相交流电源，M2 停转，工作台向右进给停止。

工作台向左进给的电路与向右进给时相仿。此时是将纵向进给操作手柄扳向左侧，在机械挂档的同时，电气上压下的是行程开关 SQ2，触头 $SQ2_1$（17-26）闭合，$SQ2_2$（20-22）断开。后者断开 KM3、KM4 线圈的另一条通路，前者接通进给电动机反转接触器 KM3 线圈电路，使 KM3 线圈通电吸合，KM3 主触头闭合，M2 反转，拖动工作台向左进给，当纵向操作手柄由左侧位置扳回中间位置时，向左进给结束。工作台纵向行程开关 SQ1、SQ2 工作状态见表 3-2。

表 3-2　工作台纵向行程开关工作状态

触头 \ 手柄位置	向左	中间（停）	向右
$SQ1_1$（17-18）	−	−	+
$SQ1_2$（22-16）	+	+	−
$SQ2_1$（17-26）	+	−	−
$SQ2_2$（20-22）	−	+	+

工作台左右运动的行程可通过安装在工作台前方操作手柄两侧的挡铁来控制，当工作台纵向运动到极限位置时，挡铁撞动纵向操作手柄，使其回到中间位置，工作台停止，实现工作台纵向运动的限位保护。

（2）工作台向前与向下进给运动的控制　将垂直与横向进给操作手柄扳到“向前”位置，其联动机构接通横向进给离合器，同时在电气上压下行程开关SQ3，触头$SQ3_1$（17-18）闭合，$SQ3_2$（15-16）断开，正转接触器KM4通电吸合，M2正向旋转，拖动工作台向前进给。

向前进给结束，将垂直与横向进给操作手柄由“前”位扳回中间位置，SQ3不再受压，同时横向进给离合器脱开，KM4线圈断电释放，M2停止旋转，工作台向前进给停止。

工作台“向下”进给电路工作情况与“向前”时完全相同。只是将垂直与横向操作手柄由“中间位置”扳到“向下”位置，此时在机械上接通垂直进给离合器，电气上压下行程开关SQ3，KM4线圈通电吸合，M2正向旋转，拖动工作台向下进给。若将垂直与横向操作手柄由“向下”位扳回中间位置，则机械上垂直进给离合器脱开，电气上SQ3不再受压，KM4线圈断电释放，M2停止旋转，工作台向下进给停止。

（3）工作台向后和向上进给运动的控制　情况与向前和向下进给运动控制相仿，只是将垂直与横向操作手柄扳到“向后”或“向上”位置，在机械上接通横向或垂直进给离合器，电气上压下的都为SQ4行程开关，反向接触器KM3线圈通电吸合，M2反向旋转，拖动工作台实现向后或向上的进给运动。当操作手柄扳回中间位置时，电气上SQ4不再受压而复位，机械上横向或垂直进给离合器脱开，KM3线圈断电释放，M2停止旋转，工作台向后或向上的进给运动结束。

工作台垂直与横向行程开关工作状态见表3-3。

表3-3　工作台垂直与横向行程开关工作状态

触头＼手柄位置	向前向下	中间（停）	向后向上
$SQ3_1$（17-18）	+	–	–
$SQ3_2$（15-16）	–	+	+
$SQ4_1$（17-26）	–	–	+
$SQ4_2$（14-15）	+	+	–

通过安装在铣床床身导轨上、下两块挡铁撞动垂直与横向操作手柄返回中间位置来实现工作台上、下行程保护；由安装在工作台左侧底部挡铁来撞动垂直与横向操作手柄返回中间位置来实现工作台前、后行程保护。

（4）进给变速时的瞬时点动控制　在进给变速时，为使齿轮易于啮合，电路设有进给变速瞬时点动控制环节。进给变速的“冲动”只有在主轴电动机起动后，具体说是按下起动按钮SB3或SB4，接触器KM1线圈通电吸合并自锁后，并将纵向进给操作手柄、垂直与横向操作手柄置于中间位置时才可进行。

进给变速箱是一个独立部件，装在升降台的左边，速度的变换由进给操纵箱来控制，操纵箱装在进给变速箱的前面，变换进给速度的操作顺序是：将进给变速蘑菇形手柄拉出；转动手柄，将刻度盘上所需的进给速度对准指针；把蘑菇手柄向前拉到极限位置并随即反向推回手柄。而在反向推回之前，借变速孔盘推动并瞬时压合行程开关SQ6，使常闭触头$SQ6_2$

（13-14）断开，常开触头 $SQ6_1$（14-18）闭合，接触器 KM4 线圈瞬时通电吸合，进给电动机 M2 瞬时正向旋转，不利于变速齿轮的啮合。当蘑菇手柄推回原位时，行程开关 SQ6 不再受压，KM4 线圈断电释放，进给电动机停转。如果一次瞬时点动齿轮仍未进入啮合状态，可再次拉出手柄并推回，直到齿轮进入啮合状态为止。

（5）进给方向快速移动的控制　工作台的快速移动也是由进给电动机 M2 拖动的，并且是在工作台工作进给的基础上进行的。主轴开始旋转后，将进给操作手柄扳到所需要的位置，则工作台按选定的方向和速度作进给运动。此时，按下工作台快速移动按钮 SB5 或 SB6，接通快速移动接触器 KM5，KM5 主触头闭合，使牵引电磁铁 YA 线圈通电吸合，通过杠杆使摩擦离合器合上，减少中间传动装置，使工作台按原进给方向作快速移动。当松开 SB5 或 SB6 时，电磁铁 YA 断电，摩擦离合器脱开，快速移动结束，工作台仍以原进给速度继续运动。所以工作台的快速移动是点动控制。

若要求快速移动在主轴不转情况下进行，可将主轴电动机 M1 的换向开关 SA4 扳在中间“停止”位置，再按下起动按钮 SB3 或 SB4，再扳动进给运动纵向操作手柄或垂直与横向操作手柄，使工作台在主轴不转下进行某一方向的工作进给，再按下 SB5 或 SB6，便可实现主轴不转下工作台的快速移动。

4. 圆工作台的控制

为了扩大机床的加工能力，可在工作台上安装圆工作台，圆工作台的回转运动是由进给电动机经传动机构驱动的。在使用圆工作台时，工作台纵向及垂直与横向进给操作手柄均放在中间位置。在机床开动前把圆工作台转换开关 SA1 扳到“接通”位置，此时触头 $SA1_2$（20-18）闭合，$SA1_1$（16-17）与 $SA1_3$（13-20）断开，按下主轴起动按钮 SB3 或 SB4，接触器 KM1 线圈吸合并自锁，进给电动机正转接触器 KM4 线圈通电吸合，通电路径为 10→KM1（10-13）→$SQ6_2$（13-14）→$SQ4_2$（14-15）→$SQ3_2$（15-16）→$SQ1_2$（16-22）→$SQ2_2$（22-20）→$SA1_2$（20-18）→KM3 常闭触头（18-19）→KM4 线圈。电动机 M2 起动旋转并带动圆工作台单向运转。其回转速度也可通过蘑菇状变速手柄进行调节。

由于圆工作台的控制电路中串接了 SQ1～SQ4 的常闭触头，所以将工作台任一个进行操作手柄从中间位置扳向任一个位置，都将使圆工作台停止转动，从而实现圆工作回转与长工作台移动的联锁保护。

5. 冷却泵和机床照明的控制

冷却泵电动机 M3 通常在铣削加工时由冷却泵转换开关 SA3 控制，将 SA3 扳到“接通”位置，接触器 KM6 线圈通电吸合，冷却泵电动机 M3 起动旋转，送出冷却液。

机床照明由照明变压器 TC2 供给 24V 安全电压，并由控制开关 SA2 控制照明灯 EL。

6. 控制电路的联锁与保护

X62W 型万能铣床运动较多，电气控制电路较为复杂，为安全可靠地工作，电路具有完善的联锁与保护。

（1）主运动与进给运动的顺序联锁　进给电气控制电路接在主轴电动机线路接触器 KM1 的常开辅助触头 KM1（10-13）之后，这就保证了只有在主轴电动机起动之后，即 KM1 线圈吸合并自锁后才可起动进给电动机。而当主轴电动机停止时，进给电动机也立即停止。

（2）工作台 6 个运动方向的联锁　铣床工作时，在同一时间工作台只允许一个方向运动。为此，工作台上下左右前后 6 个方向之间都有联锁，这种联锁是通过机械和电气的方法来实现的。其中工作台纵向操作手柄实现工作台左、右运动方向之间的联锁；垂直与横向操作手柄实现上、下、前、后4个运动方向的联锁。但关键在于如何实现这两个操作手柄之间的联锁。为此，由纵向操作手柄控制的SQ1与SQ2的常闭触头$SQ1_2$（16-22）与$SQ2_2$（22-20）串联，由垂直与横向操作手柄控制的SQ3与SQ4的常闭触头$SQ3_2$（16-15）与$SQ4_2$（15-14）串联，再分别与$SA1_3$（20-13）、$SQ6_2$（14-13）串联，组成两条并联支路来控制接触器KM3和KM4的线圈电路。若两个操作手柄都扳动，则把两支并联支路都断开，使接触器KM3或KM4线圈无法通电吸合，进给电动机停止转动，达到联锁目的。

（3）长工作台与圆工作台的联锁　由圆工作台选择开关SA1来实现长工作台与圆工作台之间的联锁。当选用圆工作台时，SA1选择在“接通”位置，此时触头$SA1_1$（16-17）断开，$SA1_3$（13-20）断开，$SA1_2$（20-18）闭合。进给电动机起动接触器KM4线圈经由SQ1～SQ4常闭触头串联电路通电吸合，进给电动机M2起动旋转，拖动圆工作台回转。若此时又扳动纵向操作手柄或垂直与横向操作手柄，将压下SQ1～SQ4行程开关中的某一个，断开KM4线圈电路，进给电动机M2立即停止。

相反，若长工作台正在运动，扳动圆工作台选择开关SA1，使其置于“接通”位置，此时触头$SA1_1$（16-17）断开，KM3或KM4线圈电路切断，进给电动机立即停止。

（4）工作台快速移动与进给运动的联锁　工作台快速移动是在工作进给基础上进行的，只有工作台进行工作进给后，再按下快速移动点动按钮SB5或SB6才可实现工作台快速移动，松开SB5或SB6，工作台又返回到工作进给状态。

（5）具有完善的保护

1）由熔断器FU1、FU2实现主电路的短路保护，FU3实现控制电路短路保护，FU4实现照明电路短路保护。

2）热继电器FR1、FR2、FR3实现电动机M1、M2、M3的长期过载保护。

3）工作台左、右、上、下、前、后6个运动方向的限位保护。

7. X62W型卧式万能铣床电气控制特点

通过上述分析，X62W型卧式万能铣床电气控制具有以下特点：

1）主轴电动机采用按钮操作，而进给电动机则采用机械操作手柄进行的机械与电气开关联动的操作，而且均采用两地操作。

2）主轴变速与进给变速均设有变速冲动环节，使变速更为顺利。

3）具有完善的联锁与保护。

4）工作台手柄操作方向与其运动方向一致，具有运动方向的直观性。

8. X62W型卧式万能铣床电气控制常见故障分析

（1）主轴停车制动不明显或无制动　故障原因往往出现在速度继电器KS上。若停车时无制动则是由于KS常开触点不能按旋转方向正常闭合，在停车时失去制动作用。而速度继电器的常见故障有推动触点的胶木摆杆断裂失去控制；继电器轴上圆销弯曲、磨损或弹性连接元件损坏；螺钉松动或永久磁铁转子的磁性消失等。若停车制动不明显则往往是速度继电器触点弹簧调得过紧，造成反接制动电路过早被切断，制动效果不明显。

（2）主轴停车后产生短时反向旋转　这类故障大多是由于速度继电器弹簧调得过松，使触点断开太迟，导致在反接的制动力作用下，主轴电动机停止后，会出现短时反转现象。只要将触点弹簧重新调整适当，即可排除。

（3）按下主轴停车按钮后主轴不停　故障一般是由于主轴电动机频繁起动、制动，造成线路接触器 KM1 主触头发生熔焊断不开所致。另外，反接制动接触器 KM2 的主触头中有一相接触不良，也会造成主轴不停。当按下停止按钮后，KM1 线圈断电释放，KM2 线圈通电吸合，但 KM2 主触头只有两相接通，电动机不会产生反向制动转矩，主轴电动机仍按原方向转动。检查方法是按下停车按钮，KM1 能释放，KM2 能吸合，表明控制电路正常；若无制动，仍按原方向转动，可断定 KM2 主触头有一相接触不良。

（4）工作台控制电路故障

1）工作台不能作向上进给运动。检查接触器 KM3 是否动作，行程开关 SQ4 是否压下，KM4 常闭互锁触头是否闭合接通，热继电器是否动作，最后检查垂直与横向操作手柄位置是否正确，往往由于机械磨损操纵不灵，使在扳动操作手柄时压合不上行程开关 SQ4 所致，或由于 SQ4 行程开关固定螺丝松动或损坏，若此时扳动手柄置于“向后”位置，工作台也不能作向后进给运动，而扳到“向下”位置，工作台则能作向下进给运动，那肯定是行程开关 SQ4 的问题。如发生此类故障，应与装配钳工配合修理。

2）工作台向左、向右不能进给。应先检查向前、向后进给是否正常。如正常，说明进给电动机主电路，接触器 KM3、KM4 及行程开关 SQ1、SQ2 都正常。此时应检查 KM3、KM4 控制电路中的 $SQ3_2$、$SQ4_2$ 和 $SQ6_2$ 三对常闭触点。这三对常闭触点中只要有一对接触不良或损坏，就会使工作台向左或向右不能进给。其中 SQ6 是进给变速冲动开关，经常因变速时手柄扳动过猛而损坏。

3）工作台六个方向都不能进给。首先应检查控制电路电压是否正常。若不正常，应查找原因；若正常可扳动操作手柄至任一运动方向，观察相应接触器是否吸合。在主电路中，常见故障原因有接触器主触头接触不良、电动机接线脱落等。

4）工作台不能快速进给。常见的原因是牵引电磁铁电路不通，多数是由于接线头脱落、线圈损坏或机械卡死等原因造成的。如果按下 SB5 或 SB6 后，牵引电磁线吸合，故障大多是杠杆卡死或离合器摩擦片间隙调整不当。

第五节　镗床的电气控制

镗床是一种精密加工机床，主要用于加工精确度较高的孔，以及对各孔间距要求较为精确的零件，如一些箱体零件，变速箱、主轴箱等。在这些零部件上往往要加工多个尺寸不同的孔，且这些孔的孔径大、精度高，对孔的同轴度、垂直度、平行度及孔间距离等均有精确要求。由于镗床刚性好，其可动部分在导轨上的活动间隙小，且可附加支承，故能满足上述要求。

镗床除镗孔外，在万能镗床上还可以钻孔、铰孔、扩孔；用镗轴或平旋盘铣削平面；加上车螺纹附件后，还可以车削螺纹；装上平旋盘刀架后，可加工大的孔径、端面和外圆。因此，镗床加工范围广、调速范围大、运动部件多。

按用途不同，镗床可分为卧式镗床、立式镗床、坐标镗床、金刚镗床和专门化镗床等。下面以常用的卧式镗床为例进行分析。

一、卧式镗床的结构、运动形式和拖动特点

图 3-12 所示为卧式镗床外形图。卧式镗床主要由床身、镗头架、前立柱、后立柱、尾

座、上溜板、下溜板和工作台等部分组成。床身是一个整体的铸件，在它的一端固定有前立柱，在前立柱的垂直导轨上装有镗头架，并由悬挂在前立柱空心部分内的对重来平衡，镗头架可沿导轨垂直移动。镗头架上装有主轴部分、主轴变速箱、进给箱与操纵机构等部件。切削刀具固定在镗轴前端的锥形孔里，或装在平旋盘上的刀具溜板上。在镗削加工中，镗轴一面旋转，一面沿轴向作进给运动。平旋盘只能旋转，装在其上的刀具溜板作径向进给运动。平旋盘主轴为空心轴，镗轴穿过其中空部分，经由各自的传动链传动。因此镗轴与平旋盘可独自旋转，也可以不同转速同时旋转，但一般情况下大都使用镗轴，只有用车刀切削端面时才使用平旋盘。

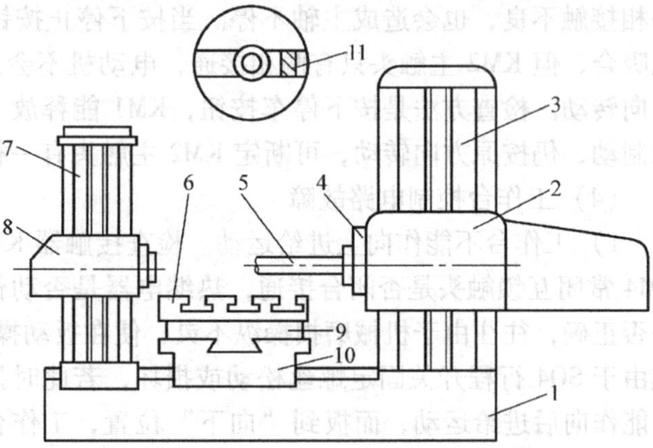

图 3-12 卧式镗床外形图

1—床身 2—镗头架 3—前立柱 4—平旋盘 5—镗轴 6—工作台 7—后立柱 8—尾座 9—上溜板 10—下溜板 11—刀具溜板

在床身的另一端装有后立柱，后立柱可沿床身导轨在镗轴轴线方向调整位置。在后立柱导轨上安放有尾座，用来支撑镗杆的末端，尾座与镗头架同时升降，保证两者的轴心在同一水平线上。

安装工件的工作台安放在床身中部的导轨上，它由下溜板、上溜板与可转动的工作台组成。下溜板可沿床身导轨作纵向运动，上溜板可沿下溜板的导轨作横向运动，工作台相对于上溜板可作回转运动。

由上可知，卧式镗床的运动方式有：

主运动：镗轴与平旋盘的旋转运动。

进给运动：镗轴的轴向进给，平旋盘刀具溜板的径向进给，镗头架的垂直进给，工作台的纵向进给与横向进给。

辅助运动：工作台的回转，后立柱的轴向移动及尾座的垂直移动。

镗床工艺范围广，运动多，主轴转速与进给量都应有足够的调节范围，从电气控制上看有以下特点：

1）卧式镗床的主运动与进给运动由一台电动机拖动。主轴拖动要求恒功率调速，且要求能够正、反转，一般采用单速或多速笼型三相异步电动机拖动。为扩大调速范围，简化机械变速机构，可采用晶闸管控制的直流电动机调速系统。

2）为满足加工过程调整工作的需要，主轴电动机应能实现正、反转点动控制。

3）要求主轴停车制动迅速、准确，为此设有主轴电动机电气制动环节。

4）主轴及进给速度可在开车前预选，也可在工作过程中进行变速，为便于变速时齿轮的顺利啮合，应设有变速低速冲动环节。

5）为缩短辅助时间，机床各运动部件应能实现快速移动，并由单独快速移动电动机拖动。

6）镗床运动部件较多，应设置必要的联锁及保护环节，且采用机械手柄与电气开关联动的控制方式。

二、T68 型卧式镗床电气控制

图 3-13 所示为 T68 型卧式镗床电气控制电路图。图中 M1 为主电动机，拖动机床的主运动和进给运动。M2 为快速移动电动机，实现主轴箱与工作台的快速移动。主电动机为双速电动机，功率为 5.5/7.5kW，转速为 1460/2880r/min；快速移动电动机功率为 2.5kW，转速为 1460r/min。整个控制电路由主轴电动机正反转起动旋转与正反转点动控制环节、主轴电动机正反转停车反接制动控制环节、主轴变速与进给变速时的低速运转环节、工作台快速移动控制及机床的联锁与保护环节等组成。

1. 主电动机的正、反转控制

（1）主电动机正反转点动控制　由正反转接触器 KM1、KM2 与正反转点动按钮 SB3、SB4 组成主电动机 M1 正反转点动控制电路，此时电动机定子串入降压电阻 R，三相定子绕组接成△联结进行低速点动。

（2）主电动机正反向低速旋转控制　由正反转起动按钮 SB1、SB2 与正反转中间继电器 KA1、KA2 及正反转接触器 KM1、KM2 构成电动机正反转起动电路。当选择主电动机低速运转时，应将主轴速度选择手柄置于低速档位，此时经速度选择手柄联动机构使高低速行程开关 SQ 处于释放状态，其触头 SQ（12-13）处于断开状态。当主轴变速手柄与进给变速手柄置于原位时，变速行程开关 SQ1、SQ3 均被压下，使触头 SQ3（5-10）、SQ1（10-11）闭合。此时若按下 SB1 或 SB2 时，将使 KA1 或 KA2 线圈通电吸合，使 KM3 与 KM1 或 KM2 线圈通电吸合，KM6 相继通电吸合，主电动机定子绕组联结成△形，在全压下直接起动获得低速旋转。

（3）主电动机高速正反转的控制　若需主电动机高速起动旋转时，将主轴速度选择手柄置于高速档位，此时速度选择手柄经联动机构将行程开关 SQ 压下，触头 SQ（12-13）闭合。这样，在按下起动按钮，KM3 线圈通电的同时，时间继电器 KT 线圈也通电吸合。于是电动机 M1 在低速△联结起动并经 3s 左右的延时后，因 KT 通电延时断开触头 KT（14-21）断开，主电动机低速转动接触器 KM6 断电释放；同时，KT 通电延时闭合触头 KT（14-23）闭合，高速转动接触器 KM7 通电吸合，KM7、KM8 主触头闭合，将主电动机 M1 定子绕组接成 YY 形并重新接通三相电源，从而使主电动机由低速旋转转为高速旋转，实现电动机按低速档起动再自动换接成高速档旋转的自动控制。

2. 主电动机停车与制动的控制

主电动机 M1 在运行中可按下停止按钮 SB6 实现主电动机的停车与制动。由 SB6、速度继电器 KS、接触器 KM1、KM2 和 KM3 构成主电动机正反转反接制动控制电路。

以主电动机正向旋转时的停车制动为例，此时速度继电器 KV 的正向动合触头 KS-1（14-19）闭合。停车时，按下复合停止按钮 SB6，其触头 SB6（4-5）断开。若原来处于低速正转状态，这时 KM1、KM3、KM6 和 KA1 断电释放；若原来为高速正转，则 KM1、KM3、KM7、KM8、KA1 及 KT 断电释放，限流电阻 R 串入主电动机定子电路。虽然此时电动机已与电源断开，但由于惯性作用，M1 仍以较高速度正向旋转。而停止按钮另一对触头 SB6（4-14）闭合，KM2 线圈经触头 KV1（14-15）通电吸合，其触头 KM2（4-14）闭合对停止按钮起自锁作用。同时，接触器 KM6 线圈通电吸合。KM2、KM6 的主触头闭合，经限流电阻 R 接通主电动机三相电源，主电动机接成三角形进行反接制动，电动机转速迅速下降。当主电动机转速下降到速度继电器 KS 复位转速时，触头 KS-1（14-19）断开，KM2、

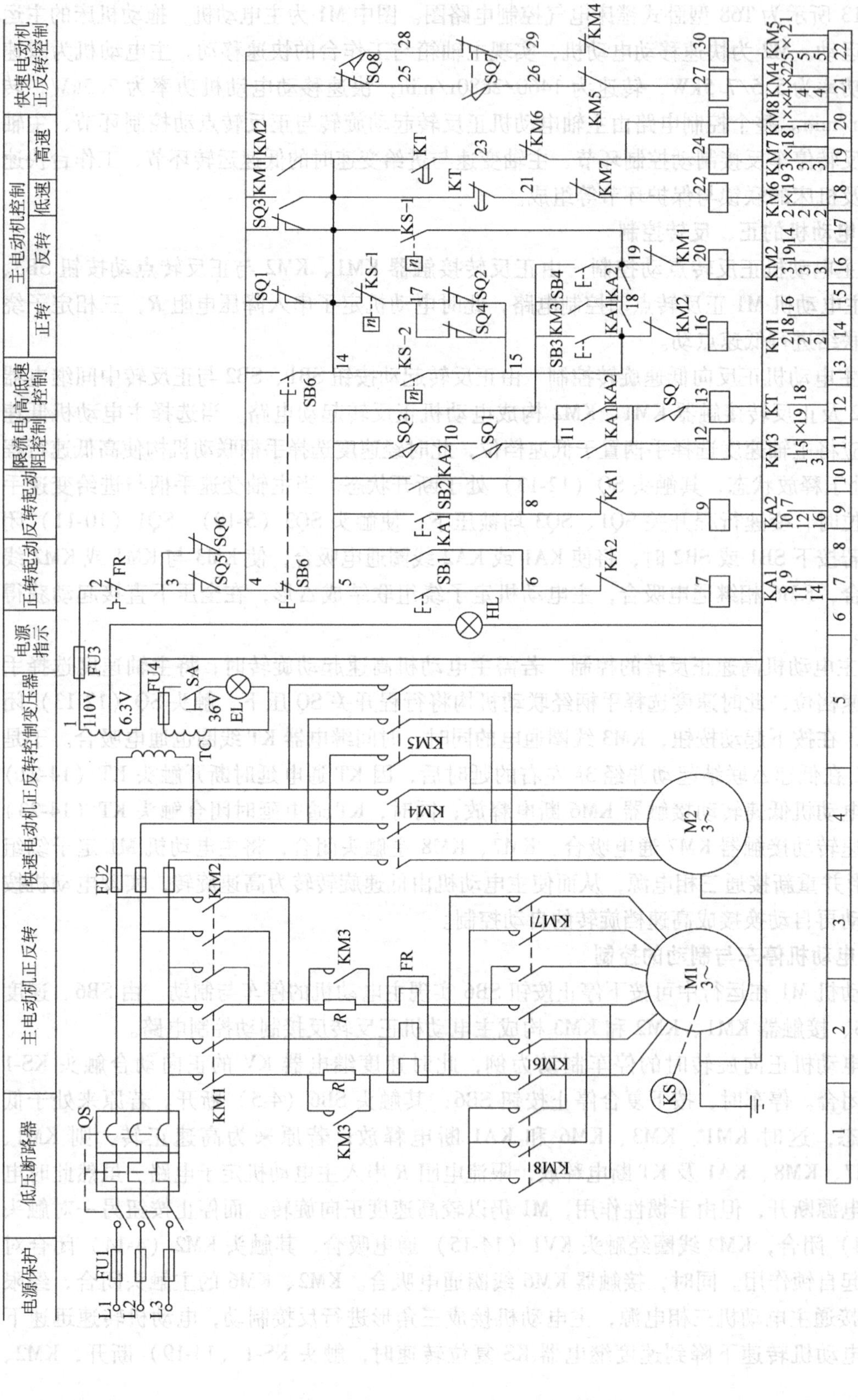

图3-13 T68型卧式镗床电气控制电路图

KM6 线圈先后断电释放，其主触头切断主电动机三相电源，反接制动结束，电动机自由停车。

由上分析可知，在进行停车操作时，务必将停止按钮 SB6 按到底，使 SB6（4-14）触头闭合，否则将无反接制动，电动机只是自由停车。

3. 主电动机在主轴变速与进给变速时的连续低速冲动控制

T68 型卧式镗床的主轴变速与进给变速既可在主轴电动机停车时进行，也可在电动机运行中进行。变速时为便于齿轮的啮合，主电动机在连续低速状态下运行。

（1）变速操作过程 主轴变速时，首先将变速操纵盘上的操纵手柄拉出，然后转动变速盘，选好速度后，再将变速手柄推回。在拉出或推回变速手柄的同时，与其联动的行程开关 SQ1、SQ2 相应动作。在手柄拉出时 SQ1 不受压，SQ2 压下，当手柄推回时，SQ1 压下，SQ2 不受压。

（2）主电动机在运行中进行变速时的自动控制 主电动机在运行中如需变速，将变速孔盘拉出，此时 SQ1 不受压，触头 SQ1（11-10）处于断开状态，使接触器 KM3 线圈断电释放，其主触头断开，将限流电阻 R 串入定子电路，而触头 KM3（5-18）断开，KM1 或 KM2 均断电释放。因此，主电动机无论工作在正转或反转运行状态，都因 KM1 或 KM2 线圈断电释放而停止旋转。

（3）主电动机在主轴变速时的连续低速冲动控制 主轴变速时，将变速孔盘拉出，SQ1 不再受压，触头 SQ1（4-14）闭合，而 SQ2 压下，于是触头 SQ2（17-15）闭合。

若变速前主电动机处于正转运行状态，这时由于主轴变速手柄的拉出，使主电动机处于自停状态，速度继电器触头 KS-1（14-17）闭合，KS-1（14-19）断开，KS-2（14-15）处于断开状态，使接触器 KM1、KM6 线圈相继通电吸合。KM1、KM6 主触头闭合，主电动机定子绕组联结成△接线并经限流电阻 R 正向起动旋转。随着主电动机转速的上升，当到达速度继电器 KS 动作值时，触头 KS-1（14-17）断开，KM1 线圈断电释放，主触头又切断电动机三相电源，主电动机在惯性下继续正向旋转。同时，触头 KS-1（14-19）闭合，KM2 线圈通电吸合，而此时 KM6 仍通电吸合。KM2、KM6 主触头闭合，接通主电动机反向电源，经限流电阻 R 进行反接制动，使主电动机转速迅速下降。

当主电动机转速下降到速度继电器的释放值时，触头 KS-1（14-19）断开，KM2 断电释放。同时，触头 KS-1（14-17）闭合，KM1 又通电吸合。于是，主电动机又接通正向电源，经限流电阻 R 正向起动。这样反复地起动和反接制动，使主电动机处于连续低速运转状态，有利于变速齿轮的啮合。一旦齿轮啮合后，变速手柄推回原位，开关 SQ1 压下，SQ2 不受压，触头 SQ1（4-14）断开，SQ2（17-15）断开，切断主电动机变速低速运转电路。

由上分析可知，如果变速前主电动机处于停转状态，那么变速后主电动机也处于停转状态。若变速前主电动机处于正向低速（△联结）状态运转，由于中间继电器 KA1 仍保持通电状态，变速后主电动机仍处于△联结下运转。同样道理，如果变速前电动机处于高速（YY联结）正转状态，那么变速后，主电动机仍先接成△联结，再经过 3s 左右的延时，才进入YY接线的高速正转状态。

进给变速时主电动机连续低速冲动控制情况与主轴变速相同，只不过此时操作的是进给变速手柄，与其联动的行程开关是 SQ3、SQ4，当手柄拉出时 SQ3 不受压，SQ4 压下；当变速完成，推上进给变速手柄时，SQ3 压下，SQ4 不受压。其余电路工作情况与主轴变速相同，在此不再重复。

4. 镗头架、工作台快速移动的控制

机床各部件的快速移动，由快速移动操作手柄控制，由快速移动电动 M2 拖动。运动部件及其运动方向的选择由装设在工作台前方的手柄操纵。快速操作手柄有“正向”“反向”“停止” 3 个位置。在“正向”与“反向”位置时，将压下行程开关 SQ7 或 SQ8，使接触器 KM4 或 KM5 线圈通电吸合，实现 M2 电动机的正反转，并通过相应的传动机构使预选的运动部件按选定方向作快速移动。当快速移动控制手柄置于“停止”位置时，行程开关 SQ7、SQ8 均不受压，接触器 KM4 或 KM5 处于断电释放状态，M2 快速移动电动机断电，快速移动结束。

5. 机床的联锁保护

由于 T68 型卧式镗床运动部件较多，为防止机床或刀具损坏，保证主轴进给和工作台进给不会同时进行，为此设置了两个联锁保护开关 SQ5 与 SQ6。其中 SQ5 是与工作台和镗头架自动进给手柄联动的行程开关，SQ6 是与主轴和平旋盘刀架自动进给手柄联动的行程开关。将这两个行程开关的常闭触头并联后串接在控制电路中，当两种进给运动同时选择时，SQ5、SQ6 都被压下，其常闭触头断开，将控制电路切断，于是两种进给都不能进行，实现了联锁保护。

三、T68 型卧式镗床常见电气故障分析

T68 型卧式镗床主电动机为双速电动机，机械电气联锁与配合较多，现侧重这方面分析其常见电气故障。

（1）主轴实际转速比主轴变速盘指示的转速成倍提高或降低　T68 镗床主轴是依靠电气机械变速来获得 18 种速度的。主轴电动机高、低速的转换是通过与高低速选择手柄联动的行程开关 SQ 来控制的。SQ 安装在主轴变速操纵手柄旁，当主轴变速机构转动时，将推动撞钉，再由撞钉去推动簧片，经簧片去压合 SQ，实现触头 SQ（12-13）的闭合与断开。所以在安装调整时，应使撞钉动作与变速盘指示转速相对应。否则使 SQ 动作恰恰相反，出现主轴实际转速比变速盘指示的转速成倍提高或降低的情况。

（2）主轴电动机只有高速档而无低速档，或只有低速档而无高速档　产生这一故障的因素较多，常见的有时间继电器 KT 不动作；行程开关 SQ 因安装原因，造成 SQ 始终处于接通或断开状态，若 SQ 始终接通，则主轴电动机只有高速，否则只有低速。

（3）主轴变速后在推上主轴变速操纵手柄后，主轴电动机无变速低速冲动，或运行中进行变速，变速完成后主轴电动机不能自行起动　主轴的变速冲动是由与变速操纵手柄有联动关系的行程开关 SQ1 与 SQ2 控制。而 SQ1、SQ2 采用的是 LX1 型行程开关，它往往由于安装不牢固，位置偏移，触头接触不良，无法完成上述控制。甚至有时因 SQ1 开关绝缘性能差，造成绝缘击穿，导致触头 SQ1（11-10）发生短路。这时

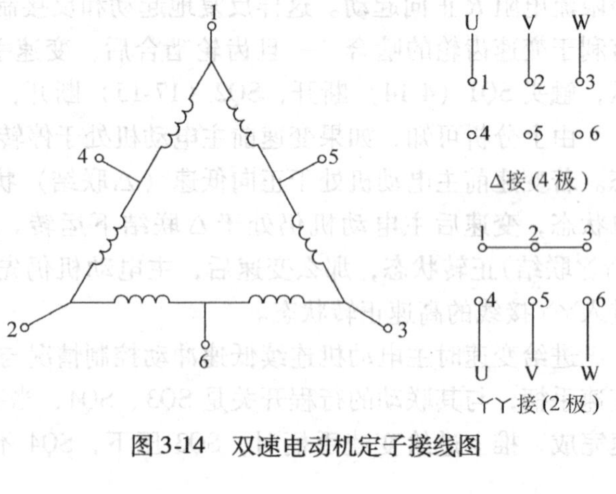

图 3-14　双速电动机定子接线图

即使变速操纵手柄拉出，电路仍断不开，使主轴仍以原速旋转，根本无法进行变速。

（4）主轴转速不符合要求　双速电动机定子接线错误，图 3-14 所示为双速电动机定子接线图，尤其是电动机的电源线不能接错。电动机高速挡时应接成YY接，这时电源从端子4、5、6 引入，而端子 1、2、3 短接。低速档时，电动机成△联结，电源由端子 1、2、3 引入，将端子 4、5、6 开路即可，如图 3-14 所示。

习　题

3-1　CA6140 型卧式车床电气控制具有哪些特点？

3-2　CA6140 型卧式车床电气控制具有哪些保护？它们是通过哪些电器元件实现的？

3-3　在平面磨床中为什么采用电磁吸盘来吸持工件？电磁吸盘线圈为何要用直流供电而不能用交流供电？

3-4　M7130 平面磨床电气控制具有哪些特点？

3-5　M7130 平面磨床具有哪些保护环节？各由什么电器元件来实现？

3-6　试述工件磨削加工完成后，将工件从吸盘上取下的操作步骤及电路工作情况。

3-7　完成工件从吸盘上取下的操作后，工件取不下来，试分析原因及故障点。

3-8　分析 Z3040 摇臂钻床电路中，时间继电器 KT、电磁阀 YV 在什么时候动作？时间继电器 KT 各触头的作用是什么？

3-9　Z3040 摇臂钻床电路中，行程开关 SQ1 ~ SQ4 的作用是什么？

3-10　试述 Z3040 摇臂钻床操作摇臂下降时电路工作情况。

3-11　Z3040 摇臂钻床电路中设置了哪些联锁与保护？

3-12　Z3040 摇臂钻床电气控制具有哪些特点？

3-13　X62W 卧式铣床电路中，行程开关 SQ1、SQ2、SQ3、SQ4、SQ6、SQ7 的作用是什么？它们与机械操作手柄有何联系？

3-14　X62W 卧式铣床电气控制设置了哪些联锁与保护？为何要有这些联锁与保护？它们是如何实现的？

3-15　X62W 卧式铣床主轴变速能否在主轴停止时或主轴旋转时进行？为什么？

3-16　X62W 卧式铣床进给变速能否在工作台运行中进行？为什么？

3-17　X62W 卧式铣床电气控制具有哪些特点？

3-18　试述 T68 卧式镗床主轴电动机 M1 高速起动控制的操作过程及电路工作情况。

3-19　T68 镗床电路中行程开关 SQ、SQ1 ~ SQ8 各有何作用？安装在何处，它们分别由哪些操作手柄控制？

3-20　T68 镗床电路中时间继电器 KT 有何作用，其延时长短有何影响？

3-21　在 T68 镗床电路中接触器 KM3 在主轴电动机 M1 什么状态下不工作？

3-22　试述 T68 镗床快速进给的控制过程。

3-23　T68 镗床变速冲动与 XA6132 铣床变速冲动各有何特点？

3-24　T68 镗床电气控制有何特点？

第四章 桥式起重机的电气控制

起重机是一种用于起吊和放下重物并使重物在短距离内水平移动的起重运输机械，广泛应用于工矿企业、车站、港口、仓库、建筑工地等部门。它在减轻工人劳动强度、提高劳动生产率、促进生产过程机械化中起着重要作用，是现代化生产中不可缺少的工具。具有工作频繁，周期性和间歇性工作的特点。

起重机类型很多，按其构造不同分有桥架型起重机（如桥式起重机、龙门起重机等），缆索型起重机，臂架型起重机（如塔式起重机、流动式起重机、门座起重机、铁路起重机、浮动起重机、桅杆起重机等）；按其取物装置和用途不同分为：吊钩起重机、抓斗起重机、电磁起重机，冶金起重机，堆垛起重机，集装箱起重机，安装起重机，救援起重机等。

桥式起重机是机械制造工业和冶金工业中使用最为广泛的起重机械，又称“天车”或“行车”。它是一种横架在固定跨度之间上空用来吊运各种物件的起重设备，其中尤以吊钩桥式起重机应用最为广泛。本章以吊钩桥式起重机的电气设备及控制为例进行分析。

第一节 桥式起重机概述

一、桥式起重机的结构及运动情况

桥式起重机通常由大车（又称桥架）、大车移行机构、小车及小车移行机构、提升机构、驾驶室、主滑触线与辅助滑触线等部分组成，桥式起重机总体结构示意图如图 4-1 所示。

1. 桥架

桥架由主梁、端梁、走台等部分组成。主梁跨架在规定跨度之间的上空，有箱型结构、桁架结构、腹板结构及圆管结构等结构型式。主梁两端联有端梁，在两主梁外侧设有走台，并附有安全栏杆。在主梁一端的下方有驾驶室，在驾驶室一侧的走台上装有大车移行机构，在另一侧走台上装有辅助滑触线，以便向小车电气设备的供电。在主梁上方铺有导轨以供小车在其上移动。整个桥式起重机在大车移行机构拖动下，沿车间长度方向的导轨移动。

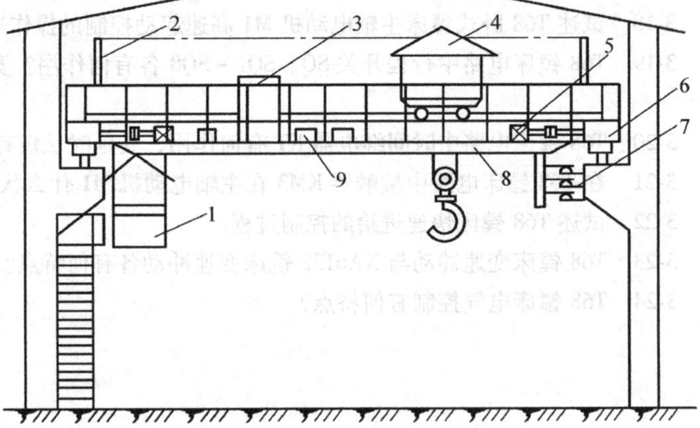

图 4-1 桥式起重机总体结构示意图

1—驾驶室 2—辅助滑触线架 3—控制盘 4—小车 5—大车电动机 6—大车端梁 7—主滑触线 8—大车主梁 9—电阻箱

2. 大车移行机构

大车移动机构由大车拖动电

动机、传动轴、联轴节、减速器、车轮及制动器等部件构成。其安装方式有集中拖动与分别拖动两种。如图4-2所示，图4-2a所示为集中拖动，系由一台电动机经减速机构拖动两个主动轮；图4-2b所示为分别拖动，由两台电动机分别拖动两个主动轮。由于后者自重轻，安装调试方便，实践证明使用效果良好，故获得广泛应用。

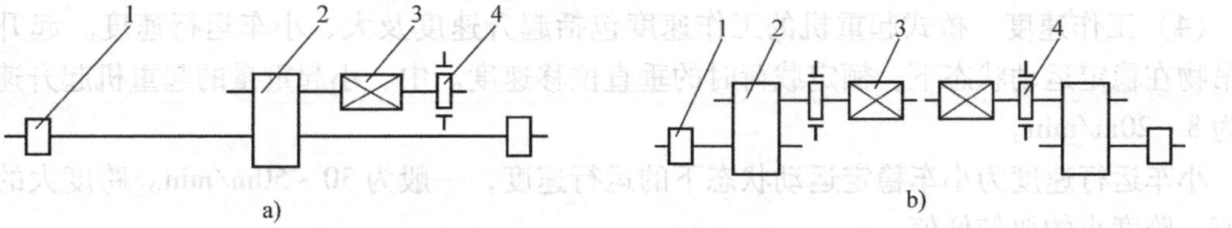

图4-2　大车移行机构简图
a）集中拖动　b）分别拖动
1—主动轮　2—减速器　3—拖动电动机　4—制动器

3. 小车

小车安放在桥架导轨上，可沿车间宽度方向移动。小车主要由小车架、小车移行机构、提升机构等组成。

小车移行机构由小车电动机、制动器、联轴节、减速器及车轮等组成。小车电动机经减速器拖动小车主动轮，使小车沿导轨移动。由于小车主动轮相距较近，故由一台小车电动机拖动，如图4-4所示。

4. 提升机构

提升机构由提升电动机、减速器、卷筒、制动器等组成。提升电动机经联轴节、制动轮与减速器联接，减速器的输出轴与缠绕钢丝绳的卷筒相联接，钢丝绳的另一端装有吊钩，当卷筒转动时，吊钩就随钢丝绳在卷筒上的缠绕或放开而提升或下放。对于15t及以上的起重机，备有两套提升机构，即主钩与副钩，见图4-3。

由上可知，重物在吊钩上随着卷筒的旋转获得上下运动；随着小车在车间宽度方向获得左右运动；随着大车在车间长度方向作前后运动。这样可将重物移至车间任意位置，完成起重运输任务。

5. 驾驶室

驾驶室是控制起重机的吊舱。其内装有大小车移行机构的控制装置，提升机构的控制装置和起重机的保护装置等。

驾驶室固定在主梁的一端，也有装在小车下方随小车移动的。驾驶室上方开有通向走台的舱口，供检修人员上下用。

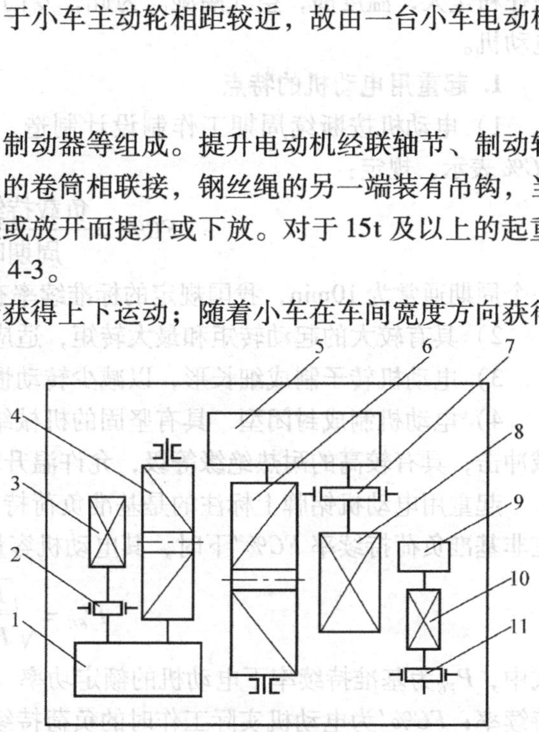

图4-3　小车机构与提升机构示意图
1、5、9—减速器　2、7、11—制动器
3、8、10—副卷扬、主卷扬、小车电动机　4、6—卷筒

二、桥式起重机的主要技术数据

桥式起重机的主要技术数据有起重量、跨度、起升高度、工作速度和工作级别。

（1）起重量　是指被起升物的重量，有额定起重量和最大起重量两个参数。

额定起重量是指起重机允许吊起的重物连同吊具重量的总和、最大起重量是指在正常工作条件下允许吊起的最大额定起重量，其值在国家标准 GB783—87 中已有规定。

（2）跨度　起重机主梁两端车轮中心线间的距离，即大车轨道中心线间的距离。

（3）起升高度　吊具或抓取装置上极限位置与下极限位置之间的距离。

（4）工作速度　桥式起重机的工作速度包括起升速度及大、小车运行速度。起升速度指吊物在稳定运动状态下，额定载荷时的垂直位移速度。中、小起重量的起重机起升速度一般为 8～20m/min。

小车运行速度为小车稳定运动状态下的运行速度，一般为 30～50m/min。跨度大的取较高值，跨度小的取较低值。

大车运行速度为起重机稳定运动状态下的运行速度，一般为 80～120m/min。

（5）工作级别　起重机的工作级别是按起重机利用等级和载荷状态划分的，它反映了起重机的工作特性。应按其工作级别来使用起重机，这样才可安全、有效地利用起重机。关于起重机工作级别可参阅 GB/T 3811—2008《起重机设计规范》中的有关规定。

三、桥式起重机对电力拖动和电气控制的要求

桥式起重机工作性质为重复短时工作制，拖动电动机经常处于起动、制动、调速、反转等工作状态；起重机负载很不规律，经常承受较大的过载和机械冲击；起重机工作环境差，往往粉尘大，温度高，空气潮湿。为此，专门设计制造了 YZR 系列起重及冶金用三相异步电动机。

1. 起重用电动机的特点

1）电动机按断续周期工作制设计制造，工作制为 S3 类，工作状态可用负载持续率 $FC\%$ 表示，规定：

$$FC\% = \frac{负载持续时间}{周期时间} \times 100\%$$

一个周期通常为 10min，我国规定的标准续率有 15%、25%、40%、60% 等几种。

2）具有较大的起动转矩和最大转矩，适应重载下的起动、制动和反转。

3）电动机转子制成细长形，以减少转动惯量，加快过渡过程和减小能量损耗。

4）电动机制成封闭型，具有坚固的机械结构，较大的气隙，适应工作环境差和较大机械冲击；具有较高的耐热绝缘等级，允许温升较高。

起重用电动机铭牌上标注的是基准负荷持续率 $FC\%$ 时对应的额定功率，当电动机工作在非基准负荷持续率 $FC\%'$ 下时，其电动机容量按下式计算：

$$P'_{FC} = \sqrt{\frac{FC\%}{FC\%'}} P_{FC}$$

式中，P_{FC} 为基准持续率下电动机的额定功率（kW）；$FC\%$ 为电动机铭牌上标注的基准负荷持续率；$FC\%'$ 为电动机实际工作时的负荷持续率；P'_{FC} 为电动机工作在 $FC\%'$ 负荷持续率下的功率（kW）。

2. 提升机构与移行机构对电力拖动自动控制的要求

为提高起重机的生产率与安全，对起重机提升机构电力拖动自动控制提出如下要求：

1）具有合理的升降速度，空钩能实现快速升降，轻载提升速度大于重载时的提升速

度。

2）具有一定的调速范围，普通起重机的调速范围为2~3。

3）提升的第一档作为预备档，用以消除传动系统中的齿轮间隙，将钢丝绳张紧，避免过大的机械冲击。该级起动转矩一般限制在额定转矩的一半以下。

4）下放重物时，依据负载大小，提升电动机可运行在电动状态（强力下放）、倒拉反接制动状态、再生发电制动状态或单相制动状态，以满足不同下降速度的要求。

5）提升电动机应设有机械抱闸并配有电气制动。

大车与小车移行机构对电力拖动自动控制的要求比较简单。要求有一定的调速范围，分成几档进行控制。为实现准确停车采用机械制动。

桥式起重机应用广泛，起重的电气控制设备均已系列化、标准化。常用的电气设备有控制器、保护箱和控制站，可根据电动机容量大小、工作频繁程度以及对可靠性的要求来选择。

四、起重机电动机工作状态的分析

对于移行机构拖动电动机，其负载为摩擦转矩，它始终为反抗转矩，移动机构来回移动时，拖动电动机工作在正向电动状态或反向电动状态。

提升机构电动机则不然，其负载转矩除由摩擦转矩外，主要是由重物产生的重力转矩。当提升重物时，重力转矩为阻转矩，而当下放重物时，重力矩则成为原动转矩。在空钩或轻载下放时，还可能出现重力转矩小于摩擦转矩，需要强迫下放。所以，提升机构电动机将视重力负载大小不同、提升与下放的不同，电动机将运行在不同的运行状态。

1. 提升重物时电动机的工作状态

提升重物时，电动机负载转矩 T_L 由重力转矩 T_W 及提升机构摩擦转矩 T_f 两部分组成。当电动机电磁转矩 T 克服 T_L 时，重物将被提升，当 $T=T_L$ 时，电动机稳定工作在机械特性的 a 点，以 n_a 速度提升重物，如图4-4所示。电动机工作在正向电动状态。在起动时，为获得较大的起动转矩，减小起动电流，往往在绕线转子异步电动机的转子电路中串入电阻，然后依次切除，使提升速度逐渐升高，最后达到预定提升速度。

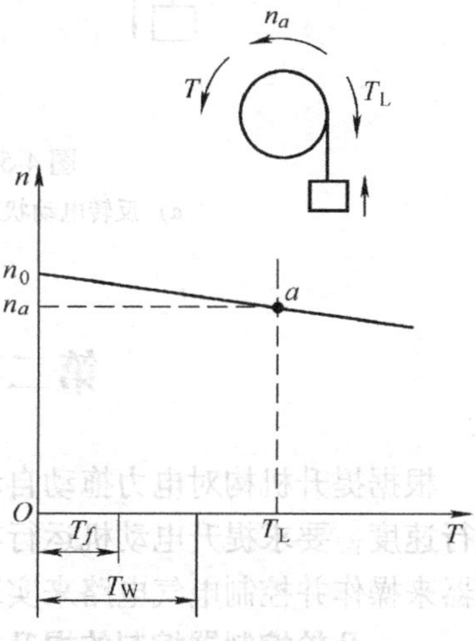

图4-4 提升重物时的电动工作状态

2. 下降重物时电动机的工作状态

（1）反转电动状态　当空钩或轻载下放时，由于重力转矩 T_W 小于提升机构摩擦阻转矩 T_f，此时依靠重物自身重量不能下降，为此电动机必须向着重物下降方向产生电磁转矩 T，并与重力转矩 T_W 一起共同克服摩擦阻转矩 T_f，强迫空钩或轻载下放，这在起重机中称为强迫下放。电动机工作在反转电动状态，如图4-5a所示。电动机运行在 $-n_a$ 下，以 n_a 速度强行下放。

（2）再生发电制动状态　在中载或重载长距离下降重物时，可将提升电动机按反转相序接电源，产生下降方向的电磁转矩 T，此时电动机电磁转矩 T 方向与重力转矩 T_W 方向一致，使电动机很快加速并超过电动机的同步转速。此时，电动机转子绕组内感应电动势和电流均改变方向，产生阻止重物下降的电磁转矩，当 $T=T_W-T_f$ 时，电动机以高于同步转速的速度稳定运行，如图 4-5b 所示。电动机工作在再生发电制动状态，以高于同步转速的 n_b 速度下放重物。

(3) 倒拉反接制动状态　在下放重载时，为获得低速下降，常采用倒拉反接制动。此时，电动机定子按正转提升相序接电源，但在电动机转子电路中串接较大电阻，这时电动机起动转矩 T 小于负载转矩 T_L，电动机在重力负荷作用下，迫使电动机反转。反转以后电动机转差率 s 加大，转子电势和电流加大，电磁转矩加大，直至 $T=T_L$，其机械特性如图 5-5c 所示，在 c 点稳定运行，以 n_c 速度低速下放重物。这时如用于轻载下放，且重力转矩小于 T_W' 时，将会出现不但不下降反而会上升之后果，如图 4-5c 中在 d 点稳定运行，以 n_d 速度上升。

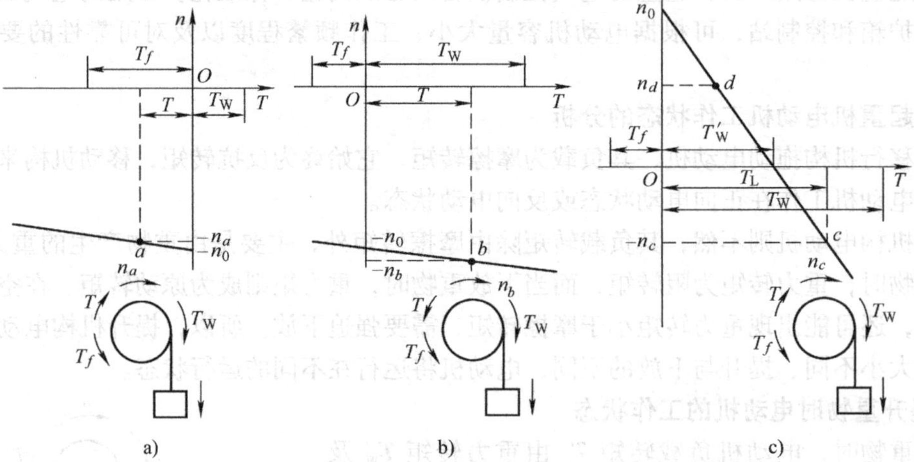

图 4-5　下放重物时电动机的三种工作状态

a）反转电动状态　b）再生发电制动状态　c）倒拉反接制动状态

第二节　提升机构的电气控制

根据提升机构对电力拖动自动控制的要求，为适应各种负载在提升与下放时获得不同的运行速度，要求提升电动机运行在电动状态与各种制动状态，通常采用凸轮控制器与主令控制器来操作并控制电气电路来实现。

一、凸轮控制器控制的提升机构控制电路

凸轮控制器是一种大型手动控制电器，是起重机上重要的电气操作设备之一，用以直接操作与控制电动机的正、反转，调速，起动与停止。应用凸轮控制器控制，其电路简单，维修方便，广泛用于中、小型起重机的平移机构和小型起重机提升机构的控制中。

1. 凸轮控制器的构造、型号及主要技术数据

凸轮控制器从外部看，由机械结构、电气结构和防护结构三部分组成。其中手柄、转轴、凸轮、杠杆、弹簧、定位棘轮为机械部分。触头、接线柱和联接板等为电气部分。而上下盖板、外罩及灭弧罩为防护部分。

图 4-6 为凸轮控制器工作原理图。当转轴在手柄扳动下转动时，固定在轴上的凸轮同时

转动，当凸轮的凸起部位顶住滚子时，由于杠杆作用，使动触头与静触头分开；当凸轮凹处与滚子相对时，动触头在弹簧作用下，使动静触头闭合接触，实现触头接通与断开的目的。

在方轴上可以叠装不同形状的凸轮块，以使一系列的触头按预先安排的顺序接通与断开。将这些触头接于电动机电路中，便可实现控制电动机的目的。

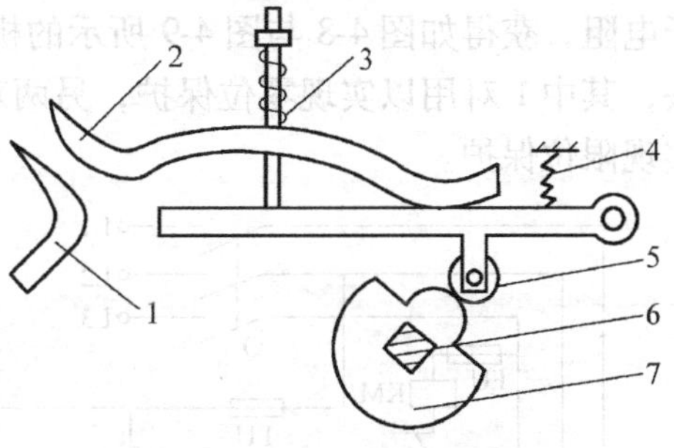

图 4-6 凸轮控制器工作原理图

1—静触头 2—动触头 3—触头弹簧 4—复位弹簧 5—滚子 6—绝缘方轴 7—凸轮

起重机常用的凸轮控制器有 KT10、KT14 系列交流凸轮控制器，型号含义如下：

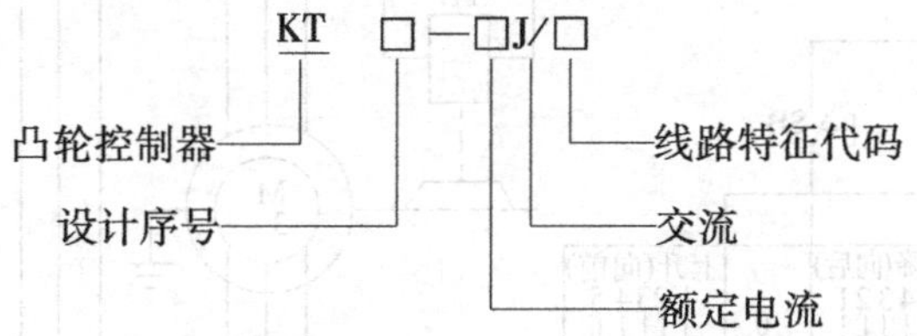

KT14 系列凸轮控制器的主要技术数据见表 4-1。

表 4-1 KT14 系列凸轮控制器主要技术数据

型号	额定电压 /V	额定电流 /A	工作位置数		在通电持续率为 25% 时所能控制的电动机		额定操作频率 /(次·h^{-1})
			向前（上升）	向后（下降）	转子最大电流 /A	最大功率 /kW	
KT14—25J/1	380	25	5	5	32	11	600
KT14—25J/2						2×2.5	
KT14—25J/3			1	1		5.5	
KT14—60J/1		60	5	5	80	30	
KT14—60J/2						2×11	
KT14—60J/3						2×30	

凸轮控制器在电路中是以其圆柱表面的展开图来表示的，竖虚线为工作位置，横虚线为触头位置，在横竖两条虚线交点处若用黑圆点标注，则表明控制器该位置、该触头是闭合接通的，若无黑圆点标注，则表明该触头在该位置是断开的，可见图 4-7。

2. 凸轮控制器控制的提升机构控制电路

图 4-7 所示为 KT14—25J/1 型凸轮控制器控制提升机构电气原理图。

（1）电路特点

1）可逆对称电路。通过凸轮控制器触头来换接电动机定子电源相序实现电动机正反转以及改变电动机转子外接电阻。在控制器提升、下放对应档位时，电动机工作情况完全相同。

2）由于凸轮控制器触头数量有限，为获得尽可能多的调速等级，电动机转子串接不对称电阻。

3）在提升与下放重物时，可根据载荷情况（轻载、中载还是重载）和电动机机械特性，选择相应的操作方案和合适的工作速度档位，以期获得经济、合理、安全的操作。

（2）电路分析 由图 4-7 电路图可知：凸轮控制器左右各有 5 个工作位置，共有 9 对常开主触头、3 对常闭触头，采用对称接法。其中 4 对常开主触头接于电动机定子电路实现换相控制，实现电动机正反转；另5对主触头接于电动机转子电路，实现转子电阻的接入和切除。由于转子电阻采用不对称接法，在凸轮控制器提升或下放的5个位置，由于逐级切除转子电阻，获得如图4-8与图4-9所示的机械特性，以得到不同的运行速度。其余3对常闭触头，其中1对用以实现零位保护，另两对常闭触头与上升限位开关SQ1和下降限位开关SQ2实现限位保护。

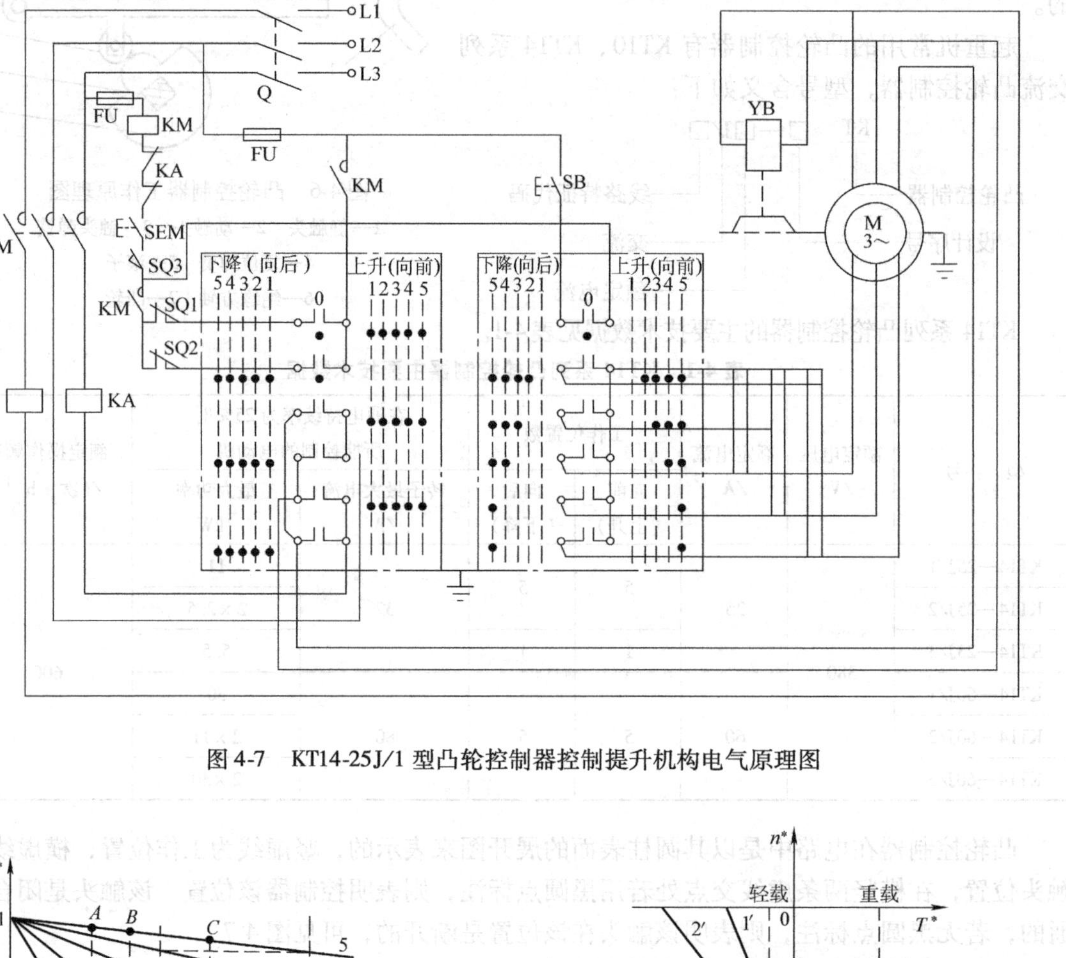

图4-7　KT14-25J/1型凸轮控制器控制提升机构电气原理图

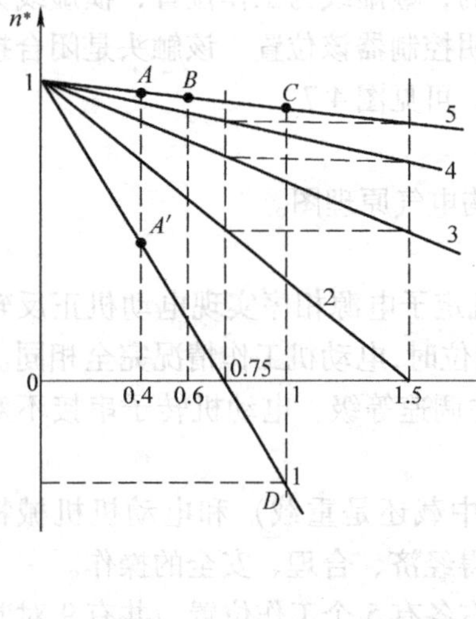

图4-8　提升时电动机机械特性

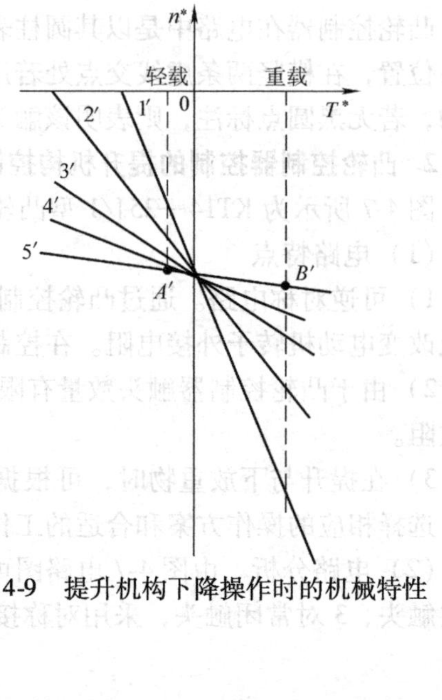

图4-9　提升机构下降操作时的机械特性

此外，在凸轮控制器控制电路中，KA 为过电流继电器，实现过载与短路保护；SEM 为紧急开关，作事故情况下的紧急停车用；SQ3 为驾驶室顶舱口门上安装的舱口门安全开关，防止人在桥架上开车造成人身事故；YB 为电动机机械制动电磁抱闸线圈。

（3）凸轮控制器操作分析

1）轻载时的提升操作。当提升机构起吊负载较轻时，如 $T_L^* = 0.4$ 时，扳动凸轮控制器手柄由“0”位依次经由“1”、“2”、“3”、“4”直至“5”位，此时，电动机稳定运行在图 4-8A 点对应的转速 n_A^* 上。该转速已接近电动机同步转速，故可获得在此负载下的最大提升速度，这对加快吊运进度，提高生产效率无疑是有利的，但在实际操作中应注意以下几点：

①严禁采用快速推档操作，只允许逐步加速。此时物件虽然较轻，但电动机从 $n=0$ 增速到 $n_A \approx n_0$，若加速时间太短，会产生过大的加速度，给提升机构和桥架主梁造成强烈的冲击。为此，应逐级推档，且每档停留 1s 为宜。

②一般不允许控制器手柄长时间置于提升第 1 档位提升物件。因在此档位，电动机起动转矩 $T_{st}^* = 0.75$，电动机稳定转速 $n_{A'}^* \approx 0.5$ 左右，提升速度较低，特别对于提升距离较长时，采用该档工作极不经济。

③当物件已提至所需高度时应制动停车时，将控制器手柄逐级扳转回至“0”位，此时每档也应有 1s 左右的停留时间，使电动机逐级减速，最后制动停车。

2）中型负载的提升操作。当起吊物件负载转矩 $T_L^* = 0.5 \sim 0.6$ 时，由于物件较重，为避免电动机转速增加过快对起重机的冲击，控制器手柄可在提升“1”位停留 2s 左右，然后再逐级加速，最后电动机稳定运行在图 4-8 中的 B 点运行。

3）重型负载的提升操作。当起吊物件负载转矩 $T_L^* = 1$ 时，当控制器手柄由“0”位推至提升“1”位，由于电动机起动转矩了 $T^* = 0.75 < T_L = 1$，故电动机不能起动旋转。这时，应将手柄迅速通过提升“1”位而置于提升“2”位，然后再逐级加速，直至到提升“5”位。在此负载下，电动机稳定运行在图 4-8 中的 C 点上。

在提升重载时，无论在提升过程中，还是将已提升的重物停留在空中，在将控制手柄扳回“0”位的操作时，手柄不能在提升“1”位有所停留，不然重物不但不上升，反而以倒拉反接制动状态下降，即负载转矩拖动电动机以 $n^* \approx 0.33$ 的转速作下放重物运转，稳定工作在图 4-8 的 D 点。这样发生重物下降的误动作，或重物在空中停不住的危险事故。所以，由提升“5”扳回“0”档位的正确操作是：在扳回每一档位时应有适当的停留，一般为 1s。在提升“2”位时应停留稍长些，使速度减下来后再迅速扳至“0”位，制动停车。

无论是重载还是轻载提升工作时，在平稳起动后都应把控制器手柄推至提升“5”档位，而不允许在其他档位长时间提升重物。一方面由于其他档位提升速度低，生产效率低；另一方面由于电动机转子长时间串入电阻，电能损耗大不经济。

4）轻型负载下放时的操作。当轻型负载下放时，可将控制器手柄扳到下放“1”位，从图 4-9 中可知，电动机工作在反转电动状态运转。

5）重型负载下放时的操作。当下放重型负载时，电动机工作在再生发电制动状态。这时，应将控制器手柄从“0”位迅速扳至下放“5”位，使被吊物件以稍高于同步转速下放，并在图 4-9 中的 B' 点运行。

二、主令控制器控制提升机构的电路

这种控制电路是由主令控制器发出指令，控制相应的接触器动作，来换接电路，控制提升机构电动机，以期实现提升重物时要求的各种运行状态。由于主令控制器控制电路使用元件多，电路较复杂，一般在下列情况下采用：

1）拖动电动机容量大，凸轮控制器容量不够。

2）操作频率高，每小时通断次数接近或超过 600 次。

3）起重机工作繁重，要求电气设备具有较高寿命。

4）起重机要求具有良好的调速、点动运行的性能。

常用的主令控制器有 LK14、LK17 系列。下面以 PQR10B 系列主令控制电路来分析对提升机构的控制。

图 4-10 所示为提升机构 PQR10B 主令控制器电路图。主令控制器有 12 对触头，在提升与下放时各有 6 个工作位置，通过控制器操作手柄置于不同工作位置，使 12 对触头相应闭合与断开，进而控制电动机定子电路与转子电路接触器，实现电动机工作状态的改变，使物品获得上升与下降的不同速度。由于主令控制器为手动操作，所以电动机工作状态的变换由操作者掌握。

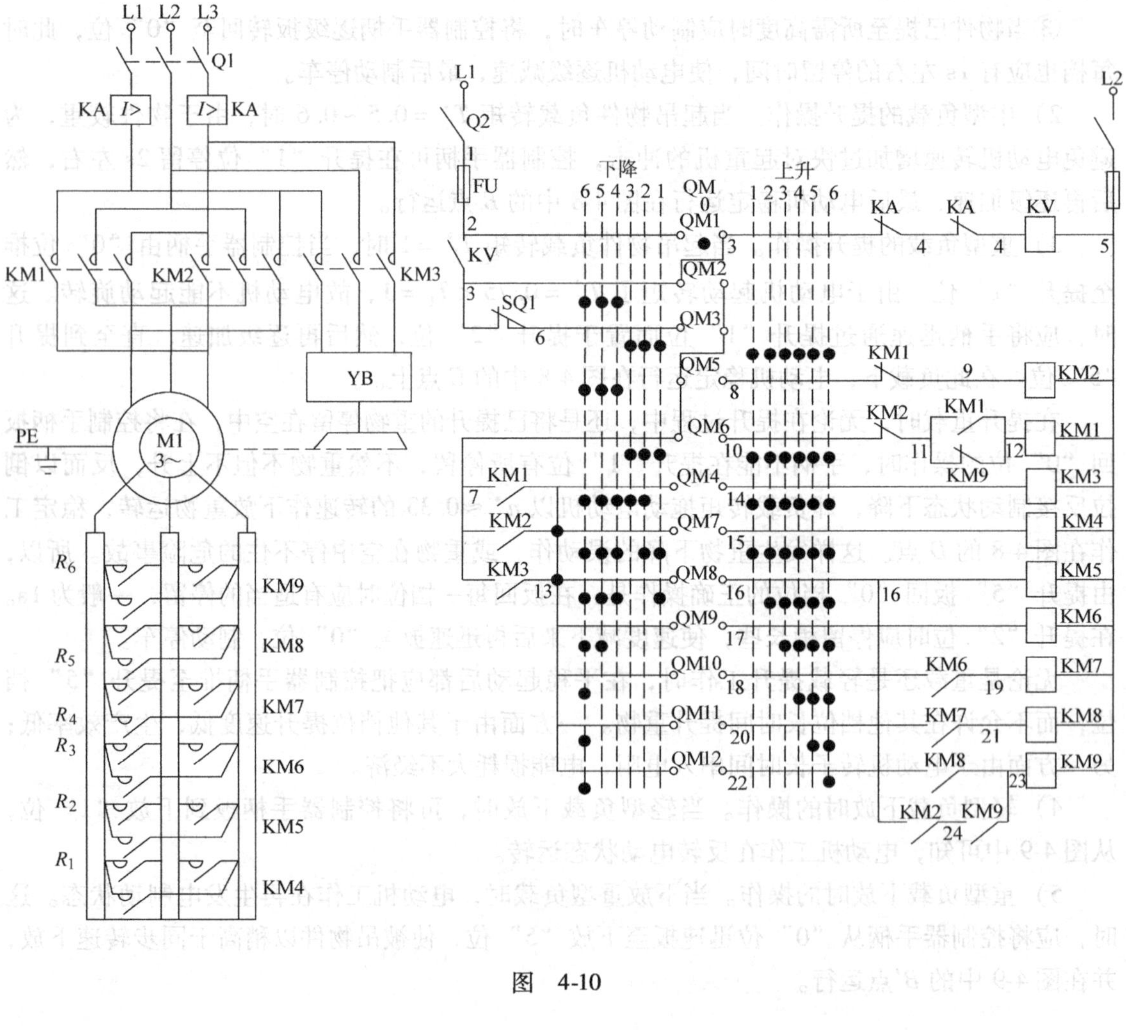

图 4-10

图中 KM1、KM2 为正反向接触器，用以变换电动机定子电源相序，实现电动机正反转。KM3 为制动接触器，用以控制电动机三相制动器线圈 YB。在电动机转子电路中接有 7 段对称接法的转子电阻。其中前两段 R_1、R_2 为反接制动电阻，分别由反接制动接触器 KM4、KM5 控制；后 4 段 R_3 ~ R_6 为起动加速电阻，由加速接触器 KM6 ~ KM9 控制；最后一段 R_7 为固定接入起软化特性作用的电阻。当主令控制器手柄置于不同控制档位时，获得如图 4-11 所示的机械特性。

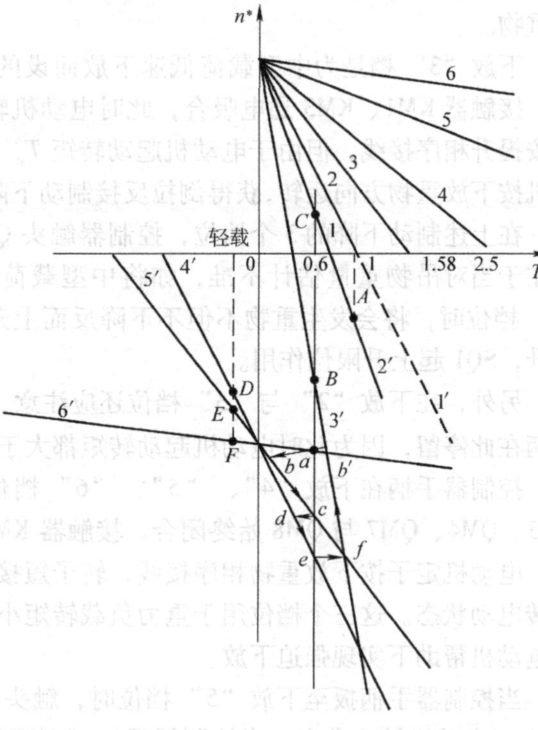

图 4-11 PQR10B 型主令控制器控制电动机机械特性

主令控制器 QM 手柄置于“0”位，合上电源开关 Q1、Q2，此时零电压继电器 KV 线圈通电并自保，实现零压保护，并为起动作准备。

1. 提升重物的控制

控制器提升控制共有 6 个档位，在提升各档位上，触头 QM3、QM4、QM6 与 QM7 都闭合，于是将上升行程开关 SQ1 接入，实现提升限位保护；接触器 KM3、KM1、KM4 始终通电吸合，电磁抱闸松开，短接 R_1 电阻，电动机按提升相序接通电源，产生提升方向电磁转矩，在提升“1”位起动转矩小，作为消除齿轮间隙的预备起动级。

当主令控制器手柄依次扳到上升“2”位至上升“6”位时，控制器触头 SA8 ~ SA12 依次闭合，接触器 KM5 ~ KM9 依次通电吸合，将 R_2 ~ R_6 各段转子电阻逐级短接。于是获得图 4-11 中第一象限中的第 1 ~ 第 6 条机械特性，可根据负载大小选择合适档位进行提升操作，获得五种提升速度。

2. 下放重物的控制

主令控制器在下放重物时也有 6 个档位，但在前 3 个档位，正转接触器 KM1 通电吸合，电动机仍以提升相序接线，产生向上的电磁转矩。只有在下降的后 3 个档位，反转接触器 KM2 才通电吸合，电动机产生向下的电磁转矩。所以，前 3 个档位为倒拉反接制动下放，而后 3 个档位为强力下放。

下降“1”为预备档，此时控制器触头 QM4 断开，KM3 断电释放，制动器未松开；触头 QM6、QM7、QM8 闭合，接触器 KM4、KM5、KM1 通电吸合，电动机转子短接两段电阻 R_1、R_2，定子按提升相序接通三相交流电源，但此时由于制动器未打开，故电动机并不旋转。该档位是为适应提升机构由提升变换到下放重物，消除因机械传动间隙产生冲击而设的。所以此档不能停留，必须迅速通过该档，以防电动机因在堵转状态下时间过长而烧毁电动机。

下放“2”档是为重载低速下放而设的。此时控制器触头 QM6、QM4、QM7 闭合，接触器 KM1、KM3、KM4 通电吸合，制动器打开，电动机转子串入 R_2 ~ R_7 电阻，定子按提升相序接线，在重载时获得倒拉反接制动低速下放。如图 4-11 中，当 $T_L^*=1$ 时，电动机起动转矩 $T_{st}^*=0.67$。所以，当控制器手柄置于下放“2”档位时，将稳定运行在 A 点上，低速下放重物。

下放“3”档是为中型载荷低速下放而设的。在该档位时，控制器触头 QM6、QM4 闭合，接触器 KM1、KM3 通电吸合，此时电动机转子串入全部电阻，制动器松开，电动机定子按提升相序接线，但由于电动机起动转矩 $T_{st}^*=0.33$，当 $T_L^*=0.6$ 时，在中型载荷作用下电动机按下放重物方向运转，获得倒拉反接制动下降，如图 4-11 中，电动机稳定工作在 B 点。

在上述制动下降的 3 个档位，控制器触头 QM3 始终闭合，将提升行程开关接入，其目的在于当对吊物重量估计不准，如将中型载荷误认为重型载荷而将控制器手柄置于下放“2”档位时，将会发生重物不但不下降反而上升，并运行在图 4-11 中的 C 点，按 n_C^* 速度提升，SQ1 起上升限位作用。

另外，在下放“2”与“3”档位还应注意，对于负载转矩 $T_L^*\leqslant 0.3$ 时，不应将控制器手柄在此停留，因为此时电动机起动转矩都大于 T_L^*，将出现不但不下放反而提升的现象。

控制器手柄在下放“4”、“5”、“6”档位时为强力下放。此时，控制器触头 QM2、QM5、QM4、QM7 与 QM8 始终闭合。接触器 KM2、KM3、KM4、KM5 通电吸合，制动器打开，电动机定子按下放重物相序接线，转子短接两段电阻 R_1、R_2 起动旋转，电动机工作在反转电动状态。这三个档位用于重力负载转矩小于摩擦转矩，依靠自身重量不能下放，必须在电动机帮助下实现强迫下放。

当控制器手柄扳至下放“5”档位时，触头 QM9 闭合，接触器 KM6 通电吸合，短接电阻 R_3，电动机转速升高；当控制器手柄扳至下放“6”档位时，触头 QM10、QM11、QM12 都闭合，接触器 KM7、KM8、KM9 通电吸合，电动机转子只串入一段常串电阻 R_7 运行，获得如图 4-11 低于同步转速的下放速度下放重物。

3. 电路的联锁与保护

（1）由强力下放过渡到倒拉反接制动下放，避免重载时高速的保护　对于轻型载荷，允许控制器手柄置下放“4”、“5”、“6”档位进行强力下放。若此时重物并不是轻型载荷，而司机估计失误，将控制器手柄扳在下放“6”档位，此时电动机在重物重力转矩和电动机本身电磁转矩作用下，将运行在再生发电制动状态，如图 4-11 所示，当 $T_L^*=0.6$ 时，电动机工作在 a 点。这时，应将控制器手柄从下放“6”档扳回下放“3”档位，在这当中势必要经过下放“5”档位与下放“4”档位，在这过程中，工作点将由 $a\to b\to c\to d\to e\to f\to B$，最终在 B 点以低速稳定下放。为避免这中间的高速，控制器手柄在由下放“6”位扳回至下放“3”位时，应躲开下放“5”档与下放“4”档对应的下 5、下 4 两条机械特性。为此，在控制电路中将触头 KM2（16-24）、KM9（24-23）串联后接在控制器触头 QM8 与接触器 KM9 线圈之间，当控制器手柄由下放“6”位扳回至下放“3”或“2”档位时，接触器 KM9 仍保持通电吸合状态，转子始终串入常串电阻 R_7，电动机仍运行在下 6 机械特性上，由 a 点经 b' 点平稳过渡到 B 点，不致产生高速下放。在该环节中串入触头 KM2（16-24）是为了当提升电动机正转接线时，该触头断开，使 KM9 不能形成自保电路，从而使保护环节在提升重物时不起作用。

（2）确保反接制动电阻串入情况下进行制动下放的环节　当控制器手柄由下放“4”扳到下放“3”时，触头 QM5 断开，QM6 闭合。接触 KM2 断电释放，而 KM1 通电吸合，电动机处于反接制动状态。为避免反接时过大的冲击电流，应使接触器 KM9 断电释放，以便接入反接电阻，且只有在 KM9 断电释放后才允许 KM1 通电吸合。为此，一方面在控制器触头闭合顺序上保证在 QM8 断开后，QM6 才闭合；另一方面增设了 KM1（11-12）与 KM9（11-12）常闭触头相并联的联锁触头。这就保证了在 KM9 断电释放后 KM1 才能通电并自保工作。此环节还可防止由于 KM9 主触头因电流过大而发生熔焊使触头分不开，将转子电阻 $R_1 \sim R_6$ 短接，只剩下常串电阻 R_7 的情况，此时若将控制器手柄扳于提升档位将造成转子只串入 R_7 发生直接起动事故。

（3）制动下放档位与强力下放档位相互转换时断开机械制动的环节　在控制器下放“3”档位与下放“4”档位转换时，接触器 KM1、KM2 之间设有电气互锁，在换接过程中，必有一瞬间这两个接触器均处于断电状态，将使制动接触器 KM3 断电释放，造成电动机在高速下进行机械制动。为此，在 KM3 线圈电路中设有 KM1、KM2、KM3 三对常开触头构成的并联电路。这样，由 KM3 实现自保，确保在 KM1、KM2 换接过程中 KM3 始终通电吸合，避免了上述情况的发生。

（4）顺序联锁保护环节　在加速接触器 KM6、KM7、KM8、KM9 线圈电路中串接了前一级加速接触器的常开辅助触头，确保转子电阻 $R_3 \sim R_6$ 按顺序依次短接，实现特性平滑过渡，电动机转速逐级提高。

（5）完善的保护　由过电流继电器 KA 实现过电流保护；零电压继电器 KV 与主令控制器 QM 实现零电压保护与零位保护；行程开关 SQ1 实现上升的限位保护等。

第三节　起重机的保护

起重机电气控制一般具有下列保护与联锁环节：电动机过载保护；短路保护；零压保护；控制器的零位保护；行程限位保护；舱盖、栏杆安全开关及紧急断电保护等。另外还有缓冲器、提升高度限位器、负荷限制器及超速开关等。

一、保护箱

采用凸轮控制器或凸轮、主令两种控制器操作的交流桥式起重机，广泛使用保护箱。保护箱由刀开关、接触器、过电流继电器等组成，用于控制和保护起重机，实现电动机过流保护，零压、零位、限位等保护。起重机上用的标准保护箱为 XQB1 系列。

图 4-12 ~ 图 4-14 为 XQB1-250-4F/□型保护箱电气原理图。依次为保护箱主电路图，保护箱控制电路图与保护箱照明与信号电路。该保护箱用来保护 4 台绕线型感应电动机，大车采用分别驱动。图中 Q 为三相刀开关，KM 为线路接触器，KA0 为总过电流继电器，KA1 ~ KA4 为各机构电动机过电流继电器，SA1、SA2、SA3 分别为提升、小车、大车控制器的零位保护触头，SQ1 ~ SQ5 分别为大车、小车和提升机构的限位开关，SQ6 为紧急事故开关，SQ7、SQ8 为舱口门和轿架门安全开关，HL 为电源信号灯，HA 为电铃，XS1 ~ XS3 为电源插座，EL1 ~ EL4 为照明灯。

二、制动器与制动电磁铁

制动器是保证起重机安全、可靠、正常工作的重要部件。在桥式起重机上常用块式制动器，它是一种构造简单、安装方便、工作可靠的制动器。块式制动器又分为短行程、长行程和液压推杆块式制动器。

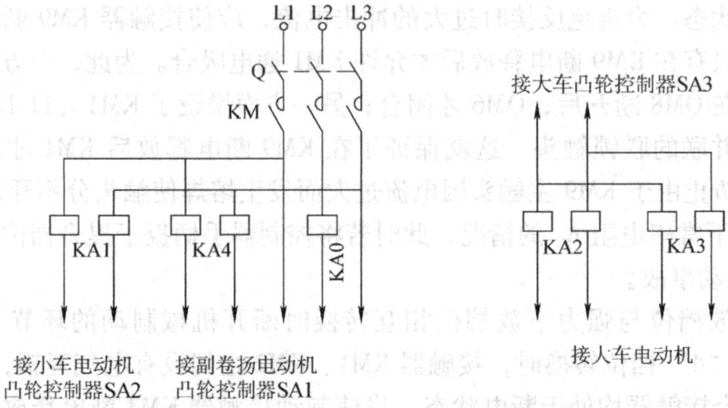

图 4-12　XQB1 型保护箱主电路图

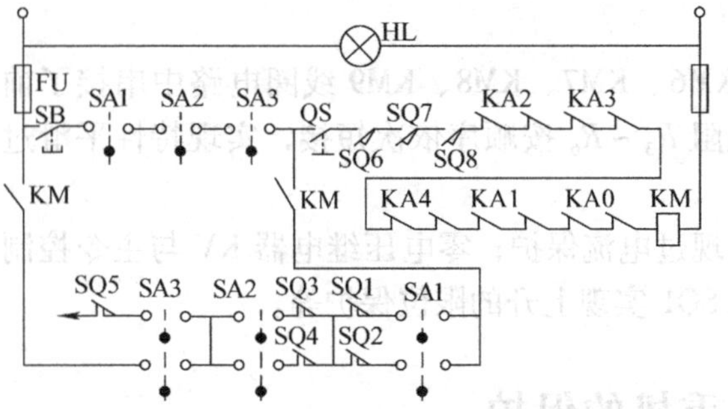

图 4-13　XQB1 型保护箱控制电路图

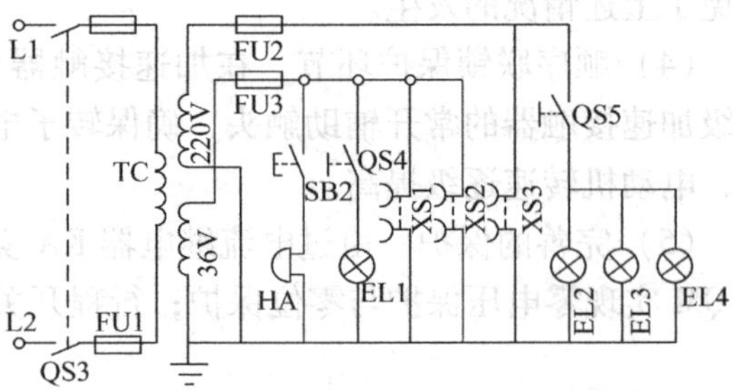

图 4-14　XQB1 型保护箱照明与信号电路

块式制动器由制动轮、制动瓦块、制动臂和松闸器及其他一些附属装置组成。制动器的性能好坏很大程度上取决于松闸器的性能，松闸器有制动电磁铁和液压推杆等。

制动电磁铁有 MZD1 系列交流单相回转式制动电磁铁，MZS1 系列三相交流长行程制动电磁铁等。起重机上多使用 MZS1 系列制动电磁铁。

起重机上常用的有 TJ2 系列制动器，交流长行程电磁制动器 JCZ 系列等。短行程块式制动器具有松闸、上闸动作迅速；结构简单、自重轻、外形尺寸小；制动瓦块与制动轮接触良好，磨损均匀的优点；但制动力矩较小，一般应用在制动力矩较小及制动轮直径在 100 ~ 300mm 范围内的机构中。长行程块式制动器具有制动力矩大，工作平稳，制动轮直径可达 800mm 的优点；但电磁铁冲击大，引起机构振动，电磁铁由于反复碰撞而需经常检修与更新。

为了克服电磁块式制动器冲击大的缺点，可采用液压推杆块式制动器，其工作平稳，无噪声；允许每小时接电次数可达 720 次，使用寿命长，但合闸较慢，容易发生漏油。

三、其他安全装置

1. 缓冲器

通过吸收大车或小车运行到终点与道轨两端挡板相撞时的动能，来达到减缓冲击的目的。

在桥式起重机上常用的有橡胶缓冲器、弹簧缓冲器、液压缓冲器和聚氨酯发泡塑料缓冲器等。其中，弹簧缓冲器使用较多，聚氨酯发泡塑料和液压缓冲器因其缓冲效果更好，应用越来越广。

2. 提升高度限位器

用来防止司机操作失误或其他原因引起吊钩碰卷筒，造成的起吊钢丝绳拉断、钢丝绳固定端板开裂脱落或挤碎滑轮等重大事故，当吊钩提升到一定高度时能自动切断电动机电源而停止提升。常用的有压绳式限位器、螺杆式限位器与重锤式限位器。

压绳式限位器是将提升钢丝绳通过小滑轮槽卷绕到卷筒上，小滑轮套在光杆上，随着卷筒上钢丝绳卷上与放下，带动小滑轮在光杆上左右移动，在光杆两端装有行程开关。当提升（或下放）到极限位置时，小滑轮碰压提升（或下放）限位行程开关，使电动机断电停止工作。

螺杆式限位器由固定光杆、螺杆、移动螺母和限位开关等组成。安装时，限位器左端的方头套装在提升卷筒的轴端方孔内，卷筒转动时使移动螺母在固定光杆上左右移动，当提升到一定高度时，调整螺栓碰压限位开关的推杆，使限位开关动作，切断电动机电源，电动机停止工作。

重锤式限位器是由一个具有带平衡锤的杠杆式活动臂的限位开关，当吊钩升至最高位置时，吊钩上的碰杆将平衡锤托起，杠杆式活动臂转过一个角度，使限位开关动作，切断电动机电源，使电动机停止工作。

3. 载荷限制器及称量装置

载荷限制器是控制起重机起吊极限载荷的一种安全装置。称量装置是用来显示起重机起吊物品具体重量的装置，简称电子秤。

电子秤主要由载荷传感器、电子放大器和数字显示装置等组成。载荷传感器将物品的重量变化直接转换为电量变化，并由数字显示装置显示出来。

载荷传感器的安装位置根据不同场合决定，可安装在起重小车的定滑轮支架上、起重小车提升卷筒轴支承座上或起重小车的吊钩与钢丝绳之间。

第四节　20/5t 交流桥式起重机电气控制分析

一、桥式起重机的供电特点

交流起重机电源为 380V，由公共的交流电网供电。由于起重机的工作需要经常移动，同时，大车与小车之间、大车与厂房之间都存在相对运动，因此其与电源之间不能采用固定联接方式。对于小型起重机，其供电方式常用软电缆供电。软电缆可随大车、小车的移动而伸展和叠卷。对于一般桥式起重机，其供电方式常用滑触线和集电刷供电。三根主滑触线沿平行于大车轨道的方向敷设在车间厂房的一侧，三相交流电源经由三根主滑触线与在其上滑动的集电刷，引进起重机驾驶室内的保护控制柜上，再从保护控制柜引出两相电源至各凸轮控制器与主令控制器，另一相称为电源的公共相，它直接从保护控制柜引出接到各台电动机的定子接线端。

为了对小车及其上的提升机构电动机供电及各电气设备之间的连接，在桥架的另一侧装设了辅助滑触线。图 4-15（见插页）所示 20/5t 交流桥式起重机共有 21 根辅助滑触线。主钩部分 10 根：其中 3 根连接主钩电动机 M5 的定子绕组（5M1、5M2、5M3）接线端；3 根连接转子绕组与转子附加电阻 5R；主钩制动电磁铁 YB5、YB6 接交流磁力控制盘两根；主钩上升限位开关 SQ5 接交流磁力控制盘与主令控制器两根。副钩部分 6 根：其中 3 根连接副钩电动机 M1 的转子绕组与转子附加电阻 1R；两根连接定子绕组（1M1、1M3）接线端与凸轮控制器 SA1；一根为副钩上升限位开关 SQ6 接交流保护控制柜。小车部分 5 根：其中 3 根连接小车电动机 M2 的转子绕组与转子附加电阻 2R；两根连接 M2 定子绕组（2M1、2M3）接线端与凸轮控制器 SA2。

滑触线通常用角钢、圆钢、V 形钢或工字钢制成。当电流值很大或滑触线太长时，为减少滑触线电压降，常将角钢与铝排逐段并联，以减小电阻值。

二、20/5t 交流桥式起重机电气设备及其控制、保护装置

该桥式起重机由 5 台三相绕线型异步电动机拖动，它们分别是副钩电动机 M1、小车电动机 M2、大车电动机 M3、M4 与主钩电动机 M5，它们各由副钩凸轮控制器 SA1、小车凸轮控制器 SA2、大车凸轮控制器 SA3 和主钩主令控制器 QM 进行控制。

整个起重机的保护环节是由交流保护控制柜（GQR）和交流磁力控制盘（PQR）来实现的。各控制电路均用熔断器 FU1、FU2 作为短路保护；总电源及各台电动机均采用过电流继电器 KA、KA1、KA2、KA3、KA4、KA5 作过载保护；为了保障维修人员的安全，在驾驶室舱门盖上装有安全开关 SQ9；在横梁两侧栏杆门上分别装有安全开关 SQ8、SQ7；当发生紧急情况时，操作人员能立即切断电源，防止事故扩大，在保护柜上还装有一只单刀单掷紧急开关 QS4。上述各开关在电路中均为常开触头，并与副钩、小车、大车的过电流继电器及总过电流继电器 KA 的常闭触头相串联，当驾驶室舱门或横梁栏门开启时，主接触器 KM 线圈不能通电运行或运行中断电释放。这样，起重机的全部电动机都不能起动，从而保证人身安全。

电源总开关 QS1，熔断器 FU1、FU2，主接触器 KM，紧急开关 QS4 以及过电流继电器 KA、KA1 ~ KA5 都安装在保护控制柜上。保护控制柜、凸轮控制器及主令控制器均安装在驾驶室内，便于司机操作。

起重机各移动部分均采用行程开关作为行程限位保护。分别为主钩上升行程开关 SQ5；副钩上升行程开关 SQ6；小车横向行程开关 SQ1、SQ2；大车纵向行程开关 SQ3、SQ4。利用移动部件上的挡铁压上行程开关，其常闭触点断开，使电动机断电并制动，以保证行车安全。

起重机上各移动电动机和提升电动机均采用电磁制动器抱闸制动，分别为：副钩制动电磁铁 YB1；小车制动电磁铁 YB2；大车制动电磁铁 YB3、YB4；主钩制动电磁铁 YB5、YB6。其中 YB1 ~ YB4 为两相电磁铁，YB5、YB6 为三相电磁铁。当电动机通电时，电磁铁通电吸合、松开制动器，电动机可以自由旋转。当电动机断电时，电磁铁断电，电动机被制动器制动，如果在运行中突然停车，即可以保证安全。

起重机导轨及金属桥架都具有可靠的接地保护。

三、20/5t 交流桥式起重机电气线路分析

1. 主接触器 KM 的控制

（1）准备阶段　在起重机投入运行前应将所有凸轮控制手柄置于“零位”，零位联锁触头 SA1-7、SA2-7、SA3-7（9 区）处于闭合状态，合上紧急开关 SQ4，关好舱门和横梁栏杆门，使开关 SQ7、SQ8、SQ9 也处于闭合状态（10 区）。

（2）起动运行阶段 操作人员按下保护控制柜上的起动按钮 SB（9 区），主接触器 KM 线圈通电吸合（11 区），三对常开主触头 KM 闭合（2 区），使两相电源进入各凸轮控制器，一相电源直接引入各电动机定子接线端。此时，由于各凸轮控制器手柄均在零位，故电动机不会运动。同时，主接触器 KM 的两对常开辅助触头闭合自锁（7 区与 9 区），当松开起动按钮 SB 后，主接触器 KM 线圈从另一条通路得电，通路为电源 1→KM(1-2)→SA1-6(2-3)→SA2-6(3-4)→SQ1(4-5)→SQ3(5-6)→SA3-5(6-7)→KM(7-14)→SQ9(14-18)→SQ8(18-17)→SQ7(17-16)→QS4(16-15)→KA(15-19)→KA1(19-20)→KA2(20-21)→KA3(21-22)→KA4(22-23)→KM 线圈→电源 V1。

2. 凸轮控制器的控制

桥式起重机的大车、小车和副钩电动机容量较小，一般采用凸轮控制器控制。凸轮控制器控制电路工作情况如图 4-7 所示电路。

3. 主令控制器的控制

主钩电动机是桥式起重机中容量最大的一台电动机，且对“提升”与“下降”重物有各种不同的要求，一般采用主令控制器配合磁力控制盘进行控制，即用主令控制器控制接触器，再由接触器控制电动机，为提高主钩电动机运行的稳定性，采取转子附加电阻三相平衡切除控制，使电动机三相电流平衡。其在上升运行与下降运行的控制如图 4-10 所示电路。

四、电气线路常见故障分析

桥式起重机工作环境比较恶劣，某些主要电气设备和元器件的密封也很困难，同时，这些电气设备和元器件工作频繁，结构复杂，维修也不方便。现将常见故障现象及原因作如下分析。

（1）合上电源开关 QS1，并按下起动按钮 SB 后，主接触器 KM 不吸合 原因：熔断器 FU1 熔断；紧急开关 QS4 或安全开关 SQ7、SQ8、SQ9 未合上；主接触器线圈断路；各凸轮控制器手柄没放在“零位”，使 SA1-7、SA2-7、SA3-7 零位触头分断；过电流继电器 KA、KA1 ~ KA4 动作后未复位。

（2）主接触器 KM 吸合后，过电流继电器 KA、KA1 ~ KA4 立即动作 原因：凸轮控制器 SA1 ~ SA3 电路接地；电动机 M1 ~ M4 绕组接地；电磁铁 YB1 ~ YB4 线圈接地。

（3）当电源接通、扳动凸轮控制器手柄后，电动机不转动 原因：凸轮控制器主触头接触不良；滑触线与集电电刷接触不良；电动机定子绕组或转子绕组断路；电磁铁线圈断路或制动器未松开。

（4）扳动凸轮控制器后，电动机起动运转，但不能输出额定功率且转速明显减慢 原因：线路压降太大；制动器未全部松开；转子中的附加电阻未全部切除。

（5）凸轮控制器扳动过程中火花过大 原因：动、静触点接触不良；控制容量过载。

（6）凸轮控制器扳动过程中受阻或扳不到位 原因：凸轮控制器动触点卡在静触点下面；定位机构松动。

（7）制动电磁铁线圈过热 原因：电磁铁线圈电压与电路电压不符；电磁铁的牵引力过载；电磁铁吸合后，动、静铁心间的间隙过大；制动器的工作条件与电磁铁线圈特性不符；电磁铁铁心歪斜或卡阻。

（8）电磁铁噪声大 原因：交流电磁铁短路环开路；电磁铁过载；动、静铁心端面有油污；磁路弯曲。

（9）主钩既不能上升，也不能下降　原因：如欠电压继电器 KV 不吸合，可能是 KV 线圈断路，过电流继电器 KA5 未复位，主令控制器 QM 零位联锁触头未闭合，熔断器 FU2 熔断；如欠电压继电器 KV 吸合，则可能是自锁触点未闭合；主令控制器的触头 QM-2、QM-3、QM-4、QM-5 或 QM-6 接触不良，电磁铁线圈开路未松闸。

习　题

4-1　桥式起重机主要由哪几部分组成？他们的作用是什么？

4-2　起重机用电动机具有哪些特点？

4-3　提升重物与下降重物时，提升机构电动机分别处于什么工作状态？它们是如何实现的？

4-4　图 4-7 所示凸轮控制器控制提升机构电气原理图中，凸轮控制器各触头的作用是什么？为何转子电阻采用不对称接法？

4-5　对于图 4-7 所示电路用于起重机提升机构，在操作时应注意什么？为什么？

4-6　图 4-10 所示 PQR10B 主令控制器电路图有何特点？操作时应注意什么？

4-7　图 4-10 所示电路中设置了哪些联锁环节？它们是如何实现的？

4-8　桥式起重机具有哪些保护环节，它们是如何实现的？

4-9　桥式起重机供电有何特点？图 4-15 所示 20/5t 交流桥式起重机共有多少根主滑线？多少根辅助滑线？这些滑线的作用又是什么？

第五章 可编程序控制器及其工作原理

可编程序控制器是以微处理器为核心的工业自动控制装置，是计算机技术与工业控制技术相结合的产品，不同厂家的产品各有特点、各不相同，但作为工业控制的标准装置，可编程序控制器具有一定的共性。本章主要讲述可编程序控制器的一般结构、工作原理，以及循环扫描工作方式等。

第一节 可编程序控制器概述

早期的可编程序控制器一般只具有逻辑运算的功能，主要应用于开关量的逻辑控制，称之为可编程序逻辑控制器（Programmable Logic Controller），缩写为 PLC。随着微电子技术和集成电路技术的发展，其功能大大超出了逻辑运算的功能，国际工业界在 1980 年正式命名为可编程序控制器（Programmable Controller），缩写为 PC。但由于它和个人计算机（Personal Computer）的简称容易混淆，为此仍将可编程序控制器缩写为 PLC。

一、可编程序控制器的产生及定义

在可编程序控制器诞生前，继电—接触器控制系统广泛应用于顺序控制生产过程，在工业控制中一直占有主导地位。但在一个复杂的控制系统中，往往要用到大量的继电器、接触器，可靠性较差。特别是由于它们是靠硬连线逻辑构成的系统，接线繁杂，当生产工艺改变时，原有控制柜的继电器和接线也要做相应的变化，改换的费用高、工期长、而且专柜专用，缺乏通用性和灵活性。

20 世纪 60 年代末，美国汽车制造业发展迅速、竞争激烈，各生产厂家的汽车型号不断更新，相应的汽车生产线不断改变，相应的控制系统必须重新设计、重新安装。为了尽可能节约重新设计继电—接触器控制系统和安装接线的费用和时间，寻求一种比继电器控制更可靠、功能更齐全、响应速度更快的新型工业控制器势在必行。1968 年美国通用汽车公司（GM）公开招标，研制开发新的工业控制器，并从用户角度提出了 10 条指标，即：编程方便，可现场修改程序；维修方便，采用插件式结构；可靠性高于继电—接触器控制装置；体积小于继电—接触器控制柜；数据可直接送入管理计算机；成本上可与继电—接触器控制柜竞争；输入为交流 115V；输出为交流 115V/2A 以上，能直接驱动电磁阀、接触器等；在扩展时原系统改变最少；用户程序存储器至少可扩展到 4KB。这些条件实际上设想将继电—接触器控制的简单易懂、使用方便、价格低的优点，与计算机的功能完善、通用性强、灵活性好的优点结合起来；将继电—接触器控制的硬连线逻辑变为计算机的软件逻辑编程，采取程序修改方式来改变控制功能，由接线程序控制向存储程序控制转变。

1969 年美国数字设备公司（DEC）根据这 10 条指标，研制出世界上第一台可编程序控制器，并在 GM 公司汽车生产线上应用，获得成功。从此，可编程序控制器技术迅速发展起来。

国际电工委员会（IEC）于 1987 年 2 月对可编程序控制器做出了如下定义：“可编程序

控制器是一种进行数字运算的电子系统，专为在工业环境下应用而设计的工业控制器。它采用了可编程序的存储器，用来在其内部存储执行逻辑运算、顺序控制、定时、计数和算术运算等操作指令，并通过数字式或模拟式的输入和输出，控制各种类型的机械或生产过程。可编程序控制器及其有关外围设备，都按易于与工业系统连成一个整体，易于扩充其功能的原则设计”。

可编程序控制器的定义强调了它是进行数字运算的电子系统，能直接用于工业环境下的计算机；是以微处理器为基础，结合计算机技术、自动控制技术和通信技术，用面向控制过程、面向用户的“自然语言”编程；是一种简单易懂、操作方便、可靠性高的新一代通用工业控制装置。

二、可编程序控制器的分类

PLC 产品的种类很多，一般可以从它的结构形式、输入/输出点数进行分类。

1. 按结构形式分

由于 PLC 是专为工业环境应用设计的，为了便于现场安装和接线，在结构形式上与一般计算机有很大区别，主要有整体式和组合式（也称模块式）两种结构形式。

（1）整体式结构　整体式结构的 PLC 是将中央处理单元（CPU）、存储器单元、输入单元、输出单元、外部设备接口和电源单元集中装在一个箱体内，形成一个整体，称为主机。这种整体式结构的 PLC 具有输入/输出点数少，体积小、价格低等特点。一般小型 PLC 常采用这种结构。整体式 PLC 的组成如图 5-1 所示。

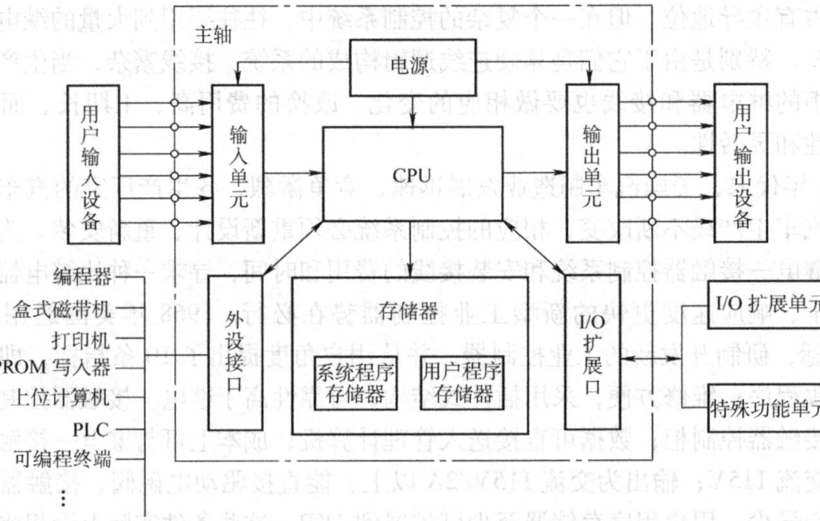

图 5-1　整体式 PLC 组成示意图

（2）组合式结构　组合式结构的 PLC 是把中央处理单元、存储单元、输入单元、输出单元、电源单元、智能 I/O 单元、通信单元等做成各自相对独立的单元模块，然后按需求组装在一个带有总线的底板上。这种组合式结构的 PLC 具有输入/输出点数多，模块组合灵活的特点，一般大、中型 PLC 都采用这种结构。组合式 PLC 的组成如图 5-2 所示。

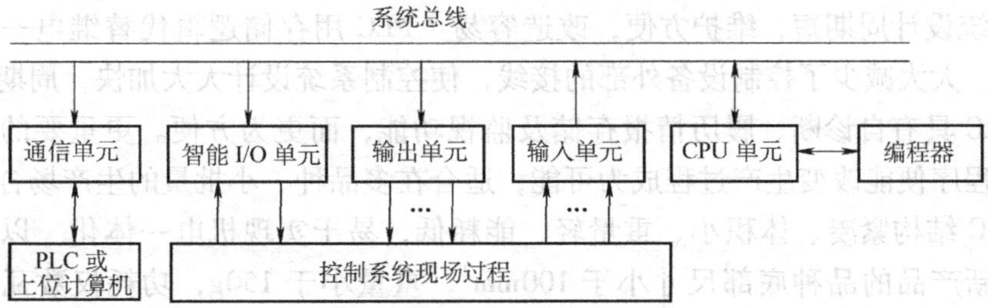

图5-2　组合式PLC组成示意图

2. 按输入/输出点数和内存容量分类

PLC按输入/输出点数的多少和内存容量的大小，可分为超小型机、小型机、中型机、大型机和超大型机5种类型。

（1）超小型机　超小型机的输入/输出点数在64点以下，内存容量在1KB以内，其输入/输出是开关量信号，功能以逻辑运算为主，并有定时和计数功能，结构紧凑，结构形式为整体式。

（2）小型机　小型机的输入/输出点数在64～128点之间，内存容量小于4KB，以开关量的输入/输出为主，控制功能简单，结构形式多为整体式。

（3）中型机　中型机的输入/输出点数在128～512点之间，内存容量小于8KB，既有开关量输入/输出，又有模拟量输入/输出，控制功能比较丰富，结构形式多为组合式。

（4）大型机　大型机的输入/输出点数在512～1024点之内，内存容量小于16KB。除一般类型的输入/输出信号外，还有特殊类型的输入/输出单元和智能输入/输出单元，控制功能完善，结构形式为组合式。

（5）超大型机　超大型机的输入/输出点数在1024点以上，内存容量大于16KB。除一般类型的输入/输出信号外，还有特殊类型的输入/输出单元和智能输入/输出单元，控制功能更完善，与工业控制计算机相当，结构形式为组合式。

三、可编程序控制器的特点

（1）可靠性高，抗干扰能力强　PLC由于采用大规模集成电路技术，生产制造工艺严格，内部电路采用先进的抗干扰技术，有很强的抗干扰能力。同时，PLC具有硬件故障的自我检测功能，出现故障时可及时发出报警信息，具有很高的可靠性。目前各生产厂家生产的PLC，平均无故障时间都大大超过了IEC规定的10万h，有的甚至达到了几十万小时。从PLC的机外电路来说，使用PLC构成控制系统，和同等规模的继电—接触器控制系统相比，电气接线及开关触点已减少到原来的数百甚至数千分之一，故障率也随之大大降低。

（2）配套齐全，功能完善，适用性强　PLC发展到今天，除了逻辑运算功能外，还具有完善的数据运算能力，形成了大、中、小各种规模的系列化产品，可以用于各种规模的工业控制场合。近年来PLC的各种功能模块大量涌现，使PLC渗透到了位置控制、温度控制、计算机数控（CNC）等工业控制领域。

（3）编程方便，易于使用　PLC的编程大多采用类似于继电—接触器控制电路形式的梯形图编程，形象直观，容易被一般工程技术人员所理解和掌握。另外还有面向工业控制的简单指令形式与面向对象的功能图也都使编程更加简单方便。

（4）系统设计周期短，维护方便，改造容易 PLC用存储逻辑代替继电—接触器电路的接线逻辑，大大减少了控制设备外部的接线，使控制系统设计大大加快，周期缩短。同时维护也因PLC具有自诊断、履历情报存储及监视功能，而更为方便。更重要的是，对同一设备只改变程序便能改变生产过程成为可能，适合在多品种、小批量的生产场合使用。

（5）PLC结构紧凑、体积小、重量轻、能耗低，易于实现机电一体化 以超小型PLC为例，其最新产品的品种底部尺寸小于100mm^2，重量小于150g，功耗仅数瓦。由于体积小，很容易装载于机械内部，是实现机电一体化的理想控制装置。

PLC控制系统与继电—接触器控制系统的比较见表5-1。PLC控制系统具有继电—接触器控制系统无法比拟的优点，因此，传统的继电—接触器控制系统正逐渐被PLC控制系统所取代。

表5-1 PLC控制系统与继电—接触器控制系统的比较

比较项目	继电—接触器控制系统	PLC控制系统
控制功能的实现	由许多继电器采用接线的方式来完成控制功能	各种控制功能是通过编制的程序来实现的
对生产工艺过程变更的适应性	适应性差，需要重新设计改变继电器和接线	适应性强。只需对程序进行修改
控制速度	低。靠机械动作实现	极快。靠微处理器进行处理
计数及其他特殊功能	一般没有	有
安装、施工	连线多，施工繁琐	安装容易，施工方便
可靠性	差，触点多，故障多	高，因元器件采取了筛选和老化等可靠性措施
寿命	短	长
可扩展性	困难	容易
维护	工作量大，故障不易查找	有自诊断能力，维护工作量小

四、可编程序控制器的应用

PLC的初期由于价格高于继电—接触器控制装置，使其应用受到限制。但近几年来，微处理器芯片及其有关元器件价格大幅下降，使PLC成本下降，同时PLC的功能大大增强，PLC已经成为当今应用最广泛的工业自动控制设备，其应用面几乎覆盖了所有工业行业。特别是在产品种类多、加工方式多变、产品更新换代较快的行业中，PLC的优势更是得以充分体现。PLC已被广泛应用于各种生产自动机、自动线、组合机床、专用机床和生产机械等设备的自动控制中。PLC的应用大致分为以下5种类型。

1. 顺序控制

这是PLC最基本且最广泛的应用，用以取代传统的继电—接触器控制系统和顺序控制器，以实现单机、多机及生产自动线的控制，如各种机床、电梯、装配生产线，以及货物的存取、运输、检测等设备的控制。

2. 运动控制

PLC通过配用单轴或多轴位置控制模块、高速计数模块等来控制步进电动机或伺服电动机，从而使运动部件以适当的速度或加速度实现平滑的直线运动或圆弧运动。可用于精密机床、成形机械、装配机械、机械手、机器人等设备的控制。

3. 过程控制

PLC 通过配用 A/D、D/A 转换模块及 PID 控制模块实现对生产过程中的速度、温度、压力、流量等连续变化的模拟量进行单回路或多回路的闭路调节控制，使受控的物理量保持在给定值或给定的范围内。在各种调速系统、加热炉、锅炉的控制以及轻工、制药、建材等行业的生产过程中有着广泛的应用。

4. 数据处理

许多 PLC 具有数学运算、数据的传输、转换、排序、检索和移位以及数制转换、位操作、编码、译码等功能，可完成对数据的采集、分析和处理任务。数据处理一般用于大、中型控制系统，如数控机床、柔性制造系统、过程控制系统、机器人控制系统等。

5. 通信及联网

PLC 的网络通信功能模块及远程 I/O 控制模块可实现多台 PLC 之间的连接、PLC 与上位计算机的连接，以达到上位机与 PLC 之间，以及 PLC 与 PLC 之间的指令下达、数据交换和数据共享。这种由 PLC 进行分散控制、计算机进行集中管理的方式，能够完成大规模的复杂控制，以实现整个工厂生产的自动化。

第二节　可编程序控制器的组成及各部分功能

可编程序控制器种类繁多，但其基本结构和工作原理大致相同，PLC 主要由中央处理器（CPU），存储器，输入/输出接口、电源和编程工具等基本单元构成，另外还有扩展接口、外部设备接口等可选附加部件。CPU 与存储器构成控制组件（中央处理机）。PLC 硬件系统的结构在第一节中，如图 5-1 所示。

一、中央处理器（CPU）

CPU 是 PLC 的核心起着总指挥的使用，一般由控制电路、运算器和寄存器组成。不同型号的 PLC 其 CPU 芯片是不同的，有的采用通用 CPU 芯片，有的采用厂家自行设计的专用 CPU 芯片。CPU 芯片的性能关系到 PLC 处理控制信号的能力和速度，PLC 的功能随着 CPU 芯片技术的发展而不断提高，它的主要任务是：

1）接收并存储从编程器输入的用户程序和数据。

2）诊断 PLC 电源、内部电路的工作故障和编程中的语法错误。

3）采用扫描方式接收输入端的输入状态和数据，存入输入映像寄存器或数据寄存器中。

4）按用户程序存储器中存放的先后顺序逐条读取用户指令，并进行编译，完成用户指令规定的各种运算和操作，存储相应结果，更新有关标志位的状态和输出映像寄存器的内容。

5）将数据寄存器的数据处理结果和输出映像寄存器的内容送至输出端。

6）按优先级响应外部设备（编程器、打印机、上位计算机等）的中断请求，中断处理完后再返回原址，继续执行原程序。

二、存储器

存储器是具有记忆功能的半导体电路，用来存放系统程序、用户程序、逻辑变量及其他信息。按其作用有系统程序存储器与用户存储器两种。

1. 系统程序存储器

系统程序存储器由 ROM（只读存储器）或 EPROM（可擦除可编程只读存储器）、或 EEPROM（电可擦除可编程只读存储器）组成，用以存放系统程序。生产厂家在 PLC 出厂前已将系统程序固化其中，用户一般不做更改。系统程序由以下三部分内容组成。

（1）系统管理程序　主要用来控制 PLC 的运行，在 PLC 加电后进行整机工作状态检查，协调各部件间的工作关系，使 PLC 按部就班地工作。

（2）编译程序　将用户输入的控制程序即编程语言转换成机器指令语言，检查语法正确性，再由 CPU 执行这些指令。

（3）监控程序　按用户的需要调用相应的内部程序，即调用不同的操作方式。

PLC 的具体工作都是由系统程序来完成的，这部分程序的多少也决定了 PLC 性能的高低。

2. 用户存储器

用户存储器由随机存储器（RAM）或电可擦除可编程只读存储器（EEPROM）组成，用来存放用户的应用程序，其内容可以由用户任意修改或增删。

用户存储器分为两个区存放两类用户应用程序，一个是用户程序存储器区（程序区）；另一个是工作数据存储器区（数据区）。

（1）程序区　用以存放用户编制好的或正在调试的控制程序。用户可通过编程器等编程工具进行程序的编辑。各厂家的 PLC 产品手册中给出的存储器类型和容量即是指这一部分，它是反映 PLC 性能的重要指标之一。

（2）数据区　包括输入、输出映像寄存器区、定时器、计数器的设定值和现值存储区，各种内部编程元件（内部辅助继电器、定时器、计数器）状态及特殊标志位存储区，暂存数据和中间运算结果的数据存储器区等。不同厂家生产的 PLC 有不同的定义符号。

三、输入/输出接口（I/O 接口）

输入/输出接口是 PLC 与外界设备连接的部件。通过输入接口接收和采集现场设备（按钮、选择开关、行程开关、光电开关等）输入的开关量或由电位器、测速发电机和各种变换器传来的模拟量（通过 A/D 转换）信号，并将这些信号转换成 CPU 能识别的数字信号，存放在输入映像寄存器中，然后通过数据总线送至 CPU 供其使用。输出接口是将数据总线传来的经 CPU 处理过的数字信号存放在输出映像寄存器中，输出到端口，以驱动执行元件，如接触器、电磁阀、指示灯、调节阀（模拟量）、调速装置（模拟量）等，对模拟量信号还需进行 D/A 转换。

PLC 的每一个输入、输出对应 PLC 面板上的一个输入、输出接线柱，称为一个 I/O 点，根据工业控制的特点，I/O 点数之比有 2:1、3:1 或 1:1 等。

I/O 接口电路均采用光耦合器件进行内外部信号交流，通过这一电气隔离措施可防止现场强电干扰串入内部电路，增强抗干扰能力，确保 PLC 安全可靠。

1. 开关量输入接口电路

开关量输入接口电路的作用是把现场各种开关信号变成 PLC 内部处理的标准信号。

通常 PLC 的开关量输入接口按使用的电源不同有三种类型：直流 12 ~ 24V 输入接口；交流 100 ~ 120V、200 ~ 240V 输入；交流 12 ~ 24V 输入。图 5-3 所示为直流输入内部电路图。由于各输入端口的输入电路都相同，图中只画出了一个输入端口的输入电路，图中点划线框中的部分为 PLC 内部电路，框外为用户接线。R_1、R_2 分压，R_1 还起限流作用，R_2 与 C 构成滤波电路。

当输入端的开关 S 闭合时，光耦合器导通，直流输入信号转换成 TTL（5V）标准信号送入 PLC 的输入电路，同时 LED 输入指示灯亮，表示输入端接通。

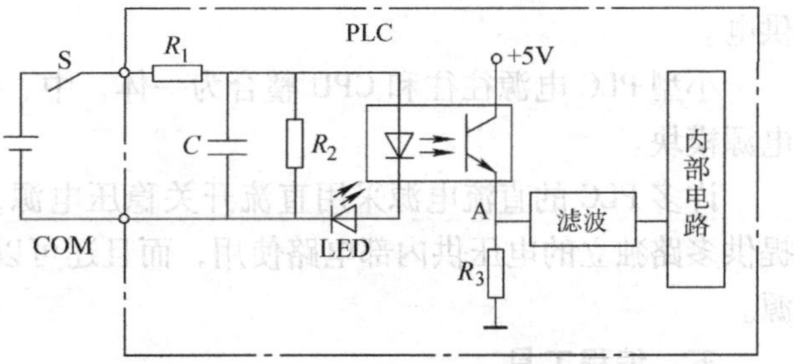

图 5-3 直流输入内部电路图

2. 开关量输出接口电路

开关量输出接口电路的作用是把 PLC 的内部信号转换成现场执行机构的各种开关信号。按输出开关器件种类不同有三种形式：晶体管输出型、晶闸管输出型、继电器输出型，如图 5-4、图 5-5、图 5-6 所示。

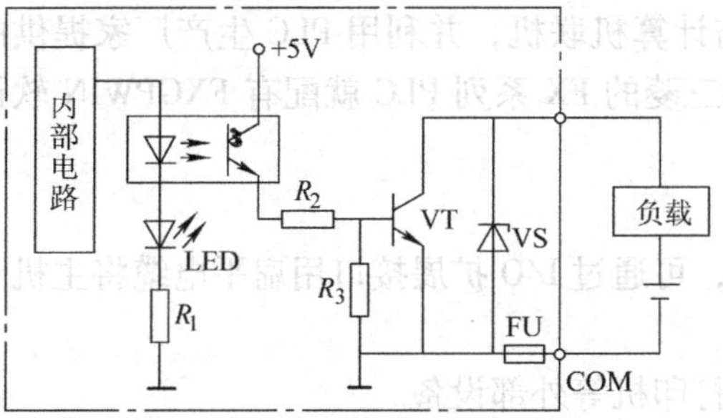

图 5-4 晶体管输出接口电路

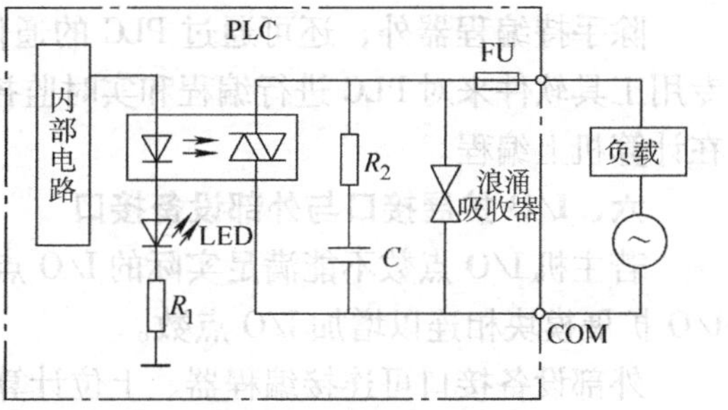

图 5-5 晶闸管输出接口电路

图 5-4 所示的晶体管输出接口电路中晶体管 VT 为输出开关器件，稳压管 VS 和熔断器 FU 为输出端的过电压保护和短路保护。该电路为无触点输出，寿命长，通过光耦合器使晶体管截止和饱和来控制负载，适用于高速、小功率直流负载。

图 5-5 所示的晶闸管输出接口电路为无触点输出，寿命长，采用光触发型双向晶闸管达到内外电路电气隔离，适用于高速、大功率交流负载。

图 5-6 所示的继电器输出接口电路最为常用，采用有触点输出方式，继电器既是输出开关器件，又是隔离器件，适用于低速、大功率负载（交、直流均可），但存在继电器触点的电气寿命和机械寿命短的问题。

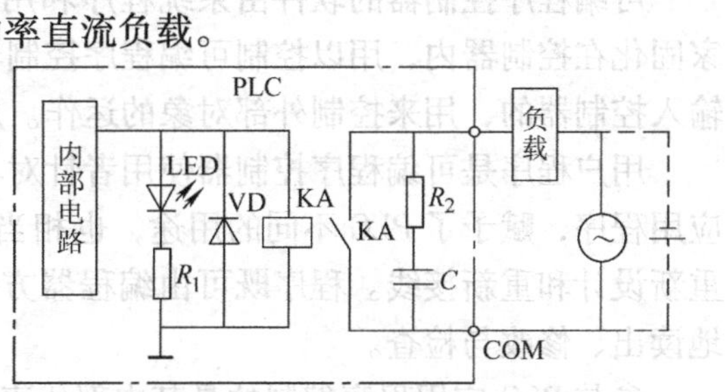

图 5-6 继电器输出接口电路

PLC 开关量的输入/输出接线端数称为 PLC 的输入/输出点数，它是 PLC 性能的重要指标之一。

四、电源

PLC 一般使用 220V 单相交流电源，通过电源部件将交流电经过整流、滤波、稳压后转换成 PLC 的 CPU、存储器及 I/O 接口内部电子电路使用的直流电源，也可用直流 24V 直接供电。

小型 PLC 电源往往和 CPU 整合为一体，中、大型 PLC 都为组合式结构，一般都有单独电源模块。

许多 PLC 的直流电源采用直流开关稳压电源，其稳压性能好，抗干扰能力强，不仅可提供多路独立的电压供内部电路使用，而且还可以为输入设备或输入端的传感器提供标准电源。

五、编程工具

编程工具是供用户进行程序的编制、编辑、调试和监视用户程序的设备，最常用的是编程器。简易型编程器采用助记符语言（指令表）编程，必须联机使用，可用于同系列的其他 PLC，做到一机多用，具有价格低、使用方便的优点，但不够直观。智能型编程器又称图形编程器，可以联机也可脱机编程，可以直接输入梯形图，通过屏幕对话。

除手持编程器外，还可通过 PLC 的通信口与计算机联机，并利用 PLC 生产厂家提供的专用工具软件来对 PLC 进行编程和实时监控。如三菱的 FX 系列 PLC 就配有 FXGPWIN 软件在计算机上编程。

六、I/O 扩展接口与外部设备接口

若主机 I/O 点数不能满足实际的 I/O 点需求，可通过 I/O 扩展接口用扁平电缆将主机与 I/O 扩展模块相连以增加 I/O 点数。

外部设备接口可连接编程器、上位计算机、打印机等外部设备。

此外，还有通信接口、智能 I/O 接口等。

第三节　可编程序控制器的编程语言

可编程序控制器的软件由系统程序和用户程序两大部分组成。系统程序由 PLC 生产厂家固化在控制器内，用以控制可编程序控制器本身的运作；用户程序则是由使用者来编制并输入控制器的，用来控制外部对象的运作。所以，使用者要编制的都是用户程序。

用户程序是可编程序控制器使用者针对具体控制对象编制的不同应用程序。这些不同的应用程序，赋予了 PLC 不同的用途，也相当于对继电—接触器控制设备的硬接线电路进行重新设计和重新接线。程序既可由编程器方便地送入 PLC 内部的存储器中，也能十分方便地读出、修改与检查。

参与 PLC 应用程序编制的是其内部代表编程器件的存储器，俗称“软继电器”，或称编程“软元件”。这些“软元件”根据编程功能分为输入继电器、输出继电器、定时器、计数器等。取用这些“软继电器”的常开、常闭触头，实质上为读取存储器的状态，所以可认为一个“软继电器”有无数个常开、常闭触点。

目前，各厂家生产的 PLC 使用的编程语言互不相同，但大体上相差不多。国际电工委员会（IEC）1994 年 5 月在 PLC 标准中推荐了梯形图、指令表、顺序功能图、功能块图和结构文本等 5 种编程语言。一般常用的是梯形图（LAD）、指令表（STL）和顺序功能图

（SFC）3 种，详细情况见表 5-2。

表 5-2 PLC 3 种常用编程语言

名称	说 明	举 例
梯形图	一种目前使用最广泛，以图形符号及其在图中的相互关系表示控制关系的编程语言。是从继电器电路图演变过来的，与继电器电路图相似，两者使用了类似的符号，且逻辑含义是一样的	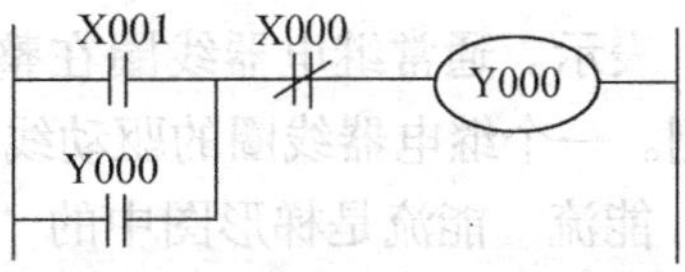
指令表	也叫做语句表，和汇编语言有点类似，由语句指令依一定的顺序排列而成。一般可分为两部分，一为助记符，二为操作数，它与梯形图程序有严格的对应关系	与上面梯形图对应 操作码 操作数 LD X001 OR Y000 ANI X000 OUT Y000
顺序功能图	常用来编制顺序控制类程序，包含步、动作、转换三个要素。顺序功能图编程法可将一个复杂的控制过程分解为一些小的工作状态，对这些小的工作状态的功能分别处理后，再依一定的顺序控制要求连接组合成整体的控制程序	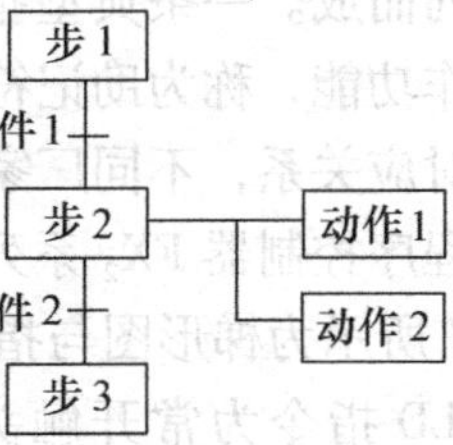

一、梯形图（LAD）编程语言

梯形图是用户程序中最常用的编程语言，是从继电-接触器控制电路图演变而来的，表 5-3 中给出了两者的对照关系。从中可以看出，两者的图形符号相似，逻辑含义一样。可以把 PLC 中参与逻辑组合的元件看成和继电器一样的器件，具有线圈和常开、常闭触头，线圈得电，触点动作，线圈失电，触头复位；再用母线代替电源线，用能量流概念代替电流概念。另外，称 PLC 中的编程元件为“软继电器”，因为它不是实际的物理继电器，而是存储器中一定的位，所谓接通或关断只是该位为“1”或“0”。

表 5-3 符号对照表

符号名称	继电-接触器电路图符号	梯形图符号
常开触头	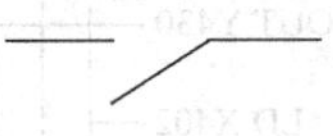	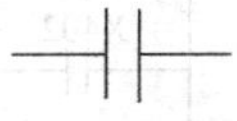
常闭触头	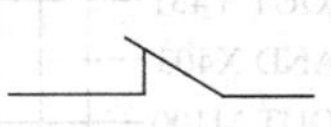	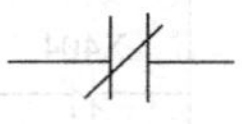
线圈	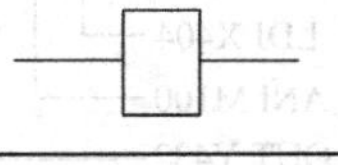	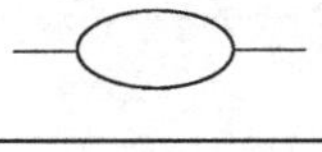

（1）梯形图中的母线　梯形图的两侧各有一垂直的公共母线，有的梯形图会将右侧的母线省去，母线之间是触点和线圈，用短线连接。

（2）梯形图中的触头　PLC 内部“软元件”的常开和常闭触头都用表 5-3 中的符号表示，可被无限次地引用。触头放置在梯形图的左侧。

（3）梯形图中的线圈　对 PLC 内部存储器中的某一位进行写操作时，这一位便是继电器线圈，用表 5-3 中的椭圆符号表示，有的系列 PLC 也用括弧（西门子公司）、圆圈（欧姆龙公司）表示。通常继电器线圈在整个用户程序中只能使用一次。继电器线圈放置在梯形图的右侧。一个继电器线圈的驱动线路形成一个梯级。

（4）能流　能流是梯形图中的“概念电流”，只能从左向右流动。利用“电流”这个概念可以更好地理解和分析梯形图，设想在梯形图垂直母线的左、右侧加上电源的“+”“-”极，如能形成通路，有“概念电流”流通，则该梯级上的继电器线圈得电，其状态变为“1”，触头动作（常开触头闭合，常闭触头断开）；反之，无“概念电流”流通，继电器线圈不得电，其状态变为“0”，触点为复位状态（常开触头断开，常闭触头闭合）。

二、指令表（STL）编程语言

指令表（STL）编程语言是一种类似计算机汇编语言的助记符语言，由语句指令依一定的顺序排列而成。一条典型指令往往由两部分组成：一是几个容易记忆的字符来代表 PLC 的某种操作功能，称为助记符；另一部分为操作数或称为操作数的地址。指令与梯形图程序有严格的对应关系，不同厂家 PLC 的指令不尽相同。

可编程序控制器 FX_2 系列 PLC 的基本指令有“与”、“或”、“非”以及定时器、计数器等。图 5-7 所示为梯形图与指令表编程。图 5-7a 所示是梯形图，图 5-7b 所示为相应的指令表。图中 LD 指令为常开触头与左侧母线连接；OR 指令为常开触头与其他程序段并联；AND 指令为常开触头与其他程序段串联；LDI 指令为常闭触头与其他程序段串联；OUT 指令为将运算结果输出到某个继电器；X400、X401、X402、X403、X404 中 X 为输入继电器，后面数字为编号；Y430、Y431、Y432 中 Y 为输出继电器，后面数字为编号；M100 中 M 为内部标志位，也叫位存储区，类似于继电—接触器控制系统中的中间继电器，后面的数字为编号。

指令表的编写原则是根据梯形图，按从上到下、从左到右的顺序进行。在处理较复杂的触头结构时（如触头块的串、并联或堆栈相关指令），指令表的表达顺序为：先写出参与因素的内容，再表达参与因素间的关系。

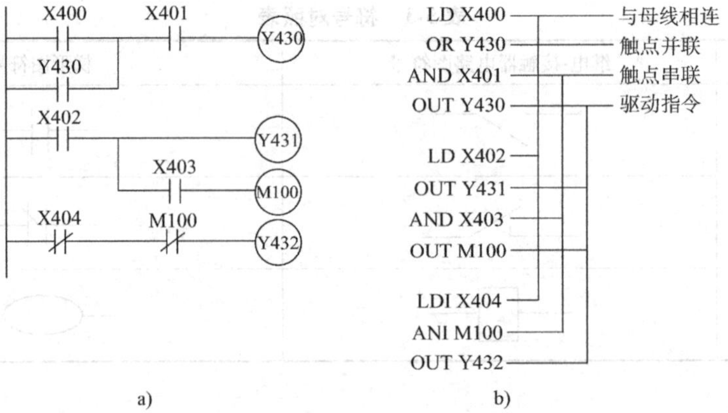

图 5-7　梯形图与指令表编程举例

a）梯形图　b）指令表

三、顺序功能图（SFC）编程

顺序功能图常用来编制顺序控制类程序，是一种图形化的编程方法。顺序功能图由步、动作、有向连线、转换、转换条件5个要素组成，图5-8所示为钻孔顺序的功能图，图中方框表示整个控制过程中一个个“状态”，或称“功能”或称“步”，方框内是步的元件号或步的名称，反映控制系统中一个相对不变的状态。“步”与“步”之间用“有向线段”连接，并且转换将各步分隔，当相邻两步之间的转换条件得到满足时，则上一步动作结束，下一步动作开始。“转换”用与“有向连线”垂直的短线表示。“转换条件”用数字、文字、图形、符号在短线的旁边注明。“动作”用矩形框中的文字或数字表示，放于对应“步”的符号右侧且相平行放置。“有向连线”的进展方向公认为从上到下或从左到右，否则需用箭头标注进展方向。

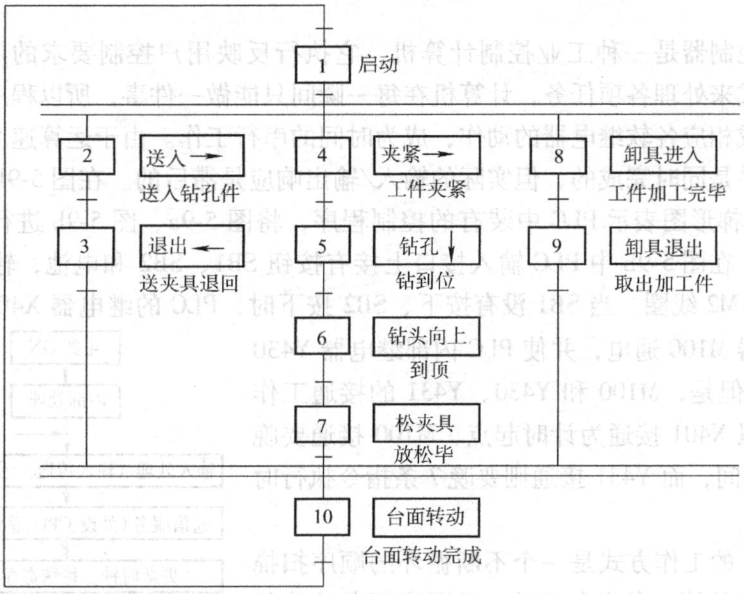

图5-8　钻孔顺序的状态流程图

采用顺序功能图为顺序控制类程序的编制提供了很大的方便。用这种编程语言可以将一个控制过程进行分解，用多个相对独立的程序段来代替一个长的梯形图程序，还能看到在某个给定时间机器处于什么状态。多数PLC产品都有专为使用功能图编程而设计的指令，使用起来十分方便。

第四节　可编程序控制器的工作原理

一、可编程序控制器的工作方式

众所周知，继电—接触器控制系统是一种“硬件逻辑系统”，在图5-9a中，三条支路是并行工作的。当按下起动按钮SB2，中间继电器KA线圈通电并自锁，KA的另两对常开触头闭合，使接触器KM1、KM2线圈同时通电吸合动作，所以继电—接触器控制系统采用的是并行工作方式。

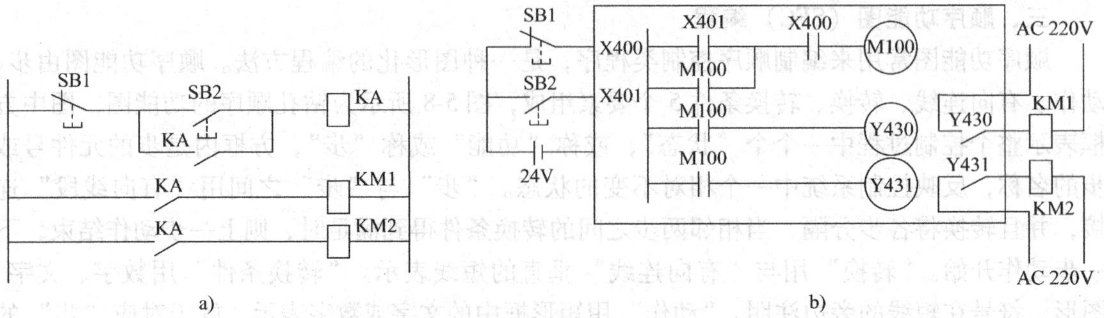

图 5-9　继电—接触器控制与 PLC 控制方式比较

a）继电—接触器控制系统控制　b）PLC 控制梯形图

可编程序控制器是一种工业控制计算机，它执行反映用户控制要求的用户程序。CPU 以分时操作方式来处理各项任务，计算机在每一瞬间只能做一件事，所以程序的执行是按程序顺序依次完成相应各软继电器的动作，成为时间的串行工作。由于运算速度较高，各软继电器的动作几乎是同时完成的，但实际的输入/输出响应是滞后的。在图 5-9b 中，方框表示 PLC，方框中的梯形图表示 PLC 中装有的控制程序，将图 5-9a、图 5-9b 进行比较，它们的功能是相同的。在图 5-9b 中 PLC 输入接口上接有按钮 SB1、SB2 和电池，输出接口上接有接触器 KM1、KM2 线圈。当 SB1 没有按下、SB2 按下时，PLC 的继电器 X400、X401 接通，PLC 内部继电器 M100 通电，并使 PLC 内部继电器 Y430 及 Y431 工作。但是，M100 和 Y430、Y431 的接通工作不是同时的。以 X401 接通为计时起点，M100 接通要晚 3 条指令执行时间，而 Y431 接通则要晚 7 条指令执行时间。

所以，PLC 的工作方式是一个不断循环的顺序扫描工作方式，CPU 从第一条指令开始，按顺序逐条地执行用户程序直到用户程序结束，然后返回第一条指令开始新一轮的扫描。PLC 就是这样周而复始地重复上述循环扫描工作的。

执行用户程序时，PLC 需要各种现场信息。PLC 采集现场信息时采样输入信号有集中采样输入方式与立即输入方式。同样，PLC 对外部的输出控制也有集中输出和立即输出两种方式。一般 PLC 对输入/输出信号采用集中输入、集中输出的传送方式。

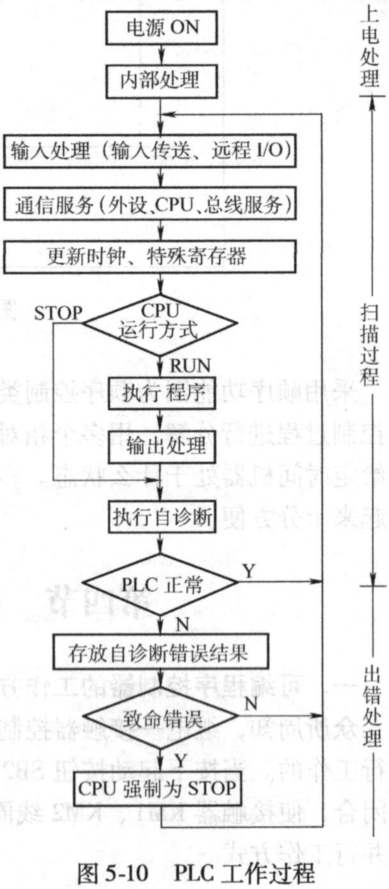

图 5-10　PLC 工作过程

二、可编程序控制器的工作全过程

PLC 工作的全过程可用图 5-10 所示的运行框图表示。整个过程分为三部分。

第一部分是上电处理。机器通电后对 PLC 系统进行一次初始化工作，包括硬件初始化、I/O 模块配置检查。停电保持范围设定及其他初始化处理等。

第二部分是扫描过程。PLC上电处理完成后进入扫描工作过程。先完成输入处理，其次完成与其他外设的通信处理，再次进行时钟、特殊寄存器更新。当CPU处于STOP方式时，转入执行自诊断检查。当CPU处于RUN方式时，还须完成用户程序的执行和输出处理，再转入执行自诊断检查。

第三部分是出错处理。PLC每扫描一次，执行一次自诊断检查，确定PLC自身的动作是否正常，如CPU、电池电压、程序存储器、I/O、通信等是否异常或出错。如检查出异常时，CPU面板上的LED及异常继电器接通，在特殊寄存器中会存入出错代码。当出现致命错误时，CPU被强制为STOP方式，所有的扫描停止。

三、可编程序控制器的扫描工作过程

由PLC工作全过程可知，当PLC处于正常运行状态时，它将不断重复图5-10所示的工作过程，不断循环扫描地工作下去。这个扫描过程主要为“输入采样”、“程序执行”、“输出刷新”三个阶段，图5-11所示为PLC扫描工作过程。

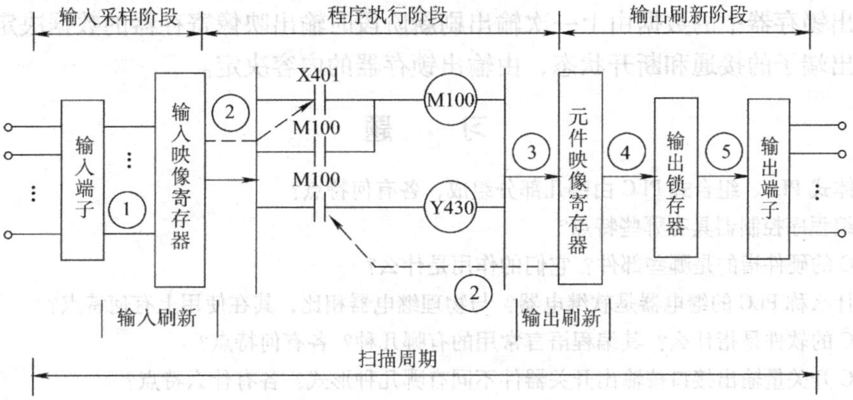

图5-11　PLC扫描工作过程

（1）输入采样阶段　PLC首先扫描所有输入端子，并将各输入状态存入输入映像寄存器。此时输入映像寄存器被刷新，为程序执行阶段作准备。当进入程序执行阶段后，若输入端信号变化，但变化后的状态信息不会进入输入映像寄存器，因为在程序执行阶段和输出刷新阶段，输入映像寄存器与输入端口隔离，只有在下一个扫描周期的输入采样阶段，输入端口信息才被读入。

（2）程序执行阶段　根据PLC梯形图程序扫描原则，PLC按先左后右、先上后下的步序逐点扫描。但遇到程序跳转指令时，则根据跳转条件是否满足来决定程序的跳转地址。当指令中涉及输入/输出状态时，PLC就从输入映像寄存器中“读入”上一阶段采入的对应输入端子的状态，从输入映像寄存器“读入”对应元件（软继电器）的当前状态。然后进行相应的运算，运算结果再存入元件映像寄存器中。对元件映像寄存器来说，每一个元件（软继电器）的状态会随着程序执行过程而变化。直到执行“END”指令。当最后一条控制程序执行完毕后，即转入输出刷新阶段。

（3）输出刷新阶段　当所有指令都扫描处理完后，将输出映像寄存器中的状态信息转存到输出锁存器中，刷新其内容，然后通过隔离电路改变输出端子上的状态以驱动被控设备。

由以上可知，PLC在一个扫描周期中，对输入状态的扫描只是在输入采样阶段进行。当PLC进入程序执行阶段后，输入端将被封锁，直到下一个扫描周期的输入采样阶段才对输入状态进行新的扫描，这就是集中采样输入，也就是PLC在一个扫描周期内，集中对输入状态扫描。

在一个扫描周期内，只是在输出刷新阶段将输出状态从输出映像寄存器中送出去，而在其他阶段，输出状态一直保存在输出映像寄存器中，这就是集中输出方式。

综上所述，PLC对输入/输出处理方面遵循以下规律：

1）输入映像寄存器的数据取决于输入端子板上各输入点在上一刷新期间的接通和断开状态。

2）程序执行结果取决于用户所编程序和输入/输出映像寄存器的内容及其他各元件映像寄存器的内容。

3）输出映像寄存器的内容取决于输出指令的执行结果。

4）输出锁存器中的数据由上一次输出刷新阶段时输出映像寄存器的数据决定。

5）输出端子的接通和断开状态，由输出锁存器的内容决定。

习　题

5-1　整体式PLC、组合式PLC由哪几部分组成，各有何特点？

5-2　可编程序控制器具有哪些特点？

5-3　PLC的硬件指的是哪些部件？它们的作用是什么？

5-4　为什么称PLC的继电器是软继电器？与物理继电器相比，其在使用上有何特点？

5-5　PLC的软件是指什么？其编程语言常用的有哪几种？各有何特点？

5-6　PLC开关量输出接口按输出开关器件不同有哪几种形式？各有什么特点？

5-7　PLC采用什么样的工作方式？有何特点？

5-8　什么是PLC的扫描周期？其扫描过程分为哪几个阶段？各阶段完成什么任务？

第六章　FX$_2$ 系列 PLC 编程元件及指令系统

目前，PLC 的生产厂家很多，其产品种类繁多，各有特色。本章以日本三菱公司生产的 FX$_2$ 系列 PLC 为例，介绍三菱 PLC 的系统构成、指令应用及编程。

第一节　FX$_2$ 系列 PLC 系统结构及性能

一、系统构成

FX$_2$ 系列 PLC 采用整体式和模块式相结合的叠装式结构，通过扩展可组成不同规模的系统。在 FX$_2$ 系列之后，三菱公司又相断推出了 FX$_0$、FX$_{2N}$、FX$_{0N}$、FX$_{2C}$等系列 PLC。

1. 型号命名方式

FX 系列 PLC 命名的基本格式如下：

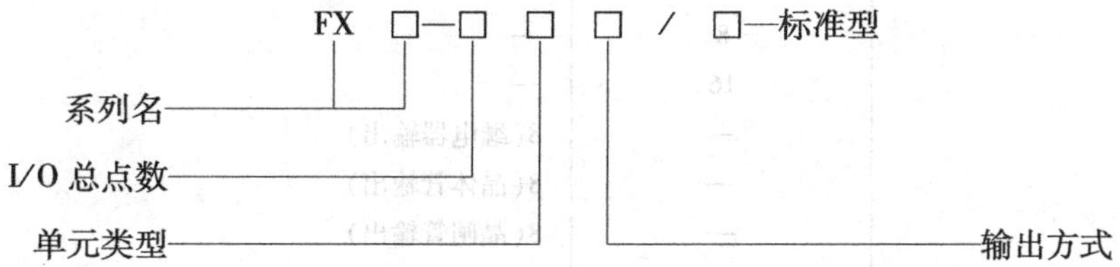

I/O 总点数：14 ~256

单元类型：M：表示基本单元

E：表示扩展单元及扩展模块

E_X：扩展输入单元

E_Y：扩展输出单元

输出方式：R：继电器输出

T：晶体管输出

S：晶闸管输出

2. FX$_2$ 系列 PLC 的基本构成

FX$_2$ 系列 PLC 有基本单元、扩展单元、扩展模块及特殊功能单元等类型。基本单元既能独立使用，又可与扩展单元、扩展模块组合使用。扩展单元用于扩展基本单元的 I/O 点数，含有内置电源。扩展模块同扩展单元一样是为了扩展 I/O 点数，但内部无电源，由基本单元或扩展单元供给。但由于扩展单元和扩展模块无 CPU，必须与基本单元一同使用。FX$_2$ 系列 PLC 的基本单元、扩展单元、扩展模块的型号规格见表 6-1。

FX$_2$ 系列 PLC 的特殊功能单元常用的有模拟量输入单元 FX-4AD，是一个 4 路 12 位 A/D 转换单元；模拟量输出单元 FX-2DA，是一个 2 路 12 位 D/A 转换单元；温度输入单元 FX-2AD-PT，是 2 路输入单元（内含 12 位 A/D），可直接与三线的铂电阻（PT100）连接；高速计数单元 FX-1HC 等。

表 6-1 FX_2 系列 PLC 的型号规格

类型	型　号	输入点数 (24V)DC	输 出 点 数
基本单元	FX_2-16MR(T)	8	8
	FX_2-24MR(T)	12	12
	FX_2-32MR(T)	16	16(继电器或晶体管输出)
	FX_2-48MR(T)	24	24
	FX_2-64MR(T)	32	32
	FX_2-80MR(T)	40	40
	FX_2-128MR(T)	64	64
扩展单元	FX-32ER	16	16(继电器输出)
	FX-48ER	24	24(继电器输出)
	FX-48ET	24	24(晶体管输出)
扩展模块	FX-8EX	8	—
	FX-16EX	16	—
	FX-8EYR	—	8(继电器输出)
	FX-8EYT	—	8(晶体管输出)
	FX-8EYS	—	8(晶闸管输出)
	FX-16EYR	—	16(继电器输出)
	FX-16EYT	—	16(晶体管输出)
	FX-16EYS	—	16(晶闸管输出)
	FX-8ER	4	4(继电器输出)

利用 FX_2 的基本单元与扩展单元或扩展模块一起可构成 I/O 点数为 16～256 点的 PLC 系统。用扩展模块可只增加输入点数或只增加输出点数，或增加输入、输出点数，因此可改变输入、输出点数的比例。

FX_2 系列 PLC 的编程工具有手持简易编程器 FX-20P-E、图形编程器 GP-80FX-E。另外还可利用编程软件 MELSFC-MEDOC 在个人计算机上进行编程。

二、FX_2 系列 PLC 的性能指标

PLC 的性能指标有一般指标和技术指标两种。一般指标主要指 PLC 的结构和功能情况，是用户选用 PLC 时必须首先了解的，而技术指标可分为一般性能规格和具体性能规格。一般性能规格是指使用 PLC 时应注意的问题。主要包括电源电压、允许电压波动范围、耗电情况、直流输出电压、绝缘电阻、耐压情况、抗噪声性能、耐机械振动及冲击情况，使用环境温度和湿度、接地要求、外形尺寸、重量等；具体性能规格是指 PLC 所具有的技术能力。FX_2 系统 PLC 的性能技术指标见表 6-2。

表 6-2　FX_2 系列 PLC 性能技术指标

项　目	性能指标			注　释	
操作控制方式	反复扫描程序			由逻辑控制器 LSI 执行	
I/O 刷新方式	批处理方式（在 END 指令执行时成批刷新）			有直接 I/O 指令及输入滤波器时间常数调整指令	
操作处理时间	基本指令：0.7μs/步			功能指令：几百微秒/步	
编程语言	继电器符号语言（梯形图）+步进指令			可用 SFC 方式编程	
程序容量与存储器类型	2K 步 RAM（标准配置） 4K 步 EEPROM 卡盒（选配） 8K 步 RAM，EEPROM EPROM 卡盒（选配）				
指令数	基本指令 20 条，步进指令 2 条，应用指令 85 条				
输入继电器	DC 输入，24V DC，7mA，光电隔离			X0～X177（八进制）	I/O 点数
输出继电器	继电器	AC 250V，30V DC，2A（电阻负载）		Y0～Y177（八进制）	I/O 点数
	晶闸管	AC 24V，0.3A/点，0.8/4 点			
	晶体管	DC 30V，0.5A/点，0.8A/4 点			
辅助继电器	通用型			M0～M499（500 点）	
	锁存型	电池后备		M500～M1023（524 点）	
	特殊型			M8000～M8255（256 点）	
状态	初始化用	用于初始状态		S0～S9（10 点）	
	通用			S10～S499	
	锁存	电池后备		S500～S899（400 点）	
	报警	电池后备		S900～S999（100 点）	
定时器	100ms	0.1～3276.7s		T0～T199（200 点）	
	10ms	0.01～327.67s		T0～T245（46 点）	
	1ms（积算）	0.001～32.767s 电池后备		T246～T249（4 点）	
	100ms（积算）	0.1～3276.7s（保持）		T250～T255（6 点）	
计数器	加计数器	16bit（1～32767）	通用型	C0～C99（100 点）	范围可通过参数设置
			电池后备	C100～C199（100 点）	
	加/减计数器	32bit-2147483648 2147483648	通用型	C200～C219（20 点）	
			电池后备	C220～C234（15 点）	
	高速计数器	32bit 加/减计数	电池后备	C235～C255（6 点）单相计数	
寄存器	通用数据寄存器	16bit　一对处理 32bit	通用型	D0～D199（200 点）可设置	
		16bit	电池后备	D200～D511（312 点）	
	特殊继电器	16bit		D8000～D8255（256 点）	
	变址寄存器	16bit		V，Z（2 点）	
	文件寄存器	16bit（存于程序中）	电池后备	D1000～D2999，最大 2000 点	
指针	JUMP/CAIL			P0～P63（64 点）	
	中断	X0～X5 作中断输入，定时器中断		10□□～18□□（9 点）	
嵌套标志		主控线路用		N0～N7（8 点）	
常数	十进制	16bit：-32768～32767　32bit：-2147483648～2147483647			
	十六进制	16bit：0～FFFFH　32bit：0～FFFFFFFFH			

第二节 FX$_2$ 系列 PLC 的编程元件

可编程序控制器是一种通过数字运算操作的电子系统。它运行自身内部存储的程序，通过数字或模拟输入和输出来实现对各种机械和生产过程的控制。程序由编程语言编写而成，既可由编程器送到 PLC 内部的存储器中，也能读出、检查与修改。利用编程语言，使用 PLC 内部的编程元件（软元件），按照不同的控制要求编制不同的控制程序，相当于使用继电器等低压电器设计电气控制线路。这些编程元件实质上是电子电路及存储器。考虑到工程技术人员的习惯，常用继电器电路中的类似器件名称来命名，如继电器、定时器、计数器等。对于使用者来说，编程时完全可以不管这些编程元件的物理实现，只注重它们的功能，在编程中可以像在继电器电路中一样使用它们，那么编制的控制程序就可以看作是由许多“软继电器”组成的电路图。

一、编程元件的分类、编号和基本特征

FX$_2$ 系列 PLC 的编程元件有输入继电器 X，输出继电器 Y，辅助继电器 M，状态继电器 S，定时器 T，计数器 C，数据寄存器 D 等，通常要对其进行编号。

编程元件的编号分为两部分：第一部分用一个字母代表功能类型，如“X”表示输入继电器，“Y”表示输出继电器等；第二部分用数字表示该类软元件的序号，输入/输出继电器的序号为八进制，其余编程元件序号为十进制。它们的编号详见表 6-3。

表 6-3 FX$_2$ 系列 PLC 编程元件编号一览表

<table>
<tr><td>输入继电器
X</td><td>FX$_2$-16M
8 点
X0 ~ X7</td><td>FX$_2$-24M
12 点
X0 ~ X13</td><td>FX$_2$-32M
16 点
X0 ~ X17</td><td>FX$_2$-48M
24 点
X0 ~ X27</td><td>FX$_2$-64M
32 点
X0 ~ X37</td><td>FX$_2$-80M
40 点
X0 ~ X47</td><td>带扩展
128 点
X0 ~ X177</td><td rowspan="2">输入输出合计
256 点</td></tr>
<tr><td>输出继电器
Y</td><td>FX$_2$-16M
8 点
Y0 ~ Y7</td><td>FX$_2$-24M
12 点
Y0 ~ Y13</td><td>FX$_2$-32M
16 点
Y0 ~ Y17</td><td>FX$_2$-48M
24 点
Y0 ~ Y27</td><td>FX$_2$-64M
32 点
Y0 ~ Y37</td><td>FX$_2$-80M
40 点
Y0 ~ Y47</td><td>带扩展
128 点
Y0 ~ Y177</td></tr>
<tr><td rowspan="3">辅助继电器
M</td><td rowspan="3">M0 ~ M499
500 点
通用</td><td colspan="3">M500 ~ M1023(B/U)
通信用 524 点保持用</td><td rowspan="3"></td><td colspan="3" rowspan="3">M8000 ~ M8255
256 点
特殊用</td></tr>
<tr><td colspan="2">主站→从站</td><td>从站→主站</td></tr>
<tr><td colspan="2">M800 ~ M899</td><td>M900 ~ M999</td></tr>
<tr><td rowspan="2">状态继电器
S</td><td colspan="3">S0 ~ S499　500 点通用</td><td rowspan="2" colspan="2">S500 ~ S899(B/U)
400 点
保持用</td><td rowspan="2" colspan="3">S900 ~ S999(B/U)
100 点
故障诊断用</td></tr>
<tr><td>初始
S0 ~ S9</td><td colspan="2">返回原点
S10 ~ S19</td></tr>
<tr><td>定时器
T</td><td colspan="2">T0 ~ T199 200 点
100ms
子程序用
T192 ~ T199</td><td colspan="2">T200 ~ T245
46 点 10ms</td><td colspan="2">T246 ~ T249(B/U)
4 点 1ms 积算</td><td colspan="2">T250 ~ T255(B/U)
6 点 100ms 积算</td></tr>
<tr><td rowspan="2">计数器
C</td><td colspan="2">16bit 加计数</td><td colspan="2">32bit 可逆计数</td><td colspan="4">32bit 高速可逆计数器　最大 6 点</td></tr>
<tr><td>C0 ~ C99
100 点</td><td>C100 ~ C199
100 点(B/U)
保持用</td><td>C200 ~ C219
20 点</td><td>C220 ~ C234
15 点(B/U)
保持用</td><td>(B/U)
C235 ~ C245
1 相 1 输入</td><td>(B/U)
C246 ~ C250
1 相 2 输入</td><td colspan="2">(B/U)
C251 ~ C255
2 相输入</td></tr>
</table>

（续）

<table>
<tr><td colspan="2" rowspan="3">数据寄存器
D,V,Z</td><td rowspan="3">D0 ~ D199
200 点
通用</td><td colspan="2">通信用 D200 ~ D511
312 点保持用(B/U)</td><td rowspan="3" colspan="2">D1000 ~ D299
2000 点(B/U)
文件寄存器</td><td rowspan="3">D8000 ~ D8255
256 点
特殊用</td><td rowspan="3">V,Z
2 点
变址用</td></tr>
<tr><td>主站→从站</td><td>从站→主站</td></tr>
<tr><td>D490 ~ D499</td><td>D500 ~ D509</td></tr>
<tr><td colspan="2">嵌套指针</td><td colspan="2">N0 ~ N7
8 点
主控用</td><td colspan="2">P0 ~ P63
64 点
跳转,子程序用
分支指针</td><td colspan="2">10□□ ~ 15□□
6 点
输入中断指针</td><td>16□□ ~ 18□□
3 点
时钟中断指针</td></tr>
<tr><td rowspan="2">常数</td><td>K</td><td colspan="4">16bit: -32768 ~ 32767</td><td colspan="3">32bit: -2147483648 ~ 2147483647</td></tr>
<tr><td>H</td><td colspan="4">16bit: 0 ~ FFFFH</td><td colspan="3">32bit: 0 ~ FFFFFFFFH</td></tr>
</table>

注：1. 标有（B/U）标志的元件是由锂电池保持的。

2. T、C 在不作为定时器、计数器使用时可用作数据寄存器，这样使用时 C200 ~ C255 间的各点对应于 32bit 寄存器。

编程元件在程序中的使用一般可以认为与实际物理继电器类似，具有线圈和瞬动常开常闭触头。触头的状态随线圈的状态变化而变化，当线圈通电时，触头动作；当线圈断电时，触头复位。其与物理继电器的不同在于：一是编程元件作为 PLC 内部的存储单元，从本质上来说，某个组件被选中，只是这个组件的存储单元置 1，未被选中存储单元置 0，且可以无限次地访问，所以每个编程元件可以有无数多个常开、常闭触头；二是作为存储单元，每个单元是一位，称为位元件，位元件也可以组合使用，另外 PLC 还有字元件等。

二、数据类编程元件的数据结构

1. 位元件

位元件只占存储器中的一位，只有“0”或“1”两种状态，通常用来表示开关量的状态，如线圈通电和断电（通电为“1”，断电为“0”），触点的通和断（常开触点通为“1”，断为“0”）。机内的 X、Y、M、S 元件均为位元件。

2. 字元件的基本形式

FX_2 系列 PLC 数据类字元件的基本结构为 16 位存储单元，最高位（第 16 位）为符号位。机内的 T、C、D、V、Z 元件均为 16 位字元件。处理的数值为 -32768 ~ +32767。

3. 双字元件的结构形式

为实现 32 位数据的运算、传送和存储，可以用两个字元件构成 32 位“双字元件”。以两个相邻的数据寄存器表示 32 位数据，可处理 -2147483648 ~ +2147483647 的数值。

三、编程元件的功能

1. 输入继电器 X000 ~ X177

输入端子是 PLC 接收外部开关信号的唯一端口，PLC 内部与之相连的输入继电器 X 是采用光电绝缘的电子继电器，所以，输入继电器 X 的线圈只能由输入端子上的外部开关信号驱动，不是由程序驱动，因此，在程序中输入继电器只有触点，而没有线圈，并且输入继电器 X 有无数个常开、常闭触点，在程序中可以无限次使用。图 6-1a 所示为输入继电器等效电路。

2. 输出继电器 Y000 ~ Y177

输出端子是 PLC 向外部负载发送信号的唯一端口，PLC 内部与之相连的输出继电器 Y

也是采用光电绝缘的电子继电器（如继电器、双向晶闸管、晶体管），输出继电器 Y 的线圈由程序驱动，它也有无数个常开、常闭触头，可以无限次使用，与对应输出端子相连的常开触头的通、断状态决定了负载运行工作与否。图 6-1b 所示为输出继电器等效电路。

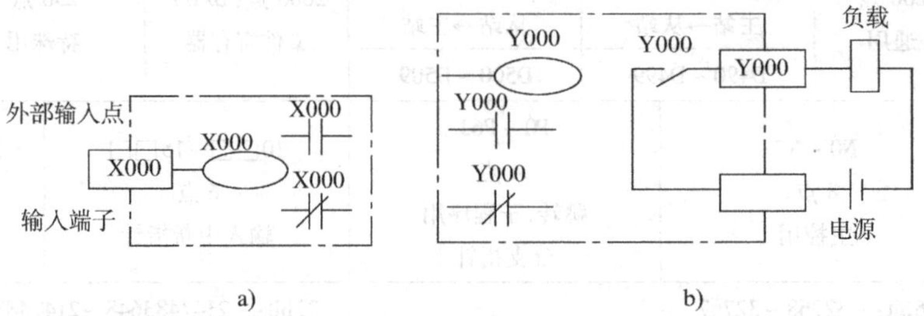

图 6-1　输入输出继电器示意图

a）输入继电器等效电路　b）输出继电器等效电路

FX 系列 PLC 输入、输出继电器均采用八进制的地址编号，FX_2 系列的输入、输出继电器地址为 X000 ~ X007，X010 ~ X017，X020 ~ X027，…，以及 Y000 ~ Y007，Y010 ~ Y017，Y020 ~ Y027，…。见表 6-3（FX_2 系列 PLC 编程元件编号一览表）。

3. 辅助继电器 M

PLC 内部有很多辅助继电器，辅助继电器线圈只能被 PLC 内部的各种软元件的触头驱动。辅助继电器有无数的常开与常闭触点，在程序中可以无限次使用，但是不能直接驱动外部负载。辅助继电器可分为通用型、断电保持型和特殊辅助继电器三种。

（1）通用辅助继电器 M0 ~ M499（500 点）　通用辅助继电器按十进制编号，通用辅助继电器的作用与继电器电路中的中间继电器类似，可作为中间状态存储和信号变换。其状态在停电时将丢失。

（2）断电保持辅助继电器 M500 ~ M1023（524 点）　断电保持辅助继电器的作用与通用辅助继电器相同，但其状态在断电时将保持，恢复供电后将再现停电前的状态，可用于要求保持断电前状态的控制系统。

（3）特殊辅助继电器 M8000 ~ M8255（256 点）　特殊辅助继电器具有特定的功能，可以分为以下两类：

1）触点利用型特殊辅助继电器，线圈由 PLC 系统驱动，用户编程时只能用其触点。如 M8000 为运行监控用，当 PLC 运行时 M8000 接通；M8002 为仅在 PLC 运行开始时的第一个扫描周期接通；M8012 为产生 100ms 时钟脉冲的特殊辅助继电器。

2）线圈驱动型特殊辅助继电器，这类特殊辅助继电器由用户驱动线圈后，PLC 作特定的运动，用来控制 PLC 的运行状态。如 M8030 为锂电池电压指示灯特殊继电器，当锂电池电压跌落时，M8030 动作，指示灯亮；M8033 为 PLC 停止时保持输出特殊辅助继电器；M8034 为输出禁止特殊辅助继电器；M8039 为定时扫描特殊辅助继电器。注意：未定义的特殊辅助继电器不可在用户程序中使用。

4. 状态继电器 S

状态继电器是使用步进控制指令编程时的重要元件，与步进指令 STL 组合使用。状态继电器与辅助继电器一样，有无数的常开、常闭触点，在程序内可随意使用，次数不限。状态继电器有以下 5 种类型：

（1）初始状态继电器　S0～S9 共 10 点，供初始状态（步进指令开始时的状态）使用。

（2）回零状态继电器　S10～S19 共 10 点，供返回原点使用。

（3）通用状态继电器　S20～S499 共 480 点。

（4）停电保持状态继电器　S500～S899 共 400 点，具有停电保持功能，所以，恢复供电后，PLC 控制的设备可以从中间工序开始接着停电前继续运行。

（5）报警用状态继电器　S900～S999 共 100 点，主要用作外部故障诊断。

状态继电器如果不用于步进状态程序中，可在一般的顺序控制程序中作辅助继电器 M 使用。

5. 定时器 T

定时器相当于继电器电路中的通电延时的时间继电器，可在程序中用于延时控制，有一个线圈和很多对常开、常闭触点。每个定时器有一个设定值寄存器、一个当前值寄存器和一个存储其触点状态的位元件，这三个存储单元元件号相同。设定值寄存器存放程序赋予的定时设定值，这个设定值可以用十进制常数 *K* 设置，也可以用数据寄存器 D 的内容来设置，数据范围为 0～32767，并且在程序运行中不改变。定时器是通过对机内 1ms、10ms、100ms 等不同规格时钟脉冲累加计时的。定时器满足计时条件即定时器线圈得电时，开始计时，时钟脉冲的累加个数作为计时当前值存入当前值寄存器，当他的当前计数值与设定值寄存器存放的设定值相等时，定时器的输出触头动作。定时器的类型有普通型定时器与积算型定时器两类。

（1）普通型定时器 T0～T245　其中 T0～T199 共 200 点，为 100ms 定时器，每个定时器设定值范围为 0.1～3276.7s；T200～T245 共 46 点为 10ms 定时器，每个定时器设定范围为 0.01～327.67s。图 6-2 所示为定时器工作原理图，T200 为 10ms 定时器，X000 为 T200 的计时条件，当驱动输入 X000 接通时，定时器 T200 开始计时，其当前值计数器对 10ms 时钟脉冲进行累积计数，当该值与设定值 K123 相等时，定时器的输出触头接通，即输出触点是在驱动 T200 线圈后的 123×0.01s＝1.23s 时动作。当驱动输入 X000 断开或发生断电时，T200 复位，其常开触头断开，当前值计数器复位（置“0”）。

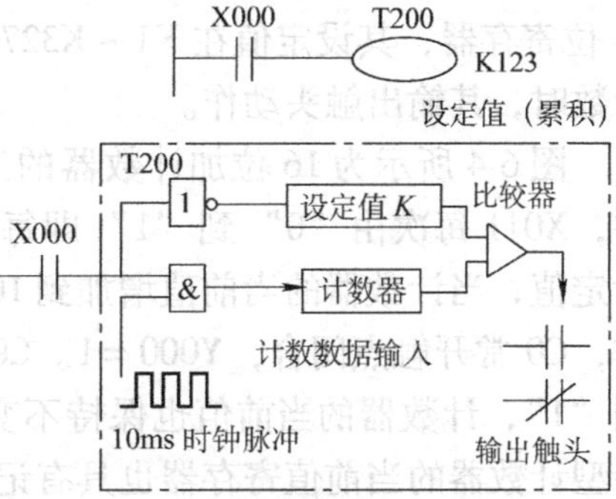

图 6-2　定时器的工作原理

（2）积算型定时器 T246～T255　积算型定时器与普通型定时器的区别在于：在计时条件失去或 PLC 电源停电时，其当前值计数器中数值及触头状态均可保持，当计时条件恢复或来电时可“累计”计时。由于积算型定时器有这种记忆功能，积算型定时器复位时必须在程序中加入专门的复位指令 RST 才能消除记忆力，令定时器和其当前值计数器复位。图 6-3 所示为积算型定时器的工作原理图。T246～T249 共 4 点为 1ms 积算型定时器，每点设定值范围为 0.001～32.767s；T250～T255 共 6 点为 100ms 积算型定时器，每点设定值范围为 0.1～3276.7s。图 6-3 中为 T250 积算型定时器，当驱动 T250 线圈的输入 X001 接通时，T250 开始计时，T250 的当前值计数器开始累计 100ms 的时钟脉冲的个数，当该值与设定值 K345 相等时，定时器的输出触头接通。

当计数中间，驱动输入 X001 断开或 PLC 电源停电时，当前值计数器中的数值及触头状态仍保持，而 X001 恢复接通或来电时，计数器继续工作，当累积时间为 0.1×345 =34.5s 时，输出触头动作。

当复位时，输入 X002 接通，输入复位指令 RST，积算型定时器 T250 复位，输出触头也复位。

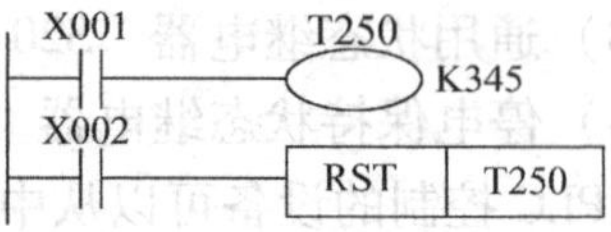

6. 计数器 C

计数器在程序中用作计数控制。FX_2 系列 PLC 中的计数器可分为内部计数器（普通计数器）和外部计数器（高速计数器）两类。计数器与定时器一样，有一个设定值寄存器、一个当前值寄存器和一个存储其触头状态的位元件，这三个存储单元元件号相同。下面主要介绍内部计数器的工作原理。

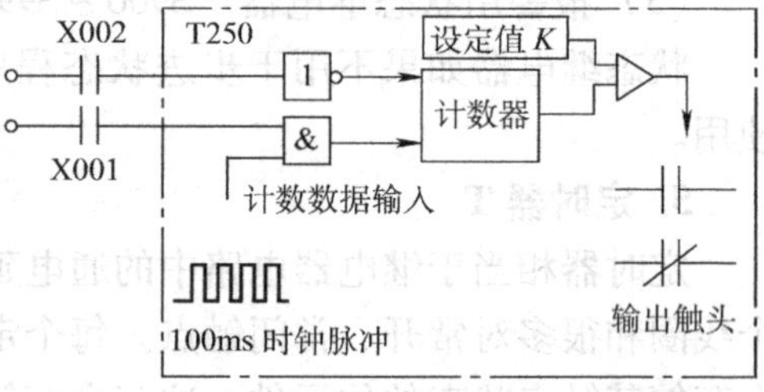

图 6-3　积算型定时器的工作原理图

（1）内部计数器　内部计数器是在执行扫描操作时对内部元件（X、Y、M、S、T 和 C）的触头通断次数计数，其通断频率低于扫描频率，因而是低速计数器，也称为普通计数器。内部计数器有 16 位加计数器和 32 位加/减双向计数器两类，它们又都可分为普通型和断电保持型两种。

1）16 位加计数器 C0～C199。其中 C0～C99 共 100 点为普通型 16 位加计数器，C100～C199 共 100 点为断电保持型 16 位加计数器，16 位是指其设定值及当前值寄存器为二进制 16 位寄存器，其设定值在 K1～K32767 范围内。设定值 K0 与 K1 含义相同，均为在第一次计数时，其输出触头动作。

图 6-4 所示为 16 位加计数器的工作过程。图中 X011 为计数输入，是计数器的计数条件，X011 每次由“0”到“1”即每次 X011 接通时，计数器的当前值加 1，10 为计数器的设定值，当计数器的当前值增加到 10 时，计数器的当前值和设定值相等，计数器 C0 触点动作，C0 常开触点闭合，Y000 =1。C0 的常开触头闭合（置“1”）后，即使 X011 再由“0”到“1”，计数器的当前值也保持不变。这也就是说，在电源正常情况下，即使是非断电保持型计数器的当前值寄存器也具有记忆功能，因此在计数器重新开始计数前必须用复位指令来对当前值寄存器复位。图中 X010 为复位输入，当 X010 接通，执行复位（RST）指令，计数器的当前值复位为 0，计数器输出触头也复位，C0 输出触头断开，Y000 =0。

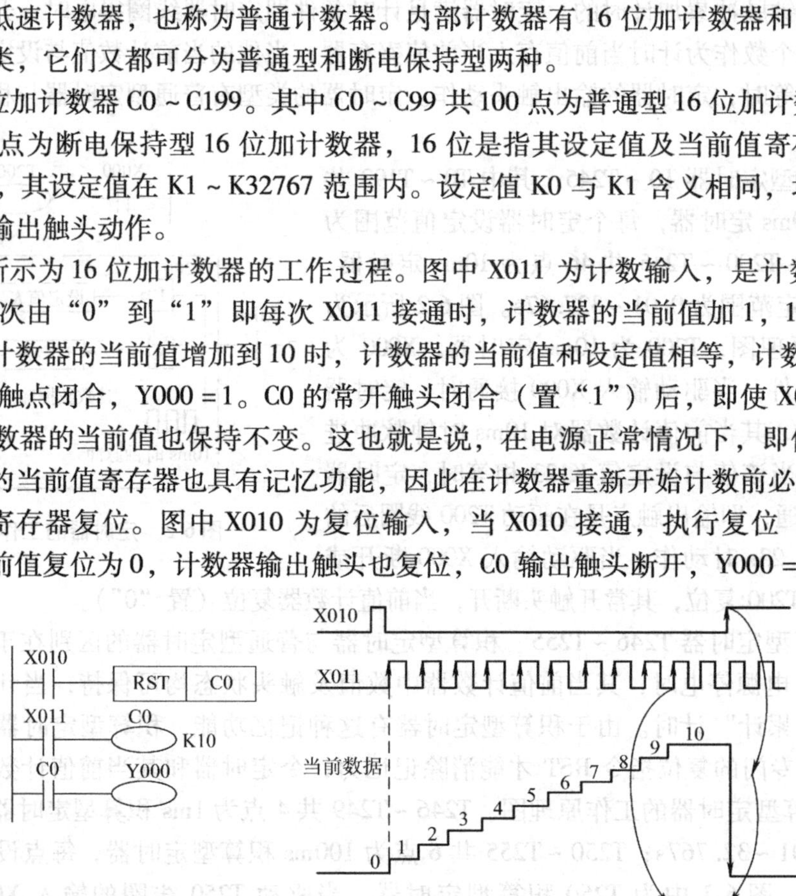

图 6-4　16 位加计数器的工作过程

对于断电保持型 16 位加计数器 C100～C199，即使停电，当前值和输出触点状态也能保持不变。

2）32 位加/减双向计数器 C200～C234。其中 C200～C219 共 20 点为普通型 32 位加/减双向计数器，C220～C234 共 15 点为断电保持型 32 位加/减双向计数器。32 位是指计数器的设定值寄存器为 32 位，其中首位为符号位。设定值可直接用常数 K 或间接用数据寄存器 D 的内容设定，设定值为 -2147483648～+2147483647。间接设定值时，要用元件号紧连在一起的两个数据寄存器表示，如指定 D0，则设定值存放在 D0 和 D1 中。

加/减计数的方向由特殊辅助继电器 M8200～M8234 设定，当对应的特殊辅助继电器为"1"时为减计数器，为"0"时为加计数器。如对于 C200，当 M8200 接通（置"1"）时，C200 为减计数器，M8200 断开（置"0"）时，C200 为加计数器。

图 6-5 所示为 32 位加/减双向计数器的工作过程。图中 X014 为计数输入，用来驱动 C200 线圈进行加计数或减计数。X012 为计数方向选择。计数器设定值为 -5。当计数器的当前值由 -6 增加为 -5 时，计数器 C200 触头接通（置"1"）；由 -5 减少为 -6 时，计数器 C200 触头断开（置"0"）。

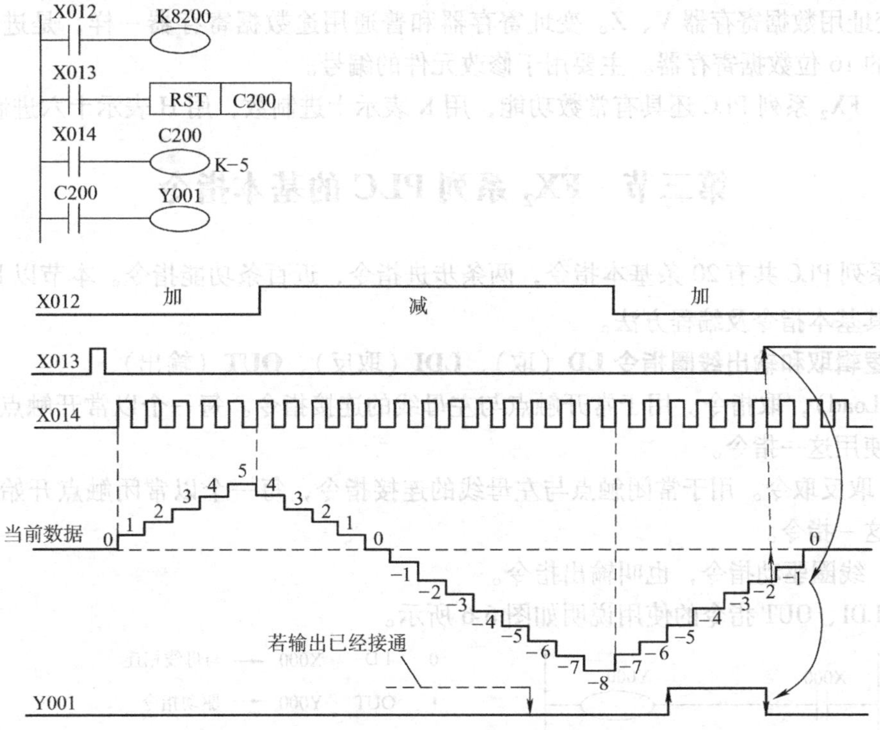

图 6-5　32 位加减双向计数器的工作过程

32 位加/减双向计数器为循环计数器，从 +2147483648 起再加 1 时，当前值就变成 -2147483647；同理，从 -2147483648 起再减 1，则当前值变为 +2147483647。当复位输入 X013 接通时，执行 RST 复位指令，则计数器的当前值为 0，输出触头复位。

若使用断电保持型计数器，其当前值和输出触头状态皆为断电保持。32 位计数器可作为 32 位数据寄存器使用，但不能作为 16 位指令中的软元件。

（2）外部计数器（高速计数器）C235 ~ C255（共 21 点） 外部计数器用于对 X000 ~ X005 输入端子上高于机器扫描频率的外部信号进行计数。

一般最高计数频率可达 10kHz。

7. 数据寄存器 D、V、Z

数据寄存器是存储数值数据的软元件，数据寄存器是纯粹的寄存器，不带任何触点，每一个数据寄存器都是 16 位，可用两个数据寄存器合并起来存放 32 位数据。数据寄存器有普通用途数据寄存器、断电保持数据寄存器、特殊用途数据寄存器、文件数据寄存器、变址用数据寄存器等。

1）普通用途数据寄存器 D0 ~ D199 共 200 点，只要不写入其他数据，已写入的数据就不会变化。但当 PLC 运行状态由运行→停止时，全部数据均清零。

2）断电保持数据寄存器 D200 ~ D511 共 312 点，只要不改写，原有数据就不会丢失。

3）特殊用途数据寄存器 D8000 ~ D8255 共 256 点，用于监控 PLC 中各种元件的运行方式。

4）文件数据寄存器 D1000 ~ D2999 共 2000 点。文件数据寄存器实际上是一类专用数据寄存器，用于存储大量的数据，例如采集数据、统计计算数据、多组控制参数等。

5）变址用数据寄存器 V、Z。变址寄存器和普通用途数据寄存器一样，是进行数值数据读、写的 16 位数据寄存器。主要用于修改元件的编号。

此外，FX_2 系列 PLC 还具有常数功能，用 K 表示十进制数，用 H 表示十六进制数。

第三节 FX_2 系列 PLC 的基本指令

FX_2 系列 PLC 共有 20 条基本指令，两条步进指令，近百条功能指令。本节以 FX_2-40MR 为例介绍其基本指令及编程方法。

一、逻辑取和输出线圈指令 LD（取）、**LDI**（取反）、**OUT**（输出）

LD（Load），取指令。用于常开触点与左母线的连接指令。每一个以常开触点开始的逻辑行都要使用这一指令。

LDI，取反取令。用于常闭触点与左母线的连接指令，每一个以常闭触点开始的逻辑行都要使用这一指令。

OUT，线圈驱动指令，也叫输出指令。

LD、LDI、OUT 指令的使用说明如图 6-6 所示。

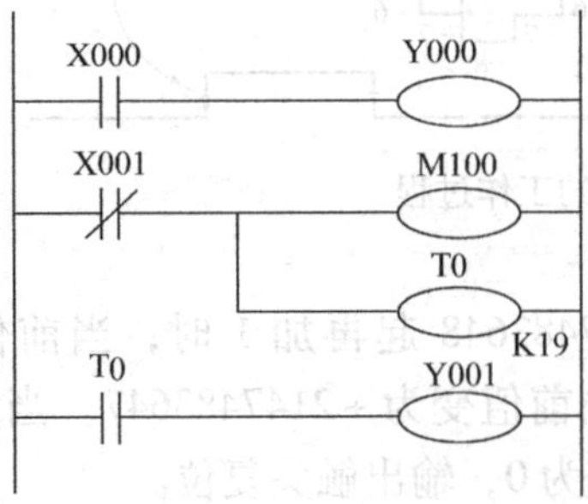

0	LD	X000	← 与母线相连
1	OUT	Y000	← 驱动指令
2	LDI	X001	← 与母线相连
3	OUT	M100	← 驱动指令
4	OUT	T0	← 驱动（定时器）指令
	SP	K19	← 设定常数，SP 为空格键。自动设置程序步
7	LD	T0	← 与母线相连
8	OUT	Y001	← 驱动指令

图 6-6 LD、LDI、OUT 指令的使用说明

LD、LDI、OUT 指令使用说明：

1）LD、LDI 这两条指令的目标元件是 X、Y、M、S、T、C，用于将触点连接到母线上。也可以与后述的 ANB 指令、ORB 指令配合使用，用于分支回路开头。

2）OUT 是驱动线圈的输出指令，它的目标元件是 Y、M、S、T、C。对输入继电器 X 不能使用。OUT 指令可以连续使用多次。OUT 指令的目标元件是定时器 T 和计数器 C 时，必须设置常数 K。

二、触点串联指令 AND（与）、ANI（与非）

AND，与指令。用于单个常开触点的串联，完成逻辑“与”运算。

ANI，与非指令。用于单个常闭触点的串联，完成逻辑“与非”运算。

AND、ANI 指令的使用说明如图 6-7 所示。

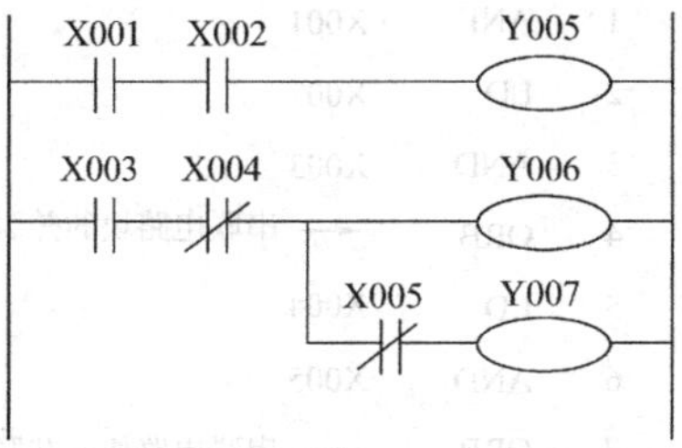

0	LD	X001	
1	AND	X002	← 串联常开触头
2	OUT	Y005	
3	LD	X003	
4	ANI	X004	← 串联常闭触头
5	OUT	Y006	
6	ANI	X005	
7	OUT	Y007	

图 6-7　AND、ANI 指令的使用说明

AND、ANI 指令使用说明：

1）AND、ANI 是单个触点串联连接指令，串联的次数没有限制，该指令可多次重复使用。

2）AND、ANI 指令的目标元件为 X、Y、M、S、T、C。

三、触点并联指令 OR（或）、ORI（或非）

OR，或指令，用于单个常开触点的并联，完成逻辑“或”运算。

ORI，或非指令，用于单个常闭触点的并联，完成逻辑“或非”运算。

OR、ORI 指令的使用说明如图 6-8 所示。

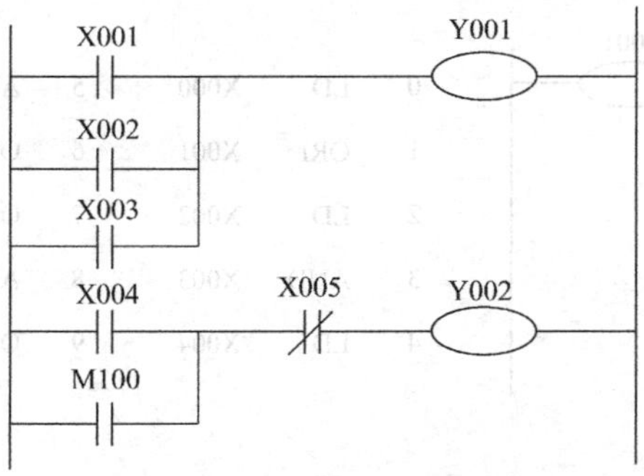

0	LD	X001
1	OR	X002
2	ORI	X003
3	OUT	Y001
4	LD	X004
5	OR	M100
6	ANI	X005
7	OUT	Y002

图 6-8　OR、ORI 指令的使用说明

OR、ORI 指令使用说明：

1）OR 与 ORI 指令都是一个程序步指令，目标元件是 X、Y、M、S、T、C。这两条指令都是并联一个触点。

2）OR、ORI 是从该指令的当前步开始，对前面 LD、LDI 指令进行并联连接。并联的次数无限制。

四、串联电路块的并联指令 ORB（块或）

ORB，块或指令。用于两个或两个以上的触点串联连接的电路之间的并联，称之为串联电路块的并联连接。

ORB 指令的使用说明如图 6-9 所示。

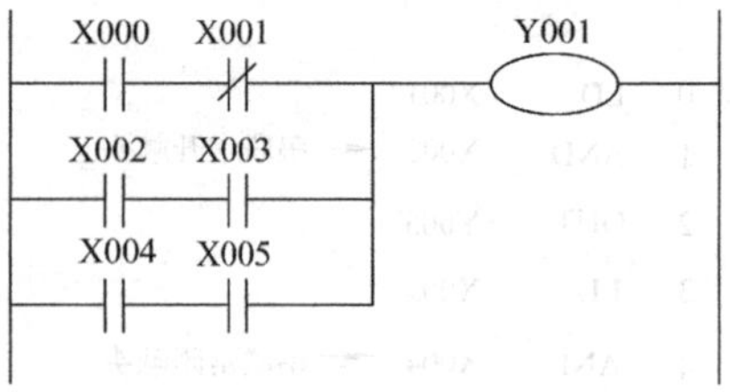

0	LD	X000	
1	ANI	X001	
2	LD	X002	
3	AND	X003	
4	ORB		←— 串联电路块的并联连接
5	LD	X004	
6	AND	X005	
7	ORB		←— 串联电路块的并联连接
8	OUT	Y001	

图 6-9　ORB 指令的使用说明

ORB 指令使用说明：

1）几个串联电路块并联连接时，串联电路块开始用 LD 或 LDI 指令，结束用 ORB 指令。

2）如要将多个串联电路块并联，若在并联的每个串联电路块后加 ORB 指令，则并联电路块的个数没有限制。

五、并联电路块的串联指令 ANB（块与）

ANB，块与指令。用于两个或两个以上触点并联连接的电路之间的串联，称之为并联电路块的串联连接。

ANB 指令的使用说明如图 6-10 所示。

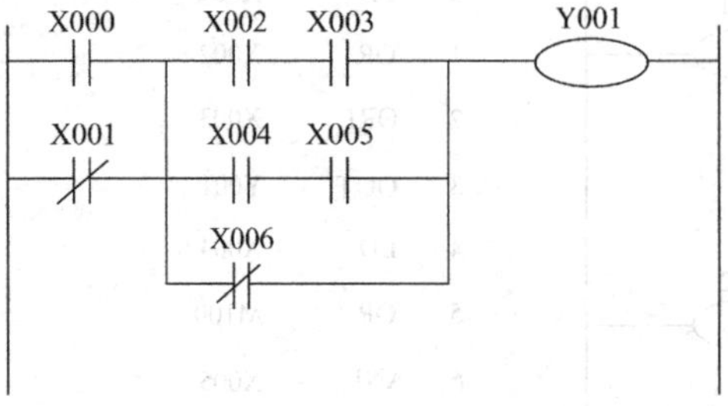

0	LD	X000	5	AND	X005
1	ORI	X001	6	ORB	
2	LD	X002	7	ORI	X006
3	AND	X003	8	ANB	
4	LD	X004	9	OUT	Y001

图 6-10　ANB 指令的使用说明

ANB 指令使用说明：

1）并联电路块与前面电路串联时，使用 ANB 指令。并联电路块的开始用 LD、LDI 指令，并联电路块结束后，使用 ANB 指令与前面电路串联。

2）如果有多个并联电路块串联，依次以 ANB 指令与前面支路连接，支路数量没有限制。

六、栈指令 MPS（进栈）、MRD（读栈）、MPP（出栈）

MPS、MRD、MPP 这三条指令分别为进栈、读栈、出栈指令，用于多重输出电路。可将连接点先存储，用于连接后面的电路。

FX 系列 PLC 中有 11 个存储中间运算结果的存储区域，被称为栈存储器。使用进栈指令 MPS 时，是将当时的运算结果压入栈的第一层，栈中原来的数据依次向下一层推移；使用出栈指令 MPP 时，各层的数据依次向上移动一次。MRD 是最上层所存数据的读出专用指令。

MPS、MRD、MPP 指令的使用说明如图 6-11 所示。使用时应注意，这三条指令均无操作数。MPS、MPP 指令必须成对使用，而且连续使用应少于 11 次。

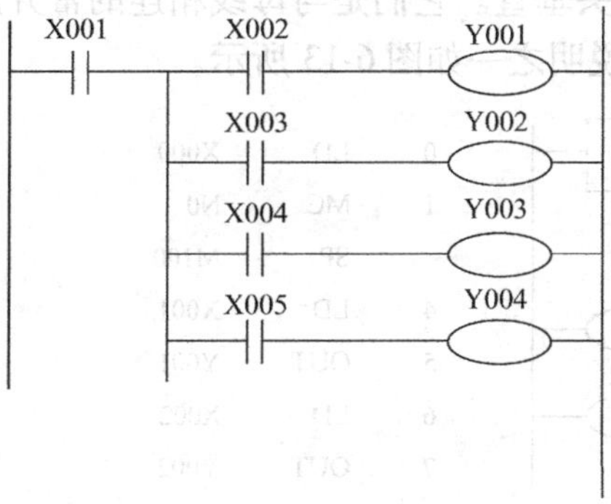

0	LD	X001	7	MRD	
1	MPS		8	AND	X004
2	AND	X002	9	OUT	Y003
3	OUT	Y001	10	MPP	
4	MRD		11	AND	X005
5	AND	X003	12	OUT	Y004
6	OUT	Y002			

图 6-11 MPS、MRD、MPP 指令的使用说明

七、脉冲指令 LDP（取脉冲）、LDF（取脉冲）、ANDP（与脉冲）、ANDF（与非脉冲）、ORP（或脉冲）、ORF（或非脉冲）

它们是与 LD、AND、OR 相对应的脉冲式操作指令。LDP、ANDP 与 ORP 指令中 P 表示脉冲上升沿检测的触头指令，指令中的触头中间带有一个向上的箭头，只有操作元件出现上升沿（由 OFF 变 ON）时接通一个扫描周期。

LDF、ANDF 与 ORF 指令中 F 表示脉冲下降沿检测的触头指令，指令中的触头中间带有一个向下的箭头，只有操作元器件出现下降沿（由 ON 变 OFF）时接通一个扫描周期。

以上脉冲指令可用于 X、Y、M、T、C 和 S 继电器。图 6-12 所示给出了脉冲指令的用法示例。

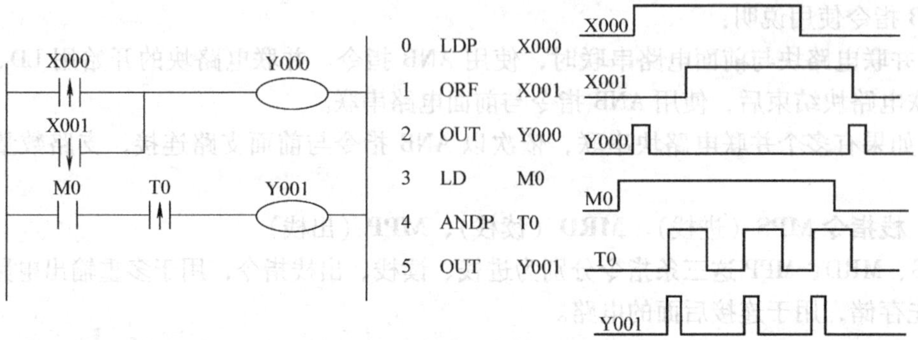

图 6-12 脉冲指令的用法

八、主控及主控复位指令 MC、MCR

MC 为主控指令，用于公共串联触头的连接，MCR 为主控复位指令，即作为 MC 的复位指令。

在编程时，经常遇到多个线圈同时受一个或一组触头的控制。如果在每个线圈的控制电路中都串入同样的触头，将多占用存储单元，应用主控指令可解决这一问题。使用主控指令的触头称为主控触头，它在梯形图中与一般的触头垂直。它们是与母线相连的常开触头，是控制一组电路的总开关。MC、MCR 指令的使用说明之一如图 6-13 所示。

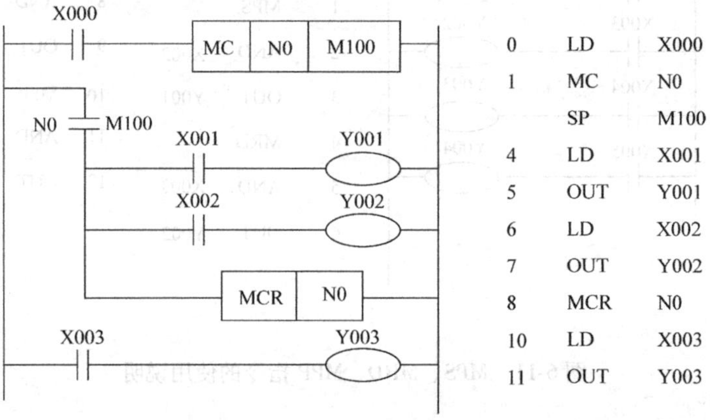

图 6-13 MC、MCR 指令的使用说明之一

MC 指令是 3 程序步，MCR 指令是 2 程序步，两条指令的操作目标元件是 Y、M，但不允许使用特殊继电器 M。

当图 6-13 中的 X000 接通时，执行 MC 与 MCR 之间的指令；当输入条件断开时，不执行 MC 与 MCR 之间的指令。非积算定时器，用 OUT 指令驱动的元件复位；积算定时器、计数器，用 SET/RST 指令驱动的元件保持原来的状态。

使用 MC/MCR 指令说明。

1）与主控指令 MC 相连的触头必须用 LD 或 LDI 指令，使用 MC 指令后，母线移到主控触头的后面，MCR 使母线回到原来的位置。

2）在 MC 指令内再使用 MC 指令时，嵌套级 N 的编号（0 ~ 7）顺次增大，返回用 MCR

指令，从大的嵌套级开始解除。如图6-14所示。特殊辅助继电器不能用作MC的操作。

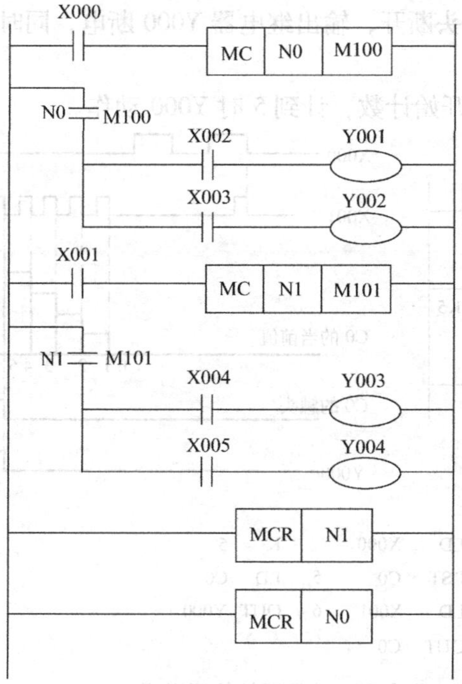

0	LD	X000
1	MC	N0
	SP	M100
4	LD	X002
5	OUT	Y001
6	LD	X003
7	OUT	Y002
8	LD	X001
9	MC	N1
	SP	M101
12	LD	X004
13	OUT	Y003
14	LD	X005
15	OUT	Y004
16	MCR	N1
17	MCR	N0

图6-14　MC、MCR指令的使用说明之二

九、置位与复位指令SET、RST

SET，置位指令，使操作保持；RST，复位指令，使操作保持复位。

SET、RST指令的使用说明如图6-15所示。

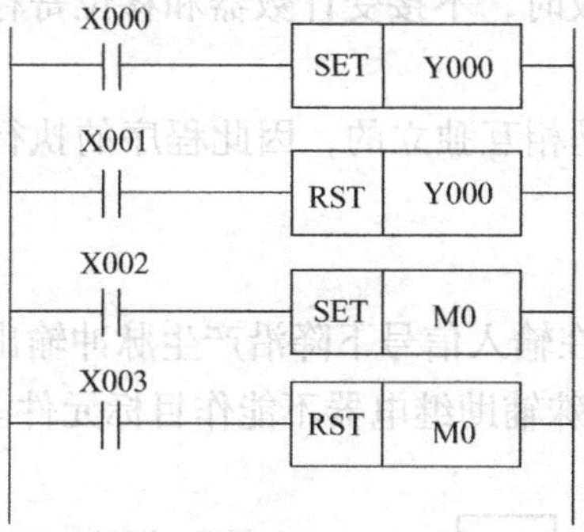

a)

0	LD	X000
1	SET	Y000
2	LD	X001
3	RST	Y000
4	LD	X002
5	SET	M0
6	LD	X003
7	RST	M0

b)

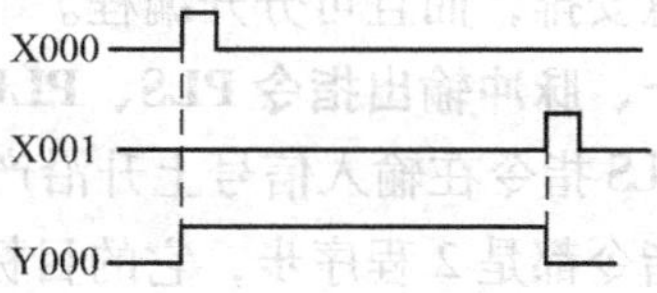

c)

图6-15　SET、RST指令的使用说明

a）梯形图　b）语句表　c）波形

由波形图可知，当X000接通后，即使再变成断开，Y000也保持接通。X001接通后，即使再变成断开，Y000也将保持断开。SET指令的操作目标元件为Y、M、S。而RST指令的操作元件为Y、M、S、V、Z、T、C。这两条指令是1～3个程序步。用RST指令可以对定时器、计数器、数据寄存器以及变址寄存器的内容清零。RST复位指令用于计数器的使用

说明如图6-16所示。

当X000接通时，计数器C0的触头断开，输出继电器Y000断电，同时计数器恢复到设定值。

当输入触头X001接通期间，C0开始计数，计到5时Y000动作。

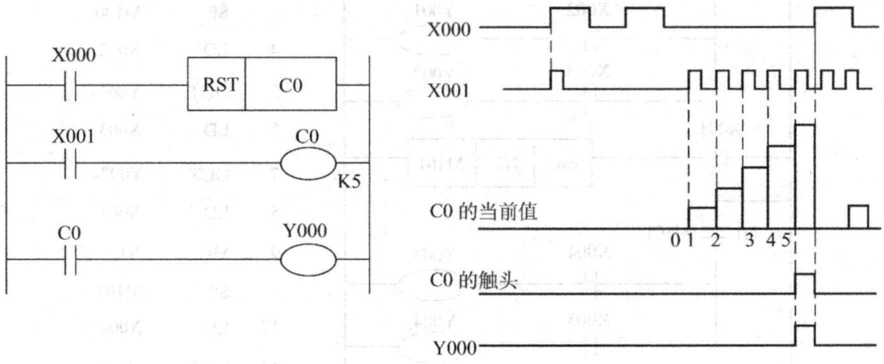

0	LD	X000		K	5
1	RST	C0	5	LD	C0
2	LD	X001	6	OUT	Y000
3	OUT	C0			

图6-16 RST指令用于计数器的使用说明

RST指令的使用说明如下：

1）RST指令既可用于计数器复位，使其当前值恢复至设定值；也可用于复位移位寄存器，清除当前内容。

2）在任何情况下，RST指令优先。当RST输入有效时，不接受计数器和移位寄存器的输入信号。

3）因复位回路的程序与计数器的计数回路的程序是相互独立的，因此程序的执行顺序可任意安排，而且可分开编程。

十、脉冲输出指令PLS、PLF

PLS指令在输入信号上升沿产生脉冲输出，而PLF在输入信号下降沿产生脉冲输出，这两条指令都是2程序步，它的目标元件是Y和M，但特殊辅助继电器不能作目标元件。

PLS、PLF指令的使用说明如图6-17所示。

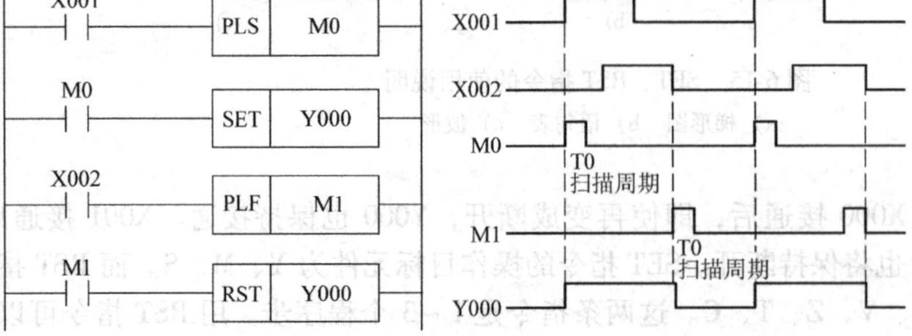

0	LD	X001
1	PLS	M0←2步指令
3	LD	M0
4	SET	Y000
5	LD	X002
6	PLF	M1←2步指令
8	LD	M1
9	RST	Y000

图6-17 PLS、PLF指令的使用说明

PLS、PLF 指令的使用说明：

1）使用 PLS 指令，元件 Y、M 仅在驱动输入接通后的一个扫描周期内动作（置 1）。

2）使用 PLF 指令，元件仅在驱动输入断开后的一个扫描周期内动作。

3）特殊继电器不能用作 PLS 或 PLF 的操作元件。

4）使用这两条指令时，要特别注意目标元件。例如，在满足执行条件（X001 = ON），PLC 由运行→停机→运行时，PLS M0 动作，但是 PLS M600 不动作。这是因为 M600 是特殊保持继电器，即使在断电停机时其动作也能保持。

十一、空操作指令 NOP

NOP（No Operation）：空操作指令。

NOP 指令是一条无动作、无目标元件的 1 程序步指令。NOP 指令的作用有两个，一是在 PLC 的执行程序全部清除后，要用 NOP 显示；二是用于修改程序，在程序中加入空操作指令，可在改动程序或增加指令时，使步序号的更改减少到最低程度，甚至不变。NOP 指令的使用说明如图 6-18 所示。

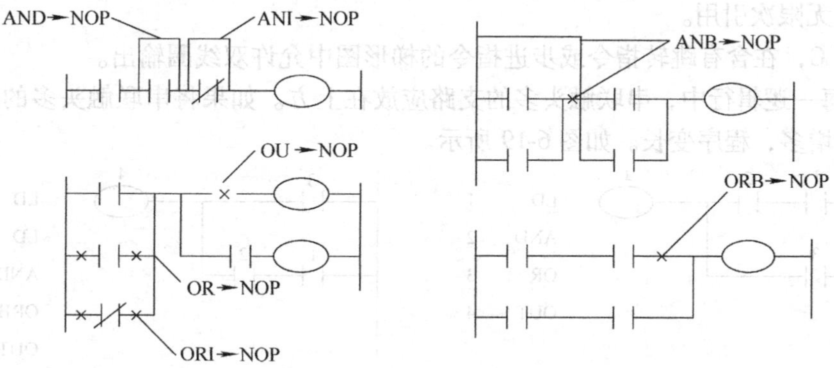

图 6-18　NOP 指令的使用说明

用 NOP 指令也可以替换一些已写入的指令，修改梯形图或程序。但要注意，如果将 LD、LDI、ANB、ORB 等指令换成 NOP 指令，会引起梯形图电路的构成发生很大的变化，可能导致出错。故空操作指令实际上较少使用。

十二、程序结束指令 END

END 为程序结束指令。PLC 总是按照指令进行输入处理、扫描执行程序，直到 END 指令结束，再进行输出处理工作。若在程序中不写入 END 指令，则 PLC 从用户程序的第 0 步扫描到程序存储的最后一步；若在程序中写入了 END 指令，则 END 以后的程序步不再扫描，而是直接进行输出处理，这样可以缩短扫描周期。

END 指令的另一个用途，是可以对较长的程序分段调试。调试时，可将程序分段后插入 END 指令，依次对各程序段的运算进行检查，然后，在确认前面电路块动作正确无误后，再依次删除 END 指令。

第四节　常用基本环节的编程

尽管 PLC 的编程语言有多种，但目前绝大多数 PLC 都将梯形图作为第一编程语言。在掌握了 FX_2 系列 PLC 基本指令的基础上，本节介绍常用基本环节的编程。任何一个复杂的梯形图程序，总是由一些简单的基本环节的梯形图组成的。因此，熟悉、理解和掌握一些基本环节梯形图程序，对编制复杂梯形图有很大帮助。

一、梯形图的特点及绘图原则

梯形图直观易懂，与继电器控制电路在结构形式、元件符号及逻辑功能等方面是相类似的，但又有很多不同之处，梯形图具有其独有特点与设计规则。

1）梯形图按自上而下、从左到右的顺序排列。每个继电器线圈为一个逻辑行，即一层阶梯。每一个逻辑行起于左母线，然后是触头的连接，最后终止于继电器线圈或右母线。注意：左母线与线圈之间一定要有触头，而线圈与右母线之间不能有任何触头，应直接连接。

2）一般情况下，在梯形图中某个编号继电器线圈只能出现一次，而继电器触头（常开或常闭）可无限次引用。

有些 PLC，在含有跳转指令或步进指令的梯形图中允许双线圈输出。

3）在每一逻辑行中，串联触头多的支路应放在上方。如果将串联触头多的支路放在下方，则语句增多，程序变长。如图 6-19 所示。

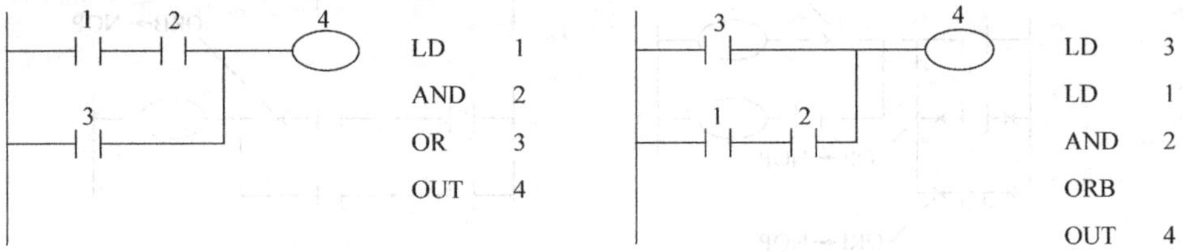

a)　　　　b)

图 6-19　梯形图之一

a）合理　b）不合理

4）在每一个逻辑行中，并联触头多的支路应放在左边。如果将并联触头多的电路放在右边，则语句增多、程序变长。如图 6-20 所示。

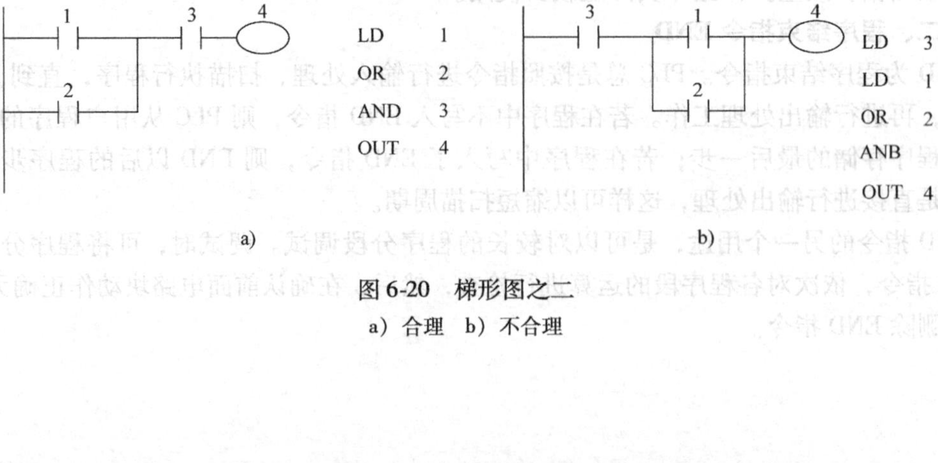

a)　　　　b)

图 6-20　梯形图之二

a）合理　b）不合理

5）梯形图中，不允许一个触头上有双向“电流”通过。如图 6-21a 所示，触头 5 上有双向“电流”通过，这是不允许的，该梯形图不能编程。对于这样的梯形图，应根据其逻辑功能作适当的等效变换，如图 6-21b 所示。

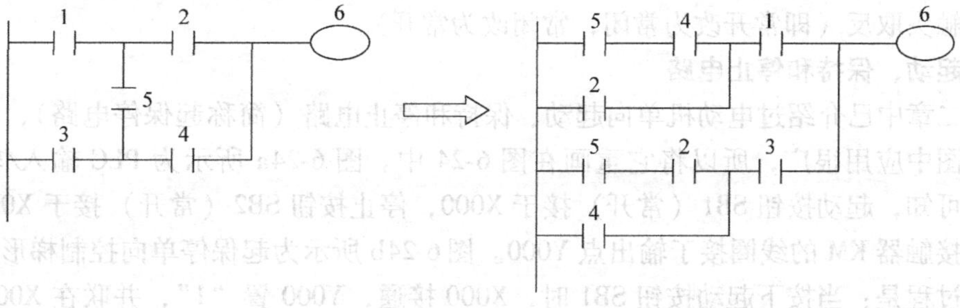

a)　b)

图 6-21　梯形图之三

6）梯形图中，当多个逻辑行都具有相同条件时，为了节省语句数量，常将这些逻辑行合并，节约存储空间。如图 6-22a 所示，并联触头 1、2 是各个逻辑行所共有的相同条件。可合并成如图 6-22b 所示的梯形图，利用主控指令或分支指令来编程。

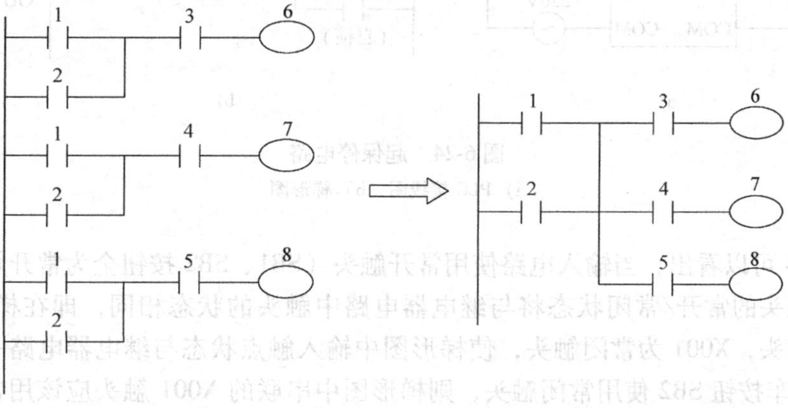

a)　b)

图 6-22　梯形图之四

a）不合理　b）合理

7）如果电路结构复杂，用 ANB、ORB 等指令难以处理时，可以重复使用一些触头改成等效电路，再进行编程，如图 6-23 所示。

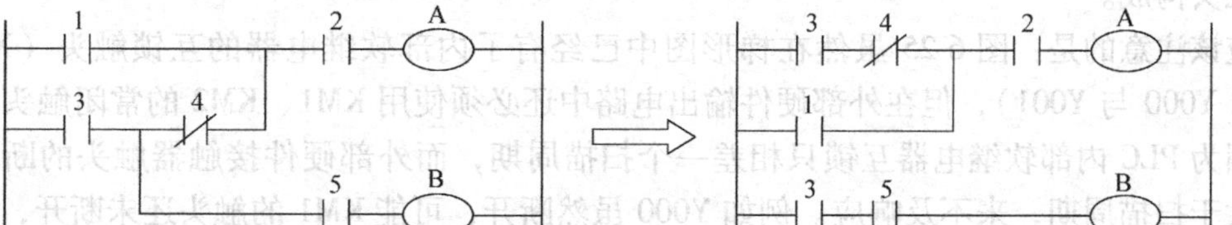

图 6-23　复杂电路的处理方法

8）设计梯形图时，输入继电器的触头状态全部按相应的输入设备为常开进行设计更为合适，不易出错。因此，也建议尽可能用输入设备的常开触头与 PLC 输入端连接。如果某些信号只能用常闭触头输入，可先按输入设备全部为常开来设计，然后将梯形图中对应的输入继电器触头取反（即常开改为常闭，常闭改为常开）。

二、起动、保持和停止电路

在第二章中已介绍过电动机单向起动、保持和停止电路（简称起保停电路），由于该电路在梯形图中应用很广，所以将它重画在图 6-24 中。图 6-24a 所示为 PLC 输入/输出接线图，由图可知，起动按钮 SB1（常开）接于 X000，停止按钮 SB2（常开）接于 X001，电动机的交流接触器 KM 的线圈接于输出点 Y000。图 6-24b 所示为起保停单向控制梯形图。梯形图的工作过程是：当按下起动按钮 SB1 时，X000 接通，Y000 置“1”，并联在 X000 触头上的 Y000 常开触头闭合而自锁，所以当松开 SB1 时，输入继电器 X000 断开，但线圈 Y000 仍然能保持通电状态，使电动机继续运行。需要停车时，按下停车按钮 SB2，串联的 X001 的常闭触头断开，Y000 置“0”，KM 线圈断电，电动机断电停止转动。

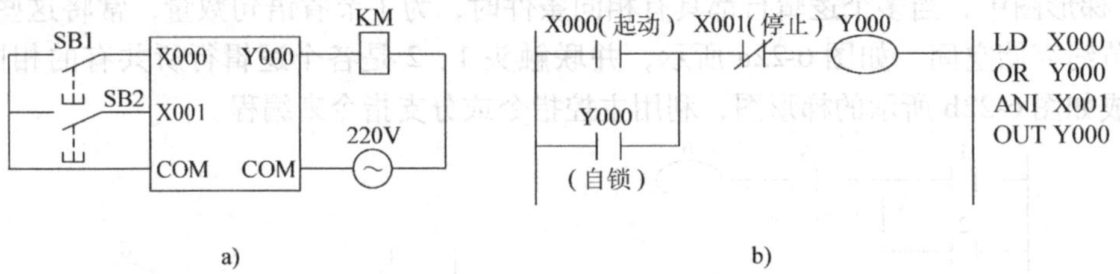

图 6-24 起保停电路
a）PLC 接线图 b）梯形图

由图 6-24 可以看出，当输入电路使用常开触头（SB1、SB2 按钮全为常开触头）时，梯形图中对应触头的常开/常闭状态将与继电器电路中触头的状态相同，即在梯形图中 X000 触头为常开触头，X001 为常闭触头，使梯形图中输入触点状态与继电器电路一致。但是若在 6-24a 中停车按钮 SB2 使用常闭触头，则梯形图中串联的 X001 触头应该用常开触头，这就使得梯形图中对应触头的状态与继电器电路中相反。所以，输入电路的输入设备全使用常开触头输入。

三、电动机正反转控制电路

图 6-25a 所示为 PLC 的外部硬件接线图。其中 SB3 为停止按钮，SB1 为正转起动按钮，SB2 为反转起动按钮，KM1 为正转接触器，KM2 为反转接触器。实现电动机正反转功能的梯形图如图 6-25b 所示。该梯形图是由两个起动、保持、停止的梯形图，再加上两者之间的互锁触头构成。

应该注意的是：图 6-25 虽然在梯形图中已经有了内部软继电器的互锁触头（X000 与 X001、Y000 与 Y001），但在外部硬件输出电路中还必须使用 KM1、KM2 的常闭触头进行互锁。因为 PLC 内部软继电器互锁只相差一个扫描周期，而外部硬件接触器触头的断开时间往往大于扫描周期，来不及响应。例如 Y000 虽然断开，可能 KM1 的触头还未断开，在没有外部硬件互锁的情况下，KM2 的触头可能接通，引起主电路短路。因此，必须采用软硬件双重互锁。

采用了双重互锁，同时也避免因接触器 KM1 或 KM2 的主触头熔焊引起电动机主电路短路。

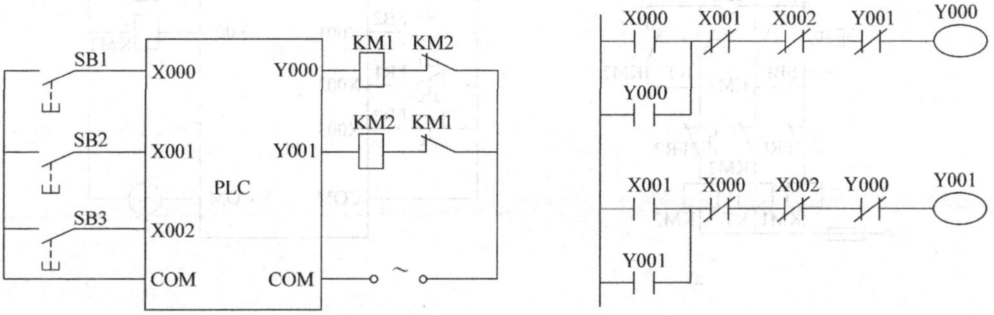

a)　　　　b)

0	LD	X000	7	OR	Y001
1	OR	Y000	8	ANI	X000
2	ANI	X001	9	ANI	X002
3	ANI	X002	10	ANI	Y000
4	ANI	Y001	11	OUT	Y001
5	OUT	Y000	12	END	
6	LD	X001			

图 6-25　电动机正反转控制电路

a）PLC 的外部接线图　b）梯形图

四、电动机顺序控制电路

图 6-26 所示为电动机顺序控制梯形图。X000 为接 1 号电动机 M1 的起动按钮 SB1 常开触头，X001 为接 M1 停止按钮 SB2 常开触头，X002 为接电动机 M2 的起动按钮 SB3 常开触头，X003 为接 M2 停止按钮 SB4 常开触头，Y000 为接 M1 电动机接触器 KM1 线圈，Y001 为接 M2 电动机接触器 KM2 线圈。图中 Y000 的常开触头串接于 Y001 线圈的电路中，线圈 Y001 的接通以 Y000 的接通为条件。只有 Y000 接通才允许 Y001 接通，从而实现起动 M1 后方可起动 M2 电动机。停车时 Y000 断电后，Y001 也被断电，即停车时，按下 SB2 则 M1、M2 都停止转动。但在 Y000 接通条件下，Y001 可以自行起动和停止。

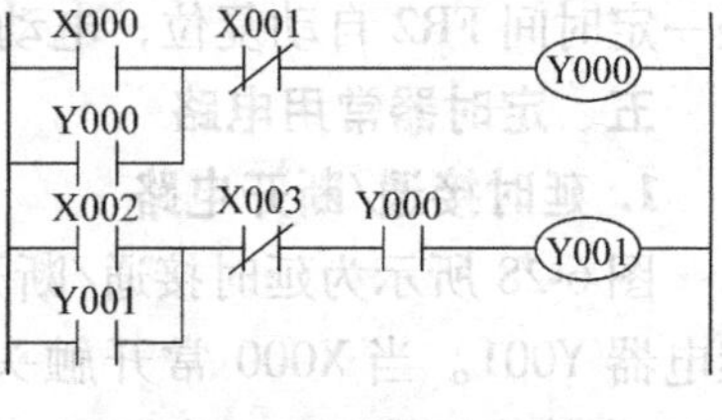

图 6-26　顺序控制梯形图

图 6-27 所示为两台电动机顺序起动控制继电器控制电路，PLC I/O 接线图、梯形图及指令语句。PLC 的控制过程如下：

当按下起动按钮 SB1，输入继电器 X000 线圈通电，X000 常开触头闭合，输出继电器 Y000 线圈通电并自保，接触器 KM1 通电吸合，电动机 M1 起动旋转。同时 Y000 的常开触头闭合，定时器 T50 开始计时，经过延时 $100 \times 100ms = 10s$ 后，T50 的常开触头闭合，Y001 线圈接通并自保，KM2 通电吸合，电动机 M2 起动旋转。由此可见，只有电动机 M1 先起动，电动机 M2 才能起动。

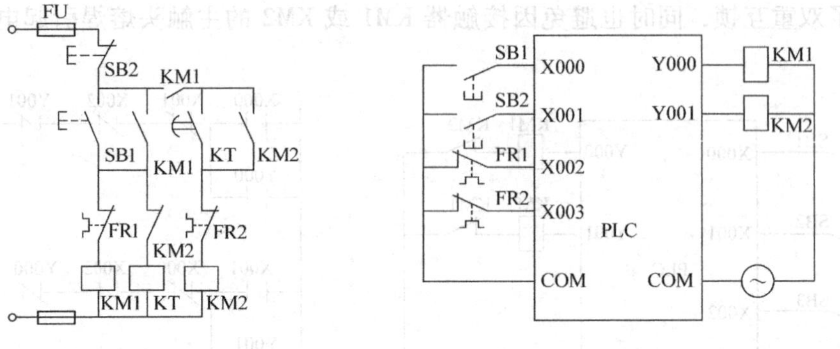

a)　　　　　　b)

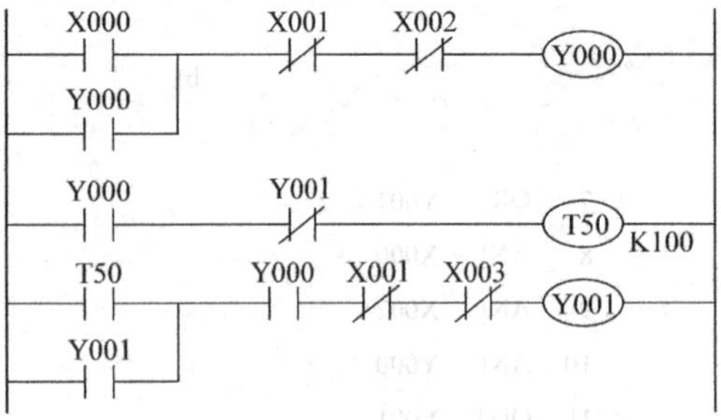

c)

0	LD	X000	8	LD	T50
1	OR	Y000	9	OR	Y001
2	ANI	X001	10	AND	Y000
3	ANI	X002	11	ANI	X001
4	OUT	Y000	12	ANI	X003
5	LD	Y000	13	OUT	Y001
6	ANI	Y001	14	END	
7	OUT	T50			
		K100			

d)

图 6-27　两台电动机顺序起动控制

a）继电器控制电路　b）PLC I/O 接线图　c）梯形图　d）指令语句

当按下停止按钮 SB2 时，X001 常闭触头断开或电动机 M1 过载时，热继电器 FR1 的常闭触头 X002 断开，都将使 Y000、Y001、T50 线圈断电，KM1、KM2 线圈断电释放，M1、M2 电动机都停止运行。如果出现 M2 过载，热继电器 FR2 常闭触头 X003 断开，Y001 断电，KM2 线圈断电释放，电动机 M2 停止运转，但电动机 M1 仍继续运转。若电动机 M2 过载后，经一定时间 FR2 自动复位，电动机 M2 又自动起动运转。

五、定时器常用电路

1. 延时接通/断开电路

图 6-28 所示为延时接通/断开电路梯形图和波形图。图中 X000 为输入信号，控制输出继电器 Y001。当 X000 常开触头闭合，定时器 T0 开始计时，9s 后 T0 常开触头闭合，使 Y001 有输出（即 Y001 为 ON）并自锁，同时，X000 常闭触头断开，使 T1 复位。

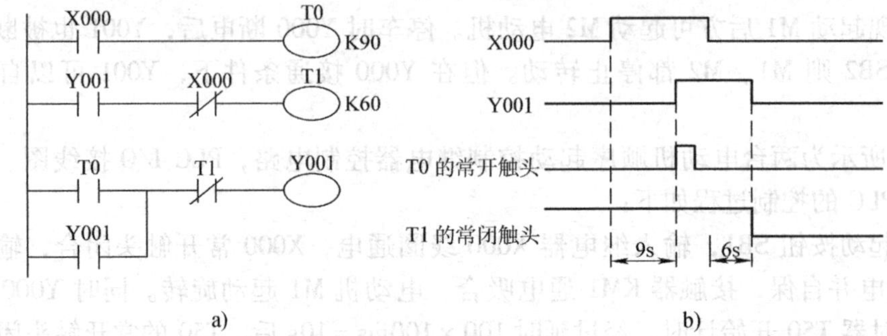

a)　　　　　　b)

图 6-28　延时接通/断开电路

a）梯形图　b）波形图

当 X000 变为 OFF 时，T1 开始定时，6s 后 T1 的常闭触头断开，使 Y001 断电，T1 复位。

2. 定时范围的扩展

大多数 PLC 定时器的延时时间都比较短，如 FX_2 系列 PLC 定时器的最长定时时间为 3276.7s，因此无法适应较长延时的需要。为了解决这个问题，常采用以下三种方法以获得较长延时时间的电路。

（1）几个定时器组合　图 6-29a 所示为采用两个定时器构成的长延时电路。

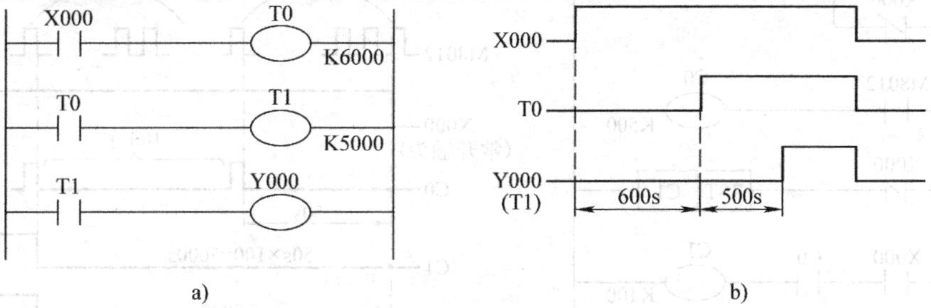

图 6-29　定时器扩展延时电路
a）梯形图　b）波形图

图中通过两个定时器的串联使用，可以实现延时 1100s。在图中 T0 的设定值为 600s，T1 的设定值为 500s。当 X000 闭合时，T0 线圈得电并开始延时，当到达 600s 时，T0 常开触头闭合，又使 T1 线圈得电并开始计时，再延时 500s 后，T1 的常开触头闭合，才能使 Y000 线圈得电。因此，从 X000 接通到 T1 常开触头闭合之间的时间为 T0 的定时时间与 T1 的定时时间之和 1100s。其波形图如图 6-29b 所示。

（2）定时器与计数器组合　图 6-30a 所示为采用一个定时器和一个计数器组合的长延时梯形图。图中 T0 的设定值为 100s，当 X000 闭合时，定时器 T0 产生周期为 100s 的脉冲序列，作为计数器 C0 的计数输入，当 C0 计数到达 400 次，其常开触点闭合使 Y001 接通。因此，电路的定时时间等于 T0 的定时值与 C0 的计数值的乘积，即从 X000 接通到 Y001 接通之间的延时时间为 $T=0.1K_TK_C(\mathrm{s})$。其波形如图 6-30b 所示。

当 X000 断开时，则 T0 和 C0 复位，Y001 断开。

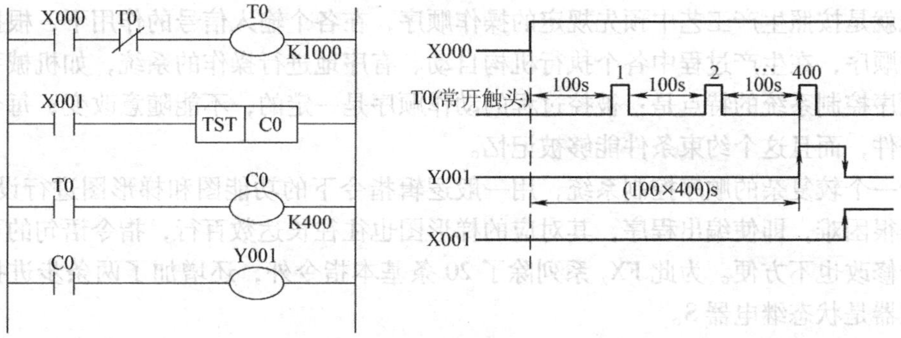

图 6-30　定时器和计数器的组合扩展延时
a）梯形图　b）波形图

(3) 两个计数组合　图 6-31a 为采用两个计数器组合成的长延时电路。特殊继电器 M8012 给 C0 提供周期为 0.1s 的计数输入脉冲。当 X000 接通时，C0 开始计数，计满 500 次 (50s) 时，C0 的常开触头闭合，使 C1 计数 1 次，同时又使 C0 自己复位，重新开始计数。所以计数器 C0 是产生周期为 50s 的脉冲序列，送给 C1 计数。当 C1 计满 100 次时，C0 动作，Y000 得电接通。其波形图如图 6-31b 所示。

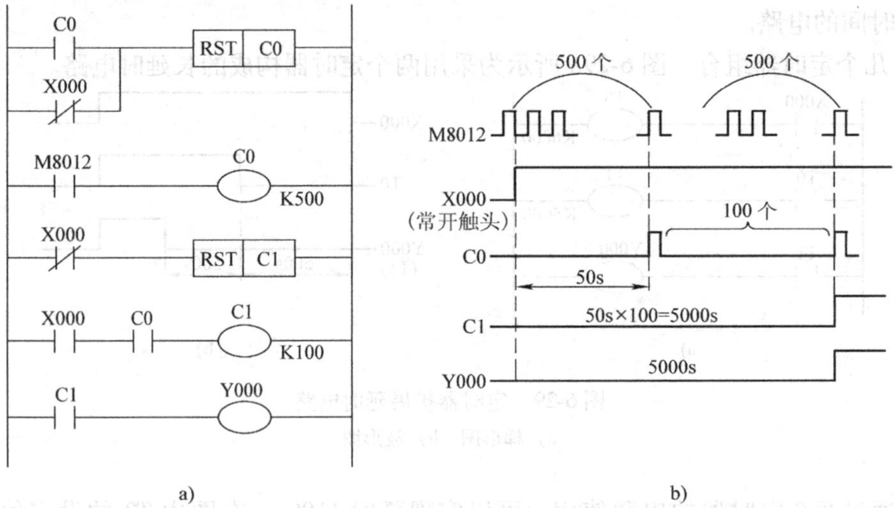

图 6-31　两个计数器组合
a) 梯形图　b) 波形图

图中，从 X000 接通开始，经过 5000s 后，C1 的常开触头闭合使 Y000 接通。当 X000 断开时，则 C0 和 C1 复位，Y000 断开。

如果将图 6-31 中的 C0 计数输入 M8012 的触点改为其他编程元件触头，两个计数器便可构成了一个大量程的计数器。即扩展计数。

第五节　FX_2 系列 PLC 的步进指令及编程方法

在工业控制中，除了过程控制系统外，大部分的控制系统属于顺序控制系统。所谓顺序控制系统就是按照生产工艺中预先规定的操作顺序，在各个输入信号的作用下，根据内部状态和时间顺序，在生产过程中各个执行机构自动、有序地进行操作的系统，如机械手、传输带等。顺序控制系统的特点是：被控过程的动作顺序是一定的，不能随意改变；每个动作都有约束条件，而且这个约束条件能够被记忆。

对于一个较复杂的顺序控制系统，用一般逻辑指令下的功能图和梯形图进行设计的话，有时显得很困难，即使编出程序，其对应的梯形图也往往长达数百行，指令语句的可读性很差，指令修改也不方便。为此 FX_2 系列除了 20 条基本指令外，还增加了两条步进指令，其目标继电器是状态继电器 S。

步进指令仅适用于顺序控制系统。使用步进指令时，首先按照控制系统的具体要求，画出其相应的顺序功能图，再根据步进指令的规则，直接将顺序功能图转换成相应的梯形图。

一、顺序功能图

顺序功能图是一种用于描述顺序控制系统控制过程的图形说明语言，具有简单、直观等特点，是设计 PLC 顺序控制程序的有力工具。顺序功能图主要由步、转换条件及有向连线组成。

1. 步

功能图中的步是控制过程中的一个特定状态。步又分为初始步和工作步，在每一步中要完成一个或多个特定的动作。初始步表示一个控制系统的初始状态，所以，一个控制系统必须有一个初始步，初始步可以没有具体要完成的动作。

2. 转换条件及有向连线

步与步之间用“有向连线”连接，在有向连线上用一个或多个小短线表示一个或多个转换条件。当条件得到满足时，实现由前一步“转移”到下一步的控制，即完成前一步的动作后，转移到执行下一步的动作。为了确保控制严格地按照顺序执行，步与步之间必须要有转换条件分隔。

状态继电器是构成功能图的重要元件。FX_2 系列 PLC 的状态继电器有 S0 ~ S899 共 900 点。其中 S0 ~ S9 为初始状态继电器，用于功能图的初始步。

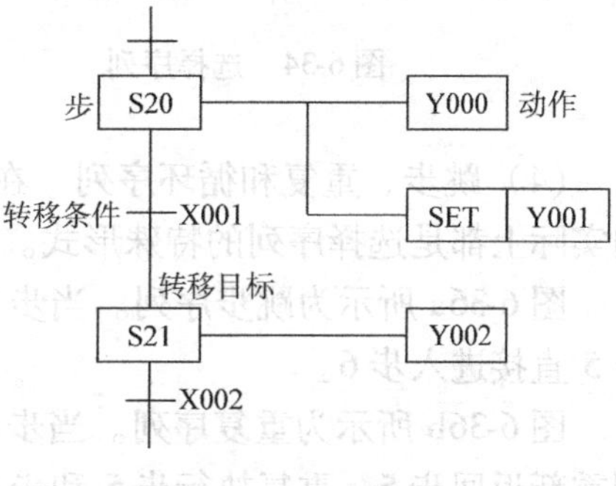

图 6-32　功能图

图 6-32 所示为一个简单功能图。步用方框表示，方框内是步的元件号或步的名称，步与步之间要用有向线段连接。其中从上到下和从左到右的箭头可以省去不画，有向线段上的垂直短线旁边注明转换条件。与步的图形符号相连的矩形框中的文字或数字表示该步期间的输出信号或动作，如需要也可对输出元件进行置位或复位。在图 6-32 中，当步 S20 有效时，输出 Y000、Y001 接通（在这里 Y000 是用 OUT 指令驱动，Y001 是用 SET 指令置位，未复位前 Y001 一直保持接通），程序等待转换条件 X001 动作。当 X001 满足时，步就由 S20 转到 S21，这时 Y000 断开，Y002 接通，Y001 仍保持接通。

绘制顺序功能图的注意事项如下：

1）两个步之间必须用转换隔开。

2）两个转换之间必须用步隔开。

3）初始步可能没有输出，但必不可少。

4）前级步必须是活动步（当前正在运行的步）且对应转换条件得到满足后才能实现步之间的转换。

5）系统结束时，一般应回到初始状态。

3. 功能图的结构

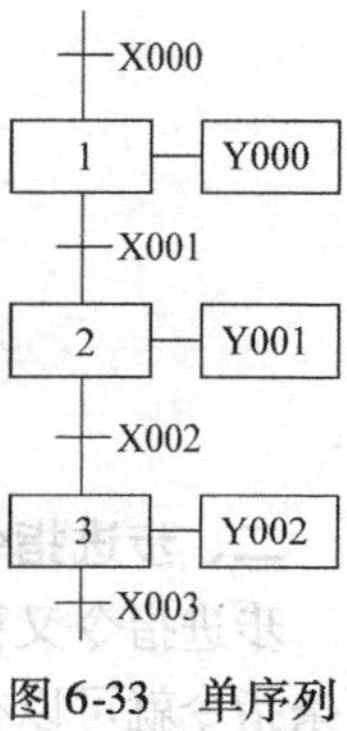

图 6-33　单序列

根据步与步之间进展的不同情况，功能图有以下几种结构：

（1）单序列　按顺序排列的步相继激活的进展情况，如图 6-33 所示。

（2）选择序列　一个活动步之后，紧接着有几个后续步可供选择的结构形式称为选择序列。如图 6-34 所示，选择序列的各个分支都有各自的转换条件。

（3）并列序列　当转换的实现导致几个分支同时激活时，采用并列序列。并列序列有向连线的水平部分用双水平线表示。双水平线表示若干个顺序同时开始和结束。如图 6-35 所示。

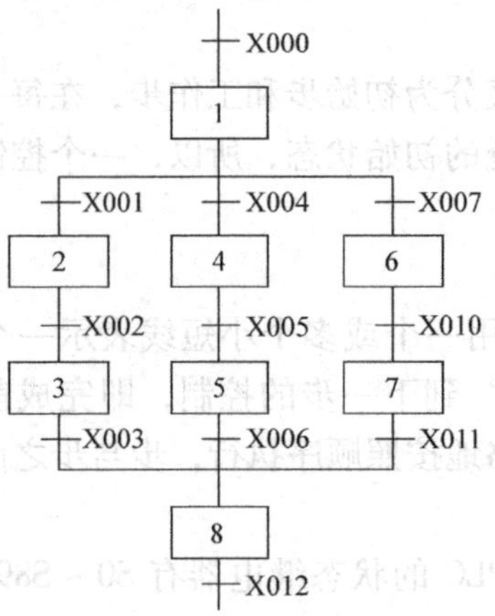

图 6-34 选择序列

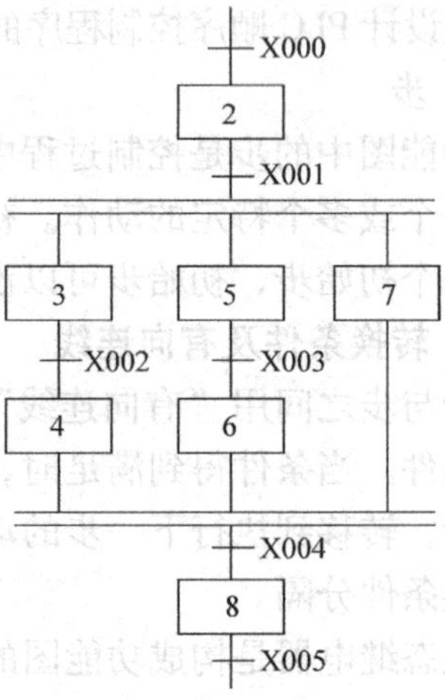

图 6-35 并行序列

（4）跳步、重复和循环序列 在实际系统中经常使用跳步、重复和循环序列。这些序列实际上都是选择序列的特殊形式。

图 6-36a 所示为跳步序列。当步 3 为活动步时，若转换条件 X005 成立，则跳过步 4 和步 5 直接进入步 6。

图 6-36b 所示为重复序列。当步 6 为活动步时，若转换条件 X004 不成立而 X005 成立，则重新返回步 5，重复执行步 5 和步 6。直到转换条件 X004 成立，重复结束，转入步 7。

图 6-36c 所示为循环序列，即在序列结束后，用重复的方式直接返回初始步 0，形成序列的循环。

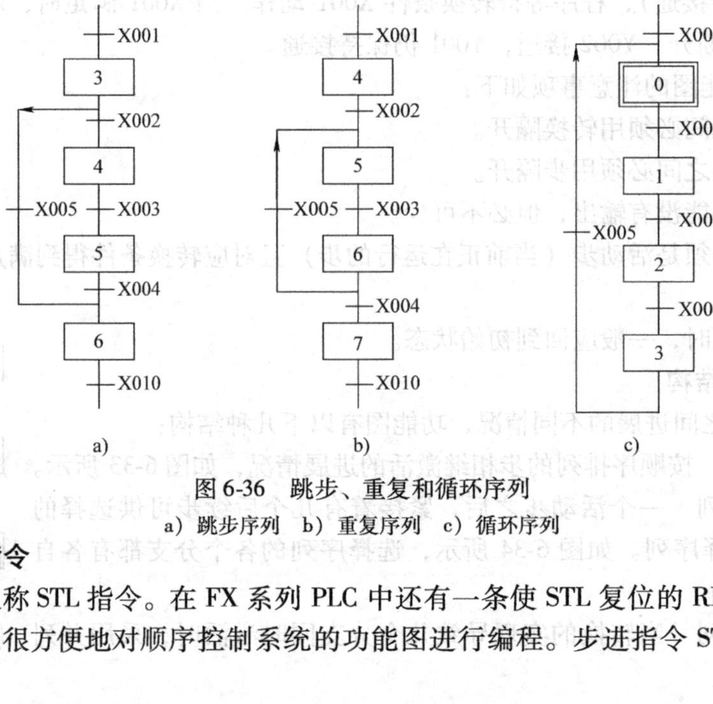

图 6-36 跳步、重复和循环序列

a）跳步序列 b）重复序列 c）循环序列

二、步进指令

步进指令又称 STL 指令。在 FX 系列 PLC 中还有一条使 STL 复位的 RET 指令。利用这两条指令就可以很方便地对顺序控制系统的功能图进行编程。步进指令 STL 只有与状态继电器 S 配合时，才具有步进功能。使用 STL 指令的状态继电器常开触头，称为 STL 触头，没有常闭的 STL 触头。从图 6-37 中可以看出功能图和梯形图之间的关系，用状态继电器代表功能图的各步，每一步都具有三种功能：负载的驱动处理、指定转换条件和指定转换目标。

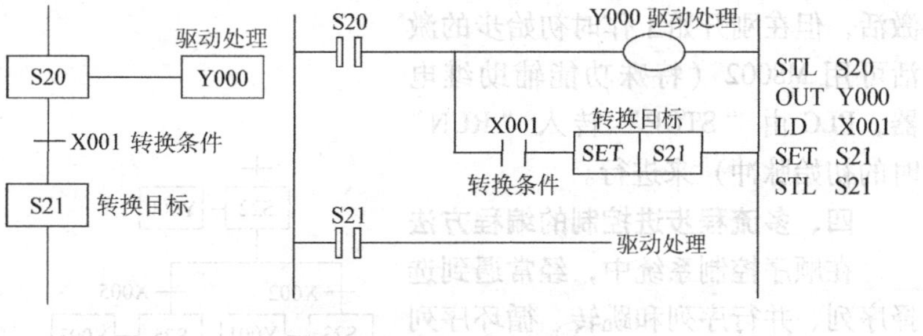

图 6-37　STL 指令与功能图

步进指令的执行过程如图 6-37 所示，当步 S20 为活动步时，S20 的 STL 触头接通的负载 Y000 接通。当转换条件 X001 成立时，下一步的 S21 将被置位，同时 PLC 自动将 S20 断开（复位），Y000 也断开。

STL 触头是与左母线相连的常开触头，类似于主控触头，并且同一状态继电器的 STL 触头只能使用一次（并行序列的合并除外）。

与 STL 触头相连的触头应使用 LD 或 LDI 指令，使用过 STL 指令后，应用 RET 指令使 LD 点返回左母线。

梯形图中同一元件的线圈可以被不同的 STL 触头驱动，即使用 STL 指令时，允许双线圈输出。

STL 触头之后不能使用 MC/MCR 指令。

顺序控制设计法的步骤是：分析工艺过程——划分步——确定转换条件——绘制顺序功能图——绘制梯形图。而将顺序功能图绘制成梯形图的方法有：逻辑方程法、移位寄存器法、步进指令（STL 指令）法。其中 STL 指令法专为顺序控制而设计，使用方便、简单，所以最为实用和常用。

三、STL 功能图与梯形图的转换

采用步进指令进行程序设计时，首先绘制出系统的功能图，再将功能图转换成梯形图，然后写出相应的指令表程序。图 6-38 所示为某液压动力滑台系统使用步进指令编程的功能

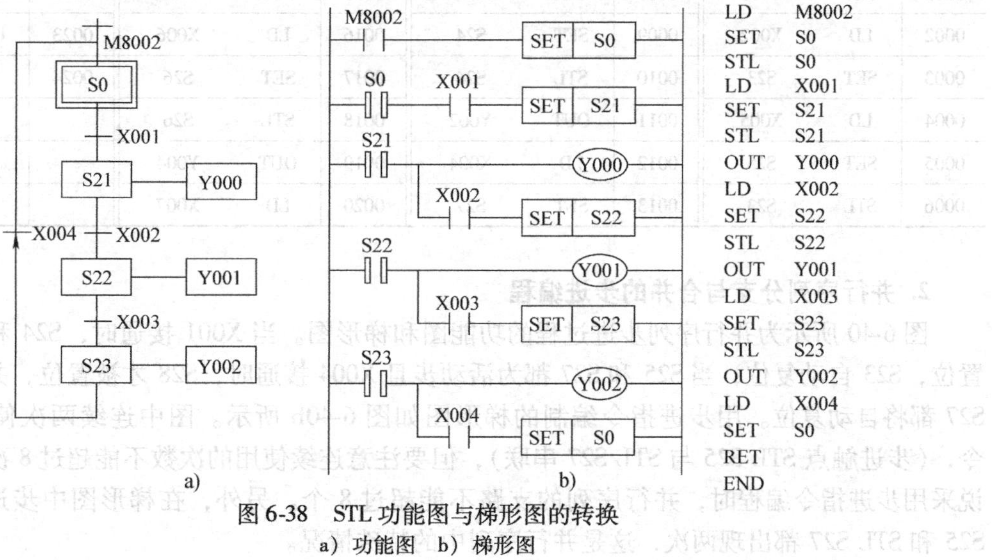

图 6-38　STL 功能图与梯形图的转换

a）功能图　b）梯形图

图，梯形图及指令表程序。图中双矩形块表示初始步，初始步的激活由循环最后一步完成后激活，但在刚开始工作时初始步的激活可用 M8002（特殊功能辅助继电器，PLC 由 “STOP” 转入 “RUN” 时的初始脉冲）来进行。

四、多流程步进控制的编程方法

在顺序控制系统中，经常遇到选择序列、并行序列和跳转、循环序列以及它们三者的组合，这些情况统称为多流程步进控制。

1. 选择序列分支与合并的步进编程

图 6-39 所示为选择序列的功能图及步进梯形图。X002 和 X005 为选择条件。状态继电器中 S23 或 S25 置位时，S22 将自动复位。如果是 S23 置位，则执行 S23 起始的步进过程；如果是 S25 置位，则执行 S25 起始的步进过程。状态继电器 S27 是由 S24 与 S26 及相应转换条件进行置位。

图 6-39 对应的指令表程序见表 6-4。

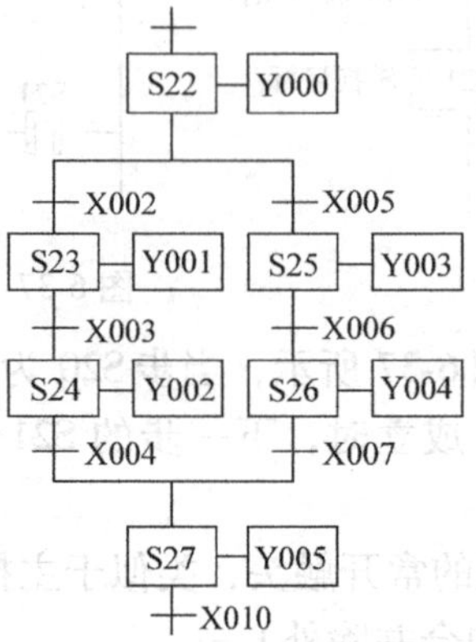

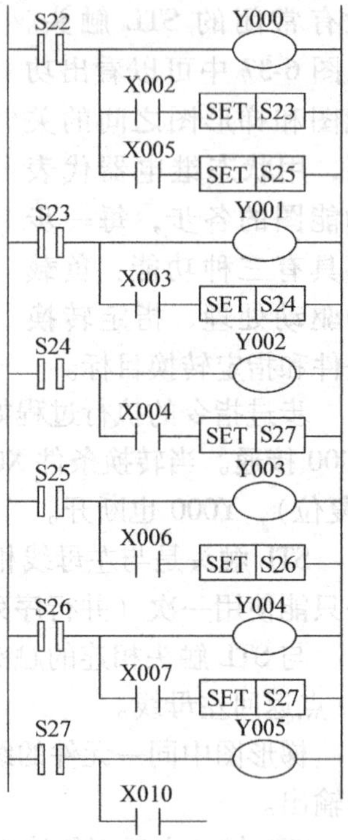

图 6-39 选择序列的功能图及步进梯形图

a）功能图 b）梯形图

表 6-4 选择序列指令语句表

步序号	助记符	操作数	步序号	助记符	操作数	步序号	助记符	操作数	步序号	助记符	操作数
0000	STL	S22	0007	OUT	Y001	0014	STL	S25	0021	SET	S27
0001	OUT	Y000	0008	LD	X003	0015	OUT	Y003	0022	STL	S27
0002	LD	X002	0009	SET	S24	0016	LD	X006	0023	OUT	Y005
0003	SET	S23	0010	STL	S24	0017	SET	S26	0024	LD	X010
0004	LD	X005	0011	OUT	Y002	0018	STL	S26			
0005	SET	S25	0012	LD	X004	0019	OUT	Y004			
0006	STL	S23	0013	SET	S27	0020	LD	X007			

2. 并行序列分支与合并的步进编程

图 6-40 所示为并行序列步进过程的功能图和梯形图。当 X001 接通时，S24 和 S26 同时置位，S23 自动复位；当 S25 和 S27 都为活动步且 X004 接通时，S28 才被置位，并且 S25 和 S27 都将自动复位。用步进指令编制的梯形图如图 6-40b 所示。图中连续两次使用 STL 指令，（步进触点 STL S25 与 STL S27 串联），但要注意连续使用的次数不能超过 8 次，也就是说采用步进指令编程时，并行序列的支路不能超过 8 个。另外，在梯形图中步进触头 STL S25 和 STL S27 都出现两次，这是并行序列中的特殊情况。

图 6-40 对应的指令表见表 6-5。

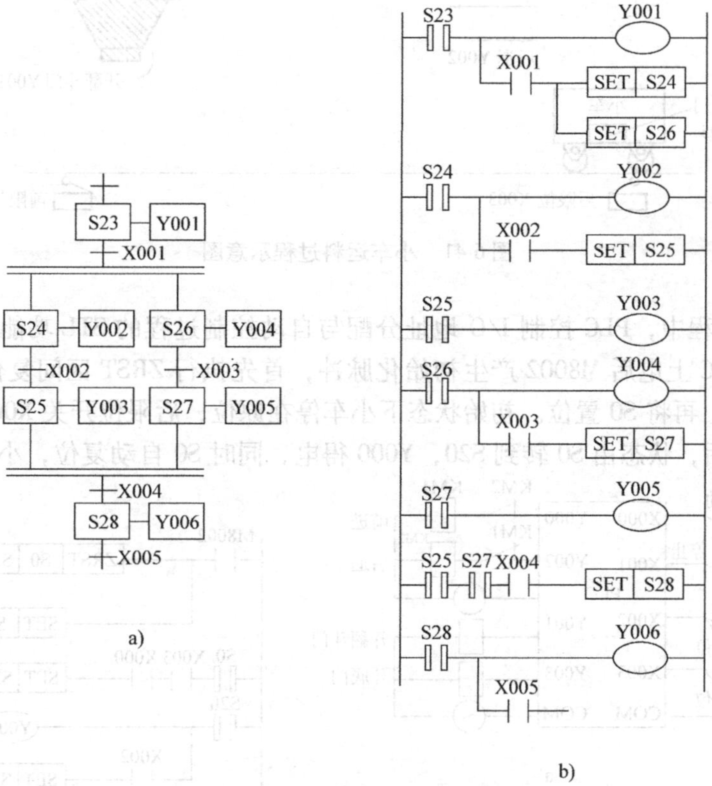

图 6-40　并行序列的步进编程

a）功能图　b）梯形图

表 6-5　并列序列指令语句表

步序号	助记符	操作数	步序号	助记符	操作数	步序号	助记符	操作数
0000	STL	S23	0008	SET	S25	0016	OUT	Y005
0001	OUT	Y001	0009	STL	S25	0017	STL	S25
0002	LD	X001	0010	OUT	Y003	0018	STL	S27
0003	SET	S24	0011	STL	S26	0019	LD	X004
0004	SET	S26	0012	OUT	Y004	0020	SET	S28
0005	STL	S24	0013	LD	X003	0021	STL	S28
0006	OUT	Y002	0014	SET	S27	0022	OUT	Y006
0007	LD	X002	0015	STL	S27	0023	LD	X005

五、步进指令编程举例

图 6-41 所示为小车运料过程示意图，小车在原位压下后限位开关，按下起动开关，小车前进，直到压下前限位开关后，打开翻斗门装料，延时 8s 后小车向后运行，直到压下后限位开关时，打开小车底门卸料，暂停 6s，完成一次运行的全过程。要求在小车起动后，能实现连续往返动作的自动循环控制。

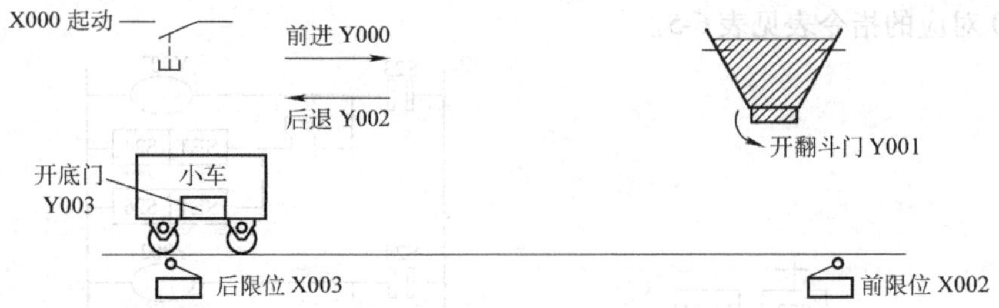

图 6-41　小车运料过程示意图

小车运料过程中，PLC 控制 I/O 地址分配与自动控制过程的 STL 功能图、梯形图如图 6-42所示。在 PLC 上电后 M8002 产生初始化脉冲，首先执行 ZRST 区间复位指令，使 S0 ~ S23 状态器复位，再将 S0 置位。初始状态下小车停在原位，后限位开关 X003 闭合，当按下起动按钮 X000 后，状态由 S0 转到 S20，Y000 得电，同时 S0 自动复位，小车前进；直到压

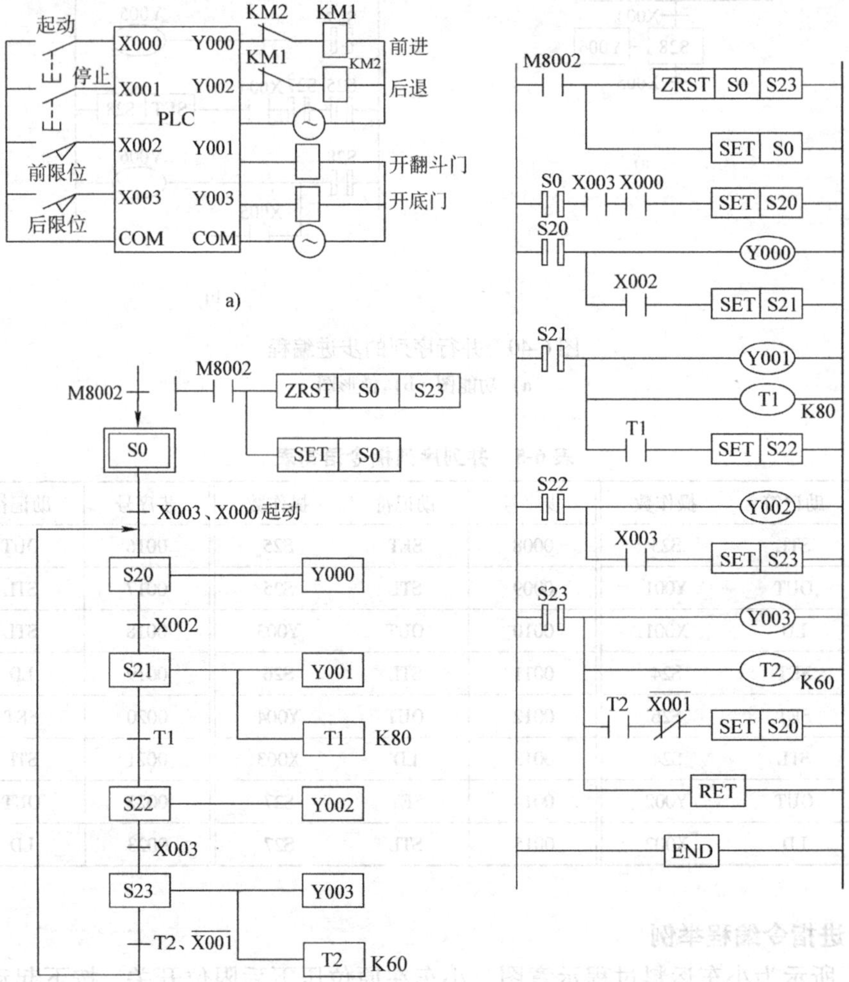

图 6-42　小车运料过程 PLC 控制程序设计图

a）I/O 地址分配　b）STL 功能图　c）梯形图

下前限位开关 X002 接通，状态由 S20 转移到 S21，Y001 得电，同时 S20 自动复位，由于 Y001 得电，翻斗门被打开，同时起动时间继电器 T1，开始计时，经 8s 后 T1 动作，其常开触点闭合，状态 S21 转移到 S22，S21 自动复位，使 Y002 得电，小车后退；直到压下后退限位开关 X003 接通，状态由 S22 转移到 S23，S22 自动复位，使 Y003 得电，将小车底门打开，同时起动时间继电器 T2，开始计时，经 6s 后 T2 的常开触点闭合，此时状态由 S23 转移到 S20，S23 自动复位。小车完成一个送料的全过程，Y000 又得电，小车又前进，开始第二个工作过程。小车就这样连续自动往返运行下去。当打开 PLC 的程序运行开关和小车的停止开关闭合时，小车运行到原位后自动停止运行。

根据步进指令的规则，将小车自动控制过程的 STL 功能图转换成相应的梯形图，如图 6-42c 所示，其指令语句见表 6-6。

表 6-6　小车送料自动控制过程指令语句表

步序号	助记符	操作数	步序号	助记符	操作数	步序号	助记符	操作数
0000	LD	M8002	0010	SET	S21	0020	STL	S23
0001	ZRST	S0	0011	STL	S21	0021	OUT	Y003
		S23	0012	OUT	Y001	0022	OUT	T2
0002	SET	S0	0013	OUT	T1			K60
0003	STL	S0			K80	0023	LD	T2
0004	LD	X003	0014	LD	T1	0024	ANI	X001
0005	AND	X000	0015	SET	S22	0025	SET	S20
0006	SET	S20	0016	STL	S22	0026	RET	
0007	STL	S20	0017	OUT	Y002	0027	END	
0008	OUT	Y000	0018	LD	X003			
0009	LD	X002	0019	SET	S23			

第六节　FX_2 系列 PLC 的功能指令及编程方法

PLC 的基本指令是基于继电器、定时器、计数器等类软元件，主要用于逻辑处理的指令。现代工业控制在许多场合都需要数据处理，因而 PLC 不仅有基本指令和步进指令，还有功能指令。使用这些功能指令可以扩大 PLC 的应用范围，FX_2 系列 PLC 就有 80 多条功能指令，常用的功能指令有条件跳转、传送、比较、中断、四则运算、循环和移位等。

一、功能指令的基本格式

功能指令和基本逻辑指令的形式不同。基本逻辑指令用助记符或逻辑操作符表示，其梯形图就是继电器触头、线圈的连接图，直观易懂。而功能指令是用功能符号表示，FX_2 系列 PLC 功能指令用功能编号 FNC00 ~ FNC□□□指定。各指令给出表示其内容的符号（助记符）。表 6-7 为 FX_2 系列 PLC 的部分功能指令，其他功能指令详见附录 C 中的表 C-2。

表 6-7 FX_2 系列 PLC 的部分功能指令

指令代码与助记符	指 令 含 义	指令代码与助记符	指 令 含 义	指令代码与助记符	指 令 含 义
00 CJ	条件转移	08 * FOR	循环区起点	19 BIN	BCD→BID 数制转换
03 * IRET	中断返回	09 * NEXT	循环区结束	20 ADD	BIN 加
04 * EI	中断元件	10 * CMP	比较	21 SUB	BIN 减
05 * DI	禁止中断	11 * ZCP	区间比较	22 MUL	BIN 乘
06 * FEND	主程序结束	12 MOV	数据传送	23 DIV	BIN 除
07 * WDT	警戒时钟	18 BCD	BID→BCD 数制转换	60 IST	置初始状态

注意：有 * 标记的指令可以不通过触点驱动直接执行。

1. 功能指令的表示形式

功能指令的基本格式如图 6-43 所示。图中的前一部分表示指令的代码和助记符，后一部分（S）表示源操作数，当源操作数不止一个时，可以用（S1）、（S2）表示；（D）表示目的操作数，当目的操作数不止一个时，可以用（D1）、（D2）表示。

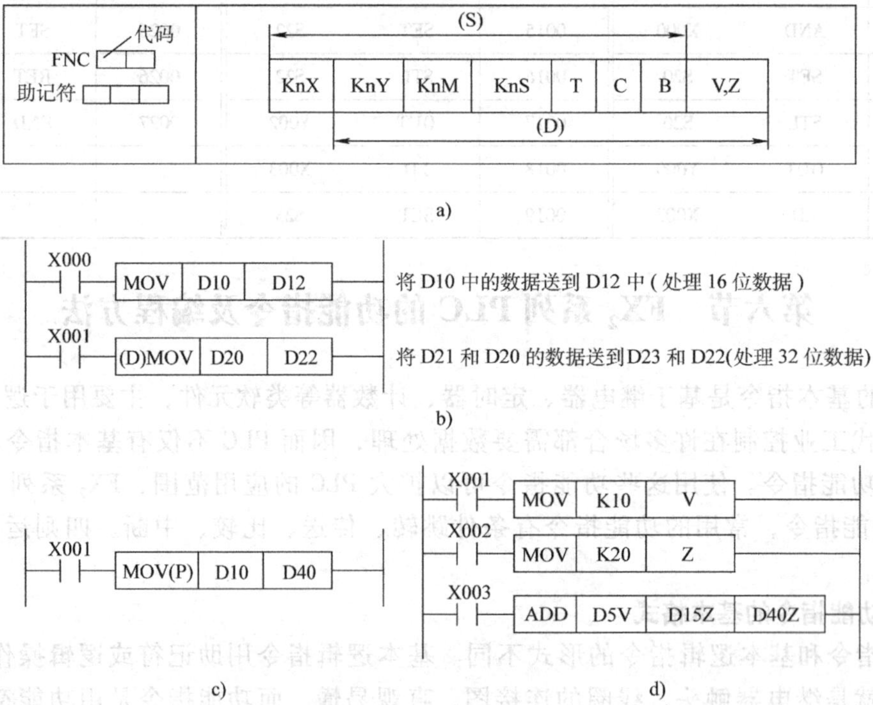

图 6-43 功能指令的基本形式

a）基本格式 b）数据传送指令的使用

c）脉冲执行方式 d）V 和 Z 变址寄存器的使用

2. 数据长度和指令类型

功能指令可以处理 16 位数据和 32 位数据。例如 6-43b 所示为数据传送指令的使用，图中 MOV 为指令的助记符，表示数据传送功能指令，指令的代码是 12（用编程器编程时输入代码“12”而非“MOV”）。功能指令中有符号（D）表示处理 32 位数据。处理 32 位数据时，用元件号相邻的两个元件组成元件对。元件对的首位地址用奇数、偶数均可以（建议元件对首位地址统一用偶数编号）。

3. 指令类型

FX_2 系列 PLC 的功能指令有连续执行型和脉冲执行型两种形式。

图 6-43b 中梯形图程序为连续执行方式。当 X000 和 X001 为 ON 状态时，图中的指令在每个扫描周期都被重新执行。

图 6-43c 中梯形图程序为脉冲执行方式。助记符后附的（P）符号表示脉冲执行。（P）和（D）可以重复使用，如（D）MOV（P）。图 6-43c 中脉冲执行指令仅在 X001 由 OFF 转变为 ON 时有效。在不需要每个扫描周期都执行时，用脉冲方式可以缩短程序处理时间。

4. 指令的操作数

有些功能指令要求在助记符的后面提供 1 ~4 个操作数，这些操作数的形式如下：

1）位元件 X、Y、M 和 S。

2）常数 K、H 或指针 P。

3）字元件 T、C、D、V、Z（T、C 分别表示定时器和计数器的当前值寄存器）。

4）由位元件 X、Y、M 和 S 的位指定组成字元件。

其中，只处理 ON/OFF 状态的元件称为位元件，例如 X、Y、M 和 S。处理数据的元件称为字元件，例如 T、C 和 D 等。但由位元件也可以组成字元件进行数据处理，位元件组合由 Kn 加首元件号来表示。

位元件的组合：4 个位元件为一组，组合成单元。KnM0 中的 n 是组数。16 位数据时为 K1 ~ K4，32 位数操作时为 K1 ~ K8。例如，K2M0 表示由 M0 ~ M7 组成的 8 位数据，M0 是最低位；K4M10 表示由 M10 到 M25 组成的 16 位数据，M10 是最低位。

5. 变址寄存器 V、Z　变址寄存器在传送、比较指令中用来修改操作对象的元件号，其操作方式与普通数据寄存器一样。在图 6-43a 中的源操作数和目的操作数可以表示为〔S·〕和〔D·〕，其中的〔·〕表示使用变址功能，称为变址寄存器。对 32 位指令，V 作高 16 位，Z 为低 16 位。32 位指令中用到变址寄存器时只需指定 Z，这时 Z 就代表了 V 和 Z。在 32 位指令中，V、Z 自动组对使用。

图 6-43d 为 V 和 Z 变址寄存器的使用，图中的 MOV 指令执行将 K10 送到 V，K20 送到 Z，所以 V、Z 的内容分别为 10、20。当执行 D5V + D15Z，即为 D15 + D35→D60。

V 和 Z 变址寄存器的使用将使编程简单化。

二、功能指令

1. 条件跳转指令

CJ 和 CJ（P）为条件跳转指令，当在某种条件下需要跳过一部分程序时，就要采用跳转指令，这样可以减少扫描时间，提高程序执行速度。条件跳转指令的使用如图 6-44a 所示，满足跳转条件 X000 = ON 时，程序跳到标号处，执行下面的程序；如果 X000 = OFF，则跳转按原顺序执行程序。在图 6-28b 中，如果 X000 = ON，则第一条跳转指令生效，从这一步跳转到标号 P9 处。如果 X000 = OFF，X001 = ON，则第二条跳转指令生效，程序由此处开始跳到标号 P9 处。

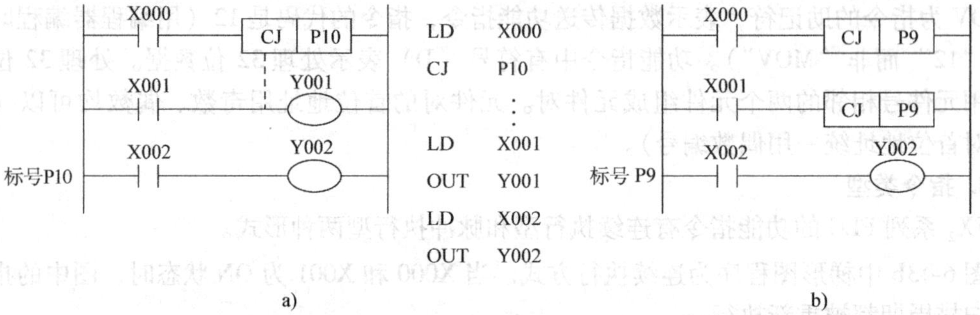

图 6-44 CJ 指令的使用

CJ 条件跳转指令使用说明如下：

1）指令允许重复使用，但标号不允许重复使用，如图 6-44b 所示，两次都可以跳到相同处，但是在程序中不允许使用标号 P9。否则，若出现多于一次的使用，则程序执行会出错。

2）包含在跳过程序中的 Y、M、S 线圈，一旦被 OUT、SET、RST 指令驱动，即使在跳转过程中输入发生变化，还是能保持跳转前的状态。若定时器、计数器在发生跳转时正在计时、计数，则立即中断工作，直至跳转结束后再继续进行计时、计数。但是正在工作的高速计数器不管有无跳转仍然继续工作。

3）在跳转指令之前的执行条件若用 M8000，则称为无条件跳转，因为 PLC 运行时，M8000 总是 ON。

2. 中断指令（EI/DI）

允许中断指令 EI 与禁止中断指令 DI 之间的程序段为允许中断区间。当程序处理到允许中断的区间，出现中断信号时，则停止执行主程序，去执行相应的中断子程序。处理到中断返回指令 IRET 时再返回断点，继续执行主程序。

EI/DI 中断指令的使用如图 6-45 所示，图中程序处理到允许中断区间时，出现 X000 或 X001 为 ON 状态，则转而处理相应的中断子程序（1）或（2）。

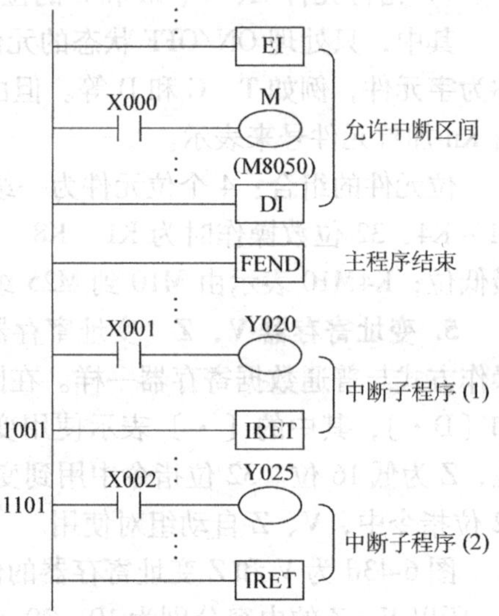

图 6-45 中断指令的使用

中断标号的含义如下：

I 0 ◇ □

0 → 0 ~ 5 对应输入 X000 ~ X005

□ → 1 为上升沿中断，0 为下降沿中断

◇ → 常置为 0

FX 系列 PLC 可设置 9 个中断点，中断点信号从 X000 ~ X005 输入，有的定时器也可以作中断源。

中断指令使用说明：

1）有关的特殊辅助继电器为 ON 状态，响应的中断子程序不能执行。例如图 6-45 中的 M 若为 M8050、M8051、M8052 或 M8053 中的任意一个辅助继电器，则相应的中断程序不能执行。因为这 4 个特殊的辅助继电器具有禁止中断的功能。

2）一个中断程序执行时，其他中断被禁止。但是在中断程序中编入 EI 和 DI 指令时，可实现中断嵌套。多个中断信号产生的顺序，遵照中断指令号较低的有优先权的规定。

3）中断信号的脉宽必须大于 200μs。

4）如果中断信号产生禁止中断区间（DI ~ EI 之间），则这个中断信号被存储，并在 EI 指令后执行。

3. 主程序结束指令（FEND）

FEND 指令表示主程序结束。程序执行到 FEND 时，进行输出处理、输入处理、监视定时器和计数器刷新，全部完成以后返回到程序的第 00 步。

FEND 主程序结束指令使用时应注意，子程序和中断子程序必须写在主程序结束指令 FEND 和 END 指令之间。FEND 主程序结束指令的使用如图 6-46 所示。

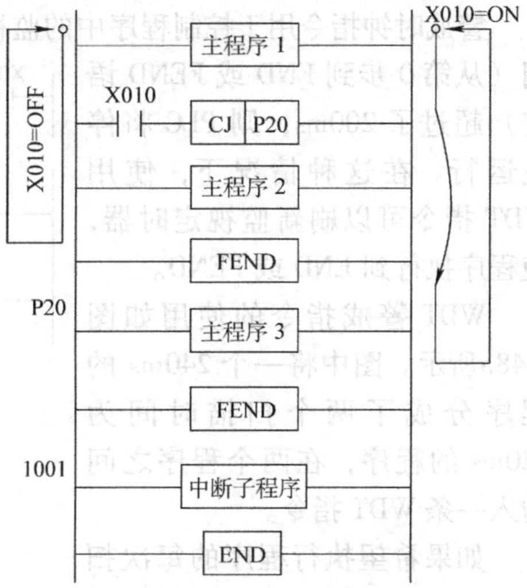

图 6-46　FEND 指令的使用

4. 比较和传送指令

（1）比较指令（CMP）　比较指令是将源操作数 S1、S2 的数据，按照代数规则进行大小比较，并将比较结果送到目的操作数 D 中，它的使用如图 6-47a 所示。

在图 6-47a 中，X000 为比较指令的执行条件。当 X000 = OFF 时，比较指令不执行，此时 M0、M1、M2 的状态保持不变。当 X000 = ON 时进行比较，由比较结果决定 M0、M1、M2 的状态。比较结果有 3 种情况：当 K100 > C20 的当前值时，M0 闭合；当 K100 = C20 的当前值时，M1 闭合；当 K100 < C20 的当前值时，M2 闭合。

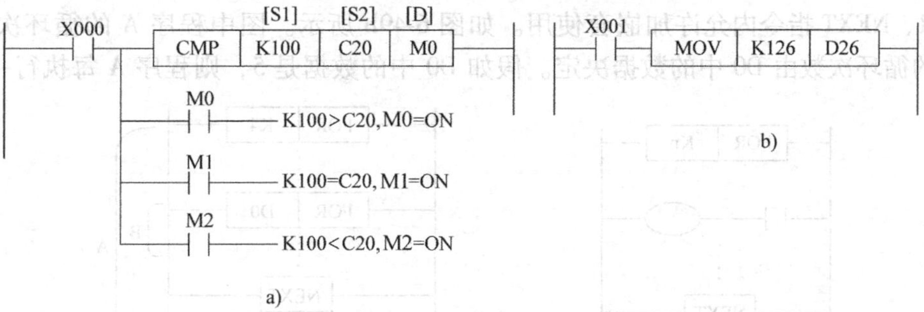

图 6-47　CMP、MOV 指令的使用

a）CMP 指令　b）MOV 指令

比较指令使用说明：

1）比较指令中的所有的源操作数据都按二进制数值处理。

2）对于多个比较指令，其目标操作数 D 也可以指定为同一个元件；但每执行一次比较指令其 D 的内容随之而变化。

(2) 传送指令（MOV） 传送指令是将源操作数送到指定的目的操作数去，即 S→D。MOV 指令的使用如图 6-47b 所示。当 X001 = ON 时源操作数 S 中的数据 K126 被传送到目标操作地址 D26 中。当指令执行时，常数 K126 自动转换成二进制数。当 X001 = OFF 时，指令不执行，数据保持不变。

5. 警戒时钟指令（WDT）

警戒时钟指令用于控制程序中的监视定时器刷新。在程序的执行过程中，如果扫描的时间（从第 0 步到 END 或 FEND 语句）超过了 200ms，则 PLC 将停止运行。在这种情况下，使用 WDT 指令可以刷新监视定时器，使程序执行到 END 或 FEND。

WDT 警戒指令的使用如图 6-48a所示。图中将一个 240ms 的程序分成了两个扫描时间为 120ms 的程序，在两个程序之间输入一条 WDT 指令。

如果希望执行程序的每次扫描时间均能超过 200ms，可以将限定值写入特殊数据寄存器 D8000 中，如图 6-48b 所示，这里采用数据传送指令实现。用此方法可以将警戒时钟值改成很大的数值。

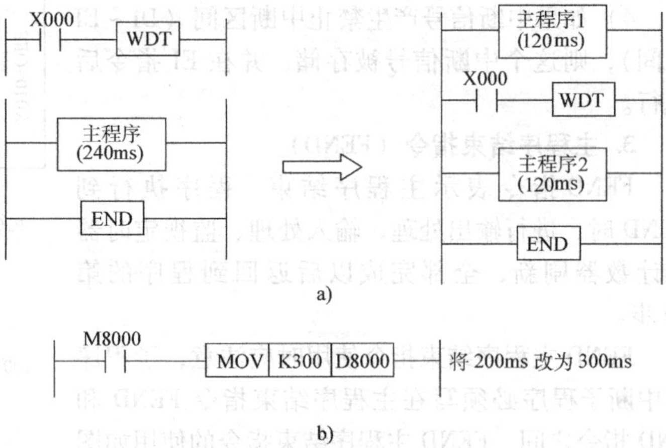

图 6-48　WDT 指令的使用

a）WDT 指令　b）MOV 指令

6. 循环指令

FOR、NEXT 为循环开始和循环结束指令。循环指令的使用如图 6-49a 所示，在程序运行时，位于 FOR ~ NEXT 之间的程序可循环执行 n 次后，再执行 NEXT 指令后的程序。循环次数 n 由操作数指定，循环次数设定范围为 1 ~ 32767。

FOR、NEXT 指令内允许加嵌套使用。如图 6-49b 所示。图中程序 A 的循环次数为 4，程序 B 的循环次数由 D0 中的数据决定。假如 D0 中的数据是 5，则程序 A 每执行一次，程

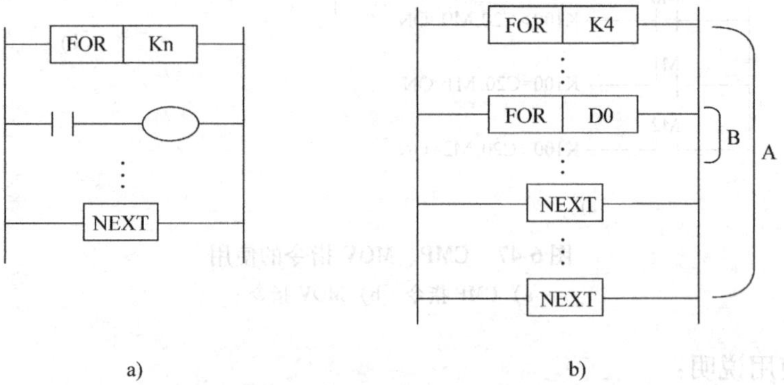

图 6-49　FOR、NEXT 指令的使用

a）FOR、NEXT 指令　b）2 级嵌套

序 B 要执行 5 次，则程序 B 一共要执行 20 次。

循环指令使用说明：

1）FX_2 系列 PLC 的循环指令最多允许 5 级嵌套。

2）FOR、NEXT 要成对使用。要求 FOR 在前，NEXT 在后。

3）NEXT 指令不允许写在 END、FEND 指令的后面。

7. 数制变换指令

数制变换指令包括 BCD 变换指令和 BIN 变换指令。

（1）BCD 变换指令　BCD 变换指令是将源地址中的二进制数转换成 BCD 码送到目的地址中去。BCD 变换指令的使用如图 6-50a 所示，X000 是指令的执行条件。当 X000 = ON 时，源地址 D12 中的二进制数转换成 BCD 码送到 Y000 ~ Y007 的目的地址去；X000 = OFF 的指令不执行。

BCD 指令使用说明：

1）BCD 转换的结果超过 0 ~ 9999（16 位运算）或 0 ~ 99999999（32 位运算）时，则出错。

2）BCD 变换指令用于将 PLC 中的二进制数据变换成 BCD 码输出，用于驱动七段数码管显示。

（2）BIN 变换指令　BIN 变换指令是将源地址中的 BCD 数据变换成二进制数据送到目的地址去。BIN 变换指令的作用如图 6-50b 所示，图中的 X000 是执行条件。当 X000 = ON 时，将 D12 中的 BCD 数据变换成二进制数据，送到 Y000 ~ Y007 目的地址去。

BIN 指令常用于将 BCD 数字开关串的设定值输入到 PLC 中。常数 K 不能作为本指令的操作元件，因为在任何处理之前它都会先被转换成二进制数。

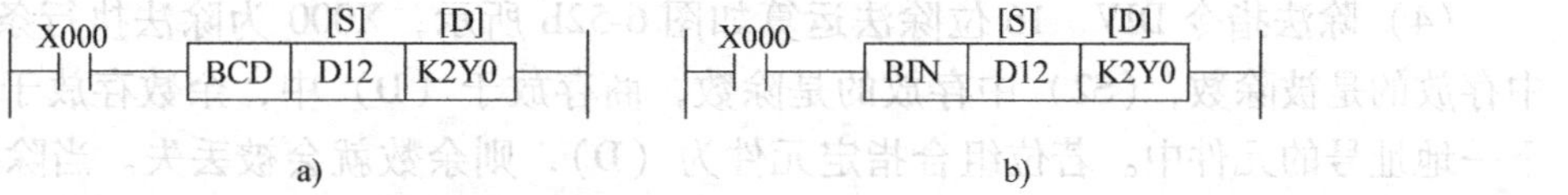

图 6-50　数值变换指令的使用

a）BCD 指令　b）BIN 指令

8. 四则运算指令

四则运算指令包括加法指令 ADD、减法指令 SUB、乘法指令 MUL 和除法运算 DIV。

（1）加法指令 ADD　加法指令 ADD 是将指定源地址中的二进制数相加，其结果送到指定目的地址去。ADD 加法指令的使用如图 6-51a 所示，图中的操作可表示为

(S1) + (S2)→(D) 即 (D10) + (D12)→(D14)。

加法指令使用说明：

1）每个数据的最高位作为符号位，0 表示为正，1 表示为负。ADD 为二进制代数法运算，例如，5 + (−8) = −3。

2）当执行条件 X000 = OFF 时，不执行运算，（D）中的内容不变。

3）设有 3 个操作数标志：M8020 为零标志；M8021 为借位标志；M8022 为进位标志。运算结果为 0 时，则零标志 M8020 闭合；如果运算结果超过 32767（16 进制运算）或 2147483647（32 位运算），则进位标志 M8022 闭合；如果运算结果小于 −32767（16 进制运

算）或 -2147483647（32 位运算），则借位标志 M8021 闭合。

（2）减法指令 SUB　减法指令 SUB 有两个源操作数，当执行条件 X000 = ON 时，SUB 指令执行，将（S1）指定的源地址中的数减去（S2）指定的源地址中的数，结果送到（D）指定的目的地址中去。SUB 减法指令的使用如图 7-51b 所示，图中的操作可表示为

（S1）-（S2）→（D）即（D10）-（D12）=（D14）。

SUB 指令是执行二进制代数法运算，例如 5 -（ -8）= 13。

SUB 减法指令的操作标志和加法指令的操作标志的说明相同，这里不再叙述。

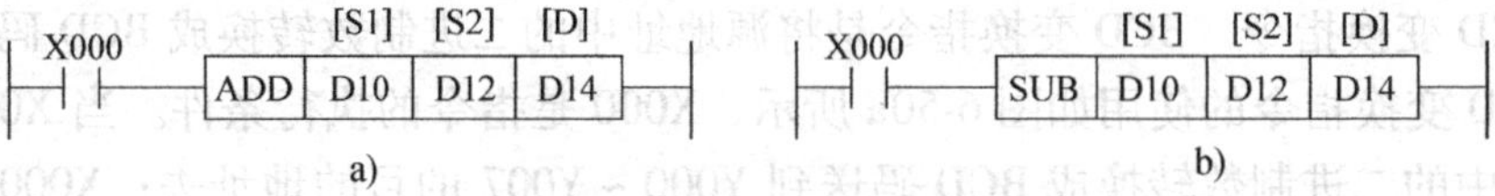

图 6-51　ADD、SUB 指令的使用

a）ADD 加法指令　b）SUB 减法指令

（3）乘法指令 MUL　16 位乘法运算如图 6-52a 所示，X000 为乘法执行条件，满足执行条件则将两个源地址（S1）、（S2）中的数相乘，并以 32 位的形式送到指定目标数据寄存器（D）。32 位数据结果的低 16 位存放在指定目的地址（D4），高 16 位存放在相连的下一个目标元件（D5）中。若(D0) = 5，(D2) = 7，则相乘的结果 35 存入（D5，D4），最高位是符号位（0 表示正、1 表示负）。

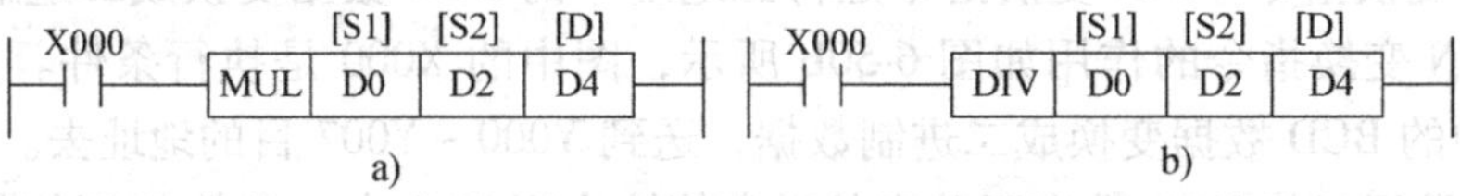

图 6-52　MUL、DIV 指令的使用

a）MUL 乘法指令　b）DIV 除法指令

（4）除法指令 DIV　16 位除法运算如图 6-52b 所示，X000 为除法执行条件，在（S1）中存放的是被除数，（S2）中存放的是除数，商存放于（D）中，余数存放于紧靠（D）的下一地址号的元件中。若位组合指定元件为（D），则余数就会被丢失。当除数为 0 时，则运算出错，且不执行运算。

9. 初始状态指令 IST

该指令的名称、助记符、指令代码和操作数见表 6-8。

表 6-8　初始状态指令表

指 令 名 称	助 记 符	指 令 代 码	操 作 数		
			S	D1	D2
初始状态指令	IST	FNC60	X、Y、M、S 用 8 个连号元件	S[D1] < [D2] [D1]：S20 ~ S899 [D2]：S20 ~ S899	

初始状态指令 IST 用于自动设置初始状态和特殊辅助继电器。该指令的使用如图 6-53 所示。

[S] 指定操作方式输入的首元件，一共是 8 个连号的元件。这些元件可以是 X、Y、M 和 S。本例中 8 个连号的元件是：

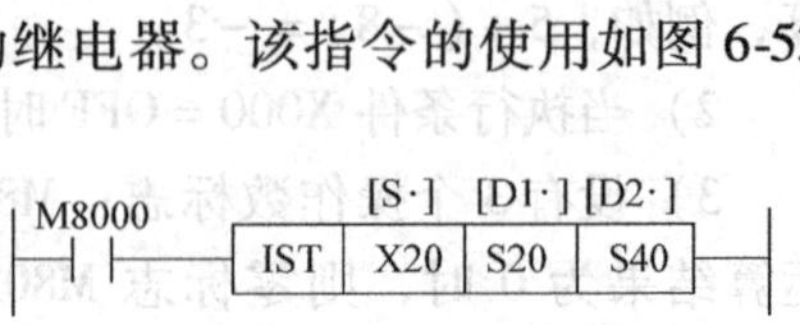

图 6-53 IST 指令的使用

X020：手动　　　　　X021：回原点

X022：单步运行　　　X023：一个周期运行（半自动）

X024：全自动运行　　X025：回原点起动

X026：自动运行起动　X027：停止

为了使 X020 ~ X024 不会同时接通，应采用选择开关。

[D1] 指定在自动操作中实际用到的最小状态号。

[D2] 指定在自动操作中实际用到的最大状态号。

当 M8000 由 OFF→ON 时，下列元件自动受控；若其后执行条件 M8000 变为 OFF，这些元件的状态仍然保持不变。

S0：手动操作初始状态

S1：回原点初始状态

S2：自动操作初始状态

M8040：禁止转移

M8041：转移开始

M8042：启动脉冲

M8047：STL 步进指令，监控有效

IST 指令在程序中只能使用一次，放在步进指令 STL 之前编程。

由初始状态指令 IST 自动指定的初始状态 S0 ~ S2，根据运行方式的切换，按照图 6-54 所示的形式进行。

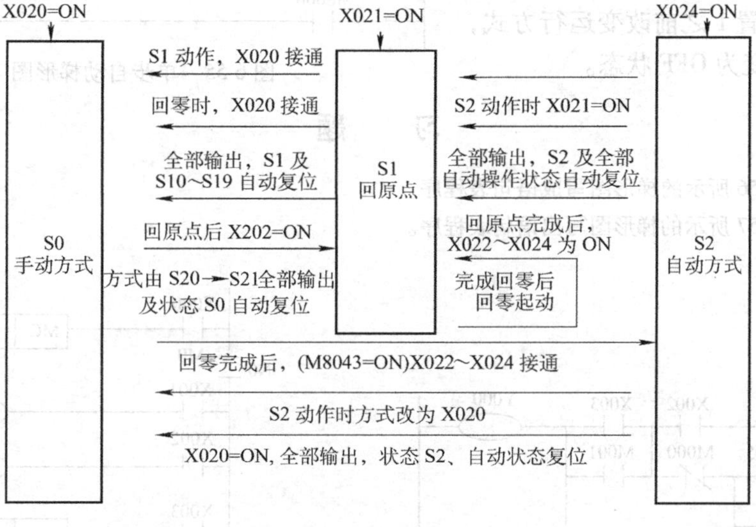

图 6-54　IST 自动指定的初始状态 S0 ~ S2 的切换

根据置初始状态 IST 指令自动动作的特殊辅助继电器 M8040 ~ M8042 和 M8047 的动作内容可用图 6-55 所示的梯形图来说明。

M8040 是禁止转移用辅助继电器，当 M8040 = ON 时，就禁止所有状态转移。手动状态下，M8040 总是接通的。在回原点、单周期运行时，按下停止按钮后一直到再按下起动按钮期间，M8040 一直保持为 ON。单步执行时，M8040 常通，但是在按下起动按钮时，

M8040 = OFF，使状态可以顺序转移一步。其次，当 PLC 由 STOP→RUN 切换时，M8040 保持 ON，按下起动按钮后 M8040 = OFF。

转移开始辅助继电器 M8041，是从初始状态 S2 向另一状态转移的转移条件辅助继电器。手动回原点 M8041 不动作；步进、单周期时，仅在按下起动按钮时动作，自动时，按起动按钮后保持为 M8041 = ON，按停止按钮后 M8041 = OFF。

起动脉冲辅助继电器 M8042，是在按下启动按钮的瞬间接通。

特殊辅助继电器 M8044 是原点条件，M8043 是回原点结束，这两个原点由用户程序控制。

在图 6-55 中，当 M8047 = ON 时，状态 S0 ~ S899 中正在动作的继电器从最低号开始顺序存入特殊数据寄存器 D8040 ~ D8047，最多可存 8 个状态。

若选择开关在回原点完成辅助继电器 M8043 未置 1 之前改变运行方式，则所有输出将变为 OFF 状态。

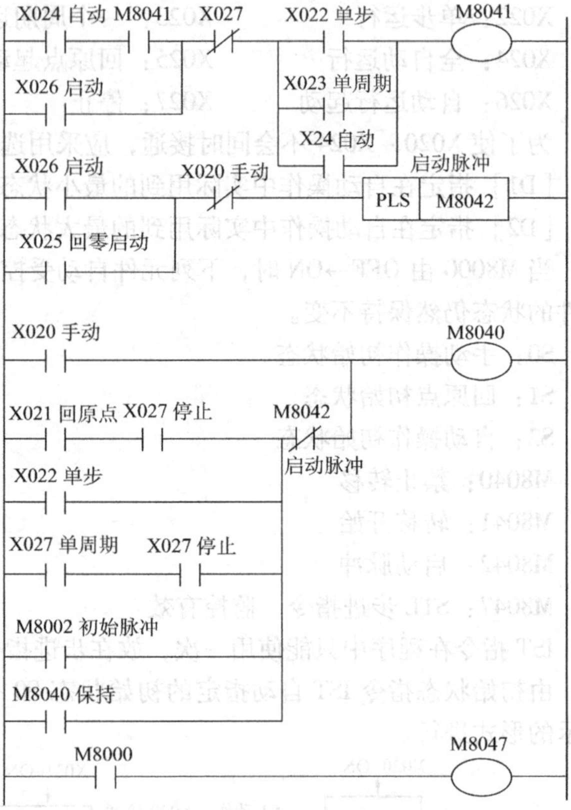

图 6-55 单步自动梯形图

习 题

6-1 将图 6-56 所示的梯形图写成语句表程序。

6-2 将图 6-57 所示的梯形图写出语句表程序。

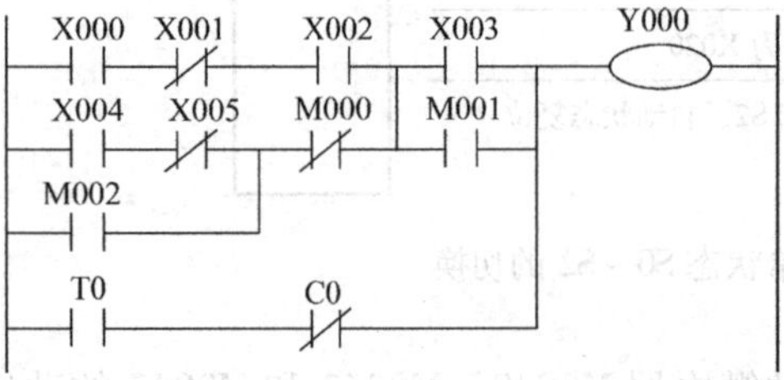

图 6-56 题 6-1 图

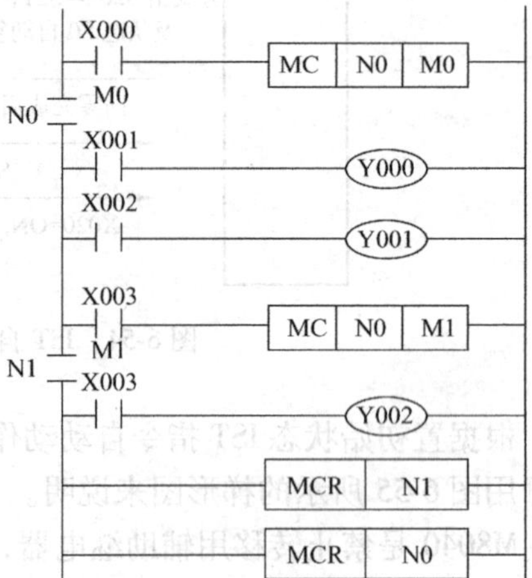

图 6-57 题 6-2 图

6-3　画出与下列语句表程序所对应的梯形图。

LD	X001	ANI	X005
OR	X002	ORI	M101
AND	X003	ANB	
OR	M100	ORI	M101
LD	X004	OUT	Y000

6-4　画出与下列语句表程序所对应的梯形图。

LD	X000	LD	M3
PLS	M3	S	M5
LD	X002	LD	M4
PLF	M4	R	M5

6-5　设计一个如图 6-58 所要求的延时断开程序，画出梯形图，写出语句表程序。

6-6　用两个计数器设计一个定时电路，要求在 X000 接通 10h 后将 Y000 接通。

6-7　用两个定时器设计一个定时电路，要求在 X000 接通 1800s 后将 Y001 接通。

6-8　小车在初始位置时限位开关 X000 接通，按下起动按钮 X003，小车按图 6-59 所示顺序运动，最后返回并停止在初始位置。试绘出功能图。

图 6-58　题 6-5 图

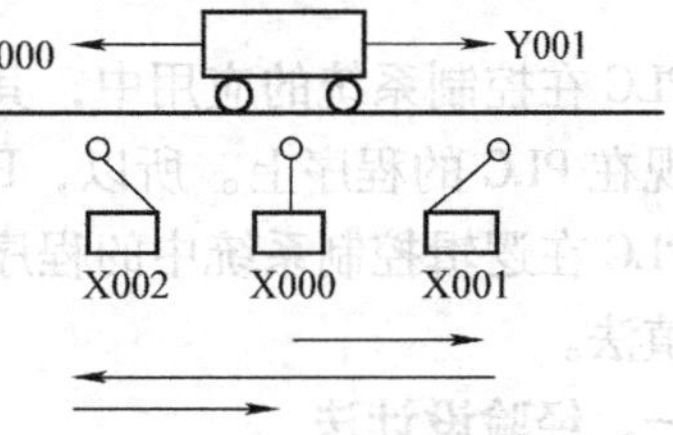

图 6-59　题 6-8 图

6-9　试设计满足图 6-60 所示波形图的梯形图。

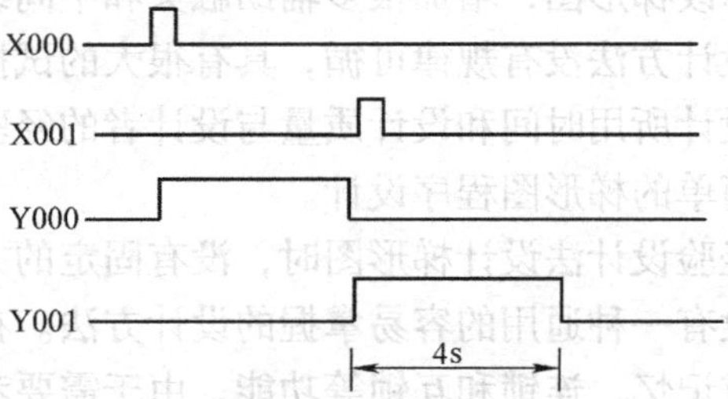

图 6-60　题 6-9 图

第七章 可编程序控制器在逻辑控制系统中的应用

可编程序控制器具有可靠性高、应用简便等特点，在国内外获得了迅速普及和应用。当前，复杂设备的电气控制柜正被 PLC 所代替，PLC 从替代继电器的局部范围进入到过程控制、位置控制、通信网络等领域。

目前，工业企业中电气人员所处理的工业电气控制系统，大都是开关量逻辑控制系统，本章以 PLC 在逻辑控制系统中的应用实例为主线，阐明程序设计的全过程和不同方法，进一步掌握系统分析的方法，熟练多种指令和常用编程环节的运用。

第一节 PLC 程序设计方法

PLC 在控制系统的应用中，其外部硬件接线部分比较简单，而对被控对象的控制功能，都体现在 PLC 的程序上。所以，PLC 程序设计的质量，直接影响控制系统的性能。

PLC 在逻辑控制系统中的程序设计方法主要有经验设计法、顺序设计法和继电器控制电路移植法。

一、经验设计法

经验设计法实际上是沿用了传统继电器系统电气原理图的设计方法，即是在一些典型基本环节梯形图的基础上，根据被控对象对控制系统的具体要求，不断地修改和完善梯形图。有时需要多次反复调试和修改梯形图，增加很多辅助触头和中间编程元件，最后才能得到一个较为满意的结果。这种设计方法没有规律可循，具有很大的试探性和随意性，最后的结果因人而异，不是唯一的。设计所用时间和设计质量与设计者的经验有很大关系，所以称之为经验设计法，一般用于较简单的梯形图程序设计。

由以上分析可知，用经验设计法设计梯形图时，没有固定的方法和步骤可以遵循，存在很大的试探性和随意性，没有一种通用的容易掌握的设计方法。在设计系统的梯形图时，往往用大量的中间单元来完成记忆、连锁和互锁等功能，由于需要考虑的因素很多，这些因素往往又交织在一起，分析起来非常困难，并且容易遗漏一些应该考虑的问题。当修改某局部电路时，很可能会“牵一发而动全身”。对系统的其他部分产生意想不到的影响，因此，梯形图的修改也很麻烦，往往花了很长时间还得不到一个满意的结果。因此在复杂的控制系统中一般采用顺序控制设计法设计。

二、顺序控制设计法

顺序设计法，是按照生产工艺预先规定的顺序，在各个输入信号的作用下，根据内部状态和时间的顺序，在生产过程中各个执行机构自动地有序地进行操作。顺序控制法的步骤是:

1）分析生产工艺过程。

2）根据控制系统的具体要求，将控制系统的工作顺序划分为若干步，并确定其相应的动作。

3）确定由前一步“转移”到下一步的条件，用转换条件控制代表各步的编程元件，让它们的状态按一定的顺序变化，然后用代表各步的编程元件去控制可编程序控制器的各输出位。

4）确定初始步，用于表示顺序控制的初始状态。

5）绘制顺序功能图。

6）通过顺序功能图采用逻辑方程法、移位寄存法或步进指令法绘制梯形图，其中步进指令法最常用也最为实用。

三、继电器控制电路移植法

PLC 的梯形图是在继电器控制系统的基础上发展起来的，如果用 PLC 控制来改造继电器控制系统，那么根据继电器电路图来设计梯形图就是一条捷径。这是因为原有的继电器控制系统经过长期使用和检验，已被证明能够完全满足被控设备的控制要求，而继电器电路图又与 PLC 梯形图有很多相似之处，因此可以将继电器电路图“移植”成梯形图，即用 PLC 的外部硬件接线和梯形图软件来实现继电器系统的功能，这种方法习惯上称为“移植法”或称“翻译法”。

1. 继电器电路图移植成 PLC 外部接线图和梯形图步骤

1）了解并熟悉被控设备的工艺过程和机械动作情况，根据继电器电路图分析和掌握控制系统的工作原理。

2）确定 PLC 的输入信号和输出负载，分配 I/O 端子，确定 PLC 型号，画出 PLC 外部接线图。

3）确定与继电器电路中的中间继电器、时间继电器对应的梯形图中的内部辅助继电器 M 和定时器 T 的编号。从而建立继电器电路图中元器件与梯形图中位地址之间的对应关系。

4）根据上述对应关系，直接将继电器电路图移植成梯形图。

但应注意，PLC 的梯形图与继电器电路图是不同的，梯形图是一种软件，是 PLC 图形化的程序。在继电器电路中，各继电器可以同时动作，而可编程序控制器的 CPU 是串行工作的，即 CPU 在同一时刻只能处理一条指令。

2. 继电器电路图移植成 PLC 梯形图时的注意事项

（1）遵守梯形图语言中的语法规定　在继电器电路中，从工作原理上触头可以放在线圈的左边，也可以放在线圈的右边；从画图规则上不允许画在线圈右边，但在梯形图中，线圈必须放在其最右边。

（2）设备中间元件　在梯形图中，若干个线圈受同一串并联电路的控制，为简化电路，在梯形图中可设置该电路控制的辅助继电器，它类似于继电器电路中的中间继电器。

（3）分离交织在一起的电路　继电器电路中各个线圈的控制电路往往相互并联交织在一起，以减少器件、触头数量。此时，如果将其直接移植为梯形图，势必要大量使用栈操作指令 MPS、MRD、MPP，增加梯形图步数。为此，在设计梯形图时，以线圈为单位，分别找到线圈的控制电路，画出相应的等效梯形图。

（4）对常闭触头提供输入信号的处理　当 PLC 输入电路采用常开触头提供输入信号时，梯形图中对应触头的常开/常闭状态与继电器电路中相同；反之；当 PLC 输入电路使用常闭触头提供输入信号时，梯形图中对应触头的常开/常闭状态与继电器电路中正相反。所以尽量在 PLC 输入电路中输入信号用常开触头。

（5）时间继电器瞬动触点的位置　对于时间继电器的瞬动触点，可在梯形图中对应定时器的线圈两端并联辅助继电器，辅助继电器的触点相当于时间继电器的瞬动触头。

（6）对于继电器电路中断电延时型时间继电器的处理　可在梯形图中用程序来实现断电延时的时间继电器。

（7）外部联锁的设立　PLC 应同时设置硬件和软件的联锁。

（8）热继电器过载信号的处理　对于自动复位型热继电器，其触头提供的过载信号必须通过输入电路，用梯形图来实现过载保护；对于手动复位型热继电器，可以在 PLC 的输出电路中与控制电动机的交流接触器线圈与热继电器的触点串联来实现过载保护。

（9）外部负载的额定电压　PLC 一般只能驱动交流 220V 的负载，对于原线圈额定电压为 380V 的交流接触器应更换成线圈额定电压为 220V 的接触器，或在 PLC 外部设置线圈额定电压为 220V 的中间继电器，再由中间继电器的触点去控制交流接触器线圈。

第二节　PLC 在逻辑控制系统中的简单应用

一、三相笼型异步电动机Y—Δ降压起动控制

图 7-1 所示为三相笼型异步电动机Y—Δ减压起动控制图。其中 7-1a 为继电器控制原理图，7-1b 为 PLC 控制输入输出接线图，7-1c 为 PLC 控制梯形图。表 7-1 为 PLC 控制指令语句表。

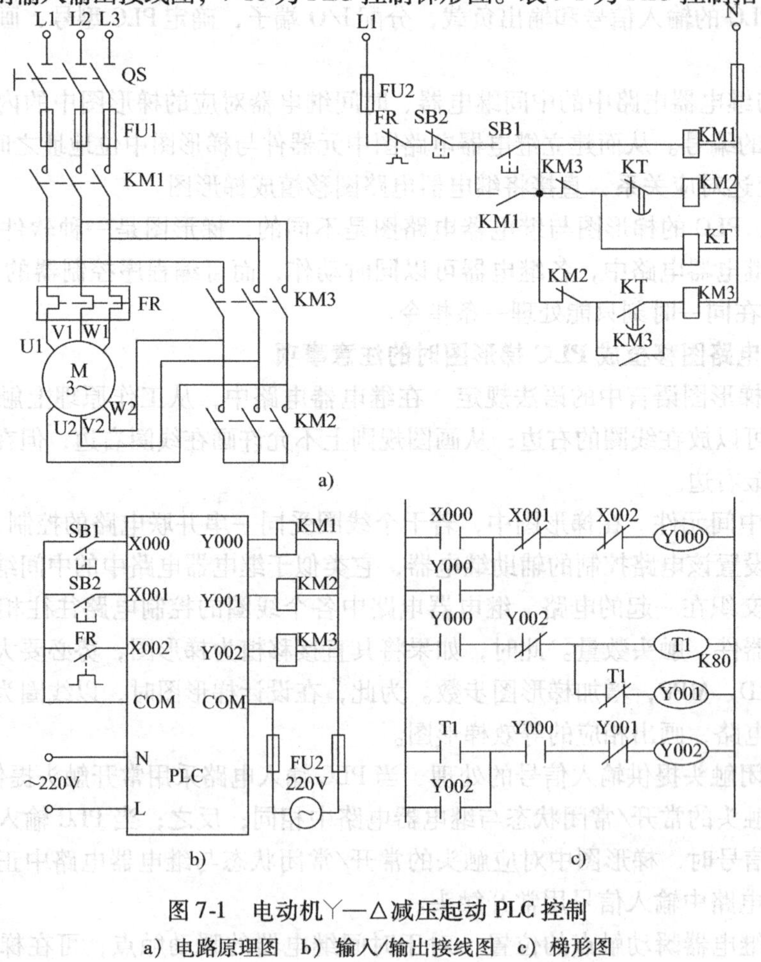

图 7-1　电动机Y—Δ减压起动 PLC 控制

a）电路原理图　b）输入/输出接线图　c）梯形图

表 7-1 电动机Y—Δ减压起动 PLC 控制指令语句表

步序号	助记符	操作数	步序号	助记符	操作数	步序号	助记符	操作数
0000	LD	X000	0006	ANI	Y002	0011	OR	Y002
0001	OR	Y000	0007	OUT	T1	0012	AND	Y000
0002	ANI	X001			K80	0013	ANI	Y001
0003	ANI	X002	0008	ANI	T1	0014	OUT	Y002
0004	OUT	Y000	0009	OUT	Y001			
0005	LD	Y000	0010	LD	T1			

二、三相笼型异步电动机自耦变压器减压起动自动控制

对容量较大的 220/380V 三相笼型异步电动机不宜采用Y—Δ减压起动方法，这时可采用自耦变压器与时间继电器控制电动机减压起动，如图 7-2a 所示。采用 PLC 控制的输入/输出接线如图 7-2b 所示。相应的梯形图如图 7-2c 所示，与之对应的指令语句程序见表 7-2。PLC 控制时的工作过程如下：

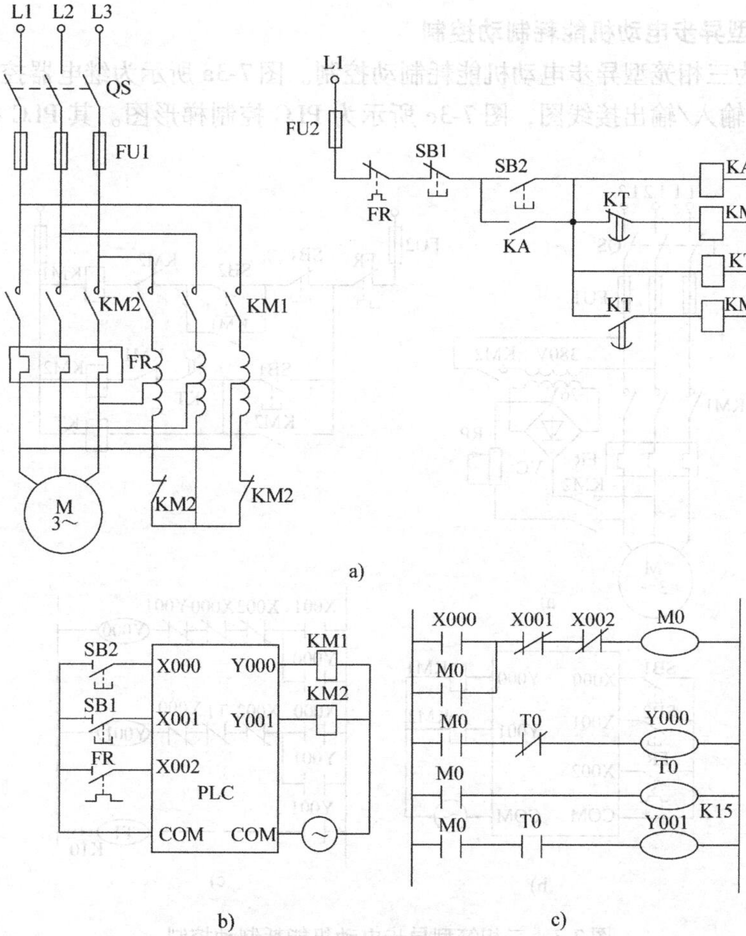

图 7-2 三相笼型异步电动机自耦变压器减压起动控制

a）电路原理图 b）输入/输出接线图 c）梯形图

当按下起动按钮 SB2，X000 接通 M0 线圈回路，M0 常开触头闭合，M0 自锁，并使 Y000 线圈接通，KM1 线圈通电吸合，电动机串入自耦变压器减压起动，与此同时定时器 T0 开始计时。经过 15s 延时后，T0 常开触点闭合，Y001 动作使 KM2 线圈通电吸合，与此同时 T0 常闭触头断开，使 Y000 线圈回路断开，从而使 KM1 断电释放，自耦变压器被切除，电动机在全压下运行。定时器 T0 的定时 *K* 值根据需要由用户设定。停止时按下停止按钮 SB1，X001 常闭触头断开 M0 线圈回路，进而断开 Y001 线圈回路使 KM2 断电释放，电动机停止转动。

表 7-2　三相笼型异步电动机自耦变压器减压起动 PLC 控制指令语句表

步序号	助记符	操作数	步序号	助记符	操作数	步序号	助记符	操作数
0000	LD	X000	0005	LD	M0	0010	K	K15
0001	OR	M0	0006	ANI	T0	0011	LD	M0
0002	ANI	X001	0007	OUT	Y001	0012	AND	T0
0003	ANI	X002	0008	LD	M0	0013	OUT	Y001
0004	OUT	M0	0009	OUT	T0	0014	END	

三、三相笼型异步电动机能耗制动控制

图 7-3 所示为三相笼型异步电动机能耗制动控制。图 7-3a 所示为继电器控制原理图，图 7-3b 所示为 PLC 输入/输出接线图，图 7-3c 所示为 PLC 控制梯形图。其 PLC 控制指令语句表见表 7-3。

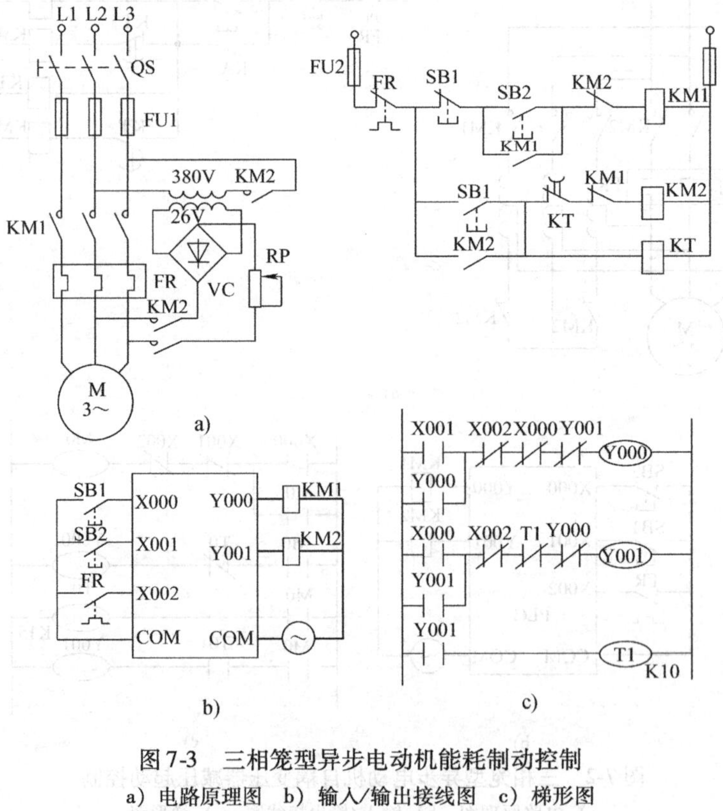

图 7-3　三相笼型异步电动机能耗制动控制
a）电路原理图　b）输入/输出接线图　c）梯形图

表 7-3　电动机单向能耗制动 PLC 控制指令语句表

步序号	助记符	操作数	步序号	助记符	操作数	步序号	助记符	操作数
000	LD	X001	005	OUT	Y000	010	ANI	Y000
001	OR	Y000	006	LD	X000	011	OUT	Y001
002	ANI	X002	007	OR	Y001	012	LD	Y001
003	ANI	X000	008	ANI	X002	013	OUT	T1
004	ANI	Y001	009	ANI	T1			K10

四、液体混合控制

液体的混合操作是大多数化工厂不可或缺的一个生产环节，其对混合装置的要求是混合质量高、生产效率高、自动化程度高，适应范围广，抗恶劣环境能力强。采用 PLC 控制能很好地满足上述要求。图 7-4a 所示是混合两种液体装置示意图。图中 YA1、YA2 为液体 A、液体 B 输入阀门，YA3 为混合液体输出阀门；SQ1、SQ2、SQ3 为液位传感器，被淹没时接通；M 为搅拌电动机。阀门 YA1、YA2、YA3 与电动机 M 分别用接触器 KM1、KM2、KM3 与 KM4 控制。SB1 为起动按钮、SB2 为停止按钮。

装置工作过程如下：

（1）初始状态　PLC 投入运行，液体 A、液体 B 的输入阀门 YA1、YA2 关闭；输出阀门 YA3 打开 20s，以便将装置内的残余液体放空，然后关闭。

（2）起动操作　按下起动按钮 SB1，输入阀门 YA1 打开，液体 A 流入；当液面升高到 SQ2 位置时，阀门 YA1 关闭，液体 A 停止流入，同时阀门 YA2 打开，液体 B 流入；当液面升到 SQ1 位置时，阀门 YA2 关闭，液体 B 停止流入，搅拌电动机 M 开始转动；60s 后，搅拌电动机 M 停止转动，阀门 YA3 打开，开始放出混合液体；当液面降到 SQ3 位置时，开始计时，20s 后，阀门 YA3 关闭，一个周期结束，开始下个周期。

（3）停止操作　按下停止按钮 SB2，装置必须等到当前周期运行结束后才能停止全部操作回到初始状态。

在图 7-4c 所示的梯形图中，为防止液位开关在流进液体和排出液体时误动作从而引起阀门误动作，所以阀门输出增加了互锁。M20 用于记忆起动和停止输入，按下起动按钮 SB1，M20 通电自锁，系统运行；按下停止按钮 SB2，M20 失电，系统停止运行。PLC 上电运行，M8002 闭合，Y002 得电，阀门 YA3 打开，将装置内的残存液体放空；或者每个周期搅拌电动机 M 工作 60s（由 T0 计时）后，T0 常开触点闭合，Y002 也得电，阀门 YA3 打开，放空装置内混合液体。X004 常闭触点的作用是与 Y002 常开触点串联控制 T1 线圈，实现每次 YA3 打开排除装置内液体的过程中直到液位下降到 SQ3 以下才开始计时 20s。Y002 常闭触点的作用是防止 PLC 一上电就开始打开阀门 YA1，流入液体 A，此时应该排除装置中的残液。

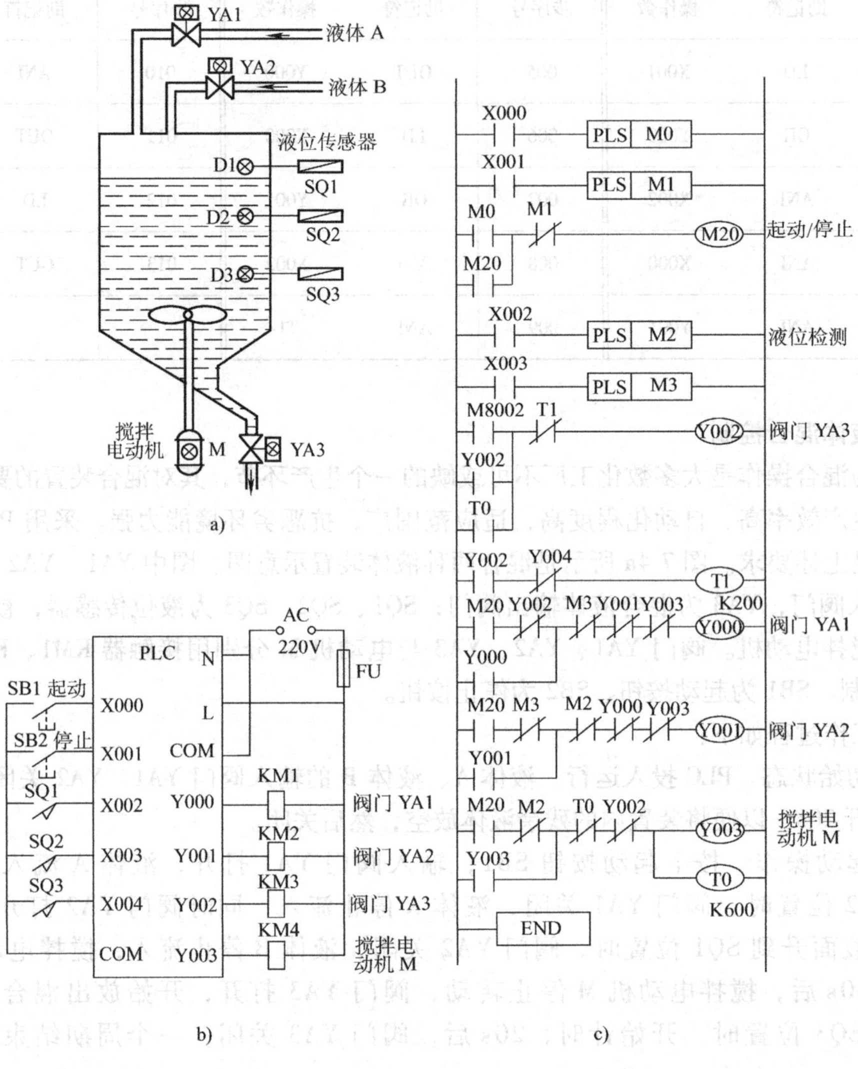

图 7-4　液体混合控制

a）液体混合装置示意图　b）外部接线图　c）梯形图

五、十字路口交通信号灯的自动控制

十字路口交通信号灯的控制要求如下：

1）当起动开关闭合时，信号灯控制系统开始工作，设此时南北向红灯亮，东西向绿灯亮。当起动开关断开时，所有信号灯都熄灭。

2）南北红灯持续亮 25s。同时东西绿灯持续亮 20s，到 20s 时东西绿灯闪亮 3s 后熄灭，接着东西黄灯持续亮 2s 后熄灭。而后，东西红灯亮，南北绿灯亮。

3）东西红灯持续亮 30s。南北绿灯持续亮 25s，然后南北绿灯闪亮 3s 后熄灭，接着南北黄灯持续亮 2s 后熄灭。而后，南北红灯亮，东西绿灯亮。

4）重复上述过程

5）东西绿灯和南北绿灯不能同时亮，否则关闭信号灯系统并报警。

根据控制要求，画出如图 7-5 所示的交通指挥信号灯状态波形图。

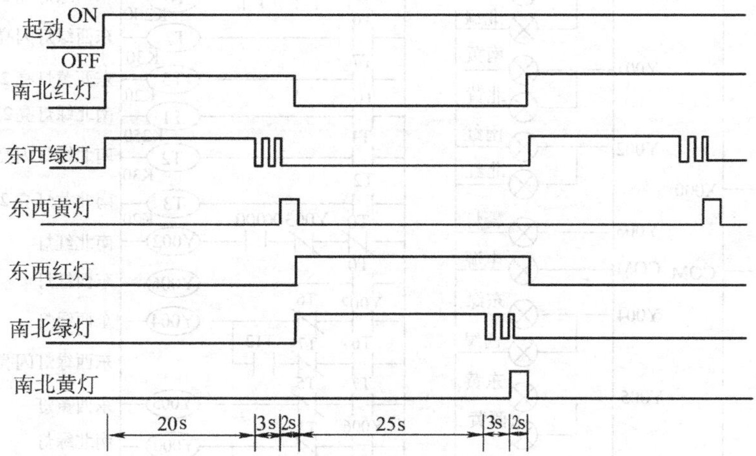

图 7-5　交通指挥信号灯状态波形图

采用 PLC 控制时的输入/输出连接图和梯形图如图 7-6 所示。工作过程如下：

合上起动开关 Q，X000 常开触点闭合，T12 和 T13 组成产生 1s 时钟脉冲回路工作，控制绿灯的闪烁。X000 接通 Y002 的线圈，南北红灯亮，且 Y002 常开触头闭合接通 Y004 线圈，东西绿灯亮，与此同时 T0 和 T6 开始计时，T0 设定为 25s，T6 设定为 20s。当东西绿灯持续亮 20s 后，T6 的常闭触头断开，而常开触头闭合，与 T6 常开触头串接的 T12 常开触头每隔 0. 5s 接通或断开，从而使东西绿灯闪烁，且由 T7 控制东西绿灯闪烁 3s。3s 时间到，T7 常闭触头断开 Y004 线圈回路，东西绿灯熄灭，这时 T7 的常开触头闭合，接通 Y005 线圈，东西黄灯亮，同时接通 T5 计时器，经 2s 延时后，T5 的常闭触头断开 Y005 线圈通路，东西黄灯熄灭。到此时 T0 定时 25s 时间到，T0 的常闭触头断开 Y002 线圈通路，南北红灯持续亮 25s 后熄灭，与此同时 T0 常开触头接通 Y006 线圈，东西红灯亮，而 Y006 的常开触头闭合接通 Y000 线圈，南北绿灯亮，这时 T4 和 T1 分别开始定时 30s 和 25s。

又经过 25s，T1 常开触头闭合，与该触头串接的 T2 的触头每隔 0. 5s 接通或断开，从而使南北绿灯闪烁，当南北绿灯闪烁 3s 之后，T2 常闭触头断开 Y000 线圈回路，南北绿灯熄灭。这时 T2 常开触头闭合，Y001 线圈接通，南北黄灯亮 3s 后，T3 的常闭触头断开 Y001 线圈回路，南北黄灯熄灭。东西红灯持续充 30s 后时间到，T4 常闭触头断开，T0 复位，其常开触头断开 Y006 线圈回路，东西红灯熄灭。

上述是一个周期工作过程，之后重复进行上述过程。若万一发生南北和东西方向的绿灯同时亮，则 Y000 和 Y004 的常开触头同时闭合，则 Y003 接通报警。

各个方向上各种颜色的灯持续亮灯时间的长短，应从实际出发调整设定。

根据图 7-6 所示的梯形图写出对应的指令程序，见表 7-4。

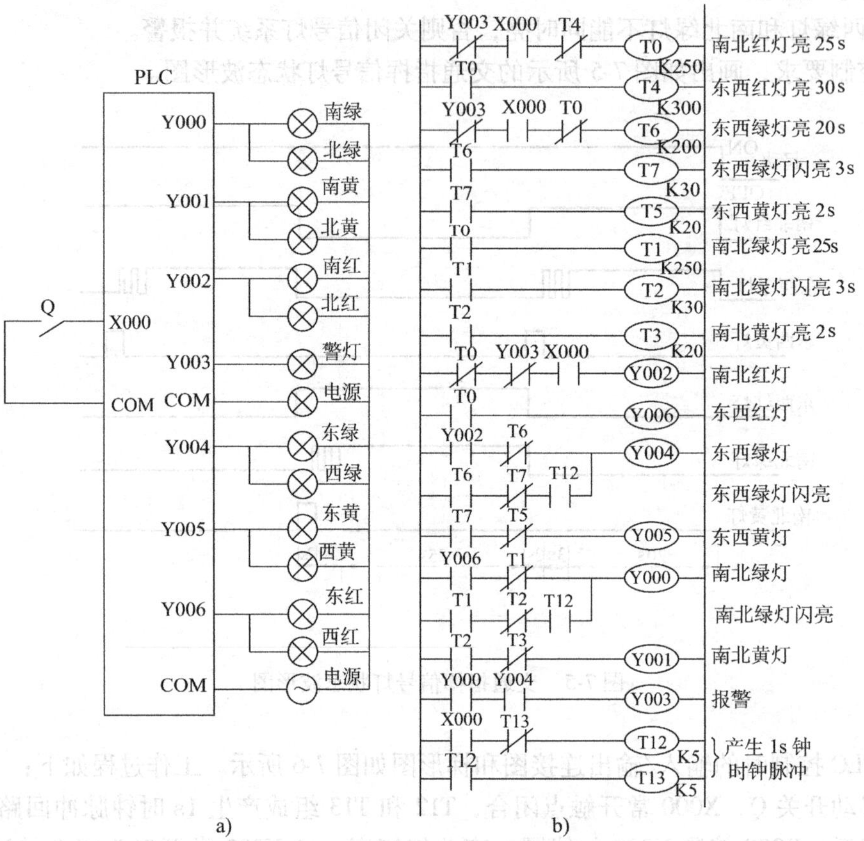

图 7-6 十字路口交通灯的自动控制

a）PLC 输入输出端子连接图 b）梯形图

表 7-4 交通信号灯 PLC 控制指令语句表

步序号	助记符	操作数	步序号	助记符	操作数	步序号	助记符	操作数
0000	LDI	Y003	0012	SP	K200	0024	SP	K30
0001	AND	X000	0013	LD	T6	0025	LD	T2
0002	ANI	T4	0014	OUT	T7	0026	OUT	T3
0003	OUT	T0	0015	SP	K30	0027	SP	K20
0004	SP	K250	0016	LD	T7	0028	LDI	T0
0005	LD	T0	0017	OUT	T5	0029	ANI	Y003
0006	OUT	T4	0018	SP	K20	0030	AND	X000
0007	SP	K300	0019	LD	T0	0031	OUT	Y002
0008	LDI	Y003	0020	OUT	T1	0032	LD	T0
0009	AND	X000	0021	SP	K250	0033	OUT	Y006
0010	ANI	T0	0022	LD	T1	0034	LD	Y002
0011	OUT	T6	0023	OUT	T2	0035	ANI	T6

（续）

步序号	助记符	操作数	步序号	助记符	操作数	步序号	助记符	操作数
0036	LD	T6	0046	LD	T1	0056	OUT	Y003
0037	ANI	T7	0047	ANI	T2	0057	LD	X000
0038	AND	T12	0048	AND	T12	0058	ANI	T13
0039	ORB		0049	ORB		0059	OUT	T12
0040	OUT	Y004	0050	OUT	Y000	0060	SP	K5
0041	LD	T7	0051	LD	T2	0061	LD	T12
0042	ANI	T5	0052	ANI	T3	0062	OUT	T13
0043	OUT	Y005	0053	OUT	Y001	0063	SP	K5
0044	LD	Y006	0054	LD	Y000	0064	END	
0045	ANI	T1	0055	AND	Y004			

第三节　PLC 在工业自动生产线中的应用

一、输送机分检大小球的 PLC 控制

1. 控制要求

图 7-7 所示为分检大、小球的自动装置示意图。其工作过程如下：

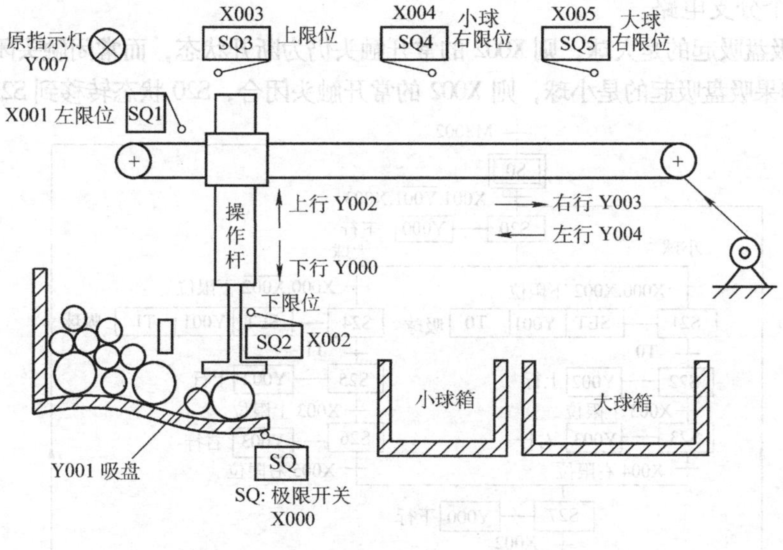

图 7-7　大、小球自动分检装置示意图

1）当输送机处于起始位置时，上限位开关 SQ3 和左限位开关 SQ1 被压下，极限开关 SQ 断开。

2）启动装置后，操作杆下行，一直到极限开关 SQ 闭合。此时，若碰到的是大球，则下限位开关 SQ2 仍为断开状态；若碰到的是小球，则下限位开关 SQ2 为闭合状态。

3）接通控制吸盘的电磁阀线圈 Y001。

4）假设吸盘吸起小球，则操作杆向上行，碰到上限位开关 SQ3 后，操作杆向右行；碰到右限位开关 SQ4（小球的右限位开关）后，再向下行，碰到下限位开关 SQ2 后，将小球释放到小球箱里，然后返回到原位。

5）如果启动装置后，操作杆下行一直到 SQ 闭合后，下限位开关 SQ2 仍为断开状态，则吸盘吸起的是大球，操作杆右行碰到右限位开关 SQ5（大球的右限位开关）后，将大球释放到大球箱里，然后返回到原位。

6）当按下停止按钮后，分拣装置要将当前循环工作过程进行到最后一步才能停止下来。

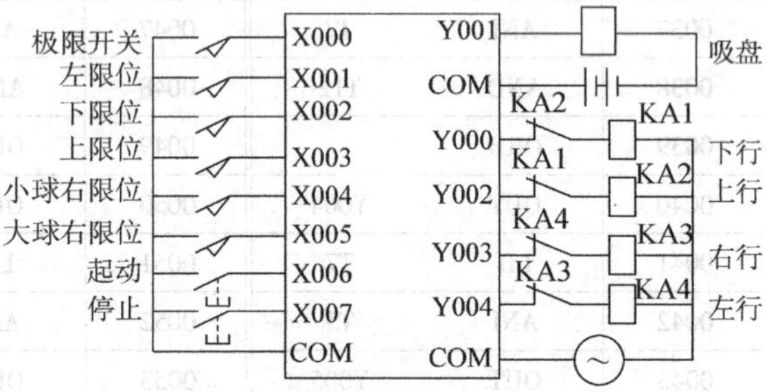

图 7-8　I/O 地址分配及接线图

2. I/O 地址分配

I/O 地址分配图如图 7-8 所示，采用 FX_2 系列 PLC 实现控制。

3. 功能图的设计

自动分检顺序控制 STL 功能图如图 7-9 所示。分检装置自动控制过程如下：

图中 M8002 产生初始脉冲，使状态继电器 S20 ~ S30 均复位，再将初始状态继电器 S0 置位；此时操作杆在最上端 X003 接通，最左端 X001 接通，并且吸盘控制线圈 Y001 断开。状态由 S0 转移到 S20，Y000 通电使操作杆向下移动，直至极限开关 SQ（X000）闭合。进入选择顺序的两个分支电路。

此时如果吸盘吸起的是大球，则 X002 的常开触头仍为断开状态，而常闭触头闭合，S20 状态转移到 S24；如果吸盘吸起的是小球，则 X002 的常开触头闭合，S20 状态转移到 S21。

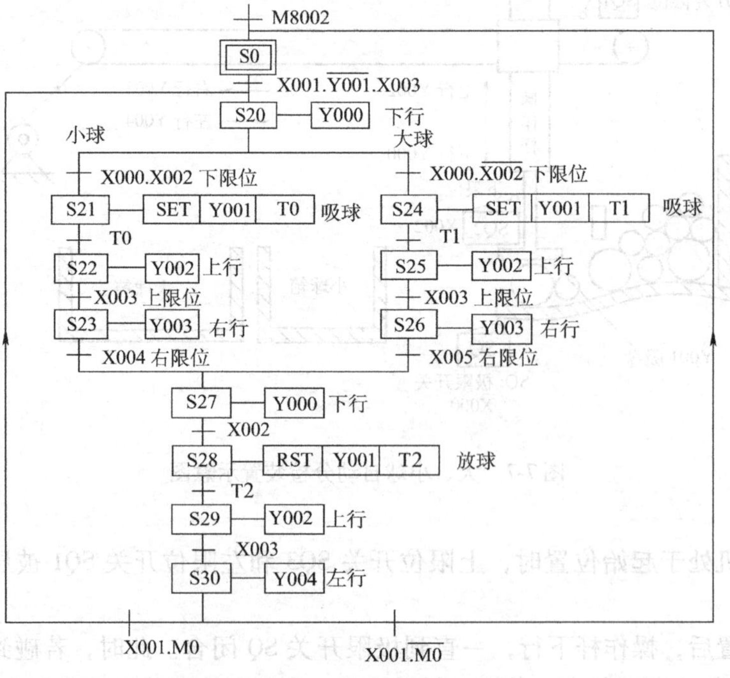

图 7-9　自动分检顺序控制 STL 功能图

当状态转移到S21后，吸盘电磁阀Y001被置位，Y001通电吸起小球，并同时启动时间继电器T0；延时1s后，状态转移到S22，使上行继电器Y002通电，操作杆上行，直到压下上限位开关X003，状态转移到S23，右行继电器Y003通电，使操作杆右行，直到压下右限位开关X004，状态转移到S27，使下行继电器Y000通电，操作杆下行，直到压下下限位开关X002，状态转移到S28，使得电磁阀Y001复位，将小球释放在小球箱内，其动作时间由T1控制；延时1s后，状态转移到S29，使得电磁阀Y002通电，使操作杆上行，压下上限位开关X003后，状态转移到S30，使左行继电器Y004通电，操作杆左行，直到压下左限位开关X001后，操作杆返回到初始状态S0。系统中大球的检出过程和小球的检出过程相同。

4. 梯形图的设计

图7-10所示为大、小球分检控制系统的梯形图。

5. 语句表程序

表7-5为大、小球分检PLC控制指令语句表。

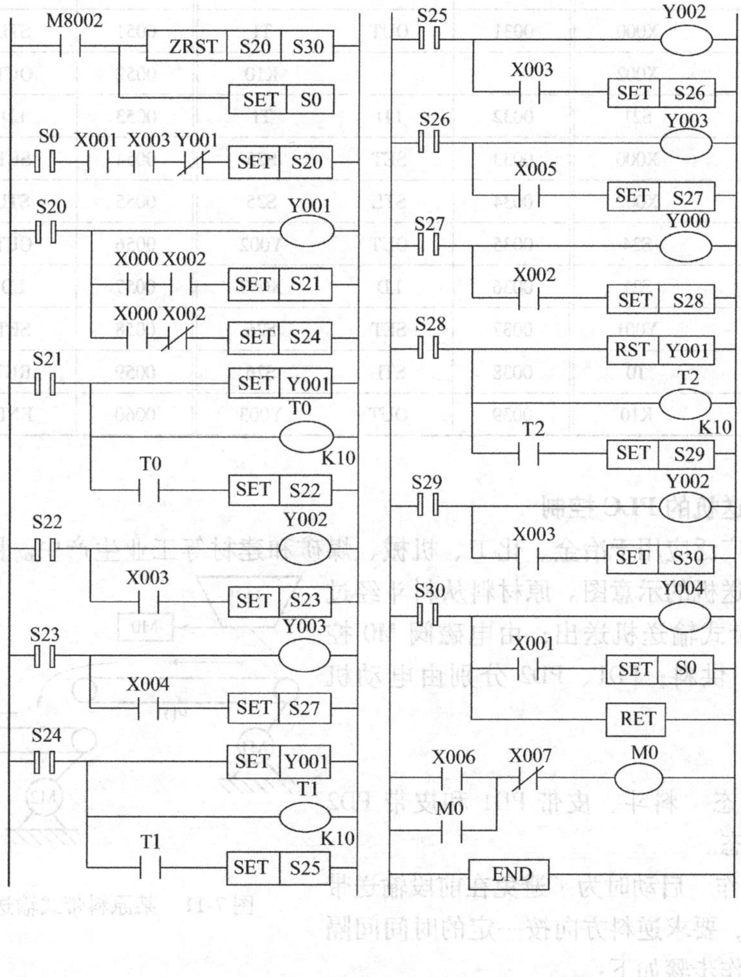

图7-10　大、小球分检控制系统梯形图

表 7-5 大、小球分检 PLC 控制指令语句表

步序号	助记符	操作数	步序号	助记符	操作数	步序号	助记符	操作数
0000	LD	M8002	0019	LD	T0	0040	LD	X005
0001	ZRST		0020	SET	S22	0041	SET	S27
		S20	0021	STL	S22	0042	STL	S27
		S30	0022	OUT	Y002	0043	OUT	Y000
0002	SET	S0	0023	LD	X003	0044	LD	X002
0003	STL	S0	0024	SET	S23	0045	SET	S28
0004	LD	X001	0025	STL	S23	0046	STL	S28
0005	AND	X003	0026	OUT	Y003	0047	RST	Y001
0006	ANI	Y001	0027	LD	X004	0048	OUT	T2
0007	SET	S20	0028	SET	S27			K10
0008	STL	S20	0029	STL	S24	0049	LD	T2
0009	OUT	Y001	0030	SET	Y001	0050	SET	S29
0010	LD	X000	0031	OUT	T1	0051	STL	S29
0011	AND	X002			K10	0052	OUT	Y002
0012	SET	S21	0032	LD	T1	0053	LD	X003
0013	LD	X000	0033	SET	S25	0054	SET	S30
0014	ANI	X002	0034	STL	S25	0055	STL	S30
0015	SET	S24	0035	OUT	Y002	0056	OUT	Y004
0016	STL	S21	0036	LD	X003	0057	LD	X001
0017	SET	Y001	0037	SET	S26	0058	SET	S20
0018	OUT	T0	0038	STL	S26	0059	RET	
		K10	0039	OUT	Y003	0060	END	

二、带式输送机的 PLC 控制

带式输送机广泛应用于冶金、化工、机械、煤矿和建材等工业生产中。图 7-11 所示为某原材料带式输送机的示意图。原材料从料斗经过 PD1、PD2 两台带式输送机送出；由电磁阀 M0 控制从料斗向 PD1 供料；PD1、PD2 分别由电动机 M1 和 M2 控制。

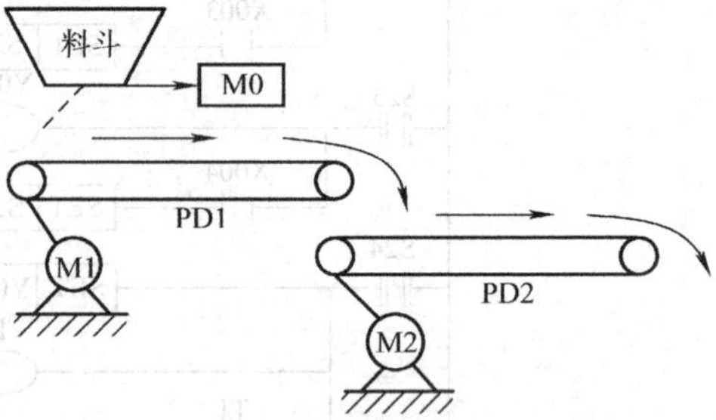

图 7-11 某原料带式输送机示意图

1. 控制要求

（1）初始状态 料斗、皮带 PD1 和皮带 PD2 全部处于关闭状态。

（2）启动操作 启动时为了避免在前段输送带上造成物料堆积，要求逆料方向按一定的时间间隔顺序启动。其操作步骤如下：

皮带 PD2→延时 5s→皮带 PD1→延时 5s→料斗 M0

（3）停止操作　停止时为了使输送带上不留剩余的物料，要求顺物料流动的方向按一定的时间间隔顺序停止。其停止的顺序如下：

料斗→延时 10s→皮带 PD1→延时 10s→皮带 PD2

（4）故障停止　在带式输送机的运行中，若输送带 PD1 过载，应把料斗和输送带 PD1 同时关闭，输送带 PD2 应在输送带 PD1 停止 10s 后停止。若输送带 PD2 过载，应把输送带 PD1、输送带 PD2（M1、M2）和料斗 M0 都关闭。

（5）要求采用 FX 系列 PLC 实现控制。

2. I/O 地址分配

输入地址		输出地址	
启动按钮	X000	M0 料斗控制	Y000
停止按钮	X001	M1 接触器	Y001
M1 热继电器	X003	M2 接触器	Y002
M2 热继电器	X004		

3. 程序设计

1）用步进指令根据带式输送机控制要求设计的功能图如图 7-12 所示。

2）带式输送机的 PLC 梯形图如图 7-13 所示。

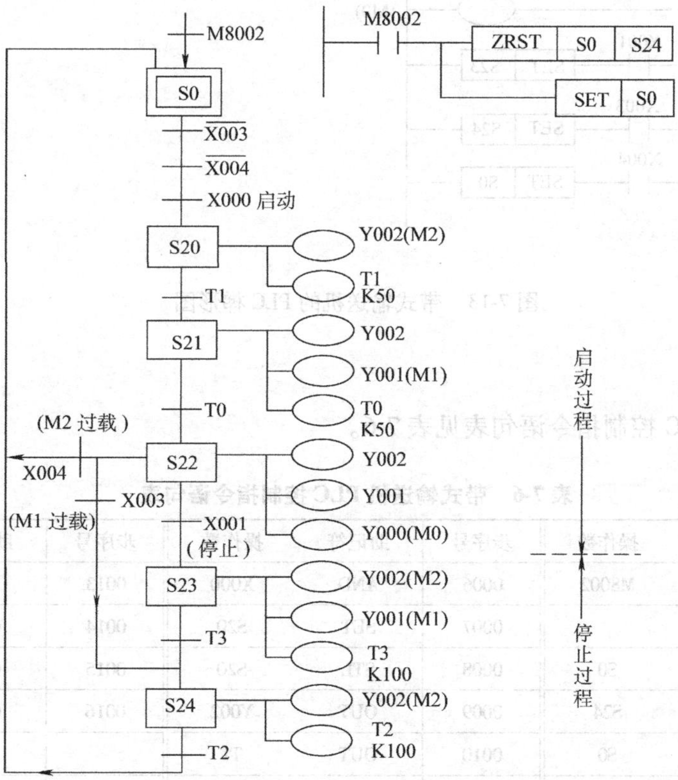

图 7-12　带式输送机的 PLC 功能图

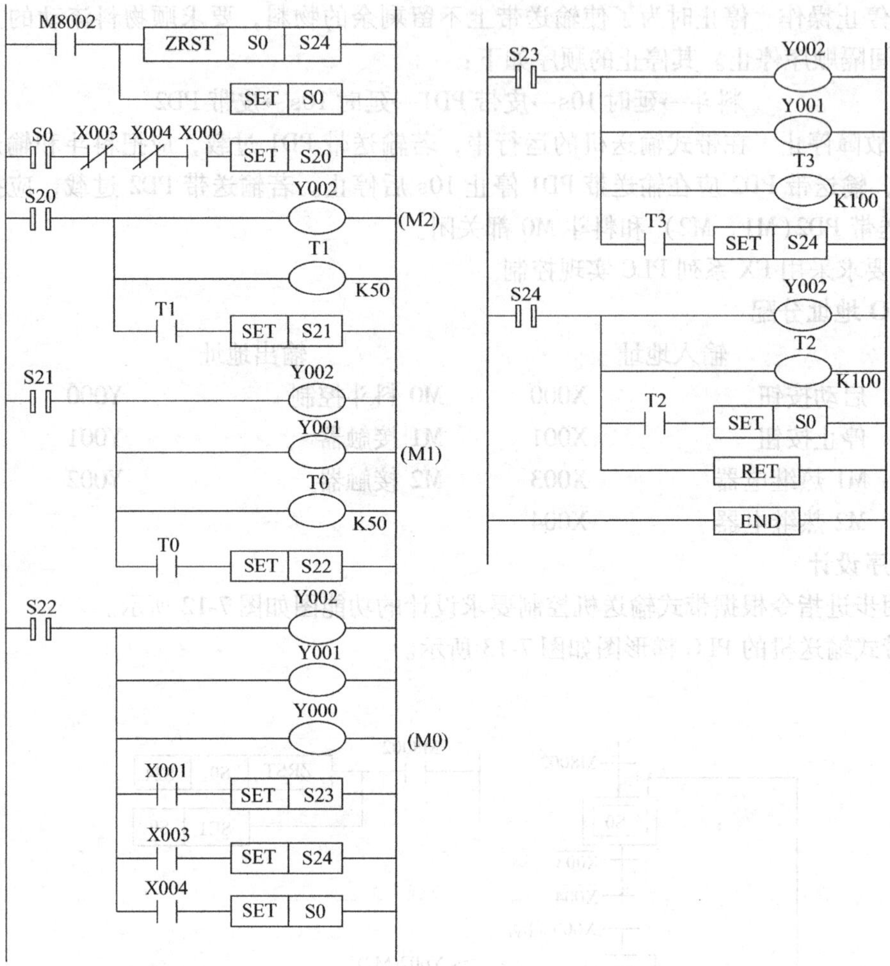

图 7-13 带式输送机的 PLC 梯形图

4. 语句表程序

带式输送机 PLC 控制指令语句表见表 7-6。

表 7-6 带式输送机 PLC 控制指令语句表

步序号	助记符	操作数	步序号	助记符	操作数	步序号	助记符	操作数
0000	LD	M8002	0006	AND	X000	0013	STL	S21
0001	ZRST		0007	SET	S20	0014	OUT	Y002
		S0	0008	STL	S20	0015	OUT	Y001
		S24	0009	OUT	Y002	0016	OUT	T0
0002	SET	S0	0010	OUT	T1			K50
0003	STL	S0			K50	0017	LD	T0
0004	LDI	X003	0011	LD	T1	0018	SET	S22
0005	ANI	X004	0012	SET	S21	0019	STL	S22

（续）

步序号	助记符	操作数	步序号	助记符	操作数	步序号	助记符	操作数
0020	OUT	Y002	0028	SET	S0	0035	STL	S24
0021	OUT	Y001	0029	STL	S23	0036	OUT	Y002
0022	OUT	Y000	0030	OUT	Y002	0037	OUT	T2
0023	LD	X001	0031	OUT	Y001			K100
0024	SET	S23	0032	OUT	T3	0038	LD	T2
0025	LD	X003			K100	0039	SET	S0
0026	SET	S24	0033	LD	T3	0040	RET	
0027	LD	X004	0034	SET	S24	0041	END	

第四节　PLC 在机床中的应用

在生产实际中，往往用“移植法”将机床的继电器控制系统改造成为可编程序控制系统，本节仅以 T68 卧式镗床和 Z3040 摇臂钻床为例进行分析。

一、T68 型卧式镗床电气控制系统

1. 电气控制任务

T68 镗床的电气设备及控制要求在前面已详述，已知双速电动机 M1 作为主轴及进给的驱动，电动机 M2 为进给快速移动的驱动。对 M1 的具体控制要求是：

1）正反转点动控制及反接制动。

2）正反转连续运转及反接制动。

3）高、低速的转换控制。

2. 输入/输出点的分配

输入/输出设备与 PLC 的输入/输出端子的分配见表 7-7，输入/输出设备与 PLC 的接线如图 7-14 所示。

表 7-7　输入输出设备与 PLC 输入输出端子分配一览表

输入端		输出端	
输入设备	PLC 输入端子号	输出设备	PLC 输出端子号
M1 的停止按钮 SB6	X000	M1 正转接触器 KM1	Y000
M1 的正转按钮 SB1	X001	M1 反转接触器 KM2	Y001
M1 的反转按钮 SB2	X002	限流电阻接触器 KM3	Y002
M1 的正转点动按钮 SB3	X003	M2 正转接触器 KM4	Y003
M1 的反转点动按钮 SB4	X004	M2 反转接触器 KM5	Y004
高低速转换行程开关 SQ	X005	M1 低速△接触器 KM6	Y005
主轴变速行程开关 SQ1	X006	M1 高速 YY 接触器 KM7	Y006
主轴变速行程开关 SQ2	X007	M1 高速 YY 接触器 KM8	Y007
进给变速行程开关 SQ3	X010		
进给变速行程开关 SQ4	X011		

（续）

输入端		输出端	
输入设备	PLC 输入端子号	输出设备	PLC 输出端子号
工作台或主轴箱机动进给限位 SQ5	X012		
主轴或花盘刀架机动进给限位 SQ6	X013		
快速 M2 电动机正转限位 SQ7	X014		
快速 M2 电动机反转限位 SQ8	X015		
M1 热继电器触点 FR	X016		
速度继电器正转触点 KS1	X017		
速度继电器反转触点 KS2	X020		

3. 绘制梯形图

（1）M1 正反转控制的梯形图　用 PLC 来完成对 M1 的正反转控制，需要 PLC 内部继电器 M101 和 M102 作为正反转控制的辅助继电器，为了可靠地保证正反转的切换，要用定时器 T1 和 T2 来完成 0.5s 的转换延时，图 7-15 所示为 M1 的正反转控制梯形图。

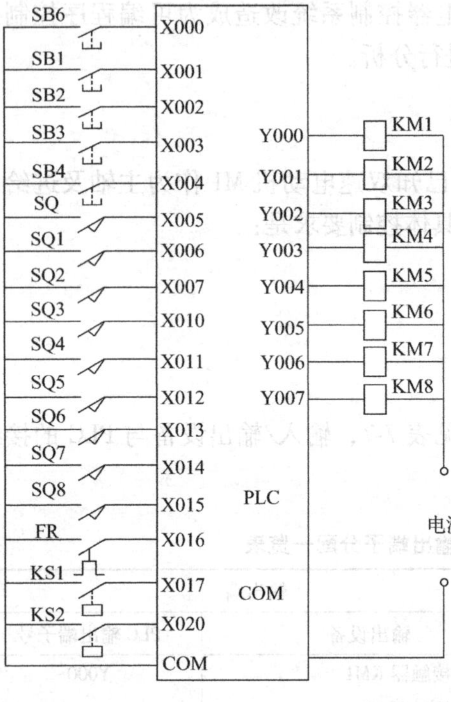

图 7-14　输入输出设备与 PLC 的接线

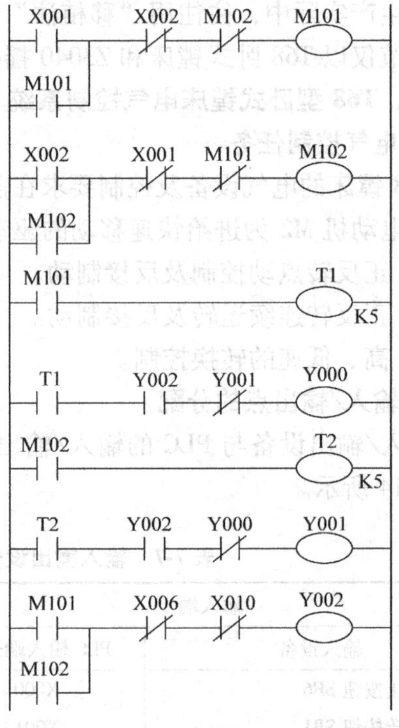

图 7-15　M1 正反转控制梯形图

（2）M1 反转制动的梯形图　速度继电器 KS 有两对独立的常开触头 KS1 和 KS2。当电动机 M1 正转时 KS1 闭合，反转时 KS2 闭合。KS1 串接在反转电路中，KS2 串接在正转电路中。当电动机正转时，通过自锁使反转电路不能得电。当按下停止按钮 SB6，X000 动作，使正转电路断电，与此同时反转电路通电，进行反接制动。当速度低到使速度继电器触头 KS 断开时，反转电路断电，制动结束。如图 7-16 所示。

（3）高低速转换控制的梯形图　SQ 为高、低速选择开关，当将操作手柄推向高速位置时，SQ 被压下，X005 接通，经过定时器 T3 延时后，其常闭触头将低速接触器 KM6 断电；其常开触头将高速接触器 KM7、KM8 通电，此时电动机 M1 绕组为YY连接，进入高速运行。如图 7-17 所示。

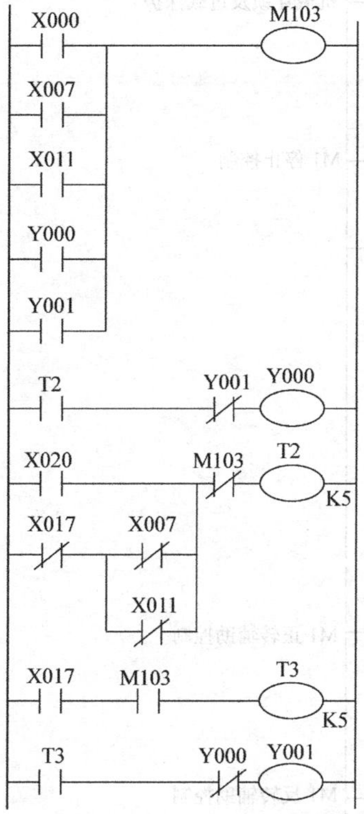

图 7-16　M1 反接制动梯形图

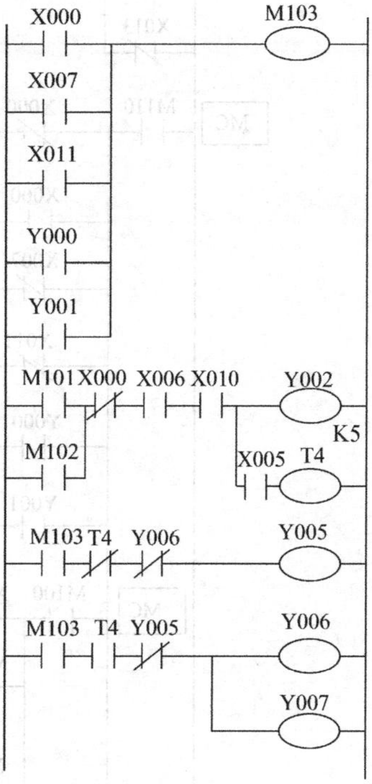

图 7-17　M1 高低速转换控制梯形图

在上述梯形图的基础上进行合并整理，适当增加一些程序并去掉多余的程序，最后设计出 T68 普通镗床的梯形图，如图 7-18 所示。

4. 编写指令表程序

T68 普通镗床 PLC 控制指令表程序（略）。

二、Z3040 型摇臂钻床的电气控制系统

1. 电气控制任务

Z3040 型摇臂钻床是一个多台电动机拖动系统，采用 PLC 控制时，也必须实现以下控制要求：

1）主轴电动机 M1 的正反转运动（如加工螺纹要求电动机正、反转）。

2）摇臂升降电动机 M2 正、反转运动。

3）摇臂夹紧、放松液压泵电动机 M3 的正反转运动。

4）完成各种操作之间的互锁控制及延时控制。冷却根据加工任务来选用，冷却泵电动机控制简单，故采用手动控制。

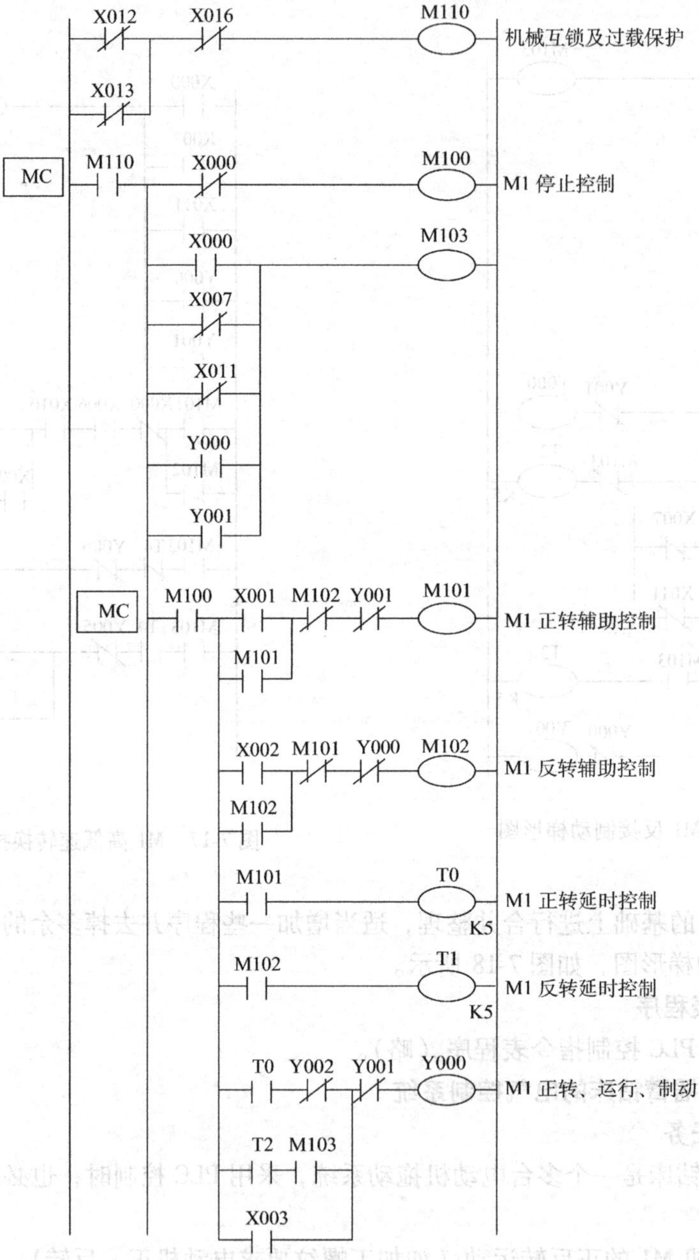

a)

图 7-18 T68 普通镗床 PLC 控制梯形图

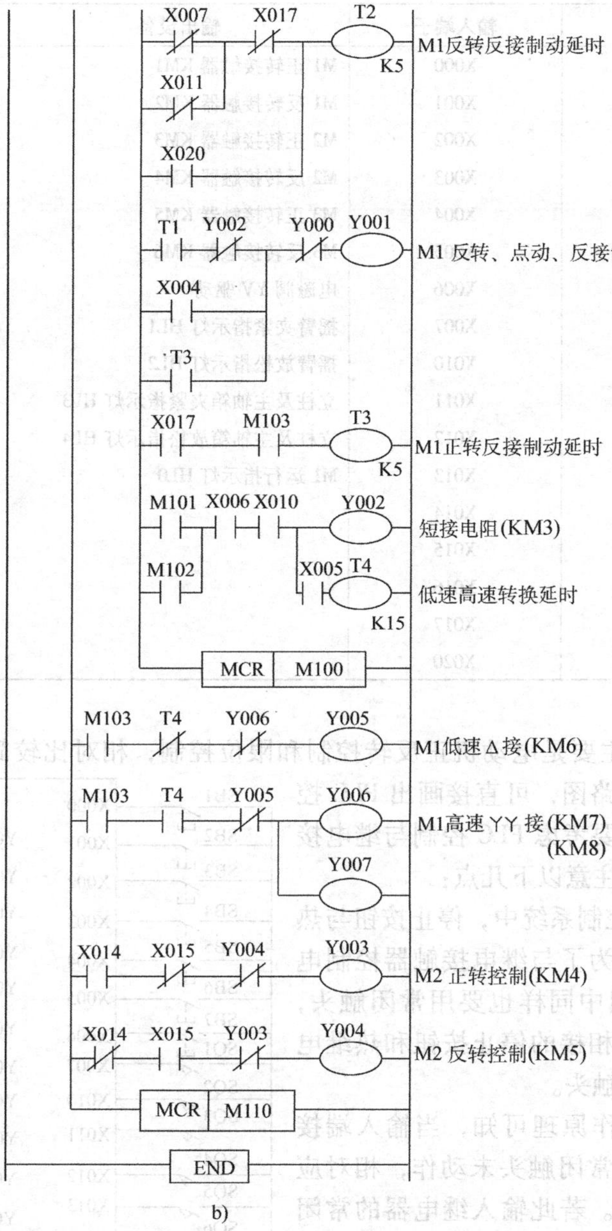

图 7-18　T68 普通镗床 PLC 控制梯形图（续）

2. 输入/输出点的分配

输入/输出设备和 PLC 输入/输出端子分配见表 7-8，输入/输出设备与 PLC 接线如图 7-19 所示。

表7-8　输入/输出设备与PLC输入输出端子分配一览表

输入端		输出端	
输入设备	输入端子	输出设备	输出端子
M1 停止按钮 SB1	X000	M1 正转接触器 KM1	Y000
M1 正转按钮 SB2	X001	M1 反转接触器 KM2	Y001
M1 反转按钮 SB3	X002	M2 正转接触器 KM3	Y002
M2 正转按钮 SB4	X003	M2 反转接触器 KM4	Y003
M2 反转按钮 SB5	X004	M3 正转接触器 KM5	Y004
M3 正转按钮 SB6	X005	M3 反转接触器 KM6	Y005
M3 反转按钮 SB7	X006	电磁阀 YV 驱动	Y006
摇臂上升限位 SQ1	X007	摇臂夹紧指示灯 HL1	Y007
摇臂放松限位 SQ2	X010	摇臂放松指示灯 HL2	Y010
摇臂夹紧限位 SQ3	X011	立柱及主轴箱夹紧指示灯 HL3	Y011
立柱及主轴箱放松限位 SQ4	X012	立柱及主轴箱放松指示灯 HL4	Y012
立柱及主轴箱夹紧限位 SQ5	X013	M1 运行指示灯 HL0	Y013
摇臂下降限位 SQ6	X014		
主轴箱关合限位 SQ7	X015		
M1 热继电器 FR1 触头	X016		
M2 热继电器 FR2 触头	X017		
M3 热继电器 FR3 触头	X020		

3. 绘制梯形图

Z3040型摇臂钻床主要是电动机正反转控制和限位控制，相对比较简单。根据控制要求，并参考电气控制电路图，可直接画出PLC控制的梯形图。在设计中要考虑PLC控制与继电接触器控制的不同，主要注意以下几点：

1）在继电接触器控制系统中，停止按钮与热继电器均用常闭触头，为了与继电接触器控制电路一致，在PLC梯形图中同样也要用常闭触头，这样一来，与输入端子相接的停止按钮和热继电器触头，就必须用常开触头。

2）根据PLC的工作原理可知，当输入端接常闭触头，若输入端的常闭触头末动作，相对应的输入继电器线圈得电。若此输入继电器的常闭触头与输出继电器线圈串联，则输出继电器不能得电。

3）对同一台电动机进行正反转切换控制，必须采用PLC内部的时间继电器进行延时控制，否则会造成正反转接触器同时接通引起电源短路，这是因为PLC执行程序的速度要比接触器动作速度快得多。Z3040型摇臂钻床的PLC控制梯形图如图7-20所示。

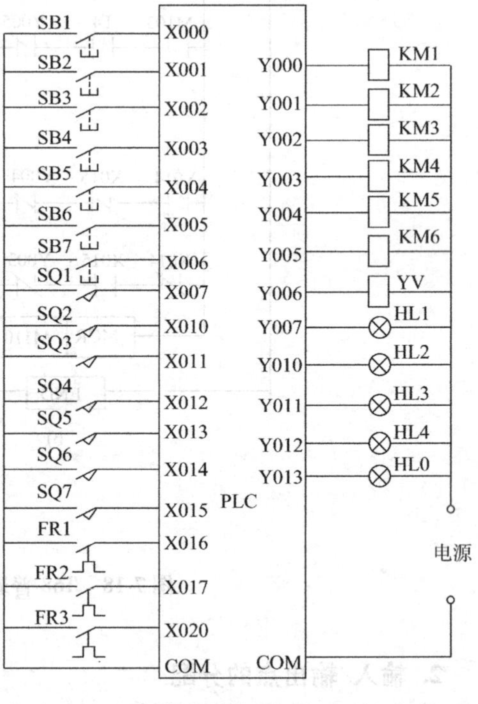

图7-19　输入/输出设备与PLC接线图

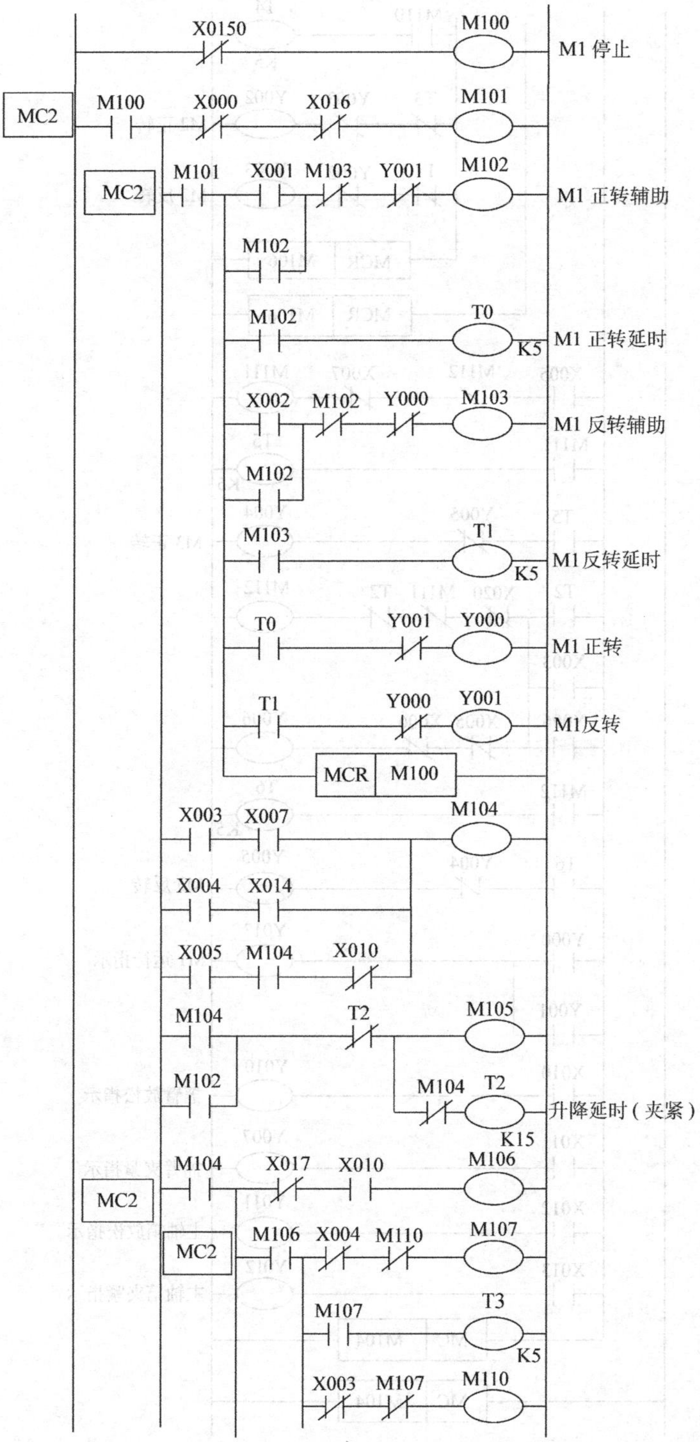

a)

图 7-20　Z3040 型摇臂钻床的 PLC 控制梯形图

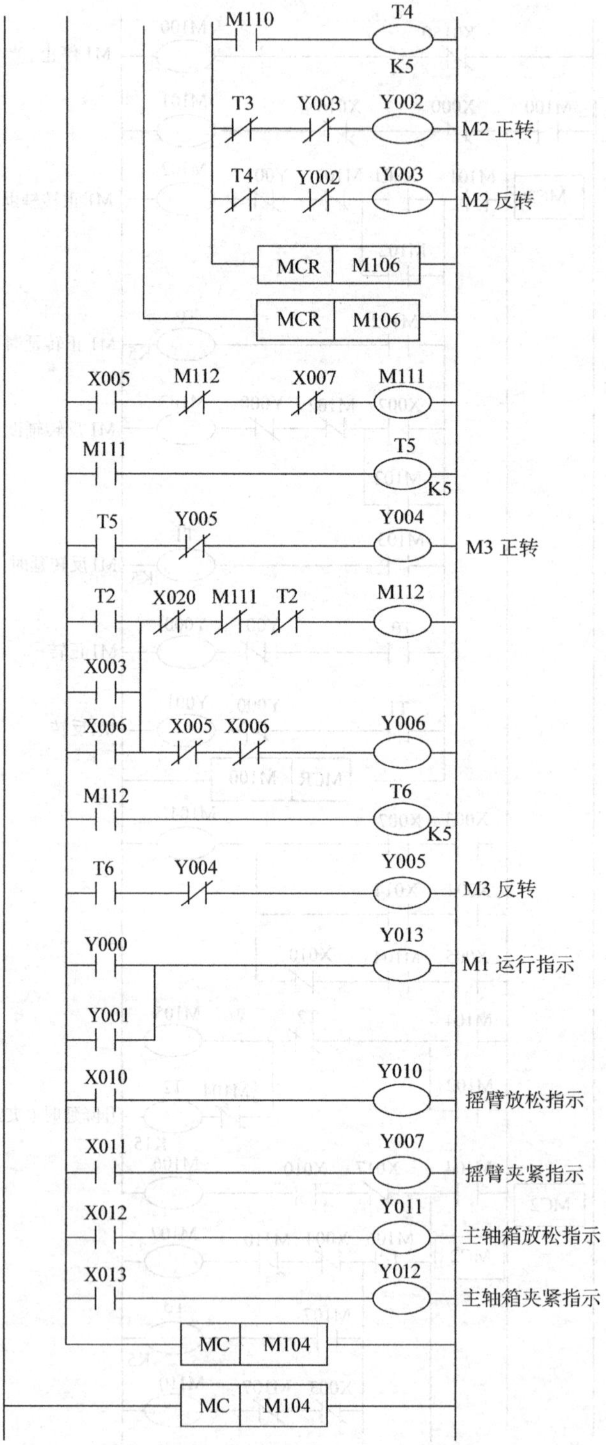

b)

图 7-20　Z3040 型摇臂钻床的 PLC 控制梯形图（续）

4. 编写指令表程序

Z3040 型摇臂钻床 PLC 控制指令表程序（略）

第五节　PLC 在机械手控制系统中的应用

机械手控制系统是用于自动生产线上的典型工业顺序控制系统，用步进指令编程既方便又简单。图 7-21 所示为一机械手的工作示意图。该机械手的任务是将工件从工作台 A 搬往工作台 B，现根据先前所学知识设计该机械手的 PLC 控制系统。

一、控制系统要求分析

1. 机械结构

图 7-21 中，机械手的所有动作均采用电液控制、液压驱动。它的上升/下降和左移/右移均采用双线圈三位电磁阀推动液压缸完成。当某电磁阀线圈通电，就一直保持当前的机械动作，直到相反动作的线圈通电为止。例如当下降电磁阀线圈通电后，机械手下降，即使线圈再断电，仍保持当前的下降动作状态，直到上升电磁阀线圈通电为止。机械手的夹紧/放松采用单线圈二位电磁阀推动液压缸完成，线圈通电时执行夹紧动作，线圈断电时执行放松动作。

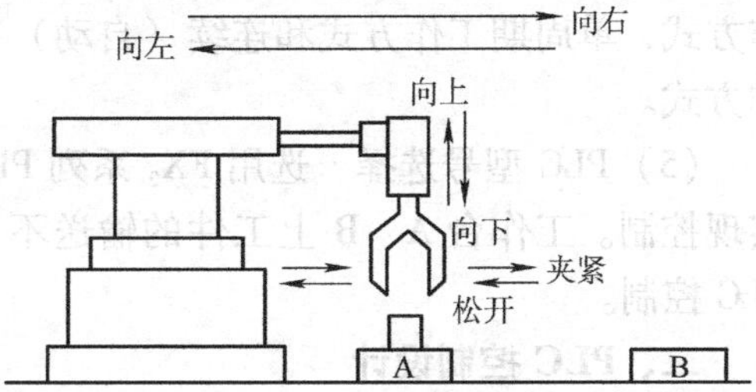

图 7-21　机械手的工作示意图

为了使动作准确，机械手上安装了限位开关 SQ1、SQ2、SQ3、SQ4，分别对机械手进行下降、上升、右行、左行等动作的限位，并给出了动作到位的信号。另外，还安装了光电开关 SP，负责监测工作台 B 上的工件是否已移走，从而产生无工件信号，为下一个工件的下放做好准备。

2. 工艺过程

机械手的动作顺序、检测元件和执行元件的布置如图 7-22 所示。机械手的初始位置在原点，按下启动按钮，机械手将依次完成：下降→夹紧→上升→右移→下降→放松→上升→左移 8 个动作，实现机械手一个周期的动作。机械手的下降、上升、左移、右移的动作转换靠限位开关来控制，而夹紧放松动作的转换是由时间继电器来控制的。

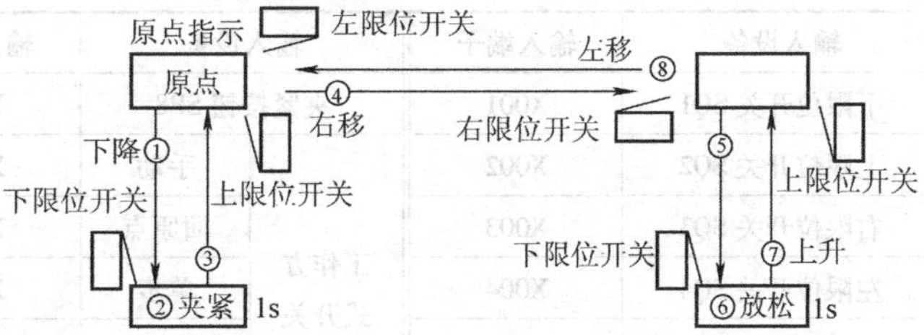

图 7-22　系统结构示意图

3. 控制要求

（1）初始位置　机械手停在初始位置上，压合左限位开关与上限位开关

（2）起动运行状态

1）机械手由初始位置开始向下运动，直到压合下限位开关；

2）机械手夹紧 A 工作台上的工件，时间为 1s；

3）机械手夹紧工件后向上运动，直到压合上限位开关为止；

4）机械手再向右运动，直到压合右限位开关为止；

5）机械手再向下运动，直到压合下限位开关为止；

6）机械手松开，将工件放到工作台 B 上，其松开时间为 1s；

7）机械手再向上运动，直到压合上限位开关为止；

8）机械手再向左运动，直到压合左限位开关，一个工作周期结束；

9）机械手返回初始状态，压合左限位开关与上限位开关。

(3）停止状态　按下停止按钮后，机械手要将一个工作周期的动作完成后，才返回到初始位置停止。

(4）机械手动作的操作方式　要求机械手有 4 种操作方式：点动工作方式，单步工作方式，单周期工作方式和连续（自动）工作方式。

(5）PLC 型号选择　选用 FX_2 系列 PLC 实现控制。工作台 A、B 上工件的输送不由 PLC 控制。

二、PLC 控制设计

1. PLC 控制系统外部 I/O 接线图

图 7-23 所示为 I/O 接线图

2. PLC I/O 地址、内部继电器分配表

表 7-9 为外部设备与 PLC 的 I/O 地址分配表。

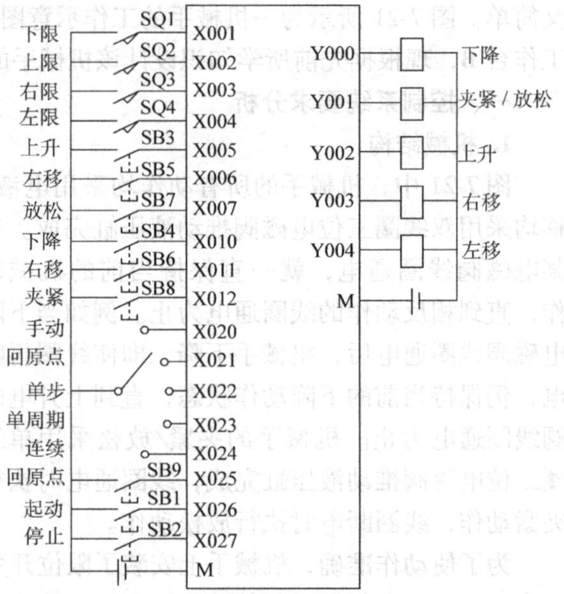

图 7-23　控制系统外部 I/O 接线图

表 7-9　输入输出设备与 PLC I/O 地址分配表

输入设备	输入端子	输入设备		输入端子	输出设备	输出端子
下限位开关 SQ1	X001	夹紧按钮 SB8		X012	下降	Y000
上限位开关 SQ2	X002	工作方式开关	手动	X020	夹紧/放松	Y001
右限位开关 SQ3	X003		回原点	X021	上升	Y002
左限位开关 SQ4	X004		单步	X022	右移	Y003
上升按钮 SB3	X005		单周期	X023	左移	Y004
左移按钮 SB5	X006		连续	X024		
放松按钮 SB7	X007	回原点起动按钮 SB9		X025		
下降按钮 SB4	X010	起动按钮 SB1		X026		
右移按钮 SB6	X011	停止按钮 SB2		X027		

3. 机械手的操作方式

图 7-24 所示为机械手 PLC 操作面板图，在操作面板上设置有控制按钮 SB1 ~ SB9，工作方式选择开关及接通与断开 PLC 外部负载的起动按钮和急停按钮，用来实现机械手各种工作方式的选择。

(1）手动工作方式（X020）　首先将工作方式选择开关置于“手动”位置，即 X020 =

ON，再操作面板上的按钮 SB3、SB4、SB8、SB7、SB5 和 SB6，控制机械手完成上升、下降、夹紧、放松、左移和右移的动作。

（2）单步工作方式（X022）　按下一次起动按钮 SB1，机械手前进一个工步。

（3）单周期工作方式（X023）　机械手在原点时，按下起动按钮 SB1，机械手自动运行一个工作周期后再返回原点停止。

（4）连续工作方式（自动工作方式）　即 X024 = ON，机械手在原点时，按下起动按钮 SB1，机械手可以连续反复地运行。若中途按下停止按钮 SB2，机械手只能运行到原点后再停止。

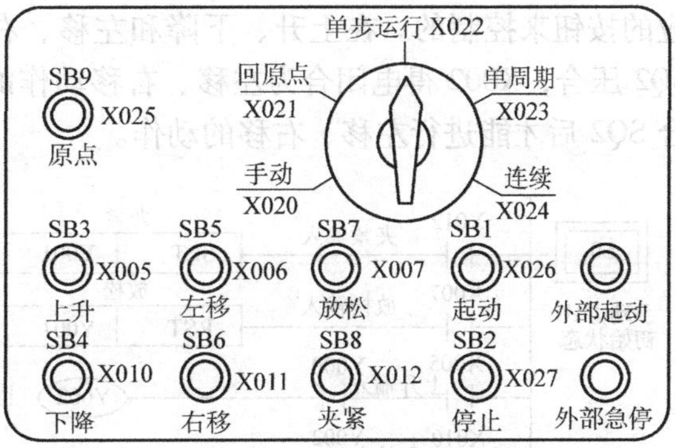

图 7-24　操作台面板布置图

（5）回原点　工作方式选择开关置于“回原点”位置即 X021 = ON，再按下回原点按钮 SB9，机械手自动返回原点。

（6）面板上设置的另一组起动按钮和急停按钮无 PLC 的 I/O 编号，说明它们不进入 PLC 的内部，与 PLC 运行程序无关。这两个按钮是用来接通或断开 PLC 外部负载的电源。

三、机械手控制系统的程序设计

1. 初始状态设定

利用初始状态指令 FNC60（IST）自动设定与各个运行方式相应的初始状态及首元件编号。系统的初始化梯形图如图 7-25 所示。图中，X20 是输入的首元件编号；S20 是自动方式的最小状态器编号；S27 是自动方式的最大状态器编号。当功能指令 IST 满足执行条件时，下面的初始状态器及相应的特殊辅助继电器自动被指定以下功能：

S0：手动操作初始状态；

S1：回原点初始状态；

S2：自动操作初始状态；

M8048：禁止转移；

M8041：开始转移；

M8042：起动脉冲；

M8047：STL 监控有效。

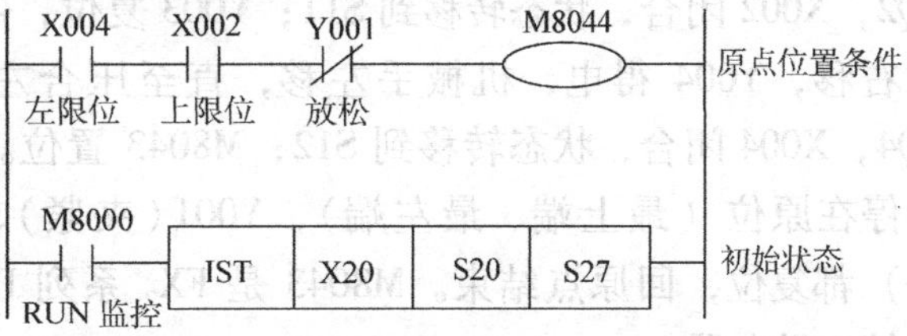

图 7-25　初始化梯形图

2. 初始化程序

机械手控制系统的初始化程序是设定初始状态和原点位置条件，图 7-25 中的特殊辅助继电器 M8044 作为原点位置条件使用，M8044 为 FX_2 系列 PLC 的原点条件继电器。当原点位置条件满足时 M8044 接通，用 M8044 = ON 作为执行自动程序的进入条件（如图 7-28 所示）。其他初始状态是由 IST 指令自动设定。初始化程序是在开始执行程序时执行一次，其结果储存在寄存器中，这些状态在程序执行过程中大部分都不再变化，但 S2 的状态例外，它随着程序的执行而变化。

3. 手动工作方式的程序

将操作面板上的工作方式选择开关置于手动工作位置（X020 = ON）时，机械手进入手动工作状态。手动工作方式的梯形图如图 7-26 所示。S0 为手动方式时的初始状态。

此时按下夹紧按钮 SB8，X012 得电闭合，Y001 被置位，实现夹紧动作；按下放松按钮 SB7，X007 得电闭合，Y001 被复位实现放松动作。同理上升、下降、左移和右移都是由相应的按钮来控制的。在上升、下降和左移、右移的控制作用中加入互锁作用。上限位开关 SQ2 压合，X002 得电闭合为左移、右移动作的进入条件，即机械手必须处于最上端位置压合 SQ2 后才能进行左移、右移的动作。

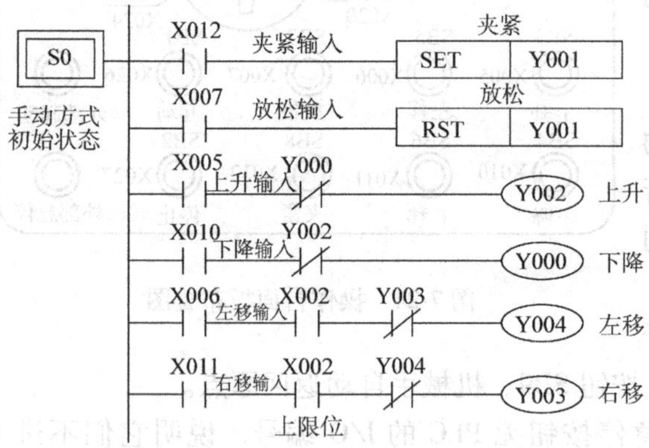

图 7-26　手动方式梯形图

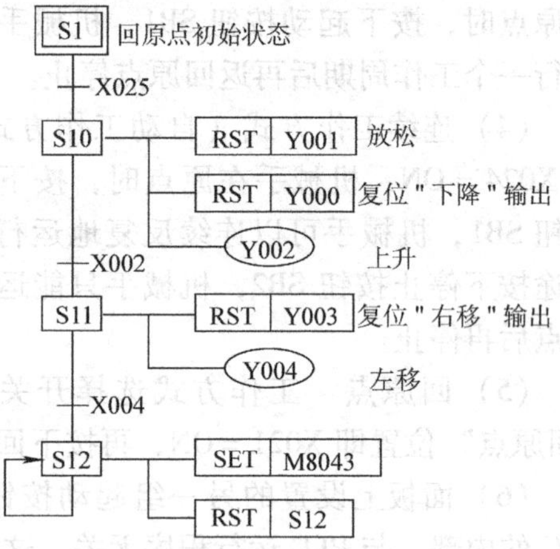

图 7-27　回原点方式功能图

4. 回原点方式

回原点方式功能图如图 7-27 所示。图中 S1 是回原点的初始状态，由初始化程序使 S1 置位，按下原点按钮 SB9，X025 = ON，状态转移到 S10，Y001 复位，机械手放松；Y000 复位，机械停止下降；Y002 得电，机械手上升压上限位开关 SQ2，X002 闭合，状态转移到 S11；Y003 复位，停止机械手的右移，Y004 得电，机械手左移，直至压合左限位开关 SQ4，X004 闭合，状态转移到 S12；M8043 置位。此时机械手停在原位（最上端、最左端），Y001（夹紧）、Y002（放松）都复位，回原点结束。M8043 是 FX_2 系列 PLC 的回原点结束继电器。

5. 自动工作方式

将工作方式选择开关置于“自动”工作位置（X024 = ON），机械手进入自动工作状态。自动方式功能图如图 7-28 所示。图中 S2 是自动方式的初始状态，状态继电器 S2 和状态转移开始辅助继电器 M8041 及原点位置条件辅助继电器 M8044 的状态都是在初始化程序中设定的，在程序运行中不再改变。

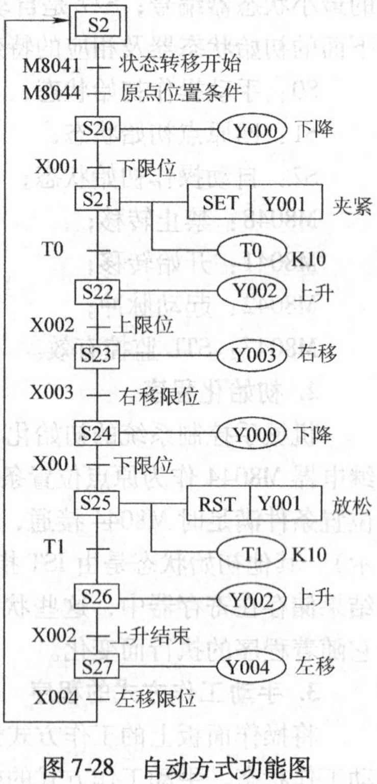

图 7-28　自动方式功能图

当辅助继电器 M8041、M8044 闭合时，状态从 S2 向 S20 转移，S20 置位，Y000 得电，机械手下降；当下降运行到下限位，开关 SQ1 压合，X001 闭合时，状态转移到 S21（S20 自动复位，Y000 失电），Y001 得电，机械手夹紧工件，同时定时器 T0 开始计时；当 1s 时间到，T0 触点闭合，状态转移到 S22，Y002 得电，机械手上升；一直到上限位，压合 SQ2，X002 闭合时，状态转移到 S23，Y003 得电，机械手右移；一直到右限位，压合 SQ3，X003 闭合时，状态转移到 S24，Y000 得电，机械手下降，直到下限位，压合 SQ1，X001 又闭合，状态转移到 S25，使 Y001 复位，机械手松开工件，同时定时器 T1 开始计时，经过 1s 延时后，状态转移到 S26，Y002 得电，机械手上升；直到上限位开关 SQ2 压合，X002 闭合，状态转移到 S27，Y004 得电，机械手左移，直到左限位开关 SQ4 压合，X004 闭合，状态返回到 S2，又进入下一个周期的工作过程。

6. 指令语句表

将上面设计的初始化梯形图、手动方式梯形图及由回原点方式功能图、自动方式功能图改画成的梯形图四部分汇总后，转换成与其相对应的指令语句，列成表 7-10 中的机械手控制系统指令语句表。

表 7-10　机械手 PLC 控制系统指令语句表

步序号	助记符	操作数	步序号	助记符	操作数	步序号	助记符	操作数
0000	LD	X004	0022	AND	X002	0047	STL	S20
0001	AND	X002	0023	ANI	Y004	0048	OUT	Y000
0002	ANI	Y001	0024	OUT	Y003	0049	LD	X001
0003	OUT	M8044	0025	STL	S1	0050	SET	S21
0004	LD	M8000	0026	LD	X025	0051	STL	S21
0005	IST		0027	SET	S10	0052	SET	Y001
		X020	0028	STL	S10	0053	OUT	T0
		S20	0029	RST	Y001			K10
		S27	0030	RST	Y000	0054	LD	T0
0006	STL	S0	0031	OUT	Y002	0055	SET	S22
0007	LD	X012	0032	LD	X002	0056	STL	S22
0008	SET	Y001	0033	SET	S11	0057	OUT	Y002
0009	LD	X007	0034	STL	S11	0058	LD	X002
0010	RST	Y001	0035	RST	Y003	0059	SET	S23
0011	LD	X005	0036	OUT	Y004	0060	STL	S23
0012	ANI	Y000	0037	LD	X004	0061	OUT	Y003
0013	OUT	Y002	0038	SET	S12	0062	LD	X003
0014	LD	X010	0039	STL	S12	0063	SET	S24
0015	ANI	Y002	0040	SET	M8043	0064	STL	S24
0016	OUT	Y000	0041	RST	S12	0065	OUT	Y000
0017	LD	X006	0042	RET		0066	LD	X001
0018	AND	X002	0043	STL	S2	0067	SET	S25
0019	ANI	Y003	0044	LD	M8041	0068	STL	S25
0020	OUT	Y004	0045	AND	M8044	0069	RST	Y001
0021	LD	X011	0046	SET	S20	0070	OUT	T1

（续）

步序号	助记符	操作数	步序号	助记符	操作数	步序号	助记符	操作数
		K10	0075	LD	X002	0080	OUT	S2
0071	LD	T1	0076	SET	S27	0081	RET	
0072	SET	S26	0077	STL	S27	0082	END	
0073	STL	S26	0078	OUT	Y004			
0074	OUT	Y002	0079	LD	X004			

习　题

7-1　根据图2-11所示的具有自动往返的电动机可逆旋转电路，画出PLC控制输入/输出接线图和PLC控制梯形图。

7-2　根据图2-20所示的时间原则短接转子电阻起动电路，画出PLC控制输入/输出接线图和PLC控制梯形图。

7-3　根据图2-32所示的4/2极双速电动机起动电路，画出PLC控制输入/输出接线图和PLC控制梯形图。

7-4　设计符合下述各控制要求的电气控制电路，并画出运用PLC实现其控制要求的输入/输出接线图和PLC控制梯形图。

1）起动时，电动机M1起动后，M2才能起动；停止时，M2停止后，M1才能停止。

2）电动机M1先起动后，M2才能起动，M2能单独停车。

3）电动机M1起动后，M2才能起动，M2还能点动。

4）电动机M1先起动，经过1min延时后，电动机M2才能自行起动。

5）电动机M1先起动，经过30s延时后，M2才能自行起动，当M2起动后，M1立即停止。

7-5　图7-29所示为钻孔动力头动作示意图，现用PLC实现对钻孔动力头的控制。要求用步进指令编程，画出功能图、梯形图并写出指令语句。该动力头的加工过程如下：

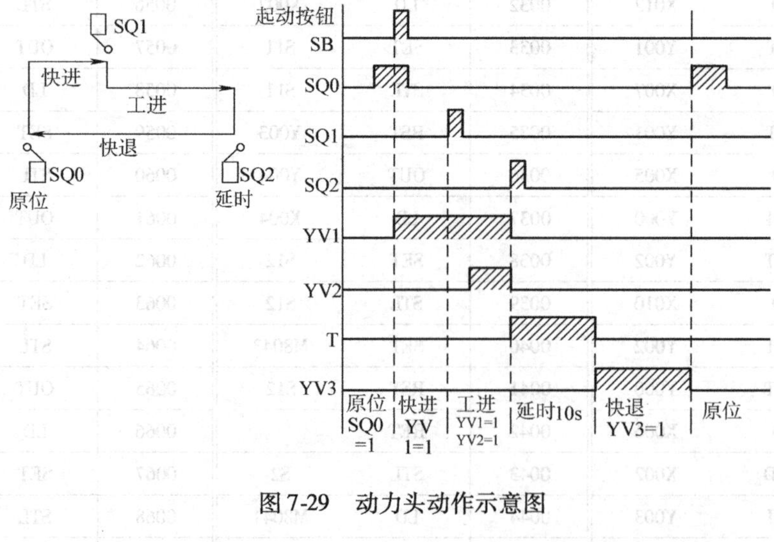

图7-29　动力头动作示意图

1）动力头在原位时按下起动按钮，电磁阀YV1闭合，动力头快进。

2）动力头碰到行程开关SQ1后，接通电磁阀YV1和YV2，动力头由快进转入工进。

3）动力头工进碰到行程开关 SQ2 后，开始延时 10s，当延时时间到，接通电磁阀 YV3，动力头快退。

4）动力头退回至原位压下原位行程开关 SQ0，一个周期工作结束。

7-6　有一台用 4 台皮带运输机组成的传送系统如图 7-30 所示。要求用 PLC 构成系统控制，画出梯形图及指令语句，该系统分别用 4 台电动机（M1 ~ M4）带动，具体控制要求如下：

1）起动时的顺序　M4→M3→M2→M1。

2）停止时的顺序　先停止最前一台皮带运输机，待料运完毕后再依次停止其他皮带运输机，即 M1→M2→M3→M4。

3）当某台皮带运输机发生故障时，该机以及其前面的皮带运输机立即停止，而皮带运输机以后的皮带机待料运完后才停止。如 M2 发生故障，M1、M2 立即停止；经过 5s 延时后，M3 停止，再经过 5s 延时后，M4 停止。

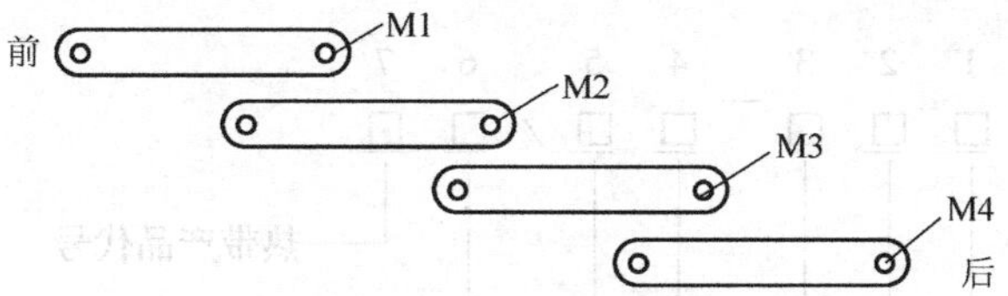

图 7-30　皮带传输系统示意图

附　录

附录A　低压电器产品型号编制方法

一、全型号组成型式

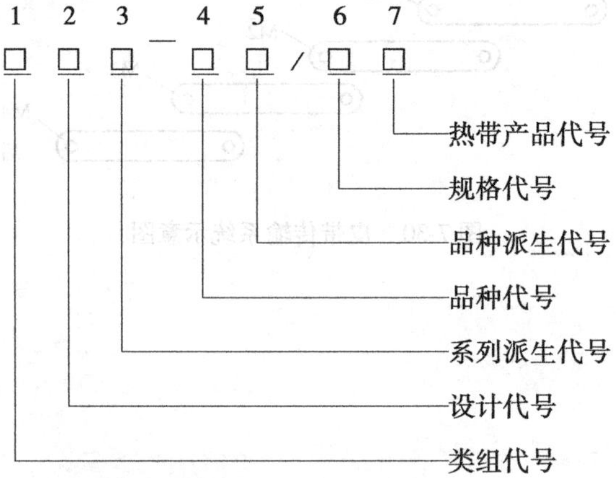

（1）类组代号　用二位或三位汉语拼音字母，第一位为类别代号，第二、三位为组别代号，代表产品名称，由型号颁发单位按表 A-1 确定。

表 A-1　低压电器产品型号类组代号表

代号	H	R	D	K	C	Q	J	L	Z	B	T	M	A
名称	刀开关和转换开关	熔断器	断路器	控制器	接触器	起动器	控制继电器	主令电器	电阻器	变阻器	调整器	电磁铁	其他
A						按钮式		按钮					
B									板式元件				触电保护器
C		插入式			磁力	电磁式			冲片元件	旋臂式			插销
D	刀开关						漏电		带型元件		电压		信号灯
E												阀用	
G				鼓型	高压				管型元件				
H	封闭式负荷开关	汇流排式											接线盒
J					交流	减压		接近开关	锯齿型元件				交流接触器节电器
K	开启式负荷开关				真空			主令控制器					
L		螺旋式	照明				电流			励磁			电铃
M		封闭管式	灭磁		灭磁								
N													

（续）

代号	H	R	D	K	C	Q	J	L	Z	B	T	M	A
名称	刀开关和转换开关	熔断器	自动开关	控制器	接触器	起动器	控制继电器	主令电器	电阻器	变阻器	调整器	电磁铁	其他
P				平面	中频		频率			频敏			
Q										起动		牵引	
R	熔断器式刀开关						热		非线性电力电阻				
S	转换开关	快速	快速		时间	手动	时间	主令开关	烧结元件	石墨			
T		有填料管式		凸轮	通用		通用	脚踏开关	铸铁元件	起动调速			
U						油浸		旋钮		油浸起动			
W			万能式			无触点	温度	万能转换开关		液体起动		起重	
X		限流	限流			星三角		行程开关	电阻器	滑线式			
Y	其他	其他	其他	其他	其他	其他	其他	其他	硅碳电阻元件	其他		液压	
Z	组合开关	自复	装置式		直流	综合	中间					制动	

（2）设计代号　用阿拉伯数字表示，位数不限，其中设计编号为二位及二位以上时，首位数“9”表示船用；“8”表示防爆用；“7”表示纺织用；“6”表示农业用；“5”表示化工用。由型号颁发单位按□□□□统一编制。

（3）系列派生代号　用一位或二位汉语拼音字母，表示全系列产品变化的特征，由型号颁发单位根据表 A-2 统一确定。

（4）品种代号　用阿拉伯数字表示，位数不限，根据各产品的主要参数确定，一般用电流、电压或容量参数表示。

（5）品种派生代号　用一位或二位汉语拼音字母，表示系列内个别品种的变化特征，由型号颁发单位根据表 A-2 统一确定。

（6）规格代号　用阿拉伯数字表示，位数不限，表示除品种以外的需进一步说明的产品特征，如极数、脱扣方式、用途等。

（7）热带产品代号　表示产品的环境适应性特征，由型号颁发单位根据表 A-2 确定。

二、型号含义及组成

（1）产品型号代表一种类型的系列产品，但亦可包括该系统产品的若干派生系列。类组代号与设计代号的组合（含系列派生代号）表示产品的类别，类组代号的汉语拼音字母方案见表 A-1。如需要三位的类组代号，在编制具体型号时，其第三位字母以不重复为原则，临时拟定之。

（2）产品全型号代表产品的系列、品种和规格，但亦可包括该产品的若干派生品种，即在产品型号之后附加品种代号、规格代号以及表示变化特征的其他数字或字母。

三、汉语拼音应根据下列原则之一选用

（1）优先采用所代表对象名称的汉语拼音第一个音节字母。

（2）其次采用所代表对象名称的汉语拼音非第一个音节字母。

（3）如确有困难时，可选用与发音不相关的字母。

表 A-2 加注通用派生字母对照表

派生字母	代 表 意 义
A、B、C、D…	结构设计稍有改进或变化
C	插入式，抽屉式
D	达标验证攻关
E	电子式
J	交流，防溅式，较高通断能力型，节电型
Z	直流，自动复位，防震，重任务，正向，组合式，中性接线柱式
W	无灭弧装置，无极性，失电压，外销用
N	可逆，逆向
S	有锁住机构，手动复位，防水式，三相，三个电源，双线圈
P	电磁复位，防滴式，单相，两个电源，电压的，电动机操作
K	开启式
H	保护式，带缓冲装置
M	密封式，灭磁，母线式
Q	防尘式，手车式，柜式
L	电流的，摺板式，漏电保护，单独安装式
F	高返回，带分励脱扣，纵缝灭弧结构式，防护盖式
X	限流
G	高电感，高通断能力型
TH	湿热带型
TA	干热带型

附表 B 电气图常用图形及文字符号一览表

名称	GB/T 4728—2005 ~ 2008 图形符号	GB7159—1987 文字符号	名称	GB/T 4728—2005 ~ 2008 图形符号	GB7159—1987 文字符号
直流电	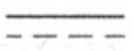		插座	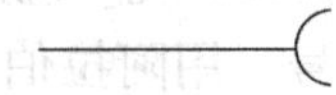	X
交流电			插头		X
交直流电	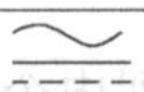		滑动（滚动）连接器	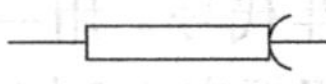	E
正、负极			电阻器一般符号		R
三角形联结的三相绕组			可变（可调）电阻器	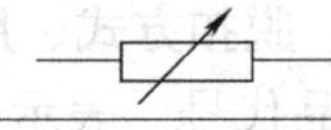	R
星形联结的三相绕组			滑动触点电位器	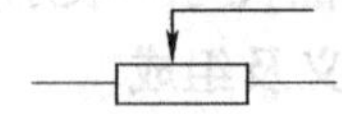	RP
导线			电容器一般符号	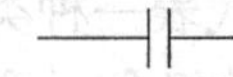	C
三根导线	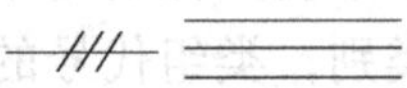		极性电容器	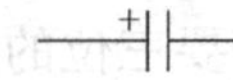	C
导线联接	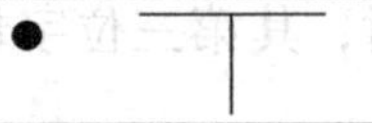		电感器、线圈、绕组、扼流圈		L
端子			带铁心的电感器		L
可拆卸的端子					
端子板	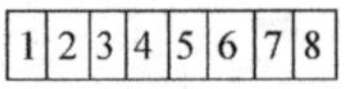	X	电抗器		L
接地		E			

（续）

名称	GB/T 4728—2005～2008 图形符号	GB7159—1987 文字符号
可调压的单相自耦变压器		T
有铁心的双绕组变压器	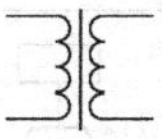	T
三相自耦变压器星形联结	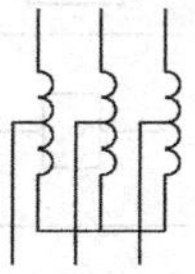	T
电流互感器	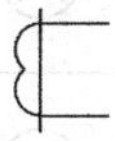	TA
电机扩大机	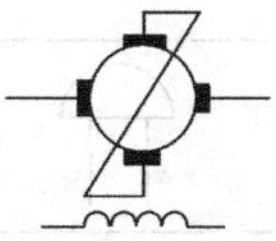	AR
串励直流电动机	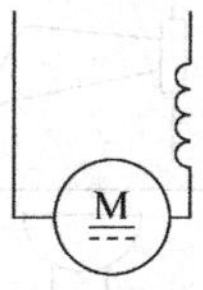	M
并励直流电动机	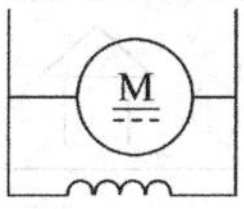	M
他励直流电动机	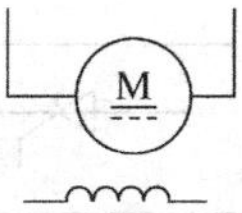	M
三相笼型异步电动机	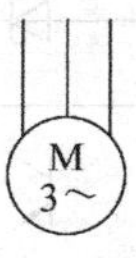	M3～
三相绕线转子异步电动机		M3～
永磁式直流测速发电机	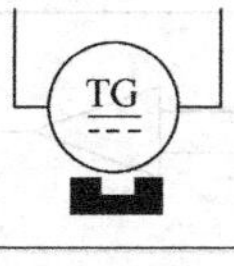	BR
普通刀开关	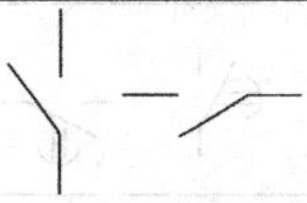	Q
普通三相刀开关	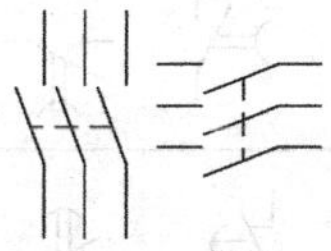	Q
按钮开关动合触点（起动按钮）	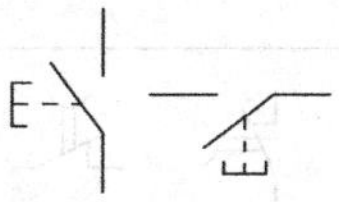	SB
按钮开关动断触点（停止按钮）	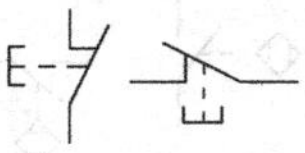	SB
位置开关动合触点	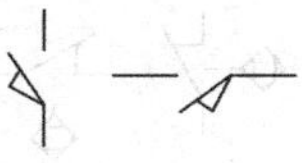	SQ
位置开关动断触点	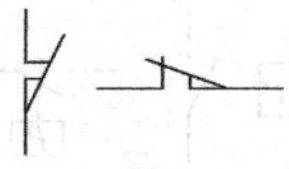	SQ
熔断器	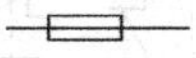	FU
接触器动合主触点	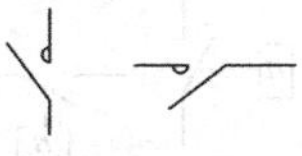	KM
接触器动合辅助触点	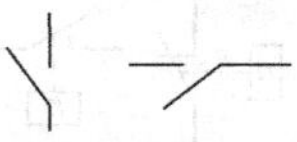	KM
接触器动断主触点	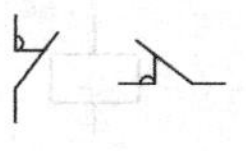	KM
接触器动断辅助触点		KM
继电器动合触点	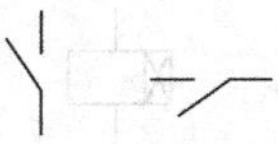	KA
继电器动断触点	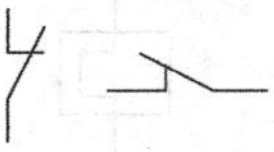	KA
热继电器动合触点	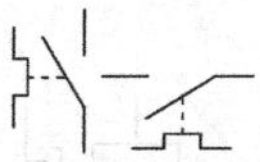	FR
热继电器动断触点	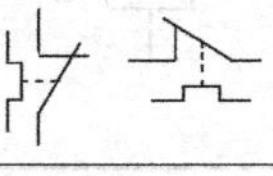	FR

（续）

名称	GB/T 4728—2005～2008 图形符号	GB7159—1987 文字符号
延时闭合的动合触点	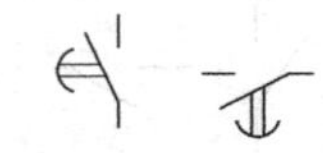	KT
延时断开的动合触点	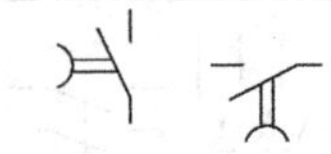	KT
延时闭合的动断触点	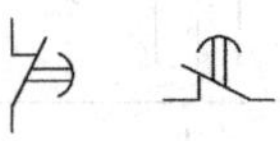	KT
延时断开的动断触点	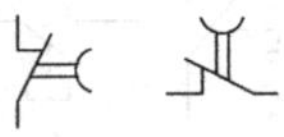	KT
接近开关动合触点	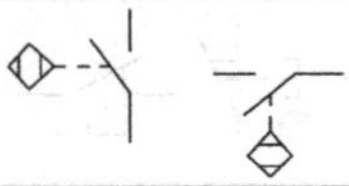	SQ
接近开关动断触点	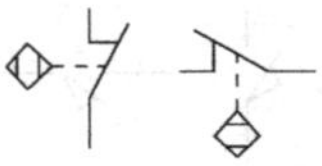	SQ
气压式液压继电器动合触点	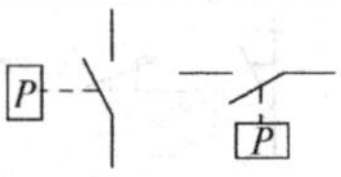	SP
气压式液压继电器动断触点	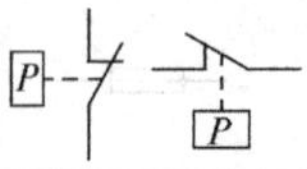	SP
速度继电器动合触点	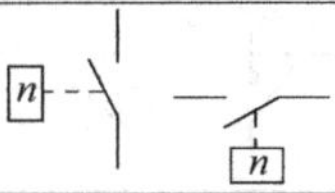	KS
速度继电器动断触点	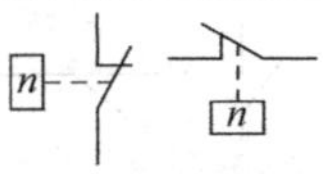	KS
操作器件一般符号接触器线圈	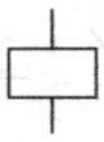	KM
缓慢释放继电器的线圈	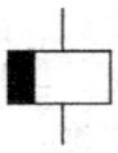	KT
缓慢吸合继电器的线图	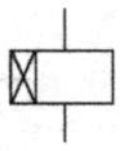	KT
热继电器的驱动器件	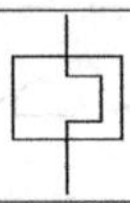	FR
电磁离合器	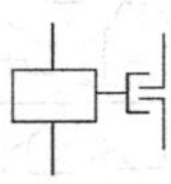	YC

名称	GB/T 4728—2005～2008 图形符号	GB7159—1987 文字符号
电磁阀	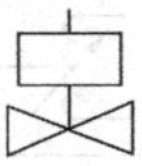	YV
电磁制动器	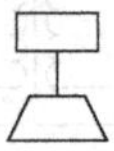	YB
电磁铁	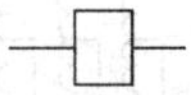	YA
照明灯一般符号	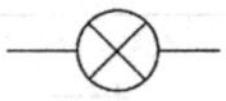	EL
指示灯、信号灯一般符号	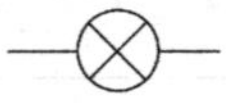	HL
电铃		HA
电喇叭	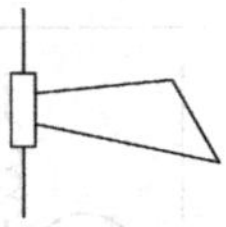	HA
蜂鸣器	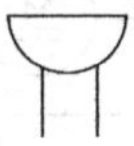	HA
电警笛、报警器		HA
普通二极管	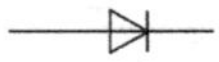	VD
普通晶闸管	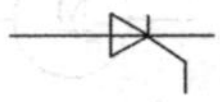	VT
稳压二极管	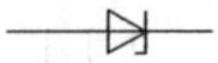	VS
PNP 三极管		VT
NPN 三极管	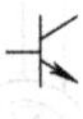	VT
单结晶体管	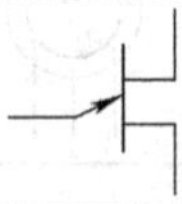	VU
运算放大器	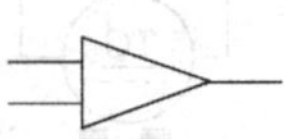	N

附录 C　FX_2 系列 PLC 基本指令和功能指令

表 C-1　基本指令和步进指令

类型	指令	操作元件	步数	类型	指令	操作元件	步数
接点指令	LD	X, Y, M, S, T, C, 特 M	1	输出指令	OUT	Y, M	1
	LDI		1			S	2
	AND		1			特 M	2
	ANI		1			T-K, D	3
	OR		1			C-K, D(16 位)	3
	ORI		1			C-K, D(32 位)	5
连接指令	ANB	无	1		SET	Y, M	1
	ORB	无	1			S	2
	MPS	无	1			特 M	2
	MRD	无	1		RST	Y, M	1
	MPP	无	1			S	2
其他指令	MC	N-Y, M	3			特 M	2
	MCR	N(嵌套)	2			T, C	2
	NOP	无	1			D, V, Z, 特 D	3
	END	无	1		PLS	Y, M	2
步进	STL	S	1		PLF	Y, M	2
	RST	无	1	标号	P	0~63	1
					I	0XX~8XX	1

表 C-2　功能指令

分类	FNC 编号	指令符号	名　　称	分类	FNC 编号	指令符号	名　　称
程序流向控制	00	CJ	条件跳转	传送、比较等	13	SMOV	BCD 码数位移位
	01	CALL	子程序调用		14	CML	取反传送(S)→(D)
	02	SRET	子程序返回		15	BMOV	成批传送
	03	IRET	中断返回		16	FMOV	多点传送
	04	EI	允许中断		17	XCH	变换传送(D)← →(D)
	05	DI	禁止中断		18	BCD	BIN→BCD 变换传送
	06	FEND	主程序结束		19	BIN	BCD→BIN 变换传送
	07	WDT	监视时钟	四则逻辑运算	20	ADD	BIN 加法(S1)+(S2)→(D)
	08	FOR	循环范围开始		21	SUB	BIN 减法(S1)-(S2)→(D)
	09	NEXT	循环范围结束		22	MUL	BIN 乘法(S1)*(S2)→(D)(D)
传送、比较等	10	CMP	比较		23	DIV	BIN 除法(S1)÷(S2)→(D)…(D)
	11	ZCP	区间比较		24	INC	BIN 增量(D)+1→(D)
	12	MOV	传送(S)→(D)		25	DEC	BIN 减量(D)-1→(D)

（续）

分类	FNC 编号	指令符号	名　称	分类	FNC 编号	指令符号	名　称
四则逻辑运算	26	WAND	逻辑与(S1)∧(S2)→(D)	方便指令	60	IST	起始状态(顺序步进指令)
	27	WOR	逻辑或(S1)+(S2)→(D)		62	ABSD	磁鼓时序(绝对值式)
	28	WXOR	异 或(S1)+(S2)→(D)		63	INCD	磁鼓时序(相对值式)
	29	NEG	取补(D)+1→(D)		64	TTMR	具有示教功能的定时器
旋转位移	30	ROR	右循环移位		65	STMR	特殊定时器
	31	ROL	左循环移位		66	ALT	交变输出(双稳态)
	32	RCR	带进位右旋转移位		67	RAMP	倾斜信号
	33	RCL	带进位左旋转移位		68	ROTC	回转台控制
	34	SFTR	右移位	外部I/O管理	70	TKY	十进制键入
	35	SFTL	左移位		71	HKY	十六进制键入
	36	WSFR	右移字		72	DSW	数字开关，分时读出
	37	WSFL	左移字		73	SEGD	七段译码
	38	SFWR	先入先出写入		74	SEGL	七段显示器
	39	SFRD	先入先出读出		75	ARWS	箭头开关控制
数据处理	40	ZRST	成批复位		76	ASC	ASCⅡ码交换
	41	DECO	译码		77	PR	ASCⅡ码打印
	42	ENCO	编码		81	PRUN	FX$_2$-40AP/AW 用
	43	SUM	位检查“1”状态的总数		85	VRRD	FX-8AV 读出
	44	BON	位 ON/OFF 判定		86	VRSC	FX-8AV 刻度读出
	45	MEAN	平均值		87		
	46	ANS	信号报警器位置		88		
	47	ANR	信号报警器复位		89		
高速处理	50	REF	输入输出刷新	外部单元FX	90	MNET	F-16NP/NT
	51	REFF	调整输入滤波器的时间		91	ANRD	F2-6A 模拟量读出
	52	MTR	矩阵分时输入		92	ANWR	F2-6A 模拟量写入
	53	HSCS	比较位置(高速计数器)		93	RMST	F2-32RM RM 起动
	54	HSCR	比较复位(高速计数器)		94	RMWR	F2-32RM RM 单元写入
	55	HSZ	区间比较(高速计数器)		95	RMRD	RM 单元读出
	56	SPD	脉冲速度检测	外部单元F2	96	RMMN	F2-32RM RM 单元监控
	57	PLSY	脉冲输出		97	BLK	F2-30GM 指定段号
	58	PWM	脉宽调制		98	MCDE	F2-30GMM 码读出

注意：功能指令的步数：

指令部分——FNC 和紧随其后的指令编号合并为一步。

操作数——接在指令编号后的各作用软元件为 16 位指令时，每个操作数为 2 步；32 位指令时，每个操作数为 4 步。

参 考 文 献

[1] 许翏. 工厂电气控制设备 [M]. 2 版. 北京：机械工业出版社，2000.
[2] 许翏. 电机与电气控制技术 [M]. 2 版. 北京：机械工业出版社，2007.
[3] 许翏. 王淑英. 电气控制与 PLC 应用 [M]. 3 版. 北京：机械工业出版社，2005.
[4] 闫和平. 常用低压电器应用手册 [M]. 北京：机械工业出版社，2006.
[5] 冯薇. 电气控制与可编程序控制器 [M]. 北京：化学工业出版社，2006.
[6] 高勤. 电器及 PLC 控制技术 [M]. 2 版. 北京：高等教育出版社，2008.
[7] 黄净. 电气控制与可编程序控制器 [M]. 北京：机械工业出版社，2003.
[8] 李雪梅. 工厂电气与可编程序控制器应用技术 [M]. 北京：中国水利水电出版社，2006.